国家社会科学基金重点项目
"中国水文化发展前沿问题研究"（14AZD073）阶段性成果

水工程文化学

——创建与发展

董文虎　刘冠美　著

黄河水利出版社

内 容 提 要

　　水工程文化学，是自人类从第一次懂得使用水工具、构筑水工程来协调人水关系开始就客观存在，至今从未单独析出专门研究的既古老而又全新的学科。本书就是对"水工程文化"这一人类文化现象作研究的专门书籍。

　　本书从水工程文化基本概念出发，运用水工程文化学研究的对象、内容、范围、性质、方法，去架构水工程文化学基本理论框架；以阐释水工程文化的结构、体系、时间性、空间性、实践性，作为水工程文化学基本理论支撑；并通过提出和介绍水工程文化学在水工程实践中运用的意义、运用的环节和运用的典型案例，展示本学科的实用性。

图书在版编目（CIP）数据

　　水工程文化学：创建与发展/董文虎，刘冠美著.
郑州：黄河水利出版社，2017.5
　　ISBN 978-7-5509-1753-8

　　Ⅰ.①水… Ⅱ.①董… ②刘… Ⅲ.①水利工程-文
化研究 Ⅳ.①TV

　　中国版本图书馆 CIP 数据核字（2017）第 101439 号

出　版　社：黄河水利出版社
　　　　　　地址：河南省郑州市顺河路黄委会综合楼14层　　邮编：450003
发行单位：黄河水利出版社
　　　　　　发行部电话：0371-66026940、66020550、66022620（传真）
　　　　　　E-mail：hhslcbs@126.com
承印单位：江苏苏中印刷有限公司
开　　本：787mm×1092mm　1/16
印　　张：24.5
字　　数：466千字　　　　印　　数：1—1000
版　　次：2017年7月第1版　　印　　次：2017年7月第1次印刷
定　　价：80.00元

作者简介

董文虎(虹桥村民),1943年生。泰州市水利局原局长、高级会计师、工程师、非执业注册会计师;扬州大学水利建筑和工程学院兼职教授、中华水文化专家委员会专家、江苏省水利厅政策法规特约研究员、泰州市水文化研究咨询小组召集人、泰州市人大法律咨询专家、泰州市老科协专家组组长、江苏省社科院泰州分院特约研究员、中共泰州党校特约研究员、泰州市老干部书画研究会顾问、泰州市老年书画协会艺术顾问。

已出版专著:《乡镇企业财务管理与分析》《论建立水利五大体系》《泰州水利现代化理论研究》《水权、水价、水市场理论与实践研究》《董文虎诗书画印集》《水利发展与水文化研究》《凤凰河凤祥泰州》《泰州的文化桥梁》《乐水集》《董文虎皴法书唐诗及书画集》计10部;合著《水工程文化内涵与品位的提升途径》《水与水工程文化》2部;主编《水利工程管理单位会计制度讲解》《泰州市水文化研究与实践》2部;顾问《经济发达地区水利发展模式》1部;参编《水利工程供水价格管理办法讲义》《泰州印记》《西方人眼中的中国吴默帛画》3部;参与撰写《中华水文化概论》《中华水文化通论(水文化大学生读本)》《水文化大众读本》3部。独立完成和主笔完成水利科研和水文化研究课题,获江苏省人民政府哲学社会科学三等奖2项;获江苏省水利厅、泰州市人民政府、扬州市人民政府科技进步奖、科技进步推广奖、哲学社会科学奖16项,其中一等奖10项、二等奖6项;发表论文70余篇,其中获中国会计学会、中国农村财政研究会、江苏省社科联、市级政府部门等不同级次的优秀论文奖40余篇,包括水利部文明委首届中国水文化论坛一等奖、水利部水利风景区评审委员会论文一等奖、中国水利文学艺术协会全国水文化论文征文一等奖2篇、中国会计学会水利水电分会优秀论文一等奖2篇、水利部发展研究中心优秀论文奖等。

曾获全国抗洪模范及部颁全国水利财务工作先进个人、全国水利经济工作先进个人和泰州市建设功臣荣誉称号。

曾于1991年、1997年和2008年,将义卖所作书画11.5万元分别捐赠给里下河水灾、靖江长江大堤修复和汶川地震灾区。

刘冠美，(1946—2015年12月) 教授级高级工程师。1963年至1968年就读于清华大学水利工程系，1968年至1978年在水利部第三工程局从事水电站施工，1979年至2006年在四川都江堰东风渠管理处从事水利工程规划、设计、施工、管理。主要著作有《水工美学概论》《中外水文化比较》《渠道养护工》《水工程文化内涵及品位的提升途径》(合著)《水与水工程文化》(合著)，主编《蜀水文化概览》。研究方向为水工美学、水文化。发表学术论文30余篇。曾自谓："生于川，依于川，学水五年，拜水终身；浪迹山水，阅读山水，寄情山水，参悟山水，回归山水，可谓事水者。"

序　一

在当代中国，谈到文化，的确具有十分重要的现实意义和深远的历史意义。党的十八大报告着眼于全面建成小康社会、实现社会主义现代化和中华民族伟大复兴，对推进中国特色社会主义事业作出经济建设、政治建设、文化建设、社会建设、生态文明建设"五位一体"总体布局。其中经济建设是根本，政治建设是保证，文化建设是灵魂，社会建设是条件，生态文明建设是基础。由此以来，"五位一体"中的"文化"将越来越成为人民群众精神文化生活的丰沛滋养，越来越成为民族凝聚力和创造力的重要源泉，越来越成为综合国力竞争的基本要素，越来越成为经济社会发展的重要支撑。以水利文化为主干的水文化是整个文化体系的重要组成部分，积极推进水文化建设，以水利实践为载体，弘扬水文化传统，创造无愧于时代的先进水文化，既是水文化传承创新的迫切要求，又是推动社会主义文化大发展大繁荣的题中应有之义，更是当代中国水利改革发展的必由之路。

事实上，水利部部长陈雷早在2009年首届中国水文化论坛上就曾经强调："水利建设不仅要承担蓄水抗旱、防洪排涝、供水发电等除害兴利功能，还要体现先进设计理念，展示建筑美学、营造水利景观、承载文化传承功能。要把当地人文风情、河流历史、传统文化等元素融合到水利工程建设中去，提升水利工程的文化内涵。要在水利工程建设中注重展现建筑美学，在保障工程安全的基础上，努力使每一处水利工程都成为独具风格的水利建筑精品，成为展现先进施工工艺和现代化管理水平的典范。"

随后不久，水利部在《水文化建设规划纲要（2011—2020年）》中，又将"大力提升水工程与水环境的文化内涵和品位"列为"水文化建设的重点任务"，明确提出：一要"把文化元素融入到水利规划和工程设计中，提升水利工程的文化内涵和文化品位。努力使每一处水利工程都成为独具风格的水利建筑艺术精品，成为展现先进施工工艺和现代管理水平的现代高科技载体和现代水工建筑艺术载体。重点建设一批富涵水文化元素的精品水利工程。形成以工程为轴心，既体现兴利除害功能，又能反映本地区本流域特有的优美自然环境、人文景观以及民俗风情于一体的乐水家园，展现治水兴水的人文关怀和文化魅力"；二要"加大对现有水利工程建筑的时代背景、人文历史以及地方民风民俗的挖掘与整理，增加文化配套设施建设的投入，丰富现有水利工程的文化环境和艺术美感"；三要"用现代景观水利的理念和现代公共艺术、环境艺术设计思路与手段去建设和改造水工程，实现水利与园林、治水与生态、亲水与安全的有机结合，在保障工程安全正常运行的状态下，使风景优美的河道成为人们陶冶性情的好去处,使水利工程成为人们赏心悦目的好风景,使清新亮丽的水利风景区成为人们休闲娱乐的好场所,更好地满足人民日益提高的物质文化生活需要";四要"把水利风景区建设作为提升水工程及其水环境的文化内涵和品位的示范工程。在水利风景区建设与管理过程中,更加注重水利功能与人文内涵的有机结合,以及水利科技知识的普及,注重塑造精品景区,提升景区质量,加强宣传和引导,提升景区社会影响力。使之成为传播水文化的重要平台,成为水文化产业发展的重要领域"。

事实上,对于某一社会领域急需解决的理论问题或实践问题的探究一直是学科创建、产生和发展的最大动因。陈雷部长的积极倡导和《水文化建设规划纲要(2011—2020年)》的政策导向,不仅确定了我国今后对水工程所应发挥功能的社会需求、决策思想和建设路径,而且也为水工程文化研究乃至水工程文化学的创建与发展创造了有利条件。

摆在我们面前的这本《水工程文化学——创建与发展》,就是水文化建设的一项新的学术成果。本书是由水利系统两位专家型领导兼文化学者——董文虎先生和刘冠美先生,为了推动水文化建设,提升水工程文化内涵和品位,促进水文化学科形成发展而倾力倾心合写的一部著作。董先生曾任江苏泰州市水利局局长,从事水利工作已有50余年,现任中华水文化专家委员会委员、泰州市水文化研究咨询小组召集人。他几十年如一日,工作之余笔耕不辍,已出版《水利发展与水文化研究》《论建立水利五大体系》《水权、水价、水市场》《乐水集》等10部专著,曾获全国抗洪模范、全国水利财务工作先进个人、全国水利经济先进个人、新泰州市建设功臣等称号。刘先生是四川雅安市人,教授级高级工程师,长期致力于水工美学、水文化、水工程文化研究,发表学术论文30余篇,著作有《水工美学概论》《中外水文化比较》《渠道养护工》等,主编有《蜀水文化概览》等。刘先生早年就读于清华大学水利工程系,1968年毕业后在水利部第三工程局从事水电站工作,1979年以后一直在四川省都江堰东风渠管理处从事水工设计、施工、管理。用他的话说,自己是"生于川,依于川,学水五年,拜水终生;浪迹山水,阅读山水,寄情山水,参悟山水,回归山水,可谓事水者"。

两位先生虽相隔千里,平时难得谋面,但彼此却兴趣相投,志同道合,视为知己。尤其是在"水工程文化学"研究领域,更是心有灵犀,富有创意,合作默契。2012年,两人共同完成了《水工程文化内涵与品位的提升途径》一书,集中讨论阐述了如何提升水工程文化内涵和品位问题,明确指出,提升工程文化内涵和品位应从规划、设计、施工、管理等环节入手,抓住发掘、鉴赏、开发、保护、利用和传播各环节等,其独到的思路见解令人信服。而后两人又继续合作,2015年出版了《水与工程文化》一书,对"水工程文化"这一人类文化现象进行了进一步探索研究。该书从水工程文化的基本概念出发,讨论了其研究对象、研究方法、研究内容和研究范围,并对我国水工程文化的建设发展做出了前瞻性分析。

如今这本《水工程文化学——创建与发展》，则是两位前辈长期坚持水工程文化学术研究的又一重要成果，即前两部专著的逻辑的延续与内容的深化。同时也是两位前辈长期从事水工程文化建设经验和智慧的结晶。

尤为感人的的是，刘冠美先生一直是在病中坚持写作的！他因患癌症不幸已于2015年12月13日与世长辞，终年70岁。董文虎先生也年逾古稀，正是这位老者怀着失去老友的悲痛，带着老友的殷殷嘱托，奋力完成这部著作的。先生之风，山高水长，可敬可佩！

创建一门学科谈何容易啊！个中滋味，作者会体会得更深吧。完成《水工程文化学——创建与发展》，对于两位先生来说，是倍加艰辛的。作者在书中谈到，新学科设置和确立必须有三个大的前题，即客观存在、社会需要、研究达到一定深度。对于这个判断，我是完全赞同的。三个前提，缺一不可。但我想，相对于作者而言，面临的最大任务和严峻考验不能不是"研究达到一定深度"吧。我记得费孝通先生在《关于社会学的学科、教材建设问题》一文中讲过："从内在建制来看，成熟学科要求有成熟的理论体系和较成熟的、得到公认的学科范式；从外在建制来看，学科成立的标准则表现为有专门的学会，独立的研究院所，单设的大学的学院、学系，专门的刊物和出版机构，图书馆中的专设序号等。"费先生的这一观点，我认为是很有见地的，相信一定会得到学界高度认可。水工程文化学是一门综合性的学科，它融文化学与水工程建筑学于一炉，集科学与艺术、力学与美学、工程学与文化学于一体。应当说，要形成一个"成熟的理论体系和较成熟的、得到公认的学科范式"将是相当费心费力的长期任务。本书为此而做了不懈的努力。一是用了大量的篇幅对文化、水文化、水工程、水工程文化学、建筑文化学等基本概念作了深入辨析，并由此而明确了水工程文化学的研究目的和对象、内容和方法；二是用全方位的视角逐一探讨了水工程文化研究的"点、线、面、体"与"形、意、质、域"等基本内容；三是用系统论的方法综合分析了水工程文化结构以及水工程文化体系的组成要素，得出了水工程文化体系的组成是以其客观存在的要素群结构为依据的，主要是由水工程哲理、水工程伦理、水工程心理三类要素构成的研究结论；四是从历时性与共时性的统一的视角，探讨了中国水工程文化的历史演变发展以及区域性、民族性特征，对中西水工程文化的异同作了对比分析；五是站在时代的高度，从理论与实践结合上，指出了水工程文化运用的关键环节和现代水工程理念创新路径，等等。

综上所述，我想，目前本书的建构及所写内容，尽管与"成熟的理论体系和较成熟的、得到公认的学科范式"还有一定的距离，但作为两位前辈十多年来，在方方面面对水工程文化研究的基础上，经过系统地归纳整理、阐释探索而形成的突破性进展，作为"水工程文化学"创建过程的初启与起步，已经非常难能可贵。创始者难为功，原因就在于我们不能毕其功于一役。不过，我们有理由相信，随着社会的发展、水工程建设、管理的进步,水文化研究的深入,今后肯定会有更多的学术成果、更丰富的理论知识充实其内。

值得欣慰的是,"研究达到一定深度"和"有成熟的理论体系和较成熟的、得到公认的学科范式"的"水工程文化学"已经曙光初现了。

本书是由我主持的 2014 年度国家社科基金重点项目"中国水文化发展前沿问题研究"的一项理论成果,董先生让我作序,我也从先生这里受益良多,甚为荣幸。是为序。

华北水利水电大学党委书记、博士生导师
2016 年 7 月于华北水利水电大学乐贤园岸舟斋

序 二

　　月初，董文虎先生和凤城河管委会李良副主任来我这里谈有关凤城河桥名问题，称手上有一本即将完成的有关水文化方面的书稿，想请我作为分管泰州水利的市领导写序。因董先生是一位从1961年就开始从事水利工作，至今仍退而不休地工作在水利岗位上，一直干了55年的老同志了，看来却之不恭，只能允诺。

　　前几日董先生送来《水工程文化学——创建与发展》书稿，并介绍了此书系他和已故去的都江堰教授级高工刘冠美先生，第四次合作完成的有关水工程文化方面的研究课题。他们第一次合作完成的是应水利部水利发展研究中心邀请，参与编写水利部财政预算列项科研课题《提升水工程文化内涵与品位战略研究》中第四章"提升水工程文化内涵与品位的主要途径"；第二次合作是他们自己为了将在课题研究中的成果转化为生产力，合作编写了《水工程文化内涵与品位的提升途径》一书，由苏州大学出版社出版；第三次合作是应水利部精神文明委邀请，完成中央财政支持项目"中华水文化书系"中的《水与水工程文化》一书，由中国水利水电出版社出版；这次，是他们应华北水利水电大学党委书记、博士生导师、本项目首席专家朱海风邀请，加盟该校中标的2014国家社会科学基金重点项目——"中国水文化发展前沿问题研究"，所著之书，列为支撑该项目的成果。

　　董、刘两位先生，一在泰州，一在成都，他们的合作，一直是通过电子邮件或电话来往的。其实，从该书纲目的策划起，刘冠美先生已罹患癌症，后虽病重住院，仍为此书工作不息，直至手脑不能并用才停止，未几病逝。而1996年就曾患过脑血栓留有腿疾之年已73岁的董先生，又通过1年多的努力，才将此稿完成。两位先生为我国的水利事业、水文化的研究、水工程文化学的创建，可谓孜孜以求，不遗余力。

　　书稿初稿497页，37.3万多字，内有插图400多幅，彩色打印，董先生自己设计了封面，给我的第一印象是，图文并茂，非常精美。阅其内容，很有特色，一是对文化学与建筑文化学、水工程建筑与水工程文化、建筑学与水工程建筑学、建筑文化学与水工程文化学等基本概念作了系统介绍，并对近似概念作了横向对比和精心辨析；二是对水工程文化的分类、水工程文化学的确立、水工程文化学的研究对象进行了深入浅出的阐述；三是对水工程文化的研究方法、水工程文化的多维视角、水工程文化的核心内容、水工程文化的框架结构、水工程文化的演变与发展的研究，进行了纵向深入的探求并形成较为清晰的成果；四是对水工程文化区域特征进行了分析、提炼，内容广涉中外；五是能从"点""线""面""体"的多维视角，去研究、剖析、点评典型的水工程和水利风景区之"形""意""质""域"等文化内核,让读者加深理解其抽象的文化内涵;六是运用大量有针对性的插图,让读者对书中所列对象,通过具象的形象思维植入和文字比对,进一步产生联想和主观意念。

书内研究所列范例,有些是出自于董先生在泰州自己所经手水工程建设的文化成果。略举我所了解的几例:他在第四章第一节论述"水工程文化的'形'"的举例中,选用的鸾凤桥栏造型,就是他运用"起伏"的设计理念,来处理桥栏凤翅造型之设计,使桥产生了飘逸的美感;书中选用他为靖江市西园的凉亭起"虚圆亭"名时,所题"虚圆"匾额二字为例,系用敛法隶字书写,通过两字"虚"与"实"的对比,使匾题产生了厚重美的效果;他在谈及水利雕塑是营造水文化的重要手段,是实施人文水利的教化、休闲、娱乐功能的主要载体时,选用了泰州凤凰河畔的《治水者》雕塑作为案例,该雕塑是在他的指导下,以治江工程中石工搬石固砌江岸时的形态,用人体裸雕技法去设计创作的,雕塑充分展示了治水民工力可拔山的阳刚之气,具有较强的意化、情化、美化环境的功能;他还以他在规划泰州引水河工程文化概念时,将该河道名称设计为"凤凰河"为例,由于该河能按他的创意,打造了沿(跨)河品位较高的"天凤亭""凤冠石""九凤球""鸾凤桥""观凤桥""栖凤桥""百凤桥"等系列凤凰文化建筑物及构筑了内设"凤冠书法字柱"8根、寓意泰州经济腾飞主题的"凤翔"铜雕、形式各异的凤凰"景墙"6方、"百鸟朝凤"弧形双面回音浮雕墙等具有众多凤凰元素的"凤凰园"景点,借新开河道,将史称泰州是"凤凰城"的文化显性化了。以至后来该河旁所筑的路被定名为"引凤路"、近河社区起名为"凤凰园",所在地域称之为"凤凰街道办事处",连已被人们叫了近千年的"城河"也改名为"凤城河"了。泰州目前,又开始对此河进行新一轮的文化提升,将其纳入了"双水绕城"中新城一环之东环城河了,由此可见,品位较高的水工程之文化影响力,何其大也!

特别是他在第八章第二节"水工程文化学的运用环节""决策运用"中,用"2001年泰州市委、市政府主要领导亲率泰州市党政代表团考察绍兴城市水利后,决策了泰州水利和水文化工程建设"的一张照片,去诠释"决策"是水文化工程实践的第一环节,去说明这一环节的重要性一例,就是他亲自运用水文化学的理念,争取领导对泰州城市水利成功决策的典型范例。文化水工程从创意到实施是个复杂的系统工程,需要大量的人力、物力、财力,需要多部门的支持、配合、协调,这就需要掌握话语权和决策权的领导强力推动。领导的决策,往往又是在参谋(专业)部门提供的方案及其本身对要决策之方案中某些新情况的了解后,才能形成信心。董先生利用泰州市委主要领导于2001年10月9日找他作离任谈话的机会,向时任市委书记陈宝田汇报了他精心准备的《泰州市(主城区)防洪及河道综合整治规划总体思路》及他绘制的有关河道综合整治之《人文景观布置简图》(在所有水利规划中,设计此图的尚属首见),并提出"请市相关领导最好能到城市水利搞得较好的浙江绍兴市考察"的建议。陈宝田书记不仅细心而完整地听取了他汇报,还接受了他考察绍兴的建议,泰州市党政代表团当月不仅考察了绍兴,还及时作出了泰州要用"大水利"的理念,去建设"集防洪与城建、环保、旅游、文化五个功能于一体的水利工程"的决策。这一决策,使泰州的水文化建设影响了江苏,叫响了全国。

在这次谈话的最后,陈宝田书记诚恳地对董提出:"退下来以后,你如果身体许可,最好能留在泰州,帮水利、帮泰州的建设,多提些建议,多出点主意。"他答应了这一要求,而且一诺千金,在市委、市政府的支持下,组织了一个"沙龙(SALON)"式的泰州市水文化研究咨询小组,一干就是15年,为水利、为泰州的建设,提出了近百项好的建议和具体的文化创意。

董、刘两位,首先是踏踏实实毕生从事水利的工作者和水工程的建设者。继之,他们又是能锲而不舍,肯坐冷板凳的水文化研究者。实践出真知,正由于他们善于研究实践、总结实践,才能将物质的水工程上升到精神的水工程文化层面;他们年龄虽大,但思想不老,能专注于水工程文化这个领域的研究,引古论今、涉猎中外、对比分析、提炼提升,才能将分散的、一般的水工程文化认知,上升到系列的、深刻的水工程文化学这一专门学科的理论层面。正由于他们具有情钟水利、志在传承、力求创新、致力传播的执着精神,他们才肯于和敢于去啃"水工程文化学"这一新学科的硬骨头。

建立一个学科,就如同建设一座高楼大厦。要有规划、有设计,要打基础,要建造框架、墙体,要安装水电气,还要进行内外装饰……不是一两个人就能完成的。水工程文化学这门学科,已由董、刘两位先生打下了基础,希望有更多的水利工作者、水文化研究者,水利高等院校的专家、学者,继续努力为这一学科的最终建成添砖加瓦。

当时的市政府分管领导丁士宏,曾经在董先生2007年的一个报告中批示:"《水利发展与水文化研究》(一书)是董文虎同志的成果,也是泰州的成果",今天我对此书的评价是:《水工程文化学——创建与发展》一书,不仅是董文虎、刘冠美先生的成果,也是他们为我国水利业界所奉献的一个新的成果。是为序。

泰州市人民政府副市长
2016年8月

序

二

目 录

第一章 总 论

第二章 水工程文化的研究方法

第三章 水工程文化的多维视角

第四章 水工程文化的核心内容

第五章 水工程文化的框架结构

封面照片:泰州凤凰河
封底照片:凤凰河上观凤桥

第一章 总 论

水工程文化学是一门既是客观存在,又为社会需要,且从未为人们专门提出过的新学科。由于水文化的提出和研究,水工程建筑、水工程文化、水工程文化内涵、水工程品位、水工程的建筑艺术……也都成为水文化的学术研究和水利等相关部门使用的热词。但是人们对水工程文化的使用概念,往往不甚清晰,有的仅仅只是将水工程这一实体性物质与"文化"两字进行组合,形成文字表象概念,其实质仍在以水工程这一实体性物质的原意在使用;有的虽对其文化内涵进行阐述,但也仅仅是对传统的水工程之建筑物的建筑技术等属自然学科内的物质文化(文化的物质层和行为层)部分进行演绎,并未能涉及深层次的水工程文化(主要指文化的心理层)的实质。为此,必须将水工程文化作为一门单独的学科来创建,让人们专门地去学习、理解、研究和运用它,并使其日臻成熟,有所发展,让其成为一门独立的学科,用以指导提升水工程建设的文化内涵、艺术品位和充分利用现有水工程的文化价值,进一步服务社会的发展与推动社会进步。

第一节　文化学与建筑文化学

一、文化的概念

文化是一种社会现象,是人们长期创造形成的产物,同时又是一种历史现象,是社会历史的积淀物。确切地说,文化是凝结在物质之中又游离于物质之外的,能够被传承的国家或民族的历史、地理、风土人情、传统习俗、生活方式、文学艺术、行为规范、思维方式、价值观念等,是人类之间进行交流的普遍认可的一种能够传承的意识形态。

文化具有"超自然性""超个体性"等特性。如"吃"是生理现象,"吃什么"和"怎么吃"是文化现象,文化排除"自然性""个体性"欲望。在文化的创造过程中,目标和过程具有统一性,形式和方法具有差异性。

文化实际上主要包括器物(物质文化——文化的物质层)、制度(制度文化——文化的行为层)和观念(精神文化——文化的心理层)三个方面,具体包括语言、文字、习俗、思想、国力等,客观地说文化就是社会价值系统的总和。

文化具有社会性、多样性、系统性和阶段性的属性。文化还具有地域性、民族性、时代性、变异性、继承性、发展性的特征。

"文化（Cul-tura）"的拉丁文词意是"耕种""耕作物"，后被引申、转义为"耕种活动的精神表现"。

我国传统的文化概念：文"化"者，以文"化"之也。《周易·系辞下》："物相杂，故曰文。"《周易·贲卦》："观乎天文，以察时变；观乎人文，以化成天下。"这是中国古代经典最早给出的文"化"的原始定义，"化"本义是变化、生成、教化的意思。

《辞海》将文明解释为"犹言文化"，并同时注释为"是指人类社会的进步状态，与"野蛮"一词相对。由此可见，文化是中性的，文明是褒义的。文明是文化的进步，并相对指进步前文化的表现，是指人类社会进步的表现。原始文明是与原始、野蛮、落后相对应的现象。按照人类意志对自然的改造（人化），对人类自己的改造（化人），每前进一步都可以算是相对改造前的文明，也是人类文化不断提升的正面表观。

社会文明包括物质与精神两种文明。这两种文明都是因为地球上有了人，有了文化才出现的。"化人"多指精神文明；"人化"多指物质文明。精神与物质两个文明是相辅相成、互为推进的。没有人，地球乃至宇宙根本谈不上文明。有了人，才有文化，才有在"人化"与"化人"交递进步过程中文明的出现。

《辞海》在"文化"的辞条中，还给了文化另外两个概念：一是"泛指一般知识，包括语文知识"。二是"中国古代封建王朝所施的文治和教化"。这两个文化的概念，前者为名词，后者则为动词。因此，可以明确地认为："文化"一词为双性词，既可以当名词用，如水工程文化；又可当动词用，如文"化"水工程（在化字上加引号，以区别名词文化）。

从文字学角度看，徐锴在《说文通论》中说："强弱相成，刚柔相形。故于'文'，'人''乂'为文"，把文与人联系在一起；"化"与人同样密切相连，"化"的甲骨文由两个头足倒置的人组成。因此说，有了有思维能力的人，才有文化，没有形成有思维能力的人以前，大千世界，只有自然，没有文化。

在甲骨文中，由两个"人"可组成四个字，分别是 𠬝（从）、𠬞（比）、𠂢（北）、𠤎（化）。两个"人"的造型组合相应为同向、反向、相背、倒置，或是轴对称，或是中心对称，寓意学习、思维的四阶段：摹仿思维、比较思维、反向思维、倒置思维或转化思维，较为形象和准确地给出了人之文"化"的途径和方法。

二、文化学的概念

文化学是一门新兴的学科，尽管文化是伴随人类出现同时形成和产生的，尽管建筑文化与建筑物是同步形成和出现的，尽管水工程文化与水工程也是共生共长的，但对文化学的研究还只是近代才开始的。而且，文化学研究之初，也仅仅是从人类学、社会学、民族学的视角出发的。

面对西方的文艺复兴、宗教改革和世界各地的工业革命以及我国的改革开放，形成了生产力的大解放和大发展，促进了自然科学飞跃发展，同时也带来的人类文化的大解放、大发展，人们深刻感觉到比之自然科学，社会科学的发展已明显滞后。人们开始认识人文科学发展对当代人类发展的重要性，造成了当代开始寻求人文科学的突破，在现代文化研究的思潮中，一些学者们才开始了有关文化学的研究。

由于学术界对"文化"一词并未形成统一的定义，故文化学至今也无统一而确切的定义。正是这一原因，文化学这门学科的性质和地位迄今还未被学术界明确确定。国家颁发的十多个一级学科目录，如哲学、法学、文学、理学、工学、农学、医学、经济学、管理学、教育学、历史学、军事学中，尚未能将文化学列入其内。但是，文化学从20世纪以来分化出来、正在不断崛起的一些新兴学科如政治学、社会学、环境学、美学、艺术学、体育学、民族学、宗教学、逻辑学、伦理学、金融学、传播学、天文学、传媒学、信息学等，都在一天比一天被学者们看好，其研究、运用者日渐增多，各学科内容也日渐丰富，预计将来有可能会被确定为一级学科。

我国研究文化学的学者，对文化学的定义主要有以下几方面：

中国现代历史学家钱穆认为，文化学是研究人生价值的学科。

洛杉矶中国文化学院院长、台湾大学及香港中文大学客座教授黄文山认为，文化学是一种文化的科学、经验的科学、规范的科学，其研究不能离开人类的价值和目的。

武汉大学哲学学院院长郭齐勇认为，文化学是研究文化现象或文化系统的综合性的、基础性的学科。

华中师范大学历史文化学院院长王玉德在其所著《文化学》中认为："文化学是探讨文化的起源、演变、传播、结构、功能、本质、规律的社会人文学科。文化学研究的核心是人，研究人与社会、人与自然、人的状态，研究人的精神、人的知识、人的感情。文化学是对文化作宏观的、学理性研究的学科，是探讨文化本身以及诸文化相互关系、文化与社会与自然的学科。"

西方学者也有把文化学与人类文化学、社会人类学、民族学当作同一学科。

其实文化学就是研究各种文化的学科，它是各种文化的一个统称。文化学是在一般意义上的对有关文化现象及其本质进行研究，抽象出一般规律，以指导各个分支文化学科的研究。其分支学科主要包括文化学原理、文化哲学、文化人类学、文化社会学、文化心理学、文化艺术学、文化管理学、文化资源学、文化产业学、民族文化学、世界文化学等。文化学也是一门针对传统性、综合性的人类生活、生产之全部内容，研究其内在意义与价值的学科，它是研究如何为经济、政治、社会、科学、宗教、道德、文学、艺术和文化自身等提供理论依据、思想体系和思维理念的一门学科。它涉及广泛的知识系统，涵盖哲学、文学、美学、人类学、艺术学、心理学、社会学、管理学……

文化学的研究是依据物质的、社会的、精神的文化三阶层，分别作出研究的学问。文化研究成果认为文化的组成是由三个层次构成的,第一层次为物质文化,研究的是人类为了生存之每个小我人生之客观需求的文化;第二层次为社会文化,研究的是人类为了发展之大群人生之同处的行为及协调行为之制度的文化;第三层次为精神文化,研究的是人类为了大千世界永存之崇高之境界及理想之人生思维的文化。

三、建筑文化学的概念

建筑文化学是一门类似建筑学一样的综合性学科。它既不属建筑学的分支学科,也不属于文化学的分支学科。它是一门研究有关各类建筑、城市与乡镇、环境及景观之文化现象的一门总的学科,是研究建筑文化现象发展、演变的过程和规律,从总体上把握建筑文化形成的体系、脉络、结点,阐释建筑文化的关键术语、研究范围以及对如何文"化"建筑、文"化"城市与乡镇空间布局、文"化"建筑环境及相关景观,进行理性思维、提出导向意见的学问,是一门综合性的新兴学科。建筑文化学的研究,不仅是研究现有建筑的文化现象,更是通过对历史上已有建筑文化现象的理性认知,在总体把握建筑学及各建筑技术学科的基本理论、基本知识的基础上,建立建筑过程中有关对建筑文"化"目的、文"化"目标、文"化"对象、文"化"内容、文"化"技术等文"化"建筑的理论体系。建筑文化学有着建筑类各分支学科所不可替代的作用,它应当是建筑科学技术研究的牵头理论学科。

建筑文化学是建筑学与人类文化学交叉而形成的理论。借助文化学理论去认识和理解建筑,研究建筑物质及其形成过程与意识形态之间的关系和规律。与人类文化学相比,建筑文化学研究的文化内容不变,但研究的具体对象、角度和方法以及构成要素不同。

在研究了文化学和建筑文化学的有关概念后,可以对形成建筑文化学的条件有进一步的了解。主要有:

(1)建筑文化的客观存在与主观感知;

(2)唯物论与唯心论一致承认建筑文化的存在;

(3)建筑文明与建筑文化是不同时代的产物;

(4)建筑的形成与发展,符合人类求生存(物质满足)、求完善(制度改革)、求提高(真善美思想境界)人类发展的客观规律和趋势,是人类文化的重要组成部分。

四、建筑学的概念

一般将建筑学的概念定义为:研究设计和建造建筑物或构筑物的学科。建筑是人与自然斗争的一种产物,具有文化的一切特征。建筑学(Architectonic)学科建立较早,从广义上来说,是研究建筑及其环境的学科。它更多地是指与建筑物设计和建造相关的技术和艺术的综合学科。建筑学是一门横跨工程技术和人文艺术的学科。学科包括注重实用、功能的一面和作为实用建筑的艺术和美学的一面,它们之间虽有明确的不同,但又密切联系,其分量随具体情况和建筑物的不同而大不相同。建筑学虽是技术和艺术相结合的学科,但技术在建筑学发展史上通常是主导的一面,就工程技术性质而言,建筑师总是在可行的建筑技术条件下和许可的资金投入前提下,进行艺术创作的。因为建筑艺术创作绝不能超越技术上的可能性和超越经济的许可性。就具体建筑而言,业主限定的建筑投资,往往首先满足技术投资需求,其次才谈到艺术。

五、建筑学、文化学与建筑文化学比较

传统建筑学有意、无意地涉及了一些建筑思想的内容,但其主要还是着重研究建筑的形体、构件、布局和材料、技术、规程、规范、定额制度等内容,而对属于文化学精神层的建筑意识形态方面的内容,则很少涉猎。而建筑文化学则不仅要包括物质层和心物层要素,更主要的还必须涉及建筑心理(精神层)方面的内容。建筑学、文化学与建筑文化学三门学科两两相关,但又有明显差别。用表1-1对三者作一比较。

表1-1 建筑学、人类文化学与建筑文化学的比较

对象	建筑学	人类文化学	建筑文化学
性质	自然与社会交叉学科	人文学科	自然、社会、人文交叉学科
内容	建筑及环境创造技术、艺术的总和	人类社会思想、意识、道德、规范、关系之规律	选取文化广义性和狭义性对建筑物的认识和理解
概念	空间形式、空间环境、建构活动、建构学问法则	物质与意识形态(广义的)、意识形态(狭义的)	建筑中的文化(同位词组)、文化中的建筑(偏正词组)
器物要素	建筑物、设备设施	物质(自然物、人化物)	形态的建筑、存在的环境
行为要素	建筑的技术、艺术、语言、制度	心物(人化、化人)	形意结合的行为、形成制度的思维
精神要素	建筑之思维及理念	心理、哲理、伦理	对建筑及其环境的意念(思想、观念、意识)

第二节 水工程建筑与水工程文化

一、水工程建筑的概念

"建筑"一词是个多义词,第一是指建筑物和构筑物的通称,例如工业建筑、民用建筑、园林建筑、水利建筑;第二是指工程技术和建筑艺术的综合创作,例如赵州桥是一座不朽的建筑;第三是表示各种土木工程的建造活动,例如这座楼正在建筑之中。"建筑学"概念中的"建筑"一词的含义,就是取用上述建筑一词三种含义中的第

二种含义。

建筑是建筑物与构筑物的总称。是人们为了满足社会生活需要,利用所掌握的物质技术手段,并运用一定的科学规律、风水理念、环境学识和美学法则创造的人工物和人工环境。有些分类,为了明确表达使用性,会将建筑物与人们不长期占用的非建筑结构物——构筑物加以区别。另外,有些建筑学者也为了避免混淆,而刻意在其中把外型经过人们具有意识创作出来的建筑物称之为"建筑"(Architecture)。需要注意的是,有时建筑物也可能会被扩展到包含"非建筑构筑物",诸如钢架桥梁、电力或电视塔、隧道等。

建筑物有广义和狭义两种含义。广义的建筑物是指人工建筑而成的所有东西,既包括房屋,又包括构筑物。

狭义的建筑物是专指房屋,不包括构筑物和非建筑构筑物。房屋是指有基础、墙、顶、门、窗,能够遮风避雨,供人在内居住、工作、学习、娱乐、储藏物品或进行其他活动的空间场所。构筑物是指房屋以外的建筑物,人们一般不直接在内进行生产和生活活动,如烟囱、水塔、桥梁、涵洞、管道等。

《中华人民共和国水法》中明确指出:水工程,是指在江河、湖泊和地下水源上开发、利用、控制、调配和保护水资源的各类工程,包括水利工程和给排水工程。

水工程一般也称为水利工程。水是人类生产和生活必不可少的宝贵资源,但其自然存在的状态并不完全符合人类的需要。只有修建水利工程,才能调整水域、控制水流、改变水位、进行水量的调节和分配以防止洪涝灾害发生,并满足人民生活、生产和精神的需求和对水资源(包括对水量、水域、水流、水位、水温、水岸、水景、水空间、水自净能力、水生态条件……)的需要。水利工程需要修建坝、堤、溢洪道、水闸、进水口、渠道、渡槽、筏道、鱼道、护坡、护岸及滨水水工建筑物和开挖河(渠)道、水库(湖、池)、湿地等土工构筑物及水土保持工程、水生态治理工程、水环境工程、滨水景观工程以实现其目标。

简括地说,涉及水物质的水工建筑物和土工构筑物统称为水工程建筑。

二、水工程文化的概念及解析

恩格斯在《自然辩证法》中指出:"自然科学和哲学一样,直到今天还完全忽视了人的活动对他的思维的影响;它们一个只知道自然界,另一个又只知道思想。但是,人的思维是最本质和最切近的基础,正是人所引起的自然界的变化,而不单独是自然界本身;人的智力是按照人是如何学会改变自然界而发展的[①]"。其中,指出了将人类的思想和人类改造自然的实践分割开来研究的现象是不科学的。这种分割研究的现

---

①《马克思恩格斯选集》第3卷[M].人民出版社1972年版,第551页。

象,在文化学研究领域依然存在。他们在对文化内涵下定义时,或是注重研究了文化形成的主体——人的思想,却疏忽了对人在社会实践中的文化成果的研究;只关注人的创造的物,疏忽了人对创造物的主观能动作用和在创造物这一过程中人自身的改造的成果。为此,研究水工程文化内涵,既不能"见人不见物",也不能"见物不见人"。既要研究物质的水工程,又要研究与建造水工程相关人对水工程的想法和水工程对人思维和行为的影响。

(一)水工程文化的概念

大自然创造了人类,人类创造了文化。属物质产品的工程,是人创造的,本身也属于广义文化范畴内的财富之一,工程内所含的非物质文化,已成为客观存在的、普遍的、能给人们深刻印象的一种社会现象,有必要把它们作为一个整体来研究。"文化"是基础,"工程"是平台,而在这个"平台"上,不同的产业现象,又不断演绎着不同文化的发展与变迁。一般专门的工程文化对象仅仅是物质性工程,通过掌握与应用自然界规律,物化自然界规律的技术,作用于物质,形成实物性工程,来实现和满足社会的物质的需求。但这一需求,往往并不能满足人们的全部需求,因为人们客观还对工程存在精神享受和依托的需求,这种能同时解决兼具满足人们物质和精神两种需求的物化自然产品中的文化,定义为工程文化的完整概念。

有了对工程文化概念的定义,就可以给出水工程文化概念。人类为了生存,不可避免地要对自然界的水及水所依存的条件、环境进行干预,即人类在对江河、湖泊和地下水源的开发、利用、控制、调配和在保护水资源时,兴建各类工程的过程中,所产生的各种文化现象,称之为水工程文化。水工程文化包括水工程物质文化、水工程行为和制度文化、水工程精神文化。水工程文化具有民生性、地方性、动态性、生态性、综合性。

(二)解构水工程文化

研究水工程文化,要能有"究天人之际,通古今之变"的境界,必须囊括从自然水这一实体物质的层面起始,直至水文化的核心高层意识层次,即人们的治水意识等各个层次。水工程文化由下列层次构成:

第一个层次为水。它属于自然物,是水工程文化中人类改造自然的对象之一(另一个对象就是人类自己)。

第二个层次是水工程(包括水用具、水工具及水设施等)。水工程系人类改造水及其他自然物质的水文化成果,其文化类属为物态水文化。

第三个层次是指人们为水工程规划、设计、施工及管理所制定的有关规范、标准、定额等,这属于文化类中的制度水文化。

第四个层次是指人对水工程进行规划、设计、施工、管理的相关活动,这些能形成支配人活动的文化为文化类中的行为水文化。

第五个层次是指社会(大众)对水使用、水安全、水环境等方面的水需求,是文化类中的心态水文化,其本身表现的是社会水心理,是一种低层的水意识形态。

第六个层次是水决策意识,包括水哲学、水科学、水技术、水艺术,是文化类中的高层水意识。

六个层次,第一层次为自然,第二至六层次为文化。在第一至五层次中,第二层次是物质水文化;第三、四层次组成心物水文化;第五、六共构精神水文化。第二层次的水文化是"形"态水文化,第三、四、五、六层次均属意态水文化。形态水文化是有形文化可以看得见、摸得着的文化;意态水文化是一种无形文化,可意会、可言传的文化。这两种文化又都是可以用文字、图画符号等文化介质表示的。为使读者能更为直观地了解水工程文化构成,特列"水工程文化构成及文化属性、类别表",见表1-2。

表1-2　水工程文化构成及文化属性、类别表

层　次	内　容		文化属性		类　属		
第一层次	自然水				自然		
第二层次	水工程(包括水用具、水工具、水设施等)		物态水文化		物质水文化	形态水文化	
第三层次	水工程规划、设计、施工、管理的规范、标准、定额		制度水文化		心物水文化		
第四层次	水工程规划、设计、施工、管理等;水工具、水用具制作、使用等		行为水文化				
第五层次	社会水需求	水使用	心态水文化	社会水心理低层意识	水等水形态	意态水文化	文化
		水安全					
		水环境			精神水文化		
第六层次	水工程决策意识	水哲学	高层水意识				
		水科学					
		水技术					
		水艺术					

三、水工程文化内涵

水工程文化,既是水工程本身这一物质形态的文化,也是水工程这一物质实体之中蕴含着的行为方式、制度规定和精神内容的创造。水工程文化内涵,包括水工程所涉及的物质文化、制度文化、行为文化、精神文化的全部内涵。物质水工程文化,包括水工程所作用的水、水工程、水用具、水工具、水设施及这些水工程所用的材料、构件等;制度水工程文化,包括涉及水工程的法律、法规、民约等以及水工程规划、设计、施

工、管理的规范、标准、定额等;行为水文化包括涉及水工程的决策、规划、设计、施工、管理及水工具、水用具制作、使用和有关水工程的民俗、风俗活动;精神水文化,包括人们涉及水工程的社会心理、意识、哲学、科学、技术、艺术等。水工程文化既表现于水工程外部可感层面直观形象的文化艺术风格,也表现于水工程物质实体之建设流程、水工程的质量效益、水工程的精神价值这些内在的要素之中。水工程文化内涵还包括每一座水工程所内含的文化要素,是指在水工程建造过程中,所有参与人物的思想、意识、精神,通过作用于水工程建设、管理等每一环节的行为,以及其所产生的可以外化的文化成果。也就是说,水工程文化,既包含水科技凝聚的结晶、水工程制作材料的选择及制作工艺、水工程建造技术、水工程社会效益等方面共构形成的水工程实体之心物文化,还包含水工程中蕴含的人文理念、外溢的哲学观念、形成的审美形象等这些归属于水工程精神文化的全部文化。

　　水工程文化,既包括水工程有形的直观形象,又包括水工程物质实体之中蕴含的无形的精神文化。水工程都是以实体的物质形态呈现的,但在其建造之前和建造过程之中,总是有理论、技术等水科技文化作支撑;总是有社会背景、经济发展等社会文化需求在推进;还有制度、审美、人文等精神文化在起作用。因此,认识、管理、运用和鉴赏水工程,不能仅根据水工程对水物质所能产生的水量、水位、水分隔、水输送等直接作用来评定,而忽视其本身的造型艺术、造型语言、与水共构的环境形象及人文理念、工程存在对受益人群的心理影响等。

四、社会发展需要研究水工程文化

　　由于水文化研究的滞后,长期以来很少从艺术、文化层面研究水工程。对水工程的建造,一直未从建筑学或建筑文化学视角研究水工程。也一直未曾设立过水工程建筑学和水工程文化学两门学科。但是党的十七届五中全会指出:"文化是一个民族的精神和灵魂,是国家发展和民族振兴的强大力量,必须坚持社会主义先进文化发展方向,弘扬中华文化,建设和谐文化,发展文化事业和文化产业,满足人民群众不断增长的精神文化需求。"党的十七届六中全会又颁布了《中共中央关于深化文化体制改革推动社会主义文化大发展大繁荣若干重大问题的决定》,特别强调"文化越来越成为民族凝聚力和创造力的重要源泉,越来越成为综合国力竞争的要素,越来越成为经济社会发展的重要支撑,丰富精神文化生活越来越成为我国人民的热切愿望"。水利部部长陈雷在学习和贯彻党的十七大精神传达报告中明确提出:"积极推进水文化建设,以水利实践为载体,弘扬水文化传统,创造无愧于时代的先进文化,推动社会主义文化大发展大繁荣。"更为明确的是水利部部长陈雷,在2009年首届中国水文化论坛上强调:"水利建设不仅要承担蓄水抗旱、防洪排涝、供水发电等除害兴利功能,还要体现先进设计理念,展示建筑美学、营造水利景观、承载文化传承功能。要把当地人文风情、河流历史、传统文化等元素融合到水利工程建设中去,提升水利工程的文化内涵。要在水利工程建设中注重展现建筑美学,在保障工程安全的基础上,努力使每一处水利工程都成为独具风格的水利建筑精品,成为展现先进施工工艺和现代化管理水平的典范。要用景观水利的理念去建设每一个水利工程,实现水利与园林、防洪与生态、亲水与安全的有机结合,使一条条奔流不息的河道,成为人们陶冶性情的好去处;一座座匠心独具的水利工程,成为人们赏心悦目的好风景;一处处清新亮丽的水利风景区,成为人们休闲娱乐的好场所。"

2011年12月18日,水利部正式印发《水文化建设规划纲要(2011—2020年)》,其中将"大力提升水工程与水环境的文化内涵和品位"纳入了"水文化建设的重点任务",并且具体而明确地提出:

一要"把文化元素融入到水利规划和工程设计中,提升水利工程的文化内涵和文化品位。努力使每一处水利工程都成为独具风格的水利建筑艺术精品,成为展现先进施工工艺和现代管理水平的现代高科技载体和现代水工建筑艺术载体。重点建设一批富含水文化元素的精品水利工程。形成以工程为轴心,既体现兴利除害功能,又能反映本地区本流域特有的优美自然环境、人文景观以及民俗风情于一体的乐水家园,展现治水兴水的人文关怀和文化魅力"。

二要"加大对现有水利工程建筑的时代背景、人文历史以及地方民风民俗的挖掘与整理,增加文化配套设施建设的投入,丰富现有水利工程的文化环境和艺术美感"。

三要"用现代景观水利的理念和现代公共艺术、环境艺术设计思路与手段去建设和改造水工程,实现水利与园林、治水与生态、亲水与安全的有机结合,在保障工程安全正常运行的状态下,使风景优美的河道成为人们陶冶性情的好去处,使水利工程成为人们赏心悦目的好风景,使清新亮丽的水利风景区成为人们休闲娱乐的好场所,更好地满足人民日益提高的物质文化生活需要"。

四要"把水利风景区建设作为提升水工程及其水环境的文化内涵和品位的示范工程。水利风景区建设与管理过程中,更加注重水利功能与人文内涵的有机结合,以及水利科技知识的普及,注重塑造精品景区,提升景区质量,加强宣传和引导,提升景区社会影响力。使之成为传播水文化的重要平台,成为水文化产业发展的重要领域"。

这些指导思想,表明了我国今后对水工程所应发挥功能的社会需求、决策思想和建设方向。同时要有相应能完成这些任务的水工程规划、设计、施工队伍和具有能按这些决策思想完成这些具有水工程双重功能知识和水平的规划、设计、施工人员去完成。而从目前来看,我国从事水工程建设、管理的水利工作者,绝大多数接受的都是自然科学系列的水工程建造、构筑知识的教育,从未受到过系统的有关水工程方面类似建筑学和建筑文化学方面知识的教育。究其原因,主要是全国水利大专院校从未设立这方面的学科,导致分布在我国水利战线上的绝大多数领导、工程技术人员基本不具备这方面的知识或意识。为此,本学科的建立,就成为当前水利社会之重要的需求之一。

第三节　建筑学与水工程建筑学

一、建筑学研究的主要内容

在我国水工程建设的学科体系中,一直未形成水工程建筑学这一学科,在实践中,少数有关需要水工程建筑学方面知识的,往往只能借鉴建筑学方面的知识。因此,要研究水工程建筑学,必先了解建筑学。

建筑学这一学科的内容是随着社会的发展、建筑的发展而发展的。建筑学学科研究的主要内容包括:建筑的功能、建筑物质技术、建筑艺术与经济,以及这三者之间的相互关系;建筑设计方法以及如何综合运用建筑结构、施工、材料、设备等方面的科学技术成就,建造反映时代精神面貌并适应生产和生活需要的建筑物。随着客观的需求,有的人认为建筑学研究的内容还包括各类建筑物及其周边环境的相关艺术和技术等的综合知识,是用以指导从事建筑的规划、设计人员,进行规划、设计、创作的一门学科。虽然不少人认为建筑学是一门以艺术为核心的科学,但这门学科其实并不是纯粹艺术的学科,而是一门技术和艺术相结合的学科,是一门与国家、社会的物质、技术和经济资源发展水平紧密联系的、兼容多种知识的学科。传统的建筑学研究对象包括各类(主要指工业、民用、商业、宗教的)建筑物、建筑群、室外环境、室内空间及装饰、家具形式及其布局的设计以及风景园林和城市村镇的规划设计。随着城乡建设事业的发展、需求的变化和学科分类的侧重和细化,园林学和城市规划学又逐步从建筑学中分化了出来,成为了相对独立的学科。

建筑学需要兼容的相关知识包括画法几何、建筑制图、计算机绘图与表现、阴影透视、工程测量、建筑力学 建筑设计基础 建筑构成、建筑材料、建筑构造 、中外建筑史(中建史部分)、中外城市建设史、居住建筑设计原理、公共建筑设计原理、城市规划原理 、建筑设计 、城市设计概论、建筑绘画技法、专业外语阅读、风景园林建筑、建筑项目管理 、地基基础、建筑施工、室内设计、建筑设备……

为什么说建筑学是技术和艺术相结合的学科? 因为它首先是一门为建筑服务的学科。而建筑物的建设,如果没有几何知识、测量知识、力学知识、建筑材料知识等和制作、运输、吊装构件或巨石等的施工技术,是无法建成的。建筑的艺术和这些建筑的技术要素休戚相关，尽管艺术在建筑学发展史上通常是建筑学主攻的一方面，但在一定条件下技术又是掣肘艺术最主要的因素。建筑艺术必须服从于技术的上的可行性，不懂建筑技术的建筑艺术创作，往往是不可行的。建筑学又是一门与国家、社会的物质、技术和经济资源发展水平紧密联系的，兼容多种知识的学科。因为建筑学服务的对象，不仅是自然的人，而且更是社会的人，建筑不仅受自然人精神上想象的艺术所支配，而且还要根据社会人——业主所拥有的社会资源条件来设计、建造。故建筑艺术又必须服从于经济上可能性、社会人文心理承受性制约。由此可见，艺术、技术、经济、社会人文几方面是互相制约的。但是，"物竞天择、适者生存"——往往事物受外界因素的影响，在不断改变自身结构，这几方面又可能更多表现的是互为促进。因为，人类社会是在自然人智慧的支配下构成的社会，并不断通过努力，使建筑在技术上不断进步，使社会在经济上不断发展，使人类在文化上承载容量不断扩大。不断进步的技术、不断发展的经济和不断扩大的文化承载容量，也在不断支撑和满足着人们日益增长的物质和精神上的要求。就建筑而言，建筑师们总是在不断运用自己创造性的形象思维，在利用不断进步且可行的建筑技术条件，进行艺术创作；他们总是以其设计的最新颖的建筑艺术形象，去争取或吸引社会人的感觉和经济，对其建筑设计的认可和倾斜；业主们也总是愿意调度出他们可能调度的经济资源，用于自己看中的建筑设计。这样，就促进了建筑师们更加不断努力地去适应当代可利用的科学技术来创造出更新的建筑艺术形象。因此，可以说社会生产力和生产关系的变化，政治、文化、宗教、生活习惯等的变化，都密切影响着建筑学的发展。

从传统建筑学的观念看，中国和西方对建筑学的理解不尽相同，中国偏重于"营造"，即建筑技术，例如中国有关建筑的《考工记·匠人》（春秋时齐国工艺官书）、《木经》（五代末北宋初喻浩撰写）、《营造法式》（北宋李诚编）、《园冶》（明计成著）等；而西方建筑学界则多偏重艺术，即建筑艺术，例如欧洲的《建筑十书》（公元前1世纪古罗马建筑师维特鲁威著）、《论建筑》（1485年版，意大利L.B·阿尔伯蒂著）、《建筑四书》（1554年版，意大利A·帕拉奥著）、《画法几何》（1997年版，法国G·蒙日著）。不管是中国的还是外国的，不管是传统的还是近代的，相关建筑学，所涉及的范围一般也多在建筑物、建筑技术、建筑艺术三个方面进行表述和介绍。其学科属性多为自然科学中技术学科的性征，由于其中有不少建筑艺术的内容，亦可纳入自然科学和社会科学交叉的学科。

然而，传统的建筑学并非仅仅研究营造建筑物这一人化的物质成果，它还研究营造建筑的技术和艺术属化人范畴的成果。如果说建筑技术还属于物质文化的心物文化层面，而建筑艺术恰恰是已经进入精神文化层次的建筑文化层面。建筑艺术的出现，不仅进入精神文化层面，而且还超越了精神文化中社会心理的低层意识形态，直接进入了文化的核心层次——高层意识形态。因此,可以说建筑文化内涵,应是一个广义建筑文化内涵的命题,建筑文化不仅包括建筑思想、建筑观念、建筑意识、建筑情感、建筑意念、建筑思潮等意识形态方面内涵,还应包括建筑概念中建筑物、建筑科学、建筑技术、建筑制度及建筑艺术等所有文化的内容。不能因要专门设立一门建筑文化学这一学科,而将建筑文化内涵束窄至仅仅剩下了狭义的建筑文化中的心理文化要素。

这样一来,我们可以发现一个需要理清的问题,即建筑学与建筑文化学两门学科研究的内涵存在着交叉及其学科之间究竟是一个什么关系的问题? 其实,建筑学本身也有一部分是研究建筑文化中的心理文化要素的。例如,建筑学中研究的主体之一——建筑艺术及其审美观,本身就属于文化中典型的心理文化要素之一;与建筑艺术相关联的建筑思想、建筑观念、建筑意识、建筑情感、建筑意念、建筑思潮,乃至为建筑艺术服务的建筑技术的取舍、形成和使用决策,以及建筑艺术所涉及的价值观、审美观、文化蕴涵等无一不是建筑文化中的心理文化要素。何况建筑学研究的建筑艺术是从人的审美观开始的,也是一种研究从"意"到"形"的学问,而并非都是从"形"到"意"的学说。古罗马的维特鲁威在他的《建筑十书》中写道:"哲学可使建筑师气宇宏阔,即使其成为不骄不傲而颇温文有理,昭有信用,淡泊无欲的人。""而且哲学还阐明了事物的自然本性(或物性原理),对它则要更加精心地研究"[①]。这部被中外建筑学界认为是比较认可、较早出现、较有参考价值的建筑学书籍,已将属建筑文化最核心层次建筑心理类的建筑哲学,纳入了建筑学,成为不可分割的部分。如果说建筑文化学是专门研究建筑文化中的心理文化要素的一门学科,建筑学同样是一门已在研究建筑文化中的心理文化要素的一门学科。因此,可以说建筑学内也包括建筑文化学的部分,建筑文化学如果单设,则应是与建筑学并立且有交叉的学科。因为建筑学不可能将研究建筑文化中的心理文化要素的内容抽掉,只谈建筑技术,不谈建筑艺术。如果建筑学抽掉建筑艺术方面的内容,则就不是建筑学了。

二、水工程建筑学的概念

根据建筑学的定义,可推演形成水工程——这一专门建筑的水工程建筑学的概念。人类智慧形成的文化,涵盖了人类行为的一切知识的成果,包括人化的物质成果和化人的精神成果。当然也包括建筑和建筑学,包括水工程和水工程建筑学。但是水工建筑学和其他一些纯属自然科学类的涉水学科,如水文学、地理学、测量学、材料学、力学、岩土工程学、物理学、电工学、农田水利学……的研究对象与文化学的研究对象不同,水工程建筑学是一门包括既有技术所属的自然科学,又有如艺术所属哲学

---

① 维特鲁威著.高履泰译.《建筑十书》[M].中国建筑工业出版社,1986年版,第6页。

社会科学的综合学科。而水工程文化学则应是一门相对单纯的针对水工程这一特定类属物质的人文学科。

由于我国长期以来水利建筑多数建在农村和人迹稀少的山川之间。虽然,水工程也是人化建筑中的一个门类,但对水工程的建设,大多只重水工,不重建筑;只重水下,不重水上;只重质量,不重形象;只重有形功能,不重无形功能,故在水工程建设的学科体系中,不仅没有专门研究和设置水工程文化学,连水工程建筑学也从未专门研究和设置。故水工程建筑学的概念只能按建筑学的概念进行推演。水工程建筑学,应该是建筑学中的一个分支,它是研究水工程的建筑技术和艺术相结合的一门科学,是专门研究各类水工建筑物、涉水土工构筑物及其周边环境的相关技术和艺术等综合知识,用以指导从事水工建筑、涉水土工构筑物及其周边环境的规划、设计、施工人员,进行规划、设计、施工、创作的一门学科。

第四节　水工程文化分类

要了解水工程文化分类,可先研究一下建筑文化的分类。

建筑文化按照区域性划分,有宏观、中观、微观三个分类层面。从宏观上讲,可分为欧洲建筑文化、中东建筑文化、中南非建筑文化、南非建筑文化、东亚建筑文化、东南亚建筑文化等区域;从中观上讲,东南亚建筑文化又分可为中国、蒙古、朝鲜、日本等建筑文化分支;从微观上讲,区域建筑文化又包含城镇村落、居住社区、公共与个人等建筑文化。

建筑文化按照历时性划分,各有不同发展时期。欧洲建筑文化区有希腊建筑文化、罗马建筑文化、中世纪建筑文化、文艺复兴建筑文化、工业革命建筑文化等各时期的建筑文化;中国建筑文化区可分为秦汉建筑文化、两晋建筑文化、隋唐建筑文化、梁宋建筑文化、明清建筑文化等各不同历史时期的建筑文化。

建筑文化按照构成性划分,包含物质建筑文化、心物建筑文化、心理建筑文化三种构成要素的建筑文化;物质建筑文化分土构建筑文化、石构建筑文化、砖构建筑文化、混凝土构建筑文化、钢构建筑文化……心物建筑文化分计划建筑文化、设计建筑文化、施工建筑文化、验收建筑文化、使用建筑文化等五类执行层面的建筑文化;心理建筑文化还分认知(感觉、知觉、表象)建筑文化、感情(情绪、情趣、情感)建筑文化、意志(判断、选择、决定)建筑文化三个构成环节。

水工程文化的客观存在,按不同的标准可以有不同的分类方法和分类结果,当然不同标准分类之间可能是交叉的,而其同一分类的状态却是并列的、有限度的。人们要认识某一水工程文化状况,有时是需要通过不同的分类状况去了解的。

水工程文化内涵决定了水工程文化存在的流域、地区、阶段和分布状况,这些时空分布不同的水工程文化存在的地方,便是水工程文化研究的对象。正是由于水工程文化存在于不同地域、不同流域、不同阶段,其水工程文化学研究的对象和结果也就不尽相同,对不同的水工程文化存在情况,各类水工程的文化内涵又是不同的,也可以作一定性质或状态的归类。因此,也就会形成按水工程不同分类方法而形成的各类水工程文化。

水工程文化的分类是有一定规律的,一般应该按照研究目标进行分类,我国水工程文化大致可以按以下几种方法进行分类。

一、按历史时段分类

人类文化产生之时,基本上就是水用具文化形成之时;人类懂得渔猎生活"取水利、编蒲苇、结罘网"之时,就是水工具文化形成之时;鲧思用"息壤"作"城"以"埋"洪水、禹想筑"沟洫"以灌农田之时,即是水工程文化产生之时。由于人类文化发展的阶段性,必然也决定了水工程文化发展的阶段性。

不管什么流域、什么地区的人类文化发展,虽然存在着多元性和不同步,但其从文化的产生,经过野蛮、蒙昧时期,发展到人类群体的社会出现,形成初步的人类社会文明;接着也大多经历了原始社会、奴隶社会、封建社会、资本主义社会和社会主义社会等各个文明阶段的发展,可能其间会受到外来势力入侵的影响,前进的文明阶段也会受到干扰而形成倒退或殖民主义社会,但总的文明发展阶段性、演进性是不会变的。

文化阶段性的发展决定了水工程文化的演进状况。例如,我国的水工程文化可分为:原始社会时期的水工程文化——史前,神化性水工程文化;春秋战国时期的水工程文化——奴隶制时代,中小土方型水工程文化;漫长的秦汉至清中期的水工程文化——封建时代,大、中、小土木石方型水工程文化;半封建半殖民地社会的清后期至新中国成立前的水工程文化——近代,钢筋混凝土材料趋大型水工程文化;社会主义社会时期的水工程文化——现代,传统加新型建筑材料综合型水工程文化。

二、按水工程类别分类

首先,可以按水工程的主要建造材料进行分类,一般分两大类:①土工构造物水工程文化;②水工建筑物水工程文化。

其次,可按水工程功能进行分类,分为以下8类:①挡水建筑物水工程文化;②泄水建筑物水工程文化;③取水建筑物水工程文化;④输水建筑物水工程文化;⑤治导建筑物水工程文化;⑥扬水建筑物水工程文化;⑦蓄水建筑物水工程文化;⑧专用建筑物水工程文化。

再次,可按工程服务目的或服务对象分类,共分为以下11类:①防洪水工程文

17

化;②灌溉和排水水工程文化;③水力发电水工程文化;④航道和港口水工程文化;⑤城镇供水和排水水工程文化;⑥水土保持和环境水工程文化;⑦渔业水工程文化;⑧海涂围垦水工程文化;⑨移民水工程文化;⑩管理房屋水工程文化;⑪综合利用水工程文化。

还可按工程规模分成3类,分别为:①大型水工程文化;②中型水工程文化;③小型水工程文化。

三、按水土工建造程序构成分类

一项水工程的形成,要通过多个环节来完成。立项前的勘测调研、图形化的规划设计、立项投资的争取、施工队伍或民力的组织及砌筑、竣工后检查验收、工程运行管理及养护维修……每个环节都会蕴含着人们的各种水工程文化的思想意识,按水工程建造过程各个环节不同的思想意识,分别整理分析,也是水工程文化的又一种分类方法。

一般情况下,水工程从计划兴建到投入运行,总要很多不同部门、不同企业和人群共同完成。各个环节不同人群由于分工不同,他们所形成对水工程的建设思想不同,就会形成不同的水工程文化。这就需要对每一个环节的水工程文化进行研究,以区别各环节水工程文化的异同及各环节之间的相互联系。一项水工程,大致要由前期计划、规划设计、建造施工、检查验收、使用管理等五个环节构成,其形成的水工程文化则可分为计划水工程文化、设计水工程文化、施工水工程文化、验收水工程文化、使用水工程文化。

以上这五大水工程文化类别本身又各自可按照进行过程的环节区分其不同的水工程文化。

例如,计划水工程文化可分为(水行政主管部门)意向水工程文化、(政府领导)决策水工程文化、(勘测、规划技术单位)可行性研究水工程文化、(规划、国土、财政、发展改革及上级水行政主管部门等权力综合部门)立项水工程文化。计划水工程文化是一个程序相对交叉、多变的、程序先后不固定的水工程文化。例如,一般水工程应为意向在先,可行性研究在后,决策继之,立项再在其后;也可能决策在先,意向、立项同步明确,可行性研究略去直接进入设计阶段(防汛抢险应急工程);抑或,决策、意向(会议)同步,可行性研究在其后,立项继之。

设计水工程文化又可分为调研水工程文化、勘测水工程文化、规划水工程文化、设计水工程文化。实际上,以上调研、勘测、规划、设计水工程的过程就是一个图形化水工程的过程,故又可将设计水工程文化称为图形化水工程文化。但是,如果称为图形化水工程文化,这里又必须包括原本纳入下一个环节——施工水工程文化中的由设计图向施工图转化的文化环节。

施工水工程文化是按各施工专业和其施工工序进行水工程文化分类的。例如,土建水工程文化又可分为土方水工程文化、桩基水工程文化、砌筑水工程文化、模板水工程文化、钢筋水工程文化、混凝土浇筑水工程文化、门窗水工程文化、装饰水工程文化等。为什么要将水工程文化分类划分得如此之细？因为在水工程的施工过程中每个专业的每个程序都是由不同的人去完成的，他们所具有的水工程文化意识不同，专业指导思想也不同，但却是通过共同协作的方式来完成水工程的物化过程的。在这一过程中，尽管图形化的水工程已经被表现得比较完整和细致，但在施工过程中，需要具体施工者充分理解，由他们通过劳动而转化为实物，这一理解本身就是一种水工程文化。何况施工者在理解图化的水工程时，往往会产生与图上不尽相同的现象，有可能是对设计图或施工图的补充或修正，当然也不排除误解，这就要修正之"修正"，这些都是因水工程物化而产生的文化，都是有其个性的水工程文化。这种物化的转化实现办法的产生，也是水工程文化，然后才有用这种水工程文化思想来指导或支配着水工程物化的全过程。所以，才有必要研究各专业及其各道工序的水工程文化。

与水工程物化过程紧密联系的还有监理、检查、验收的过程，这三个环节几乎与水工程整个成型过程是同步推进的，每项水工程施工，都必须接受甲方委托的监理单位的人员和甲方人员的监理、检查和甲方组织的验收。这些环节基本上与施工的相关专业和工序都是相同的，但对每个专业、每道工序进行监督、检查、验收的人不同，他们不是一个部门的人，不同部门所持有的水工程文化意识、文化视角、文化观念不同，验收后的意见有可能相同，也有可能不同，这样，施工部门便要融合监理、甲方检查人员和参加验收的各部门人员的思想进入水工程的建造过程，直到通过验收。因此，对监理水工程文化、检查水工程文化、验收水工程文化也要进行分类研究。

水工程建成后，其完整的意义主要还在于功能的发挥。因此，这就必然关系到水工程的管理、运用、开发利用、养护维修等，这又形成了使用水工程文化中的管理水工程文化、运用水工程文化、开发利用水工程文化、养护维修水工程文化等不同的分类。

四、按心理性构成环节分类

水工程文化是一种意识形态上的文化要素，这种客观存在的无形意识，其实在相关人们的头脑中是有一定的生成过程的，这一生成过程就是水工程文化的心理过程。人类在意识形态方面，其全部内容的存在状态或存在阶段，是一个极其复杂的大体系。但各种意识状态所组成的全过程，对任何一个事物又是基本相同的。从人产生的心理过程看，主要有认识、感情、意志三大类型。人类对水工程文化的心理也就可以分成认识水工程文化、感情水工程文化、意志水工程文化三大类。

人们对事物的认识过程，又包括感性认识和理性认识两个部分。在感性认识的过程中又包括感觉、知觉、表象三个过程，而且人们往往对事物的感性认识，并不是简单地通过一次的感觉、知觉、表象过程就能完成准确的感性认识,而是在其中或是在其后还有一个记忆及回忆过程,这个记忆及回忆过程就使感性认识向理性的认识逐步地过渡,形成了概念、判断和推理的主观能动的高级思维过程。人们对水工程这一事物抑或对水工程建设、管理、使用的各个环节都会有感性认识和理性认识的过程。因此,也就产生了类属于认识水工程文化的感性水工程文化、理性水工程文化及其感觉水工程文化、知觉水工程文化、表象水工程文化和概念水工程文化、判断水工程文化和推理水工程文化的分类。

心理过程中的感情过程,是一个具有复杂内容和思维的过程。它是一种有别于观察、回忆、思考等的一种体验和情绪的内在思维;心理过程中的意志过程,是带有决策意识的一个心理过程,是表现人们对水工程的某种决策意向的一个心理现象。由于人们的这一心理活动过程与水工程一系列相关活动存在着紧密联系,存在着对水工程一系列相关活动各个环节带有主观意识的选择、决定、执行的思维三环节,因此情感与意志这两类水工程文化中,又可分为体验水工程文化、情绪水工程文化、选择水工程文化、决定水工程文化、执行水工程文化五类。

五、按流域或地区分类

世界上各流域、各地区,由于自然的地形、地貌、气候、水情不同,社会经济发展、科技发展状况不同,民族文化、习俗不同,形成的水治理、水利用的方法与手段不同,建造的水工程也不同。因此,各流域、各地区的水工程文化也不会相同。就我国的水工程文化,按大的流域分为黄河流域水工程文化、长江流域水工程文化、淮河流域水工程文化、海河流域水工程文化、珠江流域水工程文化、松辽流域水工程文化、太湖流域水工程文化。按大的地区分类可分为西部地区水工程文化、中部地区水工程文化、东部地区水工程文化。还可按省、直辖市、自治区划分为较细的地区水工程文化,抑或再向地级市或县一级细分下去。

其实水工程文化的分类,还有一些其他分类方法,不管怎么分类,都是按照某种研究目的进行的。

第五节 建筑文化学与水工程文化学

一、水工程文化学的定义及内涵

对水工程文化学,与水工程建筑学一样,在水利业界及水利学界也从未专门进行研究和设置这一门学科。要为水工程文化学的概念定义,可以借鉴于建筑文化学的定义进行推演和阐述。

水工程文化学是一门研究各类水工建筑物、涉水土工构筑物及水土工建、构筑物周边环境、景观之文化现象的一门学科。它是通过研究水工程建筑文化发展、演变的现象、过程和规律,从总体上把握水工程建筑文化形成的体系、脉络、结点;阐释水工程文化的关键术语、研究范围,以及对如何文"化"水工建筑物、文"化"涉水土工构筑物、文"化"水工建筑物和土工构筑物周边环境及景观等,进行系统理性思维、提出导向意见的一门学问。

　　水工程文化学的研究,不仅要研究历史上和现有的水工程文化现象,更要通过对历史和现有的水工程文化现象进行研究,形成系统的理性认知,在总体把握各水工程技术学科及新兴的水工程建筑学、水工程美学等的基本理论、基本知识的基础上,建立完整的与水工程建设相关的文"化"目的、文"化"目标、文"化"对象、文"化"内容、文"化"技术等文"化"水工程的理论体系。

　　水工程文化学是以水工程为依托,研究水工程与水、水工程与社会、水工程与人文、水工程与环境、水工程与其他生物等之间关系的学科,是水文化学的一个分支。

　　水工程文化学涵盖水工程社会学、水工程生态学、水工程景观学、水工程艺术学、水工程美学等。

　　水工程文化学是一门综合性的学科,是一门融文化学与水工程建筑学于一炉的交叉学科,它是科学与艺术、力学与美学、工程学与文化学相结合的交叉学科。

　　水工程文化学又是一门研究哲学社会科学中相关学科与主体属自然科学的水工程之间关系的学科。主要涉及的相关学科有:研究与水工程文化内涵与品位的界定所体现相关的哲学理论、生态伦理、文学艺术、历史积淀、美学特色、地域文化等属哲学社会科学中有关哲学、美学、艺术、文学等学科;研究与水工程的文化内涵与品位的实例分析及具体实践相关的,规划环节、设计环节、施工环节、管理环节、保护与开发环节等属于自然科学中有关水利技术的学科;研究水工程决策环节、与水工程的文化内涵与品位的利用开发及进行中外水工程文化内涵与品位比较的相关的社会学、经济学、行政学、心理学、系统学、比较学等学科。

　　水工程文化学是一门新兴的边缘学科,也是一门古老的学科。其实,在宋代,苏轼(东坡)已提出了建立"水学"的概念,这位世界级文学家、艺术家,治水的大家,在他的《策断》"禹之所以通水之法"中说:"当今莫若访之海滨之老民,而兴天下之水学。古者将有决塞之事,必使通知经术之臣,计其利害,又使水工行视地势,不得其工,不可以济也。故夫三十馀年之间,而无一人能兴水利者,其学亡也。"[①]从此篇的上下文看,这里所说的"水学"似乎是仅指水工程学,但从苏轼的全部社会活动看,"水学"恰

---

　　① 《苏轼散文全集》[M].今日中国出版社,1996年版,第673页。

恰包括了水工程学和水工程文化学。水工程学涵盖的是治水理论和实践,水工程文化学包括的是文"化"水工程和水工程文化,苏东坡在这两方面均有伟大的建树(本书在后面将设专节介绍这方面的内容)。苏轼的水学既包括了水工程学,又包括了水工程文化学,他在这两方面所形成理论和实践成果,可以说是前无古人的,是开创性的。苏轼建立的"水学"是对中华水文化的重大贡献。我们现在建立的水工程文化学,亦可视为对苏轼"水学"的拓展和丰富。

水工程文化学有着水工程类各分支学科所不可替代的作用,它应当是水工程科学技术研究的牵头理论学科。

二、水工程建筑学和水工程文化学异同

水工程文化学是一个全新的学科,要了解这一学科与水工程建筑学的异同,必先了解水工程文化学研究的核心内容。又由于水工程本身属于建筑的范畴,一般来说,可先从当今对建筑文化学研究的核心内容进行推演。现在建筑文化研究的学界认为:"建筑文化是指建筑思想、建筑观念、建筑意识、建筑情感、建筑意念、建筑思潮等这么一类心理层次方面的要素群"[1]。此说是建筑文化学中的单纯建筑意识形态说。抑或可以认为是一种狭义建筑文化说。他们还认为建筑文化学是专门以建筑心理层要素为研究内容的一门科学,它有别于以物质层、心物层为主要研究内容的建筑学。他们还认为建筑学是研究建筑"形"到"意"的学说,而建筑文化学则是研究建筑"意"到"形"的一门学科。

由于社会的发展,社会对水工程功能需求发生变化,设立类似建筑学和类似建筑文化学的水工程建筑学和水工程文化学的议题已推到前台,现借鉴建筑学和建筑文化学的研究,针对水工程这一专项建筑的个性和特点,给出水工程建筑学和水工程文化学这两门学科研究的核心内容,便可了解这两门学科的异同。

一是两门学科简明概念。水工程建筑学是研究水工程的建筑技术和艺术相结合的一门实用技术性学科。水工程文化学是研究现有水工程的文化现象和文"化"水工程之理性思维的一门文化理论性学科。

二是两门学科研究的文化内涵之交叉与侧重。从水工程文化内涵的六个层次看,水工程建筑学主要研究的是第一至第四层次的自然水和物质水文化以及心物水文化。水工程文化学主要研究的是第三至第六层次的意态水文化。两门学科研究的水文化对象中,交叉的部分主要在心物水文化部分。

三是两门学科都是综合性学科。两门学科,都是为水工程的建设、运用和管理服务的科学。但在学科性质分类上,水工程建筑学由于侧重于研究"人化"水工程为主

---

① 陈凯峰著.《建筑文化学》[M].同济大学出版社,1996年版,第13页。

的知识,一般可列为自然科学类的学科。水工程文化学则侧重于研究通过"化人"的过程,达到使涉及水工程的人,能形成有文"化"水工程的完整理性思维为主的学问,一般应列为哲学社会科学类的学科。但这两门学科又是都有部分涉及覆盖对方学科的边缘学科。

四是两门学科的关系。水工程建筑学和水工程文化学这两门学科,都是我国在社会发展新形势下的水利科学中,相辅相成、不可或缺的学科。水工程建筑学研究的是:文"化"水工程这一过程中,以针对水工程这一"物"为主,相关的人之行为文化;水工程文化学研究的是:以针对涉及水工程的人为主,对水工程文化的认知和对文"化"水工程行为之产生的意识文化。两门学科之间的关系均集中为研究具体之涉及水工程的人,人的意识指导行为,人的行为反映意识。互为因果是两门学科之间的关系。

三、水工程文化学研究与建筑学研究比较

水工程文化学研究与传统建筑学研究的比较应从学科、型体、内容、性质、体系等几个方面着手。

建筑学,从广义上来说,是研究建筑及其环境的学科。在通常情况下,以及按其作为外来语所对应的词语(由欧洲至日本再至中国)的本义,它更多地是指与建筑设计和建造相关的艺术和与艺术相关的工程技术的综合。因此,建筑学是一门横跨工程技术和人文艺术的学科。建筑学所涉及的建筑艺术和建筑技术,以及作为实用艺术的建筑艺术所包括的美学的一面和实用的一面,它们虽有明确的不同,但又密切联系,并且其分量随具体情况和建筑物的不同而大不相同。

建筑学还是研究建筑物及其周围环境的学科,它旨在总结人类建筑活动的经验,以指导建筑设计创作,构造某种体系环境等。建筑学的内容通常包括技术和艺术两个方面。

建筑学服务的对象不仅是自然的人,而且也是社会的人,不仅要满足人们物质上的要求,而且要满足他们精神上的要求。因此,社会生产力和生产关系的变化,政治、经济、文化、宗教、生活习惯等的变化,都密切影响着建筑技术和艺术。例如,古希腊建筑以端庄、典雅、匀称、秀美见长,既反映了城邦制小国寡民,也反映了当时兴旺的经济以及灿烂的文化艺术和哲学思想;罗马建筑的宏伟壮丽,反映了国力雄厚、财富充足以及统治集团巨大的组织能力、雄心勃勃的气魄和奢华的生活;拜占廷教堂和西欧中世纪教堂在建筑形制上的不同,原因之一是基督教东、西两派在教义解释和宗教仪式上的差异;西欧中世纪建筑的发展和哥特式建筑的形成是同封建生产关系有关的。封建社会的劳动力比奴隶社会贵,再加上在封建割据下,关卡林立、捐税繁多,石料价格提高,促使建筑向节俭用料的方向发展。同样以石为料,同样使用拱券技术,

总

论

哥特式建筑用小块石料砌成的扶壁和飞扶壁,这同罗马建筑用大块石料建成的厚墙粗柱在形式上就大相径庭。此外,建筑学作为一门艺术,自然受到社会思想潮流的影响。这一切说明建筑学发展的原因、过程和规律的研究绝不能离开社会条件,不能不涉及社会科学的许多问题。

建筑学是技术和艺术相结合的学科,建筑的技术和艺术密切相关,相互促进。在建筑学发展史上虽然技术是主导的一方面,但在一定条件下,艺术又促进了技术的研究。就工程技术性质而言,建筑师总是在可行的建筑技术条件下进行艺术创作的,因为建筑艺术创作不能超越技术的可能性和技术经济的合理性。埃及金字塔如果没有几何知识、测量知识和运输巨石的技术手段是无法建成的。人们总是可能使用当时可利用的科学技术来创造建筑文化;但人们往往也会按建筑师设计所追求的艺术造型,去研究适应其需求的技术。这样的相互促进,就形成了建筑艺术的不断提高和建筑技术的不断进步。

水工程以兴利除害为目的,设定了水的边界,规范了水的流动,改变了水的自然存在。从美学角度上看,水工程是对原生态水环境的干预、扰动。水工建筑是整个水工程中依托于水的建筑,水工程与水的关系或拦、或分、或导、或跨、或输、或修复,是广义工程学的一个门类。

水工程相对其他建筑的特殊性表现在:工程量大、投资多、工期长、工作条件复杂、受自然条件制约、施工难度大、效益大;反之,失事造成的后果严重、对国民经济影响巨大。

就尺度空间而言,水工程所占的空间远远大于其他建筑,且不论绵延数千里的大江大河,就单体建筑而言,一座大坝的体量也远远超过一座楼房的体量。故而,水工程对环境影响范围也大。

水工程与一般建筑相比最大的特殊性还有,水工程是与水紧密联系在一起,无时无刻不与水打交道。水工程文化学的研究同样离不开水,它所研究的水工程意识、水工程精神、水工程文化内涵、水工程艺术以及为之服务的水工程技术、水工程制度等无一不考虑自然界的水之条件、水工程对自然界的水之改变和对改变了的水之利用。建筑学除其建筑技术地基处理和建筑环境涉及水的外,一般不需考虑水。

水工程用自己独特的形体、结构、尺寸、线条,表达比有声的语言更深刻的观点和态度。水工建筑物的每一根线条、每一道色彩、每一组空间比例和每一个平面造型,都是蕴藏着各种含义和思想的种种符号——形成其独特的水工程语言。

水工程文化学是研究现有水工程的文化现象和文"化"水工程之理性思维的一门文化理论性学科。由于其研究内容外延至心物层的水工程艺术和为其服务的相应水工程技术、水工程制度,故它同时也是一门实用性学科。而建筑学只是一门研究建筑艺术和技术的实用性学科。

第六节　水工程文化学的确立

一、新学科建立的前提

在经济、文化社会高速发展的现代,一门新学科的创立已是常有的事。例如:计算机科学与技术,人口、资源、环境经济学,传播学,生态学,都市园艺学,船舶电气工程学,港口电气学,疾病防治学、营销学,城镇规划学,建筑技术科学,职务犯罪预防与控制学……都是在传统学科的基础上,创建和新出现的学科。这些学科的确立和出现的条件分别为:

一是新的事物在世界上已经客观存在,而且需要为人类所了解。只要是某种事物的出现或存在,都有可能被作为新设立的某个学科的对象和内容。例如计算机的发明、出现,推动了科技进步,社会对计算机的需求与日俱增,计算机科学与技术这一学科就应运而生。

二是人类对客观存在事物的认知度,世界上客现存在的事物或新生事物不胜其数,人类主观能动地去认识了一些事物的存在和其运动的规律,并能探求出对这些事物认识的方法论,根据已有的认知,建立了一系列学科。但是在这些已建立的学科研究范围内、外,还有一些事物虽然客观存在,当时并未为人类认识,或者认识的深度不够,故未能成为一门学科独立存在,但是随着人类社会的进步、科技的发展,人类认识的深度达到可以独立建立一门新的学科时,就会为人们建立这一新的学科。例如理论物理学中粒子物理与原子核物理、原子与分子物理、等离子体物理等学科就是为物理科学家逐步认识而逐步建立的。

三是人类社会的存在和发展,改变了自然界的客观环境,人类必须调整与自然界的关系和调整人与人的关系,按照新的社会需求而专门研究产生的新学科。例如人口、资源、环境经济学,生态学等。

四是对原有学科研究和认识的精细化,使这一学科研究的内容更专业、更具体。例如,将外科学发展为普通外科学、骨外科学、泌尿外科学……

归纳一下,新学科设置和确立,都离不开三个大的前题:一是客观存在,二是社会需要,三是研究达到一定深度。只有符合这三个前题,一个新的学科才能确立。

二、水工程文化学具备学科建立三前提

水工程是随着人类文化的形成而形成的,水工程在用水和治水的过程中出现后,也便在人类文化的逐步发展中形成了它特定的内涵和外延,使水工程有了完整

的意义。

从4000多年前鲧禹时代起,对水工程的构筑、形成和发展,人类一直居主导地位,是人类的用水、治水的思想、感觉、意识、认识、观念、判断、意志、经验支配着水工程全部发展演变过程。人类对水工程的的思想、感觉、意识、认识、观念、判断、意志、经验就是水工程文化。显然,这些水工程文化本身,就是一种人类社会的客观存在。人们不知道的东西并非不存在的东西,在未将水文化从文化体系中专门列为一类文化研究之前,人们并不知道有水文化,也不知道有与水工程同步产生的相关文化,在人们还未认识有水文化和水工程文化这种东西时,实际上水文化与水工程文化已悄然伴随着人类与水不断发展的关系而不断壮大了,不知不觉地指导着人类与水相处的关系和水工程的发展过程,并已形成了非常完善和全面的体系,只不过是我们一直未能重视、分析、归类、提炼、总结和命名而已。这一被承认的专门针对水工程而言的文化,就是水工程文化。不管是物质决定意识,还是思维决定存在,不管是唯物主义者的观点,还是唯心主义者的观点,至少他们在水工程文化被揭示以后,都一致承认人类社会确实有水工程文化的存在。此为具备可以创建水工程文化学的前提之一。

人类发展总是先从满足基本生存的物质条件开始,进而发展到去考虑人类之间或整体关系的问题,不断寻求人类社会制度的变革和完善,继而又回到人类自身的完善上来了,这一完善已不仅是对基本生存条件的需求,而是对人类思想、意识、境界进化的刻意追求,是人类追求的另一个层次上的完善。即为文化内涵之由物质层向心物层、心理层深入的发展,以寻求人类真、善、美为目标的内外整体统一。这就是一种从物质需求向在已享有一定物质条件基础上的精神需求发展的规律。人类文明发展至今,基本上遵循了这一规律而不断往复地向更高层次推进。不管在4000多年历史的长河中我国建了多少水工程,也不管新中国成立以后我国建了多少水工程,只谈改革开放以后,黄河小浪底水利枢纽——中国规模最大的堆石坝工程,长江三峡水利枢纽工程——当今世界上最大的枢纽工程,淮河入海水道工程——导淮洪直接入海的大型骨干工程,南水北调东、中线工程——全球跨越水系最多的调水工程,上海黄浦江上游引水工程——中国最大的城市供水工程……一座座超大型水工程此成彼起地出现在中国大地上;全国新建的其他大、中、小型水利工程更是星罗棋布地出现于各省、各市、各县。特别是1997年中央对治理水土流失的有关水利工作提出"再造一个山川秀美的西北地区"要求后,将属人文艺术的"美"字,摆到了一直属自然科学类的水利工作要求之中。"现代水利""先进文化""文化大繁荣""美丽中国""生态文明建设""水生态文明建设"等代表我国社会发展对"提升水工程文化内涵与品位"的需求提出后,一座座富有文化内涵的、品位较高的如浙江绍兴市的城河治理工程、江苏泰州市凤凰河工程、山东滨州市四环五海(平原水库)工程、成都府南河工程、银川鸣翠湖国家湿地公园、南京市三汊河口闸工程……也如雨后春笋一样，呈现在中华大地之上。不管是历史上、近现代，还是将来，水工程仍然是人类协调自然水与人关系的主要手段之一，水工程文化仍然是人类社会不可或缺的需求。此为具备可以创建水工程文化学的前提之二。

现在我们研究、整理、挖掘乃至赋予水工程文化的内涵，其实这些大多是人们早已感知或认识的东西，只是为了适应社会发展进一步的需要，现在提出了更为准确、更加具有概括性的概念而已，让人们可以更能感觉出水工程文化在人类现实中的存在地位。进而，通过学科的建立，可以使相关学习或从事涉水工作的人，从深层次认识到水工程文化这一事物以后，能更准确把握这种关乎提升水工程文化内涵与品位最为关键性的东西，去主观能动地给予引导和积极有效地促进其运用。文化被明确地作为一门学科来研究的历史本来就不长（文化学研究者大多认为起始于1871年英国泰勒的《原始文化》），由文化演进的水文化、水工程文化时间就更短了。水工程文化概念的出现，也正像其他事物与文化的联姻（如建筑文化、餐饮文化、旅游文化）概念的出现一样，都是逐步出现在现代文化研究的繁荣和衍生时期——20世纪后期至21世纪初期，都是在探索研究中提出和推进的。就如：

2001年10月7日，董文虎向泰州市委、市政府提交了一份《泰州市城市防洪及河道综合整治规划总体思路》中，专门编写了"泰州市城市防洪及河道综合整治规划之二——人文景观部分"及绘制了"人文景观布置简图"①，正式形成要将地方文化融入地方水工程规划的思想，并通过这一方法争取市委、市政府支持，付诸了水工程实践。该市文"化"水工程的做法，于2003年6月得到了时任水利部副部长翟浩辉的认可和肯定，指出："城市防洪工程一定要注意充分发挥水利工程的综合功能，强化水土保持在工程中的作用，提高工程的文化品位，适应广大市民物质和精神两个方面的需求"（见该书第1页），较早地提出并在实践中将文化与水工程作了联姻。

2005年6月，董文虎在参加由今日中国论坛和水利发展研究中心举办的《水利工程生态影响论坛》获奖论文《让河流有形功能与无形功能并存》（全文由2005年8月27日《中国水利报》现代水利周刊整版发表）中首先提出了"河流（包括水利工程及河坡、岸线、岸边管理及水自然循环影响区）的功能"应包括"无形功能"中的"人文功能，主要指河流对人的精神、意识所能发挥的作用"，将水工程与人类的文化开始联系起来进行理性思考，形成了水工程不仅应具有有形（灌、排、引、航等）功能，还应具有包括无形（环境、生态、文化）功能在内之"双重功能"的理论。

2006年3月9日，董文虎应邀以评委身份参加《南水北调东线一期工程江苏段建

27

① 董文虎主编.《泰州市水文化研究与实践》[M].郑州:黄河水利出版社.2004年4月第172页。

总

论

筑与环境总体规划设计方案》评审,会上提交了一份对这一设计方案的书面建议①肯定了设计方案"开始提升到同时十分重视生态、环境、人文等无形功能的发挥"并提出了"选用大运河文化为本工程主命题"及有关水工程"建筑文化内涵"的具体选题。专家组在评审意见中,接受了这一建议的核心思想,在评审意见中写进了"水利工程既要发挥有形功能,又要发挥生态、环境、人文等无形功能,做到双重功能并重"的意见。将文化与水工程的联系,直接推进到国家重点的特大水利工程设计思想之中。

2006年,刘冠美编著的《水工美学概论》由中国水利水电出版社正式出版,这是一本最早开启对水工程与人文学科中——美学联姻作系统性阐述的专业书籍。

2008年2月,由中国水利文学艺术协会在黄河水利出版社出版的《中华水文化概论》一书的章节设置中,把"物态水文化"分为"水形态文化"和"水工程文化"两大部分,正式把水工程中蕴涵的文化定名"水工程文化",且分别以"辉煌的京杭大运河文化""都江堰的文化内涵""三峡工程中的水文化""个性鲜明的小浪底文化""南水北调工程的文化底蕴""水利工程中的水文化"等6个小节,介绍了古今典型水利工程中的水工程文化。

2009年11月17日,水利部陈雷部长在《中国水利报》发表的题为"大力加强水文化建设 为水利事业发展提供先进文化支撑"一文,在第二部分提出的"水文化建设的总体要求"中,已把"提升水(利)工程的文化内涵和文化品位"作为是对水利事业发展提供支撑之一提了出来。水工程文化的意识已从专家、学者的研究中,进入国家水行政主管部门的最高层,成为其决策思想的组成部分之一。

2011年12月,水利部正式颁发的《水文化建设规划纲要(2011—2020年)》中第(六)点也正式提出了"大力提升水工程与水环境的文化内涵和品位"并提出了"要把文化元素融入到水利规划和工程设计中,提升水利工程的文化内涵和文化品位"等4点规划纲要,对水工程文化的建设作出了规划。

2011年,水利发展研究中心和中国水利职工思想政治工作研究会,按照水利部科研计划,专门组织人员对水利部水利政策研究和制度建设财政预算项目《提升水工程文化内涵与品位战略研究》课题开展了研究。课题组在对国内外水利工程文化及文化需求调研的基础上,对水工程文化内涵与品位的理论进行了分析和提炼;对文化及水文化、水工程、水工程文化、水工程文化内涵、水工程文化品位等基本概念进行了界定;对水工程文化的适用价值、思想意蕴、历史积淀、美学内涵、地域特征、文艺元素等主要元素进行了阐释;对我国水工程文化的民生性、综合性、地方性、动态性、生态性等主要特色进行了分析;提出了提升水工程文化内涵与品位的途径;并得到提升水工

---

① 董文虎著.《水利发展与水文化研究》[M].郑州:黄河水利出版社.2008年4月.第241页。

程文化内涵与品位是水利文明的显著象征、是经济社会发展的迫切需求、是水文化建设的重要任务、是对优秀传统文化的传承与弘扬等结论。这为当前探索建立水工程文化学,特别是对其中有关研究对象、主要内容及基本概念等理论提供了有一定深度的研究。

从十多年对水工程文化的研究来看,从基层水利部门到水利部相关高层部门、从专家学者到部领导、从实践探索到理论研究等各方面都已形成不少成果,可以说,已经具备确立水工程文化学的第三个前题——研究已经达到一定深度。

为此,本书认为:创建水工程文化学这一基础学科的条件已经具备,学科的建立,将会更有利于深入地研究水与文化,将会更有利于传播、运用水工程文化理论,并会更有效地去指导涉及水工程实践的人们去提升水工程文化内涵和品位。

三、水工程文化学需要深化研究和探索

当前,对水工程文化的研究,有两种不同的倾向。一种是在文化大繁荣的形势下,只是对水工程贴了一个文化的标签,仍然研究的是水工程的建设,只是在做报告、写文章时,使用"水工程文化"这一新名词而已,其研究、讨论、表述的还是属传统建筑学的"水工建筑"方面的东西,并没有什么新的研究内容。另一种,则是在我国文化大繁荣的时期,提出了水工程建设的另一个发展新方向。研究水工程的发展,是为了水工程与文化的相互协调、相互促进。认为水工程建设不是孤立的,是人类文化总体中的一个部分,人们对水工程的需求不只是物质方面的功能,还有精神方面的需求。这就是"水工程文化学"需要研究的东西。一个新称谓的提出,对于一门新学科的设立并未产生多大意义。只有锲而不舍地去探索它、研究它,使其在探索、研究中逐步充实、完善其内涵,最终才能真正形成这一科学而独立的学科。水工程文化学同样也是在探索、研究中逐步充实、完善并已具备有自己科学和独立内涵的东西,才能为人们所认识,且能以其客观的存在,支配着与其相关所有人涉及水工程的某些行为,让人们感觉到对水工程文化这一学问的研究非常必要,这才初步具备创建这门新学科的条件。水工程文化之"学"的创建,是顺乎人类发展规律和发展的必然结果。也正是缘于水工程文化学这一学科已初步具备了创建条件,才促成本书的编写。本书是建立在前述十多年来方方面面对水工程文化研究的基础上,经过系统地研究、归纳、整理、阐释和深入探索,用学识发展永无止境的理念,形成的阶段成果。水工程文化学学科的建立,必然会更好地服务于水利实践。本书的所写内容,是这一学科创建的标志,是这一学科的起步,今后,随着社会的发展、水工程建设、管理的发展,必然会有更为科学、更趋理性的和更多的属于本学科知识充实其内。

第七节　水工程文化学的研究对象

上面对水工程文化的研究,已给定了有关可划分为六个层次的内容,实际上这就设定了水工程文化学这门学科,所应该研究的主要范围,水工程文化学研究的对象,也就基本上被划定在其中了。然而,前述对水工程文化之解构,只是在大体框架上规定了水工程文化所包涵的内容,对于一个学科需要深入研究的具体内容尚未作较为具体的交代。目前,人们对水工程文化学的研究,仍不知从何着手,这就有必要为从事水工程文化研究的人,明确指出较为具体的内容,确定各种水工程确切的研究对象才行。

任何一门学科的研究,都是出于为了解决某个问题而从事的研究。为了这个目的,学科在创建时就要根据这一目的,为该学科设定一定研究宗旨,作为观察、探讨具体事物的指导思想。水工程文化学作为一门正在形成过程中的新学科,也应先设有自己的学科宗旨,以利于研究的方向或对象不致偏离研究的目的。

研究水工程文化或水工程文化学的动机、目的、宗旨,是一演进性或渐进性的系列问题。宗旨是由目的决定的,目的是由动机形成的。故研究水工程文化学的宗旨,必先从研究水工程文化学的动机、目的及宗旨之间的关系开始。

作为名词的动机,在心理学上一般被认为是涉及行为的发端、方向、强度和持续性。而作为动词的动机,则又多称为"激励"。在组织行为学中,激励主要是指激发人的动机的心理过程。通过激发和鼓励,使人们产生一种内在驱动力,使之朝着所期望的目标前进。动机的实质是指一个人想要干某事情而在心里形成的思维途径。同时,也是一个人在做某种决定所产生的念头。所以说,动机是一种激励人们去行动的主观原因,常以愿望、兴趣、理想等形式表现出来,是个体发动和维持其行动的一种心理状态。设立一门学科的动机,是学科设立之前的一种意念,在这种意念的驱使下,去从事学科的设立工作;学科设立的先决条件是持有设立这一动机的人群,已不仅仅是极少数个体的探求,而是由个体发展为或少或多的群体。进而,这些人在学科的设立过程中,一些研究得较深的人,这种学科设立意念性的动机便会逐步转换成一种系列性的,或明确或尚未完全明确的,或可以整理成文或虽暂时不能成文,但比动机更具体、更完整、更现实的东西——目的。目的,通常是指行为主体根据自身的需要,借助意识,观念的中介作用,预先设想的行为或结果。作为观念形态,目的反映了人对客观事物的实践关系。人的实践活动是以目的为依据的,目的贯穿实践过程的始终。随着活动层次的不同,就有了目标、目的的不同。一般来说,目标包括目的。从设立学科的动机到设立学科目的的形成,就开始说明这一学科正在形成的演进之中;当研究的目的已比较完备、比较明确时,这些诸多的目的就必然要形成一个科学的、有代表性和概括性的宗旨。宗旨,指主要的思想或意图、主意。一门新学科的宗旨,就是设立学科的意图,也是设立这一学科的一个标志,是主导学科设立后发展方向性的东西,学科的研究是以宗旨为准绳的,一切研究将围绕宗旨而进行。因此,由研究动机演进成研究宗旨,便成为学科设立不可或缺的一环。

一、研究动机

由于文化的包容性极大,一切人类非本能的行为结果,都可被文化包容在内。故而文化与文化结构内诸要素结合的研究就会屡有创新,也会层出不穷,使"文化学"成为20世纪以来人们重点和热衷研究的对象。特别是对以某一行业或某一事物与文化结合起来研究的分类文化,更是受到重视。因为这些研究,实实在在地推动了行业的发展、事物的进步。"水工程文化"也在这一研究大潮中,逐渐为人们所认识,尤其为涉水行业的人群所关心,成为人们在从事水工程决策、规划、设计、建设、管理、运用等活动中的一种强烈的意念。从事水工程决策、规划、设计、建设、管理、运用等活动的人们非常清楚地认识到,人类从事任何活动都是受某种思想意识支配的,水工程决策、规划、设计、建设、管理、运用等的一切活动也同样要受水工程决策、规划、设计、建设、管理、运用等相关人员以及受益人的思想意识所支配。水工程与其他一切文化要素一样,都是文化的一部分。当水工程发展表现在阶段的徘徊发展时期,文化热潮引来的各种行业、各种事物结合研究的话题正好给涉水的工作和研究人员一个很好的启发,或许"水工程文化"可以给人们创立另一种有别于传统水工程决策、规划、设计、建设、管理的水工程以不同意境。无论这种意境与传统决策、规划、设计、建设、管理、运用的水工程的意境是什么关系,总之应该会形成两个不同层次意境的范畴。那么,对水工程文化学的研究,或许就可以把水工程的决策、规划、设计、建设、管理和运用推向一个新的境界,这就是设立水工程文化学的动机。

二、研究目的

由于"水工程文化"的命题通过20世纪80年代以来水文化的研究,已经脱颖而出。一批研究"水工程文化"的个人与群体,必然会、也已经在这一命题下聚拢。他们都是为了将水工程决策、规划、设计、建设、管理与运用推向一个更新、更高层次这么一个目的,在做不懈努力。

文化是一个完整的整体,文化结构内的各种要素的发展是相互联系、相互牵制的,水工程决策、规划、设计、建设、管理与运用这一系列过程的文化要素也一样,同样是相辅相成、相互牵制的。水工程决策体系与水工程决策意识,水工程规划、设计规程、规范、定额、标准与水工程规划、设计理念,水工程建设、管理与运用制度,水工程建设、管理与运用技术，水工程建设、管理与运用思想等心物层、心理层要素的发展，可以带动水工程建、构筑物，水工程生态、景观设施、水工程运行、管理设备等物质层文化要素的提高。当水工程建、构筑物和水工程决策、规划、设计、建设、管理能力与运用技术等得到充分发展，达到一个相对较高水平后，发展相对缓慢的水工程决策、规划、设计、建设、管理与运用的思想、水工程决策、规划、设计、建设、管理与运用的意识等又会出现相对滞后现象，反过来又会制约水工程的决策、规划、设计、建设、管理与运用的发展，又会制约水工程决策、规划、设计、建设、管理与运用技术的演进。于是，社会的需求和发展这就会迫切要求水工程决策、规划、设计、建设、管理与运用的创新思潮再一轮的掀起，此起彼伏、循环往复、成阶段、梯度式地向前推进。当然，水工程决策、规划、设计、建设、管理与运用之创新思潮自身的演进，有时候也会出现循环往复的徘徊发展现象，这就要求不断地、全面地重新思考、检索、研究所有有关水工程意识形态方方面面的各种文化要素构成的情况，以及变化情况、可能和可以调整、发展的方向和问题，这就是"水工程文化"这一学科研究的主要目的。通过"水工程文化"这一学科的研究和运用，也就可以使那些还不够理性的动机，逐渐走向较为理性的动机。与此同时，也使水工程文化研究领域的研究个体或群体，真正地形成和具有了共同的水工程文化研究目的。

32

三、研究宗旨

在水工程建设（指规划、设计、施工）学界，随着时代的发展和社会的需求，正在努力探求水工程建、构筑物的布局、结构、样式、风格及其功能组合，作用发挥的变化，一种新的布局、结构、风格、样式及其功能组合的出现，因其作用发挥的升华，便将以其能为人们感觉到的优点而逐渐取代原有已流行的布局、结构、风格、样式及其功能的组合。而且，水工程建设、管理与运用的意识也在不断变化，相关思潮也此起彼伏，并且各自都有一套自己认为较完整的理论思想体系，至少也都能自圆其说地占有了一部分追随者，形成了不少具有一定深度的理论潮流，在影响着水工程的决策、规划、设计、建设、管理与运用的发展。不管哪一座水工程建、构筑物本身的构成，实际上也是由多方面的文化要素形成的，有水工程建设的水利界业内的人们（包括水工程的规划、设计、施工、管理、质检、安检及上级专业技术审查等人员），也有水工程受益范围内的人群（一般是代表者）和涉及水工程建设、管理与运用的水利界以外的相关投资的决策者（党委相关分管领导、政府相关行政长官、政府的计划部门及非国有资本的投资权人）、投资资金管理者（政府的财政部门、金融机构及投资企业）、监管者（招投标管理部门、审计部门、纪检部门）参与。甚至还要吸收、倾听受益范围内相关人士或群众的意见，这就会形成影响水工程建、构筑物样式、水工程建、构筑物风格的多元文化要素。那么，水工程建设的水利界业内的人与水工程建设的水利界业外的人，看法就有可能相同,也有可能不同,但更多的是不同。因为,水工程建设、管理与运用的水利界业内的人们大多为本专业的人员,基本上受过较为相同的教育,对于水工程建、构筑物的布局、结构,水工程建、构筑物风格,水工程建、构筑物的样式或受水工程建设、管理与运用的相关思潮的影响相对较为接近或统一。而水工程建设、管理与运用的水利业界以外的人们则大多是非本专业人员,对水工程建构、筑物及水工程建设、管理与运用的专业知识了解不多、认识不够,甚至,全无了解。但通常他们却又具有较多的决策、审定权,审计、监督权。例如国有资金的投资决策者或非国有资本的投资者,基本上是非水利专业者,有的甚至对水工程很生疏,然而他们拥有的决策、审定权却是最大的。于是,就可能会形成一定的冲突,特别是指导思想上的观点相左。因此,这也就又有了水工程建设、管理与运用的水利业界与非水工程建设、管理与运用的其他业界人们之间的水工程文化的差异问题。特别是在目前社会经济大发展、大变革时期,经济决策权总是主宰着大多数事情的发展过程。这一比重较大的经济决策权在非专业人群手中,有利也有弊。利者,他们的决策思想,可能会代表社会更多人对水工程建设、管理与运用的需求和愿望。弊者,可能会因决策者对水工程建设、管理与运用专业知识的了解较少,而制约水工程建设、管理与运用决策的科学性,影响水工程建、构筑物功能的发挥。这就要通过水工程文化学的研究,以探求各自存在的水工程文化意识的差异,并从中找到协调的方法。

水工程文化不仅表现在水工程建设前决策者的意识、水工程建设时规划设计者的构思、水工程成形过程中施工者的思考,还会体现在管理、运用的过程中。水工程的管理、运用者们,对水工程的管理、使用、养护、维修、开发等也将影响水工程的效果。他们也会对水工程的建设直接或间接提出自己的观点,而他们的观点,又正是水工程建造者必须考虑的重要文化要素。因为,水工程的建设第一服务对象就是水工程的管理、运用者,他们是水工程的接收人,他们是与水工程寿命期终身为伴的工作者。因此,这一部分人群对水工程的感觉,同样是水工程的重要文化要素,也会和也应该对水工程建、构筑物的建设给以影响。虽然水工程的管理、运用者们与水工程建设的决策、规划、设计、施工者同属水利业界的人群,但他们与水工程的关系不一样,他们与水工程的关系类似一为产品的生产者与产品的关系,一为产品的最终持有并使用者与产品的关系,关系不同,心态就不同。这同样也是水工程文化学要探求的差异。

水工程,相对某一地方来说,是一座新出现于该地自然空间的人化建、构筑物。如果,一些水工程虽然能使广大受益者,在其直接用于水物质,产生灌、排、引、航等有形功能方面,都能达到设计水平上的受益,但在其设计的造型上,不能使看到水工程的人受到吸引、感染和赞叹,甚至,成为与周边环境不协调、造型不雅观的建筑,就会导致社会的物议，也会造成水工程再发展的困境。因为，水工程的出现，给本地受益者的第一印象就是其本身的形象和周边的环境，因此，水工程应作为一种本地环境的文化景观出现，给直接受益者或其他旁观者们以精神上的享受，在"人皆爱美"客观存在的前提下，如果事实上造成了大多数人都对这些水工程所形成的空间布局、造型结构、式样色调以及整个水工程所影响到的环境不甚满意，甚至感觉极不好，就会导致大多数人们对水工程的存在，出现有迫切希望去改观它的阶段性困境。可是，一座水工程并非主观上要改便就能改的问题，需要一定的水工程构建思想或水工程构建理论给予指导，才能实现。

面对上述问题，传统水工程建设的相关学科也在孜孜不倦地探索着，试图以自然学科理念去认识它、解释它，并通过对水工程结构、水工程样式、水工程风格的一些改进，来解决所面临的各种问题。表面上似乎是做了一点工作，结果是问题并没有解决，议论并没有摆脱。水工程的建设在循环往复的徘徊中逐渐陷入了难以进一步提升的困境。于是，应运而生的深入至人们思想意识变革的水工程文化研究热潮，终于寻找到了摆脱所面临水工程进一步提升需要支撑的东西——水工程文化内涵与品位。因此，对水工程文化研究的宗旨，就在于从本质上解决使水工程如何提升文化内涵与品位的问题，找到水工程能向更高层次发展途径。这一途径，还包括了解水工程文化构成的各要素之间的关系，推进水工程建设、管理与运用的水利业界以内人们对水工程认识的统一，以及协调水工程建设（规划、设计、施工、监理）业界与投资（决策）者、使用管理者之间的认识等各个方面。具体地说：

第一，"提升水工程文化内涵与品位"现已是大众之需、民心所向，也为水利业界内顶层认可、各级热议，更有学者研究、课题探讨。唯至目前，理论未构，无书可读；学科未立，人才难育；规范未建，实践维艰。故以阐释"提升水工程文化内涵与品位"的认知、观点、目标、价值等理论，以及讲解实现"提升水工程文化内涵与品位"的方向、步骤、素养、知识、技法及途径，为水工程文化学研究的第一宗旨。

第二，投资者、决策者是支配着水工程发展方向的关键，但往往又会与水工程建设、管理与运用的水利业界对水工程的认识不太一致，水工程建设、管理与运用的水利业界的人们，要在两种认识的差异中研究自己的认识：首先是对水工程功能的认识，自己有无不切实际或自身落伍的地方；其次水工程建设、管理与运用的水利业界的人，还应研究在自己具有充分理由和说服力的情况下，如何去争取使投资决策者对水工程也形成较为恰当的认识，以达到让投资决策者统一到水工程建设、管理与运用的水利业界的认识上来；抑或，水工程建设、管理与运用的水利业界的人要对投资决策者的正确认识、或许并不太恰当（但绝不是有违背科学或违背原则的不恰当）的认识表示理解，以取得对水工程建设的某种（无论是恰当还是不太恰当）认识的协调。

这是水工程文化学研究的又一宗旨,旨在使水工程能得以顺利推进和适度发展。

第三,水工程建设业界以内的水工程计划管理部门、水工程技术审查部门、水工程规划部门、水工程设计部门、水工程施工部门、水工程监理部门等对水工程建筑的认识往往也并不是一致的,主要集中表现在对水工程发挥的功能、水工程总体的布局、水工程水上建筑的风格、与水工程配套的管理设施看法上存在分歧,而这些分歧主要又是由于各方面的水工程行为人对各个水工程的了解和认知的不同。水工程文化的研究就在于怎么去认识这种不同认知现象的存在原因,并通过对水工程文化的教育、推广和普及,让人们对这种客观存在的差异现象予以理解,并找到协调他们相互之间认知差异、统一思想的办法,使水工程得以更科学的发展,力求避免出现不理性的发展现象。这是水工程文化学研究的另一宗旨。

第四,检验一座水工程的功能与价值,实际上是通过使用水工程的管理者对水工程运用,通过认识、体验、调研后反馈出来的。一方面水工程是以一种人化自然的物体既成事实的客观存在,应该能得到水工程管理者和受益范围内人民大众的喜爱,至少也需要取得使用管理者的理解,水工程才能正常运行,以使其达到正常的水工程设计效果或效益,这同样需要水工程文化给予正确的导引。水工程建设(规划、设计、施工、监理)业界的人们一是要在水工程建设前就必须获取并吸纳水工程管理者们合理的意见和建议,力求将水工程建设得符合水工程管理、运用的要求,以使水工程发挥更大效益。二是水工程交付使用后,水工程建设(规划、设计、施工、监理)业界的相关人员,在不同运行期,要回访水工程的管理者和水工程受益范围内的不同层面、不同文化类别的人群,了解与水工程运用的各种有关信息,为以后的水工程建设的改进、提升,积累经验。使管望理者的水工程文化思想和社会大众的水工程文化意识,成为正常的水工程建设文化中的一个不可或缺的元素。这样,水工程的有形功能和生态、环境、人文之无形功能的效益才能得到相应的提升。如何使管理者和水工程受益范围内的不同层面、不同文化类别的人群的水工程文化思想和社会大众的水工程文化意识,转化为协调一致的水工程建设文化,也是水工程文化学研究的宗旨之一。

第五,水工程文化在社会各类与水工程文化相关的其他文化,如生态文化、交通文化、农耕文化、城建文化、旅游文化、民俗文化等一系列的文化要素是紧密相连的,各类要素之间的关系应该是相互协调、相互促进的。而水工程文化不仅其自身的发展要满足其他文化要素的发展需求,并与之相呼应,而且要在整个与之相关的系列文化要素的发展过程中,相对起着总体的导引作用。密切注视、关切各环节、各层面文化要素的发展趋势,使水工程的功能包容必需或可以包容的其他功能,使水工程的布局、风格、技术、制度、艺术、思想等文化元素与一系列其他文化要素中的相关元素相协调。此也为水工程文化学研究的宗旨。

水工程文化学研究的宗旨主要包括以上五个方面,宗旨确定了,水工程文化的研究便有的放矢了。

四、研究范围

要设立水工程文化学,首先要界定水工程文化学研究的范围。

我国的水利大专院校设置的有关水工程方面的专业学科主要有水利学、土木工程学、工程力学、建筑材料学、水文学、测绘学、农业(田)水利工程、水利水电工程、水资源学等,都是属自然科学类的学科。几乎连稍些还能涉及一点建筑技术、建筑制度、建筑艺术等人文学科学知识方面的"建筑学"都未开设,当然也就从未设置过类似"建筑学"内涵的"水工程学""水工程美学"等课程了,更无从谈及"水工程文化学"了。鉴于我国尚未出现类似"建筑学"内涵的"水工程学"这一学科,本书认为设置"水工程文化学"的研究范围应该扩充至包括"水工程学"核心内容在内,以水工程艺术、水工程文化为主的内容。这样一来,有关各类水工程、水工程设备、水工程附属设施、水工程管理范围内建构筑物和水工程观念、水工程意识、水工程技术、水工程制度、水工程艺术、水工程语言、水工程情感、水工程精神等从水工程的"形",到水工程的"意"都应进入水工程文化学的研究范围以内。也就是说,水工程文化学既要研究水工程的有关形体(主要指水面以上部分)的构件、构件组合体、空间形状、配套设施及其他建筑、自然物等属"文化学"物质方面的东西,又要研究建造的这些构件、构件组合体、空间形体、配套设施及其他建筑的技术、制度、艺术、平面布局等属"文化学"心物结合层面的内容,还要研究水工程这些构件、构件组合体、空间形体、配套设施以及各水工程建筑之间的组合、布局、与周边其他人工物之形体、式样、色调、搭配、风格所呈现的信息中,可以揭示或透视出水工程的语言、情感、精神等属"文化学"心理意识核心层方面的学问。

从水工程文化三个层次的内容看,第一层次为水工程物质方面的内容,现有传统水利学的相关学科已基本能完成。但这些学科研究的宗旨,只是从自然科学的角度,针对水这一具体自然物的除害(防洪、排涝)、取用(灌溉、供水、发电、航运)的水位、水量、水面积、水体量、水通道、水流速之量化设计标准和最少投入的角度进行规划、设计和建造的。这些学科主要研究的是"力",即水力与水工程所能承受之力的关系,研究的是在人化自然形成水工程的过程中,不管水上水下的能承受水之压力和工程自重承载力并完成其设计功能的最佳结构和最小断面。基本不考虑兴水之利时对人而言的精神功能,从未将水工程这个物的"形"作为专门学问来研究;未考虑水工程除"利人"以外的还有"利他"的水生态文明之"意";也未考虑水工程除了自身之存在的"形"以外,还有人们观察以后因有"意"的存在,联想到的"无形"之形;更未考虑水工程除了有由水工程之"物"直接作用于水物质的"人化"服务功能,还有可以水工程之

"意"间接作用于人的"化人"之功能。工民建建筑学界的常规学科"土木工程学""材料力学""结构力学"等与"建筑学""建筑文化学"研究的范围之分,就在于前面的一些学科主攻"力","建筑学"主攻的是"形",而"建筑文化学"主攻的则是"意"。虽然三者之间研究的内容会有交叉,但主攻方向和主要研究内容就是"力"与"形""意"之分。根据设立水工程文化学的宗旨及我国尚未出现类似"建筑学"内容的"水工程学"这一现状来看,水工程文化学与涉及水工程的传统水利学各学科之分,也就是"力"与"形""意"之分。再看水工程文化的第二层次,为水工程心物层方面的内容,主要研究的是以"形"为主,"形"和"意"相结合的有关水工程的技术、制度、艺术、平面布局等内容。这些内容在工民建建筑学界均系"建筑学"研究的内容。其与"建筑文化学"之分又在于主攻"形""意"之分,"建筑学"主攻"形","建筑文化学"主攻"意"。鉴于水利学科从未设置过"水工程学"这一专门学科,则现在设置"水工程文化学"就应不仅要涵盖对水工程"形"的研究,更应包括上述第三层次之有关水工程的语言、情感、精神等"意"的内容。因此说:有关水工程传统的水利学各学科研究的是以"力"为主,"力"与"形"相结合的学问;"水工程文化学"研究的范围则是以水工程的"形"和"意"为主,"形"和"意"相融合的学问。

传统的水利学要求设计的水工程之"形",只是要能适应水工程有形功能最简单的建筑几何体;而水工程文化学要求设计的水工程之"形",则为除能适应水工程灌、排、引、航等有形功能外,还要具有能使水工程所处空间周围环境产生协调的美感和有"化人"作用,使人产生抽象之"意"象等无形功能的水工程建筑形象。例如:由上海勘测设计研究院设计的南京市三汊河口闸几何"形"象,就一改常规平面一字门的造型,设计为:双孔护镜圆弧形闸门,结构奇特,造型美观,科技含量高。加上控制室造型、亮化工程的色彩配置,就可使人产生"龙""彩虹""瀑布"的"意"象和"意"境,成为一道特别亮丽的风景线。三汊河口闸采用全新的照明技术,率先引用了舞台灯光效果。变幻莫测、绚烂多彩的灯光把河口闸的夜幕点缀得金碧辉煌,璀璨夺目,恰似银河落秦淮,使其魅力无穷。配合特有的秦淮文化,使建筑的内涵得到重新演绎和升华,给游人以极致精神享受。尤其是在夜晚在灯光的映照下,闸门开启时,该闸造型犹如一条五色巨龙凌空腾起,雄伟壮观;换个方向观看,又恰似两道绚丽的彩虹,影映长空,构成"双虹争辉"的奇观。闸门关闭时,河道形成水位落差,每扇大闸门中上部各留有6个活动小闸门过水,以调控河水水位,河水通过活动小闸门泄流在空中形成瀑布。水头差若大时,流水汹涌,气势磅礴,构成"银雪飞瀑"的绮丽景观。水头差若小时,细流涓涓,波光粼粼,别有一番情趣。闸门顶部设有弧形游览长廊,可供人们亲临其境游览观光,此闸目前在国内尚属绝无仅有。三汊河口闸的建成,已成为南京市秦淮河风光带,乃至长江下游沿岸独树一帜的亮丽奇观。三汊河口闸,将自然生态环境和周边人居环境融为一体，创造了人水和谐的绿色体系，成为一处集市民活动、休闲、游览为一体的滨江特色空间。这座水工程的兴建，从根本改变了秦淮河的水质，使千年流淌的古秦淮，真正成为一条"流动的河、美丽的河、繁华的河"，成为"朱楼映碧水，画舫泛清波""岸映涟漪分外绿，风光如画好宜游"，真正成为朱自清笔下的《"桨声灯影"里的秦淮河》。其水工程的计划、规划、设计、施工及管理运用时需要研究的内容，就突破了传统水利学研究的内容。而这些突破内容，又都是水工程文化学需要研究的部分核心内容。

第二章　水工程文化的研究方法

《墨子·天志》已提出"方法"的概念:"中吾距者,谓之方,不中吾距者,谓之不方。是方与不方,皆可得而知也。此其何故?则方法明也。"任何学科的研究方法,都是与其特有的研究对象和研究内容相呼应的。水工程文化学具有与传统水工程学所不同的研究对象和研究内容,也就必然有不同的研究方法产生。

第一节　方法论概述

一、世界观与方法论

世界观决定方法论,人们以一定的世界观作指导,去认识事物和改造事物。方法论就是人们在改造事物的思维和实践中,为达到某种特定目的,所应该采取的相宜手段、方式、途径和原则,是主观的思想意识在对客观的认识、实践过程中逐步被论证而形成的和逐步发展的整套系统理论或学说。

人们要改造事物,首先必须认识事物,认识事物的客观发展过程及规律,了解事物发展演变过程所存在的某种相互关系。人们在认识事物和改造事物过程中所凭借的方法论学说,实际上是由研究人们世界观问题的哲学和研究事物相互关系及发展规律的逻辑学两门独立的学说体系交叉构成的。因此,方法论学说,既属于哲学的范畴,也属于逻辑学范畴。

二、形式逻辑与逻辑哲学

在方法论的近邻还存在着两个相关的领域,即形式逻辑和逻辑哲学。形式逻辑是方法论的基础。方法论是以形式逻辑所揭示的事物之间演变的逻辑规律为依据,来选取相应的对逻辑规律的运用方式;而逻辑哲学则是为方法论所采用的逻辑规律以及选取的运用方式提供科学的论证标准。方法论应以逻辑哲学为指导。

形式逻辑,又称普通逻辑或传统逻辑,是逻辑学的一个主要方面,一般认为它的奠基者是古希腊的亚里士多德(公元前384—前322年)。实际上,东方的中国和印度,在其前后也有相类似论题的著作出现。印度古代思想家、哲学家足目[乔答摩(Gauta-ma),约公元1~2世纪]的《正理经》,中国东周时期思想家孔丘(公元前551—前479年)的《论语》的"正名"和墨翟(约公元前468—前376年)的《墨经》的"取实予名"、施惠(约公元前370—前318年)的"合异同"、公孙龙(公元前320—前250年)的"离坚白"等,都涉及逻辑学的基本概念。由于亚里士多德较全面地研究了形式逻辑的问题,制定了以演绎法为主的理论体系,故而被认为是奠基人。

形式逻辑是研究思维形式的结构和基本规律以及一些认识客观现实的简单逻辑方法,主要包含演绎逻辑和归纳逻辑两大分支,但严格意义的形式逻辑仅指演绎逻辑。无论是演绎逻辑,还是归纳逻辑,其各自研究思维的方法都是一种推理,分别称演绎推理和归纳推理,都以概念和判断为前提,这概念、判断和推理便是各认识阶段上的思维形式;而各个思维形式内部都有其思维内容(思维对象在头脑中的反映)的联系方式,这也就是概念内思维内容的结构、判断内思维内容的结构、推理内思维内容的结构等。而概念、判断、推理这些思维运用时所遵循的规律,就是思维的规律,其基本规律有同一律、矛盾律、排中律、充足理由律;通过这些思维形式、结构、规律还可得到认识客观现实的简单逻辑方法,即证明、反驳等论证方法和规则。这些就是形式逻辑这门学说的基本要义。例如,水工程文化的思维对象,是水工程这个物,思维内容就是人们的水工程思想意识,思维结构就是水工程文化在其概念以及判断、推理的各认识阶段上的水工程思想意识内存在的相互关系或联系方式。

逻辑哲学是指逻辑中的哲学问题,或者可以说是"科学哲学"中的一个旁支,是现代新出现的一种有关逻辑自身及其形式、结构、规律等存在问题的学说。即讨论逻辑自身的存在形态,讨论逻辑研究的思维形式、结构和规律的具体内容以及讨论逻辑规律的真实问题等。尽管形式逻辑所研究的思维、思维形式、思维形式的结构、思维的基本规律等是方法论的基础,或者说是方法论进行论证过程的前提,但这一基础是确实的还是假定的,这一前提是有效的还是虚拟的,有其将决定方法论运用的后果或者论证结果的意义,以及对人类总体来说,逻辑研究的东西和结论,是普遍的还是特殊的等。这些都是应予解决的哲学问题。显然,方法论运用的过程及结果,还必须用逻辑哲学作指导。

三、逻辑方法与哲学方法

以形式逻辑为基础、逻辑哲学为指导的方法论,也就形成了有两个方面所提供的方法来源,即逻辑方法和哲学方法。

逻辑方法,是依据事实材料,遵循逻辑规律和规则,来形成概念、作出判断、进行推理的思维方法,是一种整理和加工科学事实的基本方法。它排除了历史的一切偶然因素和非本质因素,以抽象的、推演的形式反映历史的本质及规律。其具体方法包括比较、类比、分类、分析、综合、抽象、概括、演绎、归纳、证明等。

哲学方法,就是以哲学关于整个世界的根本观点,作为观察、研究和解决问题时的根本的思维方法,也是研究各类具体方法的理论基础。它可以应用于一切领域,对认识一切事物都具有普遍的指导意义。然而,哲学发展至今的流派甚多,主要可分成两大对立的派别,即唯物主义的或唯心主义的和辩证法的或形而上学的,他们对事物的认识都有各自不同的世界观,而具有什么样的世界观就有什么相应的方法论。

四、不断发展的方法论

随着各个时期科学研究的深入发展,方法论也在不断地更新,自20世纪40年代,开始有控制论、信息论、系统论、耗散结构、协同学、突变论、神经网络等新的方法论问世。这些学说的出现,产生了针对自然科学而言的现代科学方法。目前一般科学思维的方法论主要有:

现象学方法,是德国埃德蒙德·胡塞尔(1859—1938年)创立的,它是一种完全凭直觉的、理智观察,以及将观察的东西描绘出来的方法,是一种排除任何主观性的、任何假说和证明的、任何传统观点的"还原方法",故也称"现象学还原法"。这一方法的主要目的,在于认识被观察对象的本质。运用这一方法有三个环节:一是"悬置"(Epoche,埃德蒙德·胡塞尔的使用语),将所排除的所有思想、观点、假说、证明等放置一旁,不作任何判断,让注意力集中于对象上;二是本质的还原,面对所专注的对象,排除其非本质的成分,只分析其本质;三是先验的还原,即对描述主体的还原,使描述的主体由经验的自我变为先验的自我。

符号学方法,是美国C·莫理斯(1901—?)创立的,其"符号"是指语言,特别是形式化语言的符号,则符号学方法是一种使用语言进行分析研究而得到说明问题和解决问题的方法,也可称之为"语言学方法"。由于科学研究必须通过语言这一符号进行思维、描述和传递,语言分析成为一种科学研究的必然手段,而语言在思维、描述、传递各个环节中,有通过语言进行思维的词与词之间的句法关系、有词对研究对象的物的描述的语义关系、有传递研究信息的人应用词的语用关系。这样,语言学方法又包含句法学、语义学、语用学三种方法。符号有语言符号和非语言符号两种,运用语言符号进行科学分析研究,是一种科学方法。然而,符号学方法仅有语言方法一种,似乎也不完整,还应再加上非语言方法,才能形成完整的符号学方法体系。使用非语言符号或许也可成为一种科学方法,就如水利部颁布的《节水灌溉工程规划设计通用图形符号标准》(SL 556—2011),就是节水工程建设中的建筑符号,这一标准,规定了节水灌溉工程规划设计所用的图形符号,在水利工程师看来,运用它,同样可进行分析研究和思维,这同样是一种在水工程实践中可运用的研究方法。

公理学方法,来源于古希腊的欧几里得(公元前325~前265年)的《几何原本》一书,其"公理"是指一个系统中认为已不需证明就给予断定为真理的公式或命题。那么公理学方法,就是一种从基本公式或命题出发,推导出一系列定理,而构成一个演绎系统的方法,所构成的系统称为"公理系统"。在公理系统的两端,即初始的出发命题(公理)和终结的被证命题的中部,为演绎规则。而出发命题和演绎规则是公理系统的关键部分,出发命题是公理,无需证明。演绎规则是特意制定的,包括定义规则和形成规则两种:定义规则,是规定可将新的原子词语(指作为公理的初始词语之外的词语)引进公理系统的规则;形成规则,是规定怎样组成复合词语的规则。这些规则可以重复持续使用,而这些规则的特定都以数理逻辑为基础。

归约学方法,是英国弗朗西斯·培根(1561—1626)创立的,尽管后来在这一领域也进行了许多的研究,但至今对这领域的研究仍不甚透彻,还存在着一些不太清晰的地方。"归约",是借在某一给定的有前后件的条件句中,由后件推出其前件的一种推理:如果以推理方式看,还可分为前进式归约推理的"证实"和后退式归约推理的"解释";如果以前件的性质而言,也可分为前件是后件之概括的"归纳的归约"和前件非后件概括的"非归纳的归约"。作为一种推理方式,无论其性质是"归纳的归约"还是"非归纳的归约",都必须以"证实"或"解释"来进行推理。则归约学方法,是由某已知的陈述,以"解释"的方式导出有关陈述,然后通过否定的证实(证伪)过程,一个个地排除虚假的解释性陈述(导出的陈述)的一种方法。显然,其推理过程也就包括两个主要步骤或环节,即解释和否定的证实。然后,还可以由所提供的已知陈述的不同来划分出许多不同的方法,如由历史文献提供的事实性陈述而构成的归约学方法称为"历史学方法"。

总之,方法论的历史悠久、发展迅速、内容丰富。当代,随着方法论科学的不断研究和演进,新的科学研究方法仍会不断地被推出。

第二节　水工程文化的研究方法

科学的方法论,对于水工程文化学研究,也同样是有效的,应以逻辑方法构成中心环节,以哲学方法制定指导规范。水工程文化学,已具有一般科学所必须具备的研究对象、研究范围及内容,必然也应具有一般科学的方法论和作为独立学科的特殊方法论。

一、一般研究方法

按上述所提到的现代科学方法论,则可演绎为水工程文化学研究的一般性方法。

水工程文化学研究的对象,按照唯物论的观点,应首先要理解水工程是一种物的存在,是人类用人造物对自然水环境的干预。因此,水工程文化的产生,也就源于人对水工程这一物的反映。由此可见,现象学方法的"还原"是必要的,只有通过这种方法,才能真实地认识清楚,是人因水工程这一物,而形成水工程文化思想意识。这一方法的使用,对主、客体都有一定的要求。它要求主体的人,要有完全的直觉、理智的认识思维,要排除任何主观意识的或客观经验的东西,主体先有的对水工程的感觉和评论,甚至定理、规程、规范等都可予以排除,以完全纯真的面目去面对客体;同时,也要求客体的水工程是完全真实的、本质的存在,而不附带或加进任何装饰、包装的东西,以水工程文化学研究目的所想之认识的、本有的,构成形态和内容呈现给主体。通过对还可能有的伴随着客体的东西的"悬置",以及对其本质的还原、先验的还原,使描述主体的研究者,对水工程及其本质有了最实在的认识,来取代已可能有的、经验的证明或假说。在这里,应包括对水工程形成过程中的任何一个环节的"还原",以使所形成的还原认识具有一定的完整性。

水工程文化是一种意识形态的东西,是其研究对象——水工程,在人们的头脑中的反映。而水工程文化的"意"是抽象的,它是无法被直接认识的,只有通过心物结合形态的语言符号的表述,才会使抽象的水工程文化,有被间接认识的可能。故而,符号学的研究方法,对水工程建筑文化学的研究,就显得尤为重要。它相对传统水工程学研究需求来说,是一种更为可贵的科学研究方法。"符号",对于水工程来看,应该说共有三种:语言符号、准语言符号、水工程符号。准语言符号,是指水工程规范、规程上的统一符号,包括设计、施工等各环节上的特定使用符号,虽然它并非是一种正式语言,而且各地区所规定的符号也有差异,但对该地区的水工程界来说却也是一种不用解释便可认知的符号语言,故在此称其为"准语言符号";水工程符号,则是指水工程型体,被人们所感知的那种语言的符号,它没有被明确规定,却可被人们所感知,似乎也就是一种可通过型体来传递信息的语言。只是,对同一型体感知的信息,不同的人可能会不一样,故最多也只能说是一种"水工程符号"的语言。近期,世界水工程界所流行的"符号学"之水工程思潮,大概也就是指对这一符号的感知效应。因此,水工程文化学的符号学方法,还可以分成语言学方法、准语言学方法、水工程语言学方法,其中前者是一般科学所指的"符号学方法",后两者则专指对水工程文化学而言的研究方法,是另外具有特殊意义的研究方法。通过这些不同类型符号对水工程文化的思维、描述和传递,抽象的水工程文化之科学研究,便成为一种可能和必然。

从建立本学科的课题来看,水工程文化学就是以公理命题为出发点的。首先是"水工程是一种文化"的公理,然后给出诸多新的原子词语、复合词语以及定义规则、形成规则,即水工程内涵、水工程文化内涵结构、水工程文化地位等,最后由公理的初始命题和定义规则、形成规则,推导出被论证的命题,即水工程文化是有关水工程的意识形态方面的东西。学科的其他方面的讨论也只能与公理学方法相结合,许多被论证的命题,都必须以相应的公理为初始命题。因为,水工程是人类文化发展的一个方面,也是文化发展的结晶,没有文化的蕴含而仅有灌、排、引、航等有形功能的水工程,并不是理想的水工程。即使是人为的水工程,若没有文化的蕴含,也只能被认为是一种为人类本能的简单生存所为的水工程。只有超越简单生存的非本能的人类行为,才能成为具有文化的蕴含,这就是一条为公理所接受的行为。因此,可以认为,有关水工程的非本能行为蕴含的文化意识才是水工程文化。进而可以认为,任何一种水工程或任何类型的水工程的立意,关键都在于水工程文化的存在与否,包括水工程形成的各环节、各部分都应以此为前提,这个前提又是一个公理的命题。因此,公理学方法,不仅是水工程文化学建立的基础方法,也是进行水工程文化研究以及对各部分、各环节讨论总的前提方法。

对"水工程文化内涵"的讨论,实际上就是采用的归约学方法,先给出水工程文化内涵的假设,即由已知的水工程内涵,导出水工程文化内涵的多种可能存在的解释性陈述,然后通过证伪过程,来排除一个个虚假的解释性陈述,即不合理或不科学的水工程文化的假设内涵,最后确定出合理而科学的水工程文化内涵。水工程文化内涵,不仅存在于有形的、实在的水工程建筑物、构筑物中,也存在于水工程的其他所有形态中。由于水工程文化是无形的、抽象的和意识形态的,研究者不容易去了解它、认识它,一般通过直觉的感官,有时是较难把握的。为了研究水工程界,某一流行的属"符号学"之水工程思潮,大概也就是指对这一符号的感知效应。因此,水工程文化学的符号学方法,还可以分成语言学方法、准语言学方法、水工程语言学方法。其中,前者是一般科学所指的"符号学方法",后两者则专指针对水工程文化学而言,另具有特殊意义的研究方法。通过这些不同类型的符号,所进行的对水工程文化之思维、描述和传递,就可使抽象的水工程文化学学科的研究成为一种可能和必然。

为了某一研究目的,要了解某一水工程现象,所给予人们水工程文化的普遍意识或特殊意向,在一些已知命题或陈述后,可能会有许多意识或意向被导出。其中,以否定的证实,来排除不宜的意识或意向的陈述,是一种非常有效的手法。这样,便可以得出能满足研究目的的某种水工程文化的普遍意识或特殊意向。这一研究方法,在作某个时期的某种水工程文化意识或观念的论证,或是对现实中某种水工程文化思潮或意向的预测时,是较为适宜的。其中,关键在于对陈述前提之科学性和真实性的确定。

由于一般性的科学思维方法,并不仅为现象学、符号学、公理学、归约学这四个方法,那么,水工程文化学的研究方法,也同样不局限于这些。随着一般性科学思维方法的发展,水工程文化学的研究方法,一定也会有新的发现的。

二、特殊研究方法

水工程文化学,作为一门具有独立研究内容的学科,除了有上述的一般性研究方法外,还应该有自己特殊的研究方法。首先,水工程文化学有自己特殊的研究的主体和客体关系,水工程文化学研究的主体是人,客体是水工程和水工程发展的各个阶段或各个环节,以及这些发展阶段或环节所涉及的人。虽然两者仍是一般的研究和被研究的关系,但两者是分离的研究和被研究的关系,即研究主体的人与研究客体的水工程以及所涉及的人是异体的,两者是这一研究系统的两极;其次,研究的主体和客体,也许是交叉的研究和被研究的关系,即研究主体的人,同时也是客体水工程及其所涉及的人中的一部分,两者既是研究系统中的两极,又可能还是主客同体的一部分。故而,水工程文化学不仅是主体对客体的研究,有时还可能是主体对自身的研究,当然此时的主体仍是主体,客体仍是客体,主体和客体并不相等,也不融合,只是主体的某研究者兼有客体的被研究者而已,这主、客体兼有者的研究意识和被研究意识仍是分离的。

水工程文化学还有区别于其他学科的研究方法。水工程文化学研究的客体,有现在以前的客体和现在以后的客体。现在以前的客体,还可能有不同时期的客体;现在以后的客体,也有不同阶段的客体。而且,水工程文化学还区别于传统水工程学的研究范围和内容。

水工程文化学特殊的研究方法主要有以下几种。

(一)历史学方法

历史学方法,是归约学方法的一种,是以文献记载的事实性陈述,为已知的陈述,再用"解释"手法导出有关的解释性陈述,并通过"证伪"过程排除有关陈述中虚假的解释性陈述,而得出结论的一种方法。此处是指以文献记载的事实性陈述,作为前件或后件的已知的前提陈述,再运用各种逻辑方法进行论证,获取研究所需的论证结果。运用这种方法,对水工程文化学研究来说,具有普遍性意义。人类的水工程文化意识观念,都有一定的发展规律,都是来源于其产生和发展过程所形成的规律。对于其历史的发展过程的事实,大多只能来源于文献的记载,即使是对当今人们水工程文化意识观念现状的发展规律,大多也只能从文献上去了解其发展过程,进而通过求证获取。何况如果研究客体是现在以前的水工程文化,更是必须取材于文献的记载。水工程文化学研究的历史学方法还可以分为历史学论证法和历史学规律法,两者都以有关水工程的历史文献的事实性记述为前提,前者是运用任何逻辑方法直接论证水工程文化结果,后者则为通过寻找水工程文化发展规律,而取得某个阶段或时期的水工程文化状况。

(二)心理学方法

心理学方法是对现在的水工程文化进行研究的一种方法。水工程文化是一种意识形态的东西,是存在于人们头脑中的东西,是人们对水工程的各种思想意识观念的综合体,研究主体虽无法直接描述这种水工程文化现状,但可以采用心理学的方法来认识它。虽然人们具备的水工程文化的心理成分是复杂的,而且是可变的,但各种心理成分的综合结果,都是有一定主观心理意向的。这种综合心理意向,也必然会有一定的相对稳定时期,研究主体便可获取这种相对稳定的水工程文化意向。这一方法,是以水工程文化研究客体的普遍思想、意识、观念的现状,为已知前提和认识基点,再通过各种心理研究手法,去了解既定的研究客体——水工程文化的各种思想、意识、观念的结构状况,来测定水工程文化意向的一种水工程文化研究方法。水工程文化意向的研究,包括意向内容研究、意向相对稳定期限研究、新的变动意向研究这三个主要的方面。由于对既定研究客体,摄取水工程文化的各种思想、意识、观念、结构有许多不同的手法,如实验法、观察法、个案法、测验法、调查法、统计分析法等,因而水工程文化研究的心理学方法,也就可能有类似这些的分类方法。对研究客体的心理结构状况的摄取手法,可能是一法成功,也可能需多法并用才成功,这需由水工程文化研究主体视客体现状而定。

（三）经济学方法

经济学方法,是以水工程经济这一前提为着眼点或认识基点的一种水工程文化研究方法。在商品经济时期,一切水工程的建设过程,都与经济有着或多或少的联系,故而,这一方法尤其具有现实意义。在商品经济时期,水工程也是一种商品,每一项水工程都有一定价值和价格,而人们在商品社会中生活,每时每刻似乎都与商品和价格纠缠在一起。于是,商品和价格的经济问题,就制约着水工程投资计划、规划、设计、施工等每一个环节和每一项举措,甚至可能起着决定性的支配作用。水工程意识,将随着各种经济指标的不同显示和调整而转变,从而做出不同的水工程决策。所以,水工程文化研究的经济学方法,是以既定的经济目标为前提,通过对各种相关的水工程经济技术指标的测算和分析,来测定水工程文化意识的一种方法。由于商品有价值和价格的不同,价值是凝结于商品中的一般的、无差别的劳动,价格是价值的货币表现,通常价格和价值是不同的,价值与价格之差就是盈亏,所以,当经济目标以价值或价格为不同的侧重点时,便有不同的水工程文化意识。当然,其方法也就有了这两个方面的分支,即有视或无视其盈亏的水工程文化意识之区别。

（四）社会学方法

社会学方法,是以人们的社会环境为水工程文化研究背景的一种研究方法。一方面人创造了社会,另一方面社会也形成了人的基本思想意识观念。不同的社会环境,形成了不同的人的基本思想意识观念,也包括水工程文化意识观念,社会环境包括社会物质环境、社会制度环境、社会精神环境,这些不同形态的社会环境都直接影响着人们水工程文化意识观念的形成。同时,这也包括不同群体规模的社会环境,即国家、民族或地域、社会团体或家庭,具备不同社会内涵的群体形成的水工程文化意识、观念的内容不同。

水工程文化的社会环境信息资料的采集,有许多的方式,如文献法、问卷法、访问法、观察法等。那么,水工程文化学研究的社会学方法,就是以运用各种方式采集的社会环境信息资料为背景,通过各种逻辑方法进行推论,进而取得水工程文化意识、观念、结论的一种方法。由于水工程文化的社会环境信息资料采集的方式不同,又会产生一些研究水工程文化的不同社会学方法分支。

(五)未来学方法

未来学方法,是历史学方法的一种,但历史学着眼于过去,未来学则着眼于将来,未来学方法是一种着眼于"现在"之研究客体的特殊研究方法。未来学的学者们,一般将未来分为最近未来——1年、中期未来——5~20年、长期未来——20~50年、远期未来——50年以后五个基本时期,虽然未来学的原理是以过去和现在已存的东西为条件来预测未来的,但水工程文化研究的未来学方法并非以未来为研究客体,而是以未来学的成果为已知前提的研究方法。未来学的研究至今已涉及了社会、经济、教育、科学、技术等几乎所有的传统学科领域,并且都有了一定的研究成果,尽管未来学的研究成果都是预测的假定结果,但这种预测仍不失对现在有一定的指导作用,故而仍可作为某种推论的已知前提。

水工程文化学研究的未来学方法,就是以各种未来学所提供的有关预测为已知前提陈述,运用后退式推理方法,反证现在水工程文化的一种研究方法。由于提供已知前提陈述的未来学预测主要有定性法、定量法、估计法等,即已知前提资料的来源方式不同,所以研究水工程文化的未来学方法又可以有这些各各不同的分支方法。

除此以外,水工程文化学还可以有其他各种不同的研究方法,对于同一个研究客体,可以是选取一般方法或特殊方法的任何一种,也可以是两方面的两种或多种方法并用,或者是根据研究客体的特点而增选能满足科学研究方法原理的任何一种方法。水工程文化学的研究方法,应是以形式逻辑理论为基础,以逻辑哲学为指导思想,以辩证的、唯物的思想为总的指导方针,以多种方法论为手段等环节共同构成的。

三、美学研究方法

水工美学的研究对象是山、水、水工建筑物的序结构,是美学四载体形、光、声、色的最优配置,我们必须用诗心、书骨、画眼、园趣、乐感、文蕴、哲理去建构水工美学。

目前国内做中西美学比较,大多从中外美学文献中厘清美学范畴,如意境与典型、写意与写实、表现与再现、模仿自然与心师造化等,一一比较,这种比较是必要的,但也应开辟新的途径,运用新的方法,在科学与艺术的结合、定性与定量的结合上下功夫。已有学者提出生态美学、分形论美学、突变论美学、耗散结构美学、协同学美学、系统论美学、模糊美学、信息论美学、图论美学、天体美学等,都值得探讨、研究、提炼后,加以运用。

(1)生态美学。有关生态美学,我国2000多年前的《诗经》,在开篇《关雎》"关关雎鸠,在河之洲""参差荇菜,左右流之"中,就已经提了出来。河流形态的多样性、物种的多样性是生态美学的重要基础,人类在与自然的关系上已经历了:人类畏惧自然、顺应自然的天人合一阶段,人类自为的战胜自然、改造自然的发展阶段,过度干预、破坏生态平衡的掠夺阶段等三个阶段,但终将走向人与自然友好相处,适度干预,维持生态平衡的自觉阶段。朱仁民先生提出的"人类生态修复学"包括自然生态、文化生态、心灵生态,对构建生态美学极具理论和实践价值。

（2）分形论美学。分形论美学颠覆了传统美学的轴对称性和中心对称的概念,它的自相似性又揭示了一种新的对称性,即局部与整体的对称,并具有无限精细的结构层次,以此获得整个图形的和谐和均衡;分形美学的线条美也具有新的内涵,它们具有自相似性以及数学上连续但不可导,尽管曲线十分复杂和奇异,生成规则却极为简单,无序中蕴涵着有序,复杂中蕴涵着简单,变化中蕴涵着统一;分形美学研究的对象是自然界和线性系统中出现的不规则的几何形体,水工程和环境空间的穿叉、缠绕及不规则的边缘和丰富的变换,给人一种层次美感,这种美感是传统美学所无法描述的。分形美的最大特征就是奇异美包含着精细的层层嵌套体系,形式十分丰富,给人以启迪和联想。国内外在水工美学领域已有分形美学的应用,如雕塑等,也可将其运用于对古典园林中典型的大师掇山、叠石作品的解析,首先确定基本形元素,然后通过自相似变换、自我复制,最终复现大师的设计过程。

（3）突变论美学。突变论,则研究的是跳跃式转变、不连续过程和突发的质变。突变论的基础是结构稳定性。结构稳定性,反映同种物体在形态上千差万别中的相似性。它是关于奇点的理论,它可以根据势函数把临界点分类,并且研究出各种临界点附近的非连续现象的特征。长时间以来,关于质变是通过飞跃还是通过渐变,在哲学上曾引起重大争论,历史上形成三大派观点:"飞跃论""渐进论"和"两种飞跃论"。突变论认为,在严格控制条件的情况下,如果质变中经历的中间过渡态是稳定的,那么它就是一个渐变过程。质态的转化,既可通过飞跃来实现,也可通过渐变来实现,关键在于控制条件。对美学而言,突变论可以解释水工美学中灵感的激发及顿悟的生成规律。

（4）耗散结构美学。耗散结构美学认为,美学是一种事物自组织的序结构呈现,而耗散结构理论和协同学研究的正是自组织理论。远离平衡态的开放系统,通过与外界交换物质和能量,可能在一定的条件下形成一种新的稳定的有序结构,在平衡态和近平衡态下的涨落,是一种破坏稳定有序的干扰。但在远离平衡态条件下,通过非线性作用,会使涨落放大而达到有序。水工美学价值系统具有开放性,社会心理环境、工程环境等外部因素,会不停地与之交流信息;审美环境系统,往往又受传统文化和民族心理等支配;水工美学价值系统处于非平衡状态,水工美学价值就具有非线性系统的特点,使水工美学价值系统存在着涨落和突变。

(5)协同学美学。协同学,研究协同系统在序参量的驱动下和在子系统之间相互作用下,以自组织的方式在宏观尺度上形成空间、时间或功能有序结构的条件、特点及其演化规律。协同系统的状态,由一组状态参量来描述时,这些状态参量随时间变化的快慢程度是各不相同的。每个序参量,决定着一个宏观结构以及对应的微观组态。一个系统中的慢变量能克服快变量,为数众多的参数,为一个或几个序参量所代替,都是各种矛盾斗争的结果。系统的结构,往往要由序参量的合作与竞争的结果而定,一个系统,是通过自己内部协同作用,自发地出现时间、空间和功能上的有序结构。对水工美学而言,"形"则是美的快变量,而"意"则是美的慢变量。

牛顿的万有引力描述一个无始无终按规律运行的美学的理想世界。而热力学第二定律描述的则是一切终将走向灭亡的美学的绝寂世界。相较之下,耗散结构描述在一个远离平衡态的开放系统中,通过与外界能量、物质的交换的美学的新生的机制。

(6)系统论美学。系统论美学,用系统哲学的思维和方法审视美学,把水工美学价值看作是由构成水工美的各部分要素在动态中相互作用、相互联系而形成的系统。从系统与要素、整体与部分、结构与功能的辩证关系上去把握美学价值,从而能够把微观与宏观、还原论和整体论结合起来,以解决复杂的水工美学问题,是解析当代美学问题的一种新的哲学思维和方法。传统美学的思维方式的一个根本特点就是按照"孤立因果链的图式"思考对象,其结果就形成了偏重审美的各个构成要素、各个组成部分、各种表现形式,进行分离的、孤立的分析,或者简单地把某个构成要素的性质当作审美整体的性质。在水工程文化学中把决策、规划、设计、施工、管理等环节视为系统工程,就可以明晰逻辑主干、逻辑关系、逻辑过程,直奔主题。

(7)模糊美学。美学是一种模糊思维现象,模糊数学是对美学的定量分析。模糊美学是用模糊数学中"隶属函数"这个概念来描述现象差异中的中间过渡,从而突破了古典集合论中属于或不属于的绝对关系。模糊美学的新思维,使水工美学冲破了传统美学的限制,将人们的审美思维从线性导向非线性思维,由简单化走向复杂化,由收敛走向发散。模糊美学,是既确定又不确定、既有序又无序的充满活力的美学,旨在探究隐藏在确定性、清晰性中的不确定性、弗晰性的模糊美。

(8)信息论美学。美学给人传达的是各种美的信息量,如人体的身体、五官比例、色彩、气质等。而水利景观的形、光、声、色或形、景、情、理,同样是美学中的相关信息量。信息量多而有序,则是美的标志,但前提是这些信息量,应能最大程度地为人所接受。信息论美学,既强调信息的新颖性、独创性及其信息的量,又重视信息的可理解性。艺术作品美的精髓,在于优化审美信息,信息论美学认为信息发送者和接收者的视觉、听觉等感觉系统都是信息的传递通道,通道是否畅通至关重要,如某些抽象雕塑,创作者寓意深刻,但观众却茫然不知、百思不得其解,这时美学的信息量就归零,值得艺术家反思,必须在独创性和可解读性上去寻找契合点。

(9)图论美学。图论起源于著名的柯尼斯堡七桥问题,图论中的图,是由若干给定的点及连接两点的线所构成的图形,这种图形通常用来描述某些事物之间的某种特定关系,用点代表事物,用连接两点的线表示相应两个事物间具有这种关系。图论的极值问题包括最短路、最大流、最小边覆盖、最小树形图、任意图的最大匹配等。20世纪80年代,笔者曾用最大流理论解决网状水系防洪问题。图论亦可作为美学定量分析的工具,如园林中的园路设计、水利景观的游览路线设计可归结为最大流等。

(10)天体美学。天体美学区别于地球美学,人们习惯了在地球单一重力环境作用下形成的形与色的美学欣赏。但是,哈勃望远镜的横空出世,大大开阔人类的视野,宇宙的大爆炸、星体的膨胀、碰撞、塌陷、逃逸、黑洞所生成的绚丽的画面,其匪夷所思,超出人类的想象,是任何天才的画家也无法创作的。在宇宙力(引力、电磁力、强核力、弱核力)作用下的天体的奇异之美、联想之美、无限之美、潜藏之美、神秘之美,开辟了美学的新领域。如果说由地球美学产生的中国的山水画展开的是雄浑巍峨、清逸通灵,花鸟画展开的是色彩缤纷、仪态万方,那么,天体美学则是抽象画产生的神秘深邃、发人遐想。

开拓水工美学研究的新领域,将这些美学新的分支理论应用到提升水工程文化品位及内涵的实践中,还需付出极大的努力。

第三章　水工程文化的多维视角

水工程文化学以水工程文化填补传统水利学对水工程的研究中未涉及或很少涉及内容为目的，是以研究各类水工程的有关"形"的立面组合、立体架构、平面布局之技术、制度、艺术等和协调水工程发展过程中各方面人们的水工程思想意识之间关系的"意"为宗旨的。这就确定了水工程研究对象的具体选取，也就是说研究的是水工程的"形"和"意"。要研究水工程的"形"和"意"，一般是从研究水工程建设过程中的具体对象去认识它的。研究水工程建设与管理运用的全过程及相关具体对象，则水工程文化学研究的具体内容便在其中了。

首先要研究的是水工程的"形"，从几何学原理的图形来看，点是构成图形的基本元素，任何物体的形，都是由点、线、面、体组成的，其形在无外力影响下，是客观存在的、定格不变的形；但从文化学的角度看，同样由点、线、面、体组成的这一形，可以由其接触到的人，通过其视觉感观及心理要素的作用，理解为各不相同的"形"。

从微观存在学观点上看，一座水工程就是由一个个构件组成构件体，再由一组组构件体组成水工程建筑物完整的个体。但这座由人化形成的水工程并不可能孤立地存在，人们一般所指的水工程还由其附属设施（管理房屋、配变电房等建筑）和这座水工程周边管理范围内用于水土保持、环境改善由人们刻意配置的有一定文化蕴含的各种植物、景观建筑小品或雕塑等以及这些"物"与所处河湖中自然的"水"与经过人行为（运用水工程）作用过的"水"等水工程各元素共同构成的。抑或，由一组个体水工程（枢纽）及上述之其他水工程元素形成的组团群，共同构成（枢纽型）的水工程群。水工程群，同样是由个体水工程的各种水工程元素共同组合而成的。水工程中的每个水工程元素及其功能、作用，又都是由规划、计划、设计、施工、运用等多个环节来形成和共同实现的。于是，水工程文化的研究内容也就由这些不同的各个水工程元素及形成这些元素之环节共同组成，并合而成为水工程文化研究内容的总体。

从宏观的文化学观点上看，各个水工程的总体和其构成都会是不同的，因为各个水工程所在点的客观位置及其参与和受益的人皆不同，即所谓"因人而异"。对一座具体的水工程的形而言，可以因规划、计划、设计、施工者不同，建成不同的形；也会因管理运用及其他目及者文化心理的不同，对已经定格的水工程的形，理解为不同的"形"。形之不变是相对的，形之变异是绝对的，形之不变与变又都是客观存在的。不变的水工程之点、线、面、体的客观存在，是水工程学研究的内容；而可变的水工程之点、线、面、体的形成因素则为水工程文化学研究的内容。

第一节 水工程文化的"点"

一、"点"的思维

点是指细小的部分,亦指事物的项目或部分,水工程文化选取的研究对象首先是点,这个点可以是一个水工程构件,也可以是一组构件体(由数个或一些构件组合而成的组合体)或一座水工程建筑物、一座水工程的附属设施(管理房屋、配变电房等建筑)、一座水工程周边管理范围水土保持的植物、一座水工程管理范围内配置的景观建筑物或雕塑小品、一座水工程与所处河湖等中的水、一组水工程建筑群(一个枢纽)。还可以是这些构件或水工程建设的规划、计划、设计、施工、管理、运用等的任何一个构成环节。理论研究是怎样选取研究之点,实际调研、勘测、论证也需选取如此相应研究之点,并按照本学科宗旨,从事相关的专题研究。

任何一个水工程构件都源于自然,是人类对自然环境现象的感受、了解、认识以及通过大脑的思维所形成的一种反映的结果。水工程的地下或水下的桩基、轴流泵或发电机房、消力池、海漫及底板、挡墙(及传统的水工程上部结构)等造型及建筑技术一般已有水利学的相关学科研究,不属本学科研究范畴。但如上部结构因"形"的研究之需要,超过了传统设计的"力"的标准,又必须研究水上、水下两部位"形"与"力"两者之间的关系时,则须延伸至水下部位的研究。

本学科重点研究的是水工程水上各桁架,胸墙、闸墩、闸门,工作桥及公路桥的桥墩、大梁、桥板、栏杆、系杆,闸室的挡墙、栏杆,启闭机房和管理用房屋的楼板、门窗、屋盖、地砖、梁、柱、斗、拱、肋、脊、楼梯,水土保持用的乔木、灌木、花草,河湖的堤防、堆土区、护岸、护坡,景观用的叠石、铭石、雕塑、小品,域内道路的地面铺装、路牙等形成于自然的基本构件。但随着人类文化的演进,人类已从原始的仅仅以土方工程的土之构筑的"物",演进成了严格意义的水工程各种"物"的组成构件。这些"物",已包含了人类许多非自然之本能的思维,成为人类形成的某种思想意识支配下的结果,使仿构于自然、反映于自然的构件,除研究的"力"外,还包括要透过这些水工程各种"物"之构件型体、风格、式样所能表现的文化蕴含,如艺术、风俗、轶事、伦理、哲思等非自然的意识观念,使这些"物"具有了逐步发展的双重科学性。

二、"点"的放大

如果将研究之点稍作放大,即为一组构件组合体,如水闸的工作桥或公路桥之望柱、栏板、垫块、扶手、铭牌等组合而成的桥栏。每一个水工程构件都具有一定的功能作用,这些构件都是在人类某种意念或意识支配下的产物。每一个水工程构件,都是这些构件共同组合而成的组合体的元素;每一个水工程构件的功能和作用,又都是由这些构件共同组合而成的组合体的文化元素。由这些构件共同组合而成的组合体的功能和作用,可能是组合体中每个构件所具有的功能和作用的叠加,也可能是构件之间的功能互补而共同创造的一个新的功能和作用,或者是各构件之文化元素经组合所产生的意念之内容叠加,或演化而形成一种质的飞跃之文化内涵。就如桥的连接扶手、栏板与桥面梁体功能的望柱等,它们各自单独并不能形成相关桥所需的功能和作用,但通过组合就可转化为拦住行人或车辆,不致跑到桥外落水的功能;桥之栏板上刻或写上桥名,栏板的功能则还可转化增加桥铭牌的印记及其内涵衍生的文化功能。桥栏上装上写有桥名的栏板或专门浇制的桥名牌,就可能产生除地名符号作用外的文化内涵。例如:仅用数字命名的1号闸、2号闸……的符号作用;用方位命名的东闸、西闸……的区位意识;用图腾命名的腾龙闸、凤凰闸……的民俗意识;红旗闸、前进闸……的时代精神意识等,就使这座只有走人、行车的有形功能的工作桥或公路桥,就增加了人文意蕴方面的无形功能了。如果将某一个或几个构件组群合成的功能空间视为研究之点,各个参与的组成构件组都具有各自的功能和作用,那么每个构件组,在新的组合之功能空间里,便降格成为这个研究物之点,所要探讨之功能和作用的构成元素。

三、"点"文化放大研究案例

1986年,江苏省扬州市在瘦西湖整治工程中,重建的一座廿(念)四桥,为单孔石拱桥,呈玉带状,汉白玉栏杆,形如玉带飘逸,意似霓虹卧波。该桥创意的几个构件组群都用数字24为各自的文化元素,如桥长24米,桥宽2.4米,栏柱24根,台级24层,该桥各个参与的构件组的构件数处处与数字24相对应,形成了该桥特有构件组的数字文化元素,这些共同的数字文化元素,共构了此桥是按唐代诗人杜牧《寄扬州韩绰判官》诗句:"二十四桥明月夜,玉人何处教吹箫"意境,形成了这座桥之深厚的文化内涵。这是由这座桥的一组构件组合体形成的个体功能空间,这个研究之点都是由所组成的每个构件的功能和作用的参与形成的。如果由数组构件或数个水工程空间或其他水工程任一元素空间共同组成的一座水工程共构的环境,就成了这一放大了水工程这个物之点的空间,仍可以视为水工程文化学的研究之点,这个放大了的研究之点的每个组成元素,也各有自己的构成功能,然后经过叠加或互补,或可形成质的飞跃。就如,毛泽东虽然没有去过扬州,但他对杜牧的诗非常熟习,尤其对杜牧的《寄扬州韩绰判官》一诗更为喜欢。据一些资料披露,毛泽东在战争年代还不时练习书法,一次,曾以书写杜牧这首《寄扬州韩绰判官》名诗练笔,写完后随手扔掉,后为毛泽东秘书整平收藏。扬州景区建设的工作人员千方百计从北京寻来毛泽东书写《寄扬州韩绰判官》的手迹,刻成诗碑,立在廿四桥景区熙春台的左前方。这一方瘦西湖边的文化小品,却将廿四桥这一水工程的文化内涵变得异常的丰富起来。可以说这一方小小的石碑使廿四桥这一水工程的文化内涵产生了质的飞跃,让人们从这座桥既读到唐代诗人杜牧,又读到现代伟人毛泽东的诗人情怀、书家风范。诗碑成了水工程廿四桥文化的画龙点睛之笔。1986年,扬州在瘦西湖的整治工程中的景观设计,是按清代李斗《扬州画舫录》等资料进行的。建设的景区,由廿四桥、玲珑花界、春台祝寿、望春楼等景点组成。这一组建筑中廿四桥相对是建筑体量较小的建筑物,玲珑花界、春台祝寿、望春楼等景点虽然都是有一定文化内涵的大体量的建筑物,如熙春台就非常壮观,但这些景点的文化内涵都比不过经过质的飞跃之廿四桥的文化蕴涵之丰厚。故扬州在定这一景区名称时,选择了廿四桥这座水工程的名称,定名为"廿四桥景区"。难怪中共中央原总书记江泽民在考虑外国佳宾到中国访问时,曾热情邀请过两个国家的元首,前往扬州廿四桥景区观光游览。1991年10月12日,江泽民在陪同当时的朝鲜劳动党总书记金日成游览廿四桥景区时,在诗碑前和金日成一起饶有兴趣地仔细观赏毛泽东手书的杜牧这首诗时,江泽民还深情地在外国友人面前,亲自朗诵了一遍毛泽东手书的杜诗,以表对伟人毛泽东的敬意。2000年10月21日,江泽民又一次陪同时任法国总统的希拉克来到二十四桥景区,认真地观赏了毛泽东的手书。2001年10月,中央电视台"天涯共此时"中秋文艺晚会选中廿四桥景区为演出现场,晚会向海内外直播。在搭台时巧妙地把诗碑融入舞台的背景,多次在晚会中出现,为晚会增色不少。一座水工程——桥的功能作用,虽然都是由桥基、桥墩、桥拱、桥板、栏杆、引桥、路面等具有点之性质的承载力之功能体共同组成的,这些功能体,出现在水工程——桥这一建筑物上,一般只标志着该水工程为跨水通路的水工程,然而,廿四桥在选取建这座水工程的点时,无论是构筑前还是构筑时,每一个环节都精心考虑了赋予这座水工程以人的主体文化意念,使该水工程增加了新的功能,既增加了这一空间环境的美观,又赋予了这座水工程以灵魂——文化蕴含,使跨水通路的桥,变成可供人们驻足欣赏的工艺品,变成可以让人们吟颂的诗,变成可供招待外国元首的情,变成能让扬州人民津津乐道的话题。这一在特定的主体意念支配下赋予物的主导功能,使这座水工程的价值从一座普通的水工程,一下子提升为文化珍品,成了可谓价值连城的桥。这里,就可以看到在研究水工程文化时,对选取的研究对象、对水工程建筑意念的寻找,显得尤为重要。

四、每个"点"的文化都有其研究内容

人们对同一座水工程,以不同的水工程意念来看待,是会造成水工程建构的形状或类型发生变化。例如,平桥改为拱桥或系杆拱桥、拱桥改为索桥,水闸的工作桥改为工作房、垂直闸门改为弧形闸门。这些改变,都缘于人的水工程意识。可见,只有水工程思想意识的确立,才有水工程类型、水工程功能的呼应。水工程构件或单一水工程功能空间,并不能代表水工程的全部,也许是叠加,也许是互补,抑或是飞跃,主要在于水工程思想意识的赋予。水工程思想意识决定、支配该水工程的一切。

水工程中的每个水工程元素,都有一个形成过程,即都是由计划、规划、设计、施工、运用和管理等几个环节来完成的,而每个形成环节同样都是水工程文化学研究之点的选取对象。

对于一个水利工程师来说,单个水工程是设计时的着眼点。然而,单个水工程并不是孤立的,它是处于一个区域整体环境中的一个组成部分,它既受制于环境,又可能改变环境。因此,必须寻求达到主客观相结合、与环境相适应的状态。这种在受计划制约的条件下,主动寻找与环境呼应的出发点和具体分析布置的构思,就是对该区域水工程的规划。人是有感情的、有意识的动物,人们需要的不仅仅是对水物质的直接消费,人们还要通过亲水、近水、戏水、嬉水、观水、赏水、游水……使人们的水精神生活变得丰富多彩起来。因此,只要是建造水工程,就必须同时考虑人们的水精神需求;水还是一切生物生存之需,不管是动物、植物,还是微生物,它们都要有它们需要的地表水、土壤水、空中水,因此,只要是建造水工程,就必须考虑水工程影响区域内其他生物的水生态条件及它们的水空间环境;否则,建造的水工程就不成其为完美或完善的水工程。于是,水工程文化学要求每座水工程的建造者、使用管理者都要认真考察、考虑与水工程选取研究之点相应的规划区内,人们的生活习性、意识观念等内容的现状、发展趋势,生态状况以及对水的需求,形成该区域水工程规划的主旨,以对该区域的水工程规划进行指导。

水工程计划(包括可行性研究和项目立项),就是对要构建的水工程进行投资决策,这是一种意向性选择。这种意向选择,大多是政府或农村集体,源于公众的水需求,根据水工程的功能而考虑的。但可能也有其他出发点,如企业家的善举造桥、企业家为谋利而建水电站等。无论是出于何种意向、目的,它都将支配着水工程形成的全部过程而进行。因为,没有投资,就没有水工程。水工程计划的确定过程,就是水工程项目投资决策过程,计划批准了,说明投资落实了,也就说明已经确立了水工程建设的总体方向,其他各环节只是为了实现这个总的目的和方向而做的工作。所以,水工程计划在水工程形成总过程中是最为重要的一环,而这一环的工作内容主要都在决策者(或相关决策部门的代表)的意识形态中进行的,他们的各种动机、目的、想法、观点、意图乃至欲念等,都在这一过程之相关人物的头脑中无形地被完成着。对于传统水利学中有关水工程建设、管理、运用的相关学科而言,基本未能将这一部分的内容纳入研究范围。但在水工程文化学看来,却认为是至关重要的一环。不同的水工程建设意向,决定不同数量的投资;一笔相同的资金,也可以构筑不同类型的水工程;即使是已构成的同一水工程,在不同的意向驱使下,也可以通过各种办法或方式去改变其水工程造型,使实际使用功能与决策者意向相吻合。水工程计划应当认为是最能影响水工程文化的文化,应属水工程文化学研究的主要内容之一。

在传统水利学中有关水工程建设、管理、运用的相关学科的水利工程师,是水工程计划的第一个执行者,水利工程师在进行水工程创作设计的过程之中,首要任务是了解水工程计划,咨询水工程主要功能的意向,勘测和选择确定水工程地址。其次才进入以下两步实质性工作:一方面是水利工程师将自己的创作意念图形化,另一方面推进给水工程施工以完整的限定。从水工程文化学的角度看,显然,这些活动属于心物结合层的活动。从传统观念看,水利工程师的角色,首先是水工程计划的执行者。但是鉴于水利工程师是专业工作者,而决策者往往多为非水利专业工作者,作为一位优秀的水利工程师,就应以专业人员的角度,在先行具体消化水工程计划中的一些决策意图的过程中,深入研究这一计划、决策的科学性、文化性,或者,还要研究是否要进一步丰富、充实或调整该水工程原计划意图及其相关内容。水利工程师不应是计划、决策的盲从者,他们在接受水工程设计任务后,第一要务,便是应理性地开展上述的这一工作。通过这项工作的推进,可能出现两种情况:一是顺利实现水工程计划调整,则可按调整的水工程计划展开下一步工作;二是可能由于多种因素的掣肘,不可能按水利工程师的意图调整原水工程计划,则水利工程师只能在原水工程计划的框架下开展下一步工作。

水工程(规划)设计的核心工作就是将水工程计划的图形化。在这一过程中,水工程建筑(规划)设计是离不开水工程计划的目的、主旨、意图的,这些由决策者(们)形成的指导思想,经过水利工程师对水工程计划的图形化而形成的图纸及表达设计意图的文本,将再由施工单位(亦有少数的是由设计单位)的水利工程师,进一步将设计图纸过渡为施工图纸。这一过程是再一次对水工程计划的更为具体的推进,同样也要以水工程计划的意向为主旨和指导思想推进。当然,这一过程,也存在与设计阶段开始时一样,先将水工程计划的一些决策意图和水工程设计图纸及文本进行具体的消化,进一步研究水工程原计划或原设计的科学性、文化性或者研究是否要进一步丰富、充实或调整其相关内容。如果有这一需要,那么,这也是完成这项工作的水利工程师的第一项任务。如果将水工程比作一篇文章,水工程计划仅仅是立了一个题目或提纲,水工程设计图纸便是这篇文章的草稿,而施工图纸才是文章的正稿。施工图的制作是施工者进行物化水工程的第一个步骤;接着,是制订施工方案。由于不同的设计图纸就是施工者不同的实施规范,每张图纸、每一细部,都包容了许多水工程科学文化意识在内。如水工程的施工规程、施工规范、施工技术、水工程造型艺术等,这些也都应是水工程文化学的研究之点。例如,常规的水工程施工规程,是前人之水工程施工经验的累积,其中,包容了方方面面的文化内涵,那么,这同样也可以成为水工程文化学研究的一部分。当然,其后整个水工程物化成形过程的每实施的一个步骤,如何能按比例、按要求、按质量、按时间、按设计意图完全或完整地物化出来,又都是水工程文化学需要研究的内容。

一座水工程,施工结束,只表示完成了水工程的物化过程,并不能算实现了这座水工程的计划目标。只有水工程能运用起来,达到设计功能的标准,才算实现这座水工程计划的目标。这就产生了水工程管理和运用的环节。水工程管理和运用者的水工程意识和行为,主要集中在如何认识和运用构件、构件体、水工程、水工程群这些物和发挥这些物的功能上,这些认识和意识同样是水工程文化学需要研究的内容。

实现水工程功能和水工程艺术的物化,施工是最为实质性的重要环节,是水工程计划、设计付诸实践的过程。从表面上看,施工是一机械的物质运动过程。这一过程,计划、设计、施工时的水工程文化意识,至水工程施工完成后,已随水工程的使用而成为历史。水工程形成后的现在,应是相关人们意识概念中的另一种涉及水工程使用功能的文化意识,即水工程如何实际运用的文化意识。其实,水工程文化的研究之点,仍有可能是选取对构件、构件体、水工程、水工程群的管理运用和计划、设计、施工这两条线索不断交叉推进中的任何一点,作为某种特定研究目的去进行深入研究,水利工程师们才能产生比较切合实际的新的创意。

61

第二节　水工程文化的"线"

一、"线"的理解

点是细小的部分,而线就不同了,线是点的连续和延伸。数学上认为,线是点在某一特定数轴方向上的连续和延伸。针对水工程文化研究而言,所选取与水工程的任何点具有同一性质和内涵之系列的内容,便是水工程文化研究内容的"线"。

对水工程文化研究而言可能会出现两种情况:一为数学意义上点的连续和延伸;二为非数学意义上点的连续和延伸。

第一种数学意义上点的连续和延伸主要出现在一座水工程本身的构件之点或构件组合体之点的连续和延伸上。构件之点的连续和延伸,如桥之栏杆的构件——扶手,每一根扶手可视为点,并不能发挥其扶手的作用,而将一根根扶手用望柱连接成线,其扶手的功能就发挥出来了。如果扶手上再刻以图案,其文化功能也会随之显现。构件组合体之点的连续和延伸,如多孔长桥和大型闸坝,将每一孔桥和每一孔闸视为水工程构件组合体之点,这个点的连续和延伸就成为线,成为多孔长桥和大型闸坝。

第二种非数学意义上点的连续和延伸主要指一些水工程构件是具有某种实用功能的相对完整的构件。它不可能像数学上的"点"那样作机械的连续和延伸便可成为线,由于这些水工程构件都具有某种性质或内涵存在,即以某种水工程功能为前提,而并非以水工程的某一型体为基础或条件。以其性质和内涵为核心,具有这种核心内容的不同的异型体所形成的点的系列,构成的近似数学上的点的连续,同样可以被视为"线"作为水工程文化学的研究对象。

水工程文化学研究之线,是具有点的相同性质和内涵的系列,是这一系列的东西,在人们思想意识上,既然由点构成线,是由于其具有相同的性质和内涵,则具有这种相同性质和内涵的本身,就是一种水工程文化的体现。例如,南水北调东线工程,就是在一条供水的河道上,建有13座提水泵站枢纽工程,装有160台提水泵,共同完成了从长江到黄河高达65米扬程的输水。在每泵站枢纽工程中,以提水泵这一水工程机械为点,构成了以同扬程提水为内涵或性质相同文化意义中的"点"。一座泵站枢纽工程中,一组几座到十多座泵,就可视为被研究之"点的连续和延伸"而成为这座提水泵站枢纽之"线"的研究内容。而从南水北调东线整个工程来说,这每座装有多台泵的泵站枢纽工程,由于建设的时代不同、地点不同、需求的供水量不同,选用的泵型不同、容量不同、扬程不同、结构不同、造型不同,可以用轴流泵、潜水泵,也可用混流泵、离心泵、高压泵。这些泵所配电机不同、配变电设备不同,它们的泵房结构不同、造型不同、用材不同、装饰不同,它们的进水池、出水池……也各不相同,这些不同的文化元素,也都有其不同的计划、规划、设计、施工等所涉及人员的文化意识。这些水工程文化不管其文化元素和文化意识有多少不同,但只是型体或数量上有不同的同构异型体,它们在提水这一文化意识和在同一条河道中提水的文化性质和内涵是相同的,在这一相同前提下,就组成了一个系列,这种性质和内涵成为维系这一系列存在的共性内在因素,所以成为了水工程文化学的研究之"线"的研究内容。

以系列的眼光来观察水工程,具有相同功能和性质的水工程,实际上就是同一类水工程。也许这一类水工程,是产生于其中的某一水工程。由于人类社会的发展,现实生活活动中发现这一水工程已不适应或不满足人们的发展了的生活需求,于是就逐渐繁衍出具有相同功能和相同性质、却有不同具体作用的不同水工程,然后,又根据其不同的作用,分别给予命名,组成一系列的同一类水工程。而且人们可以在科学的逻辑意识支配下,根据自己所需的任何型体来进行创造性组合,只要有其结构原理存在,则没有不能构成的水工程组合物。同样以提水功能和性质的这类水工程来看,可以是一座泵的泵站,也可以是两座泵以上组合的泵站,可以是相同泵型组合的泵站,也可以是不同泵型组合的泵站,可以是单泵和单孔引潮闸组合的闸站,也可以是单泵与多孔引潮闸组合的闸站,还可以是多泵与单孔组成的闸站,抑或是多泵与多孔引潮闸组合的闸站……同样都属提水水工程这类水工程形成的型体。人们可以称它们为泵站、扬水站、提水站、灌溉站、机灌站、电灌站、排站、闸站、水闸、引水闸、引潮闸，水利枢纽……但通过对提水工程群或供水河道规划主导意识的制定或求取，则再多、再细的各种提水功能的水工程群或供水河道规划出现也是正常的。已经出现提水工程群或供水河道规划，又会指导正在或未来计划、规划、设计、施工、管理、运用的提水水工程群或供水河道规划，更合理、更科学的配置。对于任何一个水工程文化学研究对象之线的系列，不同的计划、设计、施工、管理、运用环节，都各有其不同的水工程文化意识和感受。这不同的水工程文化意识和感受，对水工程的构成组合影响非常大，有时甚至会影响水工程的总体构成。也只有出现不同的水工程文化意识和感受，才会有水工程的创新。

二、"线"的文化研究内容

在水工程决策者决策水工程投资计划时，不会不考虑水工程的功能、效益（益本比）问题的，是选择单一供水功能，还是选择供、排水两用复合功能；是选择机械动力，还是选择电力；是选择仅仅服务于水的提水等有形功能，还是选择既服务于水的有形功能，又兼顾服务于水的生态功能（设置鱼道等），或还兼顾服务于水的环境功能（重视水工程建筑造形美等），抑或再兼顾服务于水的人文功能（赋予水工程有文化蕴含的建筑装饰或符号）。投资决策者可能是根据规划区域内的水文、气象、地理等自然信息和社会经济状况、群众需求、水工程投资益本比等社会信息，进行分析后产生的综合心理意向，作出的投资计划和决策。即使对于任何具有相同功能和性质的系列构件、系列构件组合体、系列水工程以及水工程枢纽，决策者同样也会在水工程计划时，受某种意识指导，经过调查、分析、研究和选取后作出决策。决策者接受的不同信息，形成指导意识，产生不同的研究取向，并将作出不同的计划决策。因此，即使是研究相同功能和性质的系列构件、系列构件组合体、系列水工程以及水工程枢纽时，研究决策者的决策意识并不一定相同。这些都是水工程文化学的研究之"线"的重要研究内容。

水利工程师则要对水工程计划作进一步的专业论证，为水工程计划中的功能性决策作出选取，进行更为科学而准确的论证。当然，也可能会对水工程计划提出修正或更新的方案，包括从水工程构件到水工程类型、功能的合理选择和组合。对于水工程从构件到单个水工程或水工程群，水工程的投资决策者关心的是社会效益、经济效益的指标比较和选择；水利工程师则主要是科学、合理的论证和工程设计创新的探索。由于两者的侧重点是不相同的，水工程取向意识和研究重心也就不会相同。这就会形成两种不同的情况：一是水利工程师和水工程决策者对水工程取向意识和重心基本相同，则水利工程师设计的水工程比较符合水工程决策者的意图，则设计会很快通过,付诸实施。二是水利工程师和水工程决策者对水工程取向意识和重心不太一样,甚至不同,这就可能出现三种情况下的决择。一是因为水利工程师(或规划设计部门)专业技术精湛和具有某种绝对权威,水利工程的设计的确科学、合理、立论正确、论据充分,使计划的决策者成为折服者,抑或成为无可奈何的屈从者,而无条件地选用水利工程师的设计成果;二是水利工程师迎合市场游戏的第二规则,"顾客就是上帝",成为计划决策者绝对忠实不二的执行者,完全迎合计划决策者要求,甚至违背技术良心,做出与计划决策者意识相吻合的设计,以至不费口舌,就能统一;三是水利工程师根据自身的专业水平和职业道德,在充分考虑了计划决策者的要求后,做出了有一定创新意识和符合专业技术规范的设计,其中可能会出现与计划决策者的要求不尽相同的地方,如造价有所增减、功能有所升降、组合有所变化。在这种情况下,如何使水工程得到更恰当的选择呢?这就要求水利工程师能充分表述自己的设计理念和调整计划决策者要求的原因和论据,争取计划决策者调整已经明确的决策计划,而接纳、采用这一设计。计划决策者面对水利工程师与自已意想中不尽相同的设计,首先要倾听水利工程师对水工程设计的理由,如在条件许可的情况下接受这一正确的设计。如果投资或其他条件不许可,或认为设计有不理想、不科学的地方,则可要求水利工程师对水工程设计作出修改。通过几次磨合,就可以得到双方都能满意的较为科学的水工程设计。当然,也有可能最终并不一定是较合理、较科学的观点会被接受,而是一种人为的权力意识形成的结果,可能是计划决策者的绝对财权,使水利工程师妥协而作的设计修改。水利工程师在水工程建筑系列面前,客观上只是计划的执行者和论证者,这是由其职业在水工程形成过程中所处的客观环节所决定的,也是一个水利工程师应具备的基本意识方面的文化修养。但水利工程师必须坚持自己科学的技术规范和职业道德的底线,坚决不能做出违背职业良知的设计和修改。这更是水利工程师应具备的职业文化准则。

水工程的施工队伍是完成绘制水工程施工图,拿出安全、经济、可行、快捷的水工程施工方案和完成砌筑水工程等任务的队伍。他们完成这些工作的主要指导思想,一般都是在按照水工程设计这一规范,不影响设计功能和效果的前提下进行的。但是,他们对水工程系列产品的设计,也会作一定程度的分析,如对同类水工程建筑构件及构件组合体的选择。例如,平原圩区建一些排涝站,施工单位发现这个圩区还缺少灌溉功能,有建电灌站的需求存在,如果将混流泵改为轴流泵,并将进出水管道调整为X廊道,这个站就可以排灌两用了,这一建议只是除调整了泵型,增加了一些钢筋混凝土量,施工难度大了一些外,其他泵房、进出水池、渠系、配变电设施工程量基本相同,却可为业主节省另建一座或一些灌溉站的征地、拆迁、建站、购置水泵……大笔投资。当然在施工的全过程中,从材料、结构等方面去研究、下功夫,都可能会取得许多大小不同的改进方案,然后对这些方案进行同类比较、分析,就可以取得能满足上述不影响水工程设计的功能和效果为指导思想的最佳选择。这些研究,是水工程施工文化研究内容中的重要内容部分。

而管理、运用者在成型后的水工程的同类系列的管理、运用中,也会有其所秉持的水工程文化意识,对已建成的水工程产生影响。不同管理、运用者,就可能对已建成的水工程有不同的感觉,或许对已建成的水工程就可能作第二次的装饰或改造,以满足他们管理、运用之偏好。例如,对某一采用混凝土贴制技术的墙体装饰贴面,可能会出现跑浆现象,他们将其改用干挂技术贴面,甚至因嫌色彩不合自己的喜好,连贴墙的装饰面板都换了。这还不仅在对构件、构件组合体上会出现这种心理现象,而且,水工程、水工程群也都会同样有管理、运用者的心理影响因素的存在。因为他们在管理、运用中,比较清楚这些构件、构件组合体,这些水工程、水工程群的发挥功能和所起作用的情况。一般情况下,不管是水工程的计划决策者还是水利工程师都会对他们进行调研,倾听他们对水工程管理、运用的看法,于是他们的水工程意识就会对新建水工程、水工程群产生或大或小的影响。而且这些影响的趋向,还会延伸至同类水工程系列的不同状况的选择意识和配置结果。

以某种功能为系列的水工程,从水工程的每一个构件到水工程构件组成体,再到水工程、水工程群的规划区,选取任何一个构成环节,都存在水工程文化学可深入探讨的研究内容。这就是"线"式的研究方法,研究者可取任何一条线延展下去,都会发现有非常丰富和极有价值的内容。

第三节　水工程文化的"面"

一、"面"的构成

点、线、面都是几何学的基本概念,也是美学中美的表达形式,是一切艺术的语言和表现手段。点的移动成为线,无数条线形成为面,点是极小的面,线是极窄的面,面的组合形成空间和体积。可以说是由点创造了线,由线组成了面,由此可见,点、线、面是不可分割的。从空间概念看,点相当于一个集合中的元素,而线可以看作无数点的集合。面既可看作无数点的集合,也可看作无数线的集合。所以,点属于线(点在线上),点也属于面(点在面里);直线包含点而包含于面(直线在面内)。这也是面与点、线的关系。而在水工程看来,如果将点看作是研究的某一座水工程,线则可视为研究的是这一类的水工程,"面"则是由某一类水工程系列的发展、演变为某一地区、某一流域各类的涉水水工程的全体,即为某一存在时期内的该地区各种水工程系列的全部。例如,我国东部的平原圩区,不仅需要提水水工程系列;若这个地区雨水集中,还需排水水工程系列;若这个地区地势较地,必须有挡水水工程系列;若这个地区滨江临海,又需防潮汐水工程系列;农村还要有农田水利水工程系列;城市还要设置污水治理水工程系列……这些不同的水工程系列之线,共构了水工程文化学研究的面。因为,水工程是时代的产物,在人类一定发展时期产生了水工程,而水工程也是有一定寿命期,就一般个体水工程而言,也将在一定时期消失。而每个地域的每个时期水工程的种类、型体、风格、功能,甚至发挥的作用也是不同的。各个时期的水工程,是与各时期自然界的水情,人类社会经济的发展,人类生产、生活的需求程度和思想意识相适应的。不同历史时段的自然界的水情,人类社会经济的发展,人类生产、生活的需求程度,人类思想意识和水工程文化意识造就了不同的水工程与之相呼应。自然界的水情变了,人类社会的经济发展了,人类生产、生活的需求程度必然随之上升或改变,水工程文化意识必然也有所变化,则这个水工程时期就会逐渐结束。那么,这时期的水工程也就完成了它的历史使命,这一普遍存在的水工程种类、型体、风格、功能和内容的水工程,就有可能逐渐消失或淹没于另一个新兴的水工程种类、型体、风格、功能和内容的时期。所以说,一个地域各时段水工程具有某种特定性质和内涵的存在,是针对某一特定时期内而言的,在这一时期之外则就失去了那种特定的性质和内涵了。

二、水工程的 "面" 与文化期

例如,从我国史前水工程的面上看,大致可分为井、"城"、沟洫等三个水工程文化期。中国最早的水工程可能要数井,"《世本》又云:黄帝正名百物,始穿井。《周书》亦曰:黄帝作井"(宋代高承《事物纪原》),黄帝时期人们就开始有了人化水工程——井了,用一个"穿"字,说明了系人工所为的工程。也有"神农既育,九井自穿,汲一井则九井动"(《后汉书·郡国志》刘昭注引《荆州记》)的记载,非常科学地表述了井的普及——九井,叙述了某一区域井所使用的地下水相通的现象。九井并存,九井受益范围就是这些井工程的面。还有"伯益作井"(《吕氏春秋·勿躬》)之说,黄帝、神农(炎帝)穿井均说明了水工程井的分布之广。黄帝经历了三皇五帝直至大禹时代的伯益,都有发明井的记载,说明了井这一最早的人类供水水工程发明和使用的历史过程。这一时期人类尚不具备抵御洪水的能力,一般活动在地势较高处。人类生存需要水,根据这一人类基本需求,创造出的水工程——井。从历史阶段看,中国历史上最早的水工程文化阶段,当数井文化阶段。接着进入了鲧之水来土挡的土工构筑物的水工程文化之历史时段,"昔者夏鲧,作三仞之城"(《淮南子·原道训》),因为鲧首先懂得了用"息壤""以埋(指"环城堆土"成堤挡住)洪水"(《山海经·海内经》),使中国在世界上率先进入了用土方构筑挡水水工程——"城",保城内这一方土地(部落)平安的水工程文化时代。到了大禹的历史时期,禹之"卑宫室,而尽力乎沟洫"(《论语·泰伯》)、"决九川距四海,浚畎浍距川"(《尚书·益稷》)(沟洫、畎浍,都是指田间沟渠。即通过修筑沟渠,具备排水除涝的功能),则是修筑沟渠,服务于农耕,以推进挖土排水的农田水利工程为主的水工程文化时代。这个时代的水工程文化,呈现的是一个质的飞跃之农耕水工程文化时代,形成了从鲧禹以前的人之被动治水仅为生存的时代,进入了主动治水和原始的科学治水,不仅保生存,而且发展生产的时代,通过"左规矩、右准绳"的测量,"合诸侯于涂山"(《左传·哀公七年》)人力集中,推进了"疏九河,瀹济漯而注诸海;决汝汉,排淮泗而注之江"(《孟子·滕文公下》)普遍疏浚河流的水工程,使一些淤浅曲折的自然河道变成了经过人工开挖的水畅其流的水工程,出现在大地上。井、"城"、沟洫等三个水工程文化期,并不是一种可以截然分开的文化期,也许有些水工程因为设计科学、功能齐全,被人们刻意地注重和保护,不断维修、加固或局部改造、更新,让这一水工程为另一个水工程时期延续和承袭,而并未消失,其建筑的型体、风格或者内涵、名称可能基本不变,抑或有一定新的发展和变化,但其核心工程或主体工程却被保留了下来。例如井就可能为"城"和沟洫水工程文化期所承袭、保留,乃至为更为久远的水工程文化期接受。尽管已不是原始的土井,而变成其他形式的井了。井这一水工程文化在大禹时代与以沟洫为主体的水工程文化共构了这一时期水工程文化的"面"。

67

　　尽管在一个发展时期内,某些水工程的功能,基本上大多是相同的,但该时期的同类水工程也不是一经出现就一成不变的,它仍然有它发展、演进的不同阶段,也许是向更合理、更科学的方向演进,也许是向赋予了更多的人文意义的方向发展,无论是怎么发展,这些水工程内所蕴含的人类文化都是越来越多的。再如,我国史前黄帝时期的井、鲧时期的城及大禹时期的沟洫文化,穿越到了春秋战国时期,人们不仅保留承袭了一些史前的水工程,而且懂得了兴办对应于井和沟洫的蓄水工程——楚国令尹孙叔敖建的芍陂,这是一座"陂径百里,灌田万顷"(《后汉书·循吏传·王景》李贤注)中国最早的蓄水工程。春秋战国时期,各国都兴办了对应于"城"的——为"各以自利""壅防百川"(《汉书·沟洫志》)而壅高的河道堤防。正因为人们懂得了针对"百川"近河去构筑堤防,比包围人聚居的地方筑"城"来抵御洪水更有效,原本为抵御洪水功能的"城",变成了抵御来犯之敌(人)的功能,逐渐退出了禹以后水工程文化的面之构成的范畴。但鲧之筑"城"的技术——这一水工程文化却永久地为堤防所承袭。春秋战国时期,人们不仅承袭了大禹疏浚自然河道技术,而且开挖了世界上最早的人工运河——由吴王夫差开凿的邗沟和建造了世界上最为成功的无坝引水工程——由蜀郡郡守李冰主持兴建的都江堰,使我国出现了五彩缤纷的面上水工程文化发展期。

　　其后,随着我国社会经济的发展,人类活动范围越来越大,面上水工程种类越来越多,以"面"来研究水工程的水工程文化可以用不同切入点来研究,可以仍按历史时段分,如秦汉至南北朝时期的水工程文化、隋唐至两宋时期的水工程文化……新中国时期的水工程文化;也可按流域来分,如黄河流域的水工程文化、长江流域的水工程文化……还可按行政区划分,北京市的水工程文化、河北省的水工程文化……;也可以按地形、地貌划分,山区的水工程文化、平原地区的水工程文化……。各种不同划分的水工程文化之变化及内涵意义是有区别的。它会体现各种不同的水工程文化意识及内涵。

同一类水工程在不同时期的演变,多是由于社会经济发展、建造材料及技术的进步;不同行政区划同一类水工程的不同,更多的是人文意识的支配结果;不同地区和不同类型的水工程,主要在于自然的不同和功能的需求;同一类的这些不同的水工程,都有贯穿于其中的主要性质和内涵的存在,也正因为有这一主要性质和内涵的水工程文化贯穿始终,才有这一类水工程的不同样式或内容的水工程形成。

对于一个特定时期水工程、水工程建筑群的任何一类,所形成的水工程文化研究之"面",无论是各个发展阶段当时的构筑,还是现今对某个时期的"面"的选取,又和研究"点"和"线"的水工程文化学的研究内容相似,也有在计划、设计、施工、管理、运用各环节上的相关人群,主观意识或选择意向的区别。如果该发展时期,各阶段情况是一个跳跃性甚大的错综复杂的问题,不是用一两个例子就可以来说明的,则需要进行系列的深入研究,对水工程"面"的对象之抉择,与"线"式研究的内容类似,只不过内容涵盖更为宽泛、全面。

第四节　水工程文化的"体"

一、"体"的涵盖

体,在几何学上指具有长、宽、厚的形体。体是由几个面的面沿与面成一定角度的方向的连续,并形成闭合则构成了体,是某一特定点的三维空间。这一数学上的体的概念,在水工程文化研究上也有其可作为重点研究的地方。从宏观上看,若以某一水工程为研究之"点",某一类水工程为研究之"线",则水工程研究之"面"就已是某一特定时期内的各类水工程的总体,似乎已无研究水工程之"体"的内容。其实,面的水工程文化研究只是研究这个面中所有不同类型水工程的各各不同的文化。那么,所给定的水工程文化研究对象的点、线、面、体彼此间在任何一个特定时期、特定流域、特定地域、特定地形地貌范围内的水工程总体,都有其各种水工程类型共同的内涵和性质,这种内涵和性质贯穿于这个时期、这个流域、这个地域、这个地形地貌的任何一类水工程之中,是这一内涵和性质将各类水工程组成该时期、该流域、该地域、该地形地貌水工程的总体,并以此来区别于其他任何时期流域、任何地域、地任何形地貌的水工程。然而,这一特定时期、特定流域、特定地域、特定地形地貌内的水工程总体,可以是人类水工程总体,可以是一个区域的水工程总体,可以是一个区域的水工程总体或一个流域的水工程总体,也可以是一种水工程观念发展的总体或多种水工程观念发展的总体,这是以不同广度或不同深度的眼光来观察、研究水工程的水工程文化学之"体"的研究内容。

二、水工程的"体"与"文化思潮"

从宏观上看,人类水工程总体就是一个研究之"体"。但是,这个体内是由无数的点、线、面组成的。在一定时期、一定流域、一定地域、一定地形地貌的水工程总体的性质和内涵,都是由这一水工程总体内的任何一个水工程研究之"点"的共性水工程文化抽象集中而形成的。然后,通过这任何一点又都可以由点、线、面逐级扩展到这个研究之"体",再上升到人类水工程总体的高度,成为水工程文化学研究的纲领性内容。这一内容,可以达到对"体"上的任何一"点"的水工程文化之统一和包容。例如文明时代以前的人类水工程,基本上是处于只要能维系人的饮水之需的状态即可,这时期人类的水工程文化意识仅有对基本功能的追求,或者说就是对生存欲望的追求。例如,史前,一个部落,挖一口井,从中可取到水喝。其凝聚在水工程上的其他所有意识,也只是以此为中心内容的意识,或许因为这个部落人多了,水不够用了,将井挖深一点或者挖大一点。抑或,再挖一两口井。也许挖井时还要掺杂一点原始的宗教意念,搞一点祈拜仪式,祈望他们不可知的上天或土地之神赐予他们所挖之井能有水,保佑他们挖井的过程中平平安安,不会因井壁方土坍塌死人或伤人。这些其他的意识,都是围绕需水保生存之欲念的衍生意识,而且每一水工程都可明确地说明具有这种特性。但是,人类发展至现代时期的水工程,虽然各个国家、各个地区、各个流域在水工程的材料、风格、规模、功能上有许多不同或差距,但却都是科学技术的应用结果,而且也无论这些科学技术是来源于哪个国家、哪个区域、哪个民族,都具有现代人类文化的共同结晶的共同点。这就是现代水工程所持有的特性和内涵之一。可以说,现代几乎每一项水工程的建造或构筑,都能体现这一特性的蕴含,即使是大到三峡枢纽性水工程,小到田间的分水闸涵,甚至是修复古代遗留下来的水工程,都在使用新材料——钢筋、水泥,都在运用新技术——电脑制图、机械化施工,都在不仅要求水工程具有有形的水功能,还要求思考水工程能否具有无形的生态、环境和人文功能。现代水工程的构成,已不只是科学技术的简单合成,而是多种不同源的人类文化综合表现。从思维形式到思考内容,从思想方式到精神实质,都是包含了极其复杂的多种来源、多个层次之心理意识的综合体。这种极其复杂的心理意识并会体现在水工程的各个不同的构成部分上。可以说,任何一个研究之"点"的现代水工程,已根本无法找到由一个文化意识元素支配而形成的水工程。这也是现代水工程共有的水工程文化性质和内涵。

从中观上看,人类任何一个国家、一个区域或一个流域的水工程,也都可成为研究之"体",即指一定时期内该国家、该区域或该流域的水工程的总体。尽管人类水工程在一定时期内是一个整体,但各国家、各区域或各流域的水工程是有一定的区别的,无论是人类历史发展至今的哪一个时期,都存在着人类水工程总体内的国家、区域、流域性差异,即使这些水工程具有不少相同或相似的综合性特征,其仍然会有国家、区域、流域性特征存在,而且在将来的相当长时期内,这种差异也依然会存在。因为,各个国家、各个区域、各个流域的自然界的水情不会相同,地形地貌不会一致;各个国家、各个区域、各个流域的社会经济发展不会相同,民众对水的功能需求不会一致;各个国家、各个区域、各个流域的民族民俗民风不会相同,社会文明和文化意识不会一致,所以,人们对水工程功能需求和产生的水工程文化意识必然不会相同。这些差异就是针对中观而言的水工程文化学研究的内容。而且,这种区域范围,可以是研究者根据需要进行选择和划定的。人们可以研究中国的水工程文化、美国的水工程文化……可以研究长江流域的水工程文化、黄河流域的水工程文化;可以研究我国各个省、市、县直至村镇这么小的区域里的水工程文化。对这些范围内的所有水工程的研究,都是水工程文化学具体研究之"体"。而且是以某一时期的水工程性质和内涵为主要特征,贯穿于该研究范围内的所有水工程的文化。

无论是宏观上的人类水工程总体,还是中观上的任何一个国家、一个区域或一个流域的水工程总体,在一定时期内水工程文化研究之"体",都是以特有的某种性质和内涵为主导的,而且这一性质或内涵总是由一些水工程文化意识观念所构成的。因而,在一定时期研究设定的水工程范围越大,水工程文化意识观念的容量便越多,而且每一种水工程中的每一座水工程文化便是水工程文化学研究之"体"的最小单位。因此,就微观上而言,水工程文化学的研究之"体"是一座水工程的文化意识观念,因为任何一座水工程文化意识观念都是某特定区域的一定时期的产物,它都会具有时代特征。由于水工程文化的这一特性,使任何一种典型水工程的文化意识,总可成为那个时代的水工程代称。如"堙"和"疏"的水工程文化意识观念,就已成为中国史前鲧、禹时代水工程的代称。一种水工程文化思想,都有一个产生和发展的过程,在这一发展过程中,它主导着这一时期人们的水工程文化总体内容,也就使这一时期的水工程蕴含了这种思潮。甚至包括水工程建筑构件、构件体、水工程建筑物、水工程建筑群等的计划、设计、施工、使用和管理。这一时期水工程建筑文化思潮对水工程起着较大的主导作用,往往也就将这个时期的水工程文化以该思潮名之。所以,一种水工程文化思想或思潮,实际上也是水工程文化学微观上的研究之"体",它代表着这一时期的某种特有性质和内涵而成为一个"体"。我国"大跃进"时代,在所谓"多、快、省"的水工程文化意识观念指导下,水利工程师们对某一水工程的设计,仅仅在"力"的方面作些计算,而在"形"的方面常常套用这类工程的其他图纸,基本不作个性化创作,造成了许多"粗、大、笨""千闸一面"的水工程,这就是水工程的"大跃进"文化思潮。人们只要看到这类水工程,就会认为它们为"大跃进"的闸、"大跃进"的涵……就会指出这是"大跃进"的水工程,以"大跃进"代替了水工程之具体名称。2012年胡锦涛代表党中央在十八大报告中提出:"努力建设美丽中国"、要使"生态空间山清水秀"的"生态文明建设"概念后,逐步形成了我国这一时期乃至今后一个相当长的历史时段新的水工程文化思潮,中央提出的"美丽中国",将"美"字这一广大百姓的精神需求推到了我国一切建设者的前面,水工程的建设也不会例外,重视水工程"形"的研究,将成为一种良性的思潮,我国的水工程必将进入一个崭新的发展时期。

在这一新的发展时期,对水工程文化学来说,不管是水工程的点、线、面、体;不管是水工程的构件、构件组成体、水工程,还是水工程群;不管是规划、设计、施工、管理和运用的哪个环节;不管从人们对水工程的的思想、感觉、意识、认识、观念、判断、意志、经验哪一种意识;不管是从宏观的、中观的还是微观的视角去推进,都会有其丰富的、特定的和新的研究内容。

71

第四章　水工程文化的核心内容

任何学科的治学,都有共同之处:首先,要确定主要概念的内涵;其次,必须为该学科定"性"。水工程文化作为一门正在孕育中的学科,创立的关键,在于给学科定"性",即使目前还不太精准,但还是有其正面的、积极的意义,可在发展中完善、完善中创新、创新中发展。

借用一般自然科学对物质的定性方法,是从物理性质和化学性质这两方面进行讨论。对于"水工程文化"这一客观存在的事物,则是从阐明其"形""意""质""域"等诸要素的内容或意义等方面,来确定其"性质"基本轮廓的。

第一节　水工程文化的"形"

"形"即存在形态,指水工程文化在人类文化总体中的存在形态。

一、水工程文化形态要素的划分

人类文化总体所包容的范围非常广泛,无论是从时间的角度,还是从空间的角度观察,都存在于漫长而遥远的人类历史和人类活动的任何空间状态中的每一个区域。甚至,在人类行为轨迹中还有许多文化存在的模糊区间,即本能和非本能行为之结果的文化都在其中。因此说,人类文化的总体,不仅是人类活动的行为本身和行为规则以及支配这些行为、规则的思想、意识、观念,而且还存在于人类文化范畴边缘的某些与非文化共生同存的胶着状态中。

水工程文化是在人类水工程的形成中产生的,一般说,水工程文化与水工程是同时出现的。

通俗地说,人类的非本能行为所创造的一切,都是人类文化的东西,无论是以什么形式创造出来的。一项水工程的完成,从对水工程计划、规划、设计,到水工程实体的施工,甚至到人们在水工程竣工验收后的管理、运用、维修,其中每一个环节,都是一种文化现象,而且蕴含在这些现象背后的思想意识的变化过程也都是文化,甚至是最本质、最核心的文化。然而,这些要素各自存在的形态并不一样,水工程构筑物、建筑物是人们视觉便可感知的非常实在的东西;水工程技术则是一种包含着人类智慧的行为规则;而支配着水工程建筑物的形成和制定水工程行为规则的水工程思想,又是以意识形态出现的。其他文化要素,也都各自有相应存在的形态,并为人们所感知。文化学学者为了便于研究,依据各要素存在形态的客观性质,人为地给这些文化要素划分了较合理而形象的结构层次,即物质形态的物质层、意识形态的心理层或精神层以及介于物质与意识这两种存在形态之间的心物结合层。

如果对水工程内涵的各文化要素进行划分,则具体的水工程构筑物、水工程建筑物便被列为水工程文化的物质层要素,水工程技术、水工程制度等应列为水工程文化的心物结合层要素,有关水工程的各种意识、思想和观念则列入了水工程文化的心理层要素,各水工程内涵的诸要素在水工程文化总体中,都有各自不同的位置。显而易见,水工程的概念,实际上是一个具有多种内涵的综合概念,是一个具有能拥有文化各层次之要素的综合概念。

通过这种划分,人们就可较为清晰地认识各要素在水工程文化总体中的存在形态以及可能具有的功能性质,也能进一步了解同一层次要素的共性和不同层次要素的个性,通过对这种共性和个性的认识,人们对水工程文化各层次里的文化要素间普遍的、一般的相互关系有了较为清晰的概念,也就能更清楚地、明确地理解文化各要素之间的相互联系和相互作用。同时也能沟通不同学科、门类之间的一些联系。如哲学和水工程,哲学范畴里的一些普遍规律,也是水工程文化上可以借鉴的东西,特别是"物质"与"意识"的相互关系及规律,更是水工程文化上常引用的经典,那么,对"物质"与"意识"这两个文化要素的分析和在人类文化结构体系上的归纳,就有了相当重要的研究意义。水工程业界和水文化研究界,事实上已经越来越重视对这一方面的研究和探索。

二、不同形态要素与文化的关系

水工程本身就是一个文化要素,水工程更是一个由诸多要素构成的综合体或复合体,如对水工程这综合体进行逐项分解,剖析出性质相对比较稳定的每个构成分子,然后从不同角度进行观察和分析,再归结出有不同存在形态的文化要素类型及其在文化总体中的地位,也就可以进一步明确有不同存在形态的水工程要素与文化的关系,也才能准确地理解作为文化要素的"水工程"和在研究中恰当地运用"水工程"概念。

现实中的水工程行业以外的绝大多数人们,甚至水工程业界以内的少数人,对水工程总是以物质形态去理解的,即"水工程"就是指水工建筑物、土工构筑物及其附属范围内其他物体这么一类物质之存在。那么,"水工程"作为水工程这一物出现时,它与文化的关系也就很明确了,它是文化结构物质层里的一个要素,且以其在现实中的物质存在来表现其文化的存在,这一存在,说明的是人类智慧的某种创造力,体现当时人类构成水工程时的具体能力,或许也可换称之为文化力在这一方面的具体表现。而且,人们可以通过水工程作为物的存在,来认识当时的人类文化或者是水文化之状况,故而也可以说成,水工程是人类社会发展的固态历史之一。

从艺术的角度来讲,如果说"建筑是凝固的音乐",那么,水工程则是另一种专门的"凝固的音乐",它演奏的是水、土、石、林交响曲。可见,水工程的物质形态,是一种艺术的表现形式,也可称为"水工程艺术",并可独立于艺术之林。水工程学家或水工程师也就有了水工程"艺术家"之称,似乎为兴利除害而奔忙的土、木、石工匠,也便可上升成为具有"水工程艺术家"的另一种社会身份,就会让世人产生士别三日,当刮目相看的感觉。

在水工程师们眼里,"水工程"的内涵要宽广得多,不仅仅单指水工程的物,还应包括水工程技术、水工程制度、水工程形式、水工程艺术、水工程语言、水工程思想等含义,这就使水工程师们面前的"水工程"变得十分丰富、多彩而复杂。水工程师所运用的"水工程"概念,就有别于一般人们所认识的"水工程"概念,水工程师所面临的"水工程",更多的是代表着一门或几门学科。

对水工程师来说,更应该研究的不是水工程构筑物、建筑物的存在,而是水工程思想,通常以水工程哲学、水工程观念、水工程意识等提法出现。这些指导具体水工程设计、创作的思想、观念、意识等,也会像其他思想意识一样,形成某种潮流,水工程业界便称之为"水工程思潮"。这种水工程思潮一经形成,无论它源于自己,还是源于哲学、政治、宗教或其他艺术,都将主导着当时广大水工程师们的创作内容。而且,在事实上也影响了当时大多数水工程师所建设的水工程。甚至,为当时大多水工程师们所推崇,并且试图通过他们具体的水工程创作来表现这种水工程思想,弘扬其所推崇、偏好的某种思潮。然而,人们也常把其水工程创作的作品作为某种水工程思潮的代表作。将水工程思潮与某些作品直接联系起来,形成了冠以某种水工程的形式。事实上这是"水工程思想"与"水工程"的概念混淆,水工程思潮仅仅是一种思想意识,并非某种具体的、特定的物质形式,它参与了水工程创作,但并不能完全代表创作出来的作品。这种思潮就是"水工程思想"寄生的形态,也正是与一般水工程物质所不同的存在形态。水工程思想是以一种意识形态隐含于水工程作品中的,也以这种存在形态存在于文化结构里,然后以"水工程"这一方面的"意识"存在来表现文化。例如,远古鲧治水时期,思潮为用筑"城"以达到"堵"的思潮;禹治水时期,以"尽力乎沟洫"以实现"疏"的思潮;近代用"砼"(混凝土)质护坡,解决河道水土保持的思潮和现代用"生物"护坡,解决河道水土保持的思潮等。尽管鲧的时代,各部落所筑的城高低、大小、形态不同,但大家都在用土筑城,"以堙洪水";尽管禹的时代,各地所开的沟、洫,大小、深浅、形态不同,但这一时期各地都在开沟以排涝水,挖河以泄洪水、这就是思潮。

在物质形态和意识形态之间的心物层,一方面是在某种水工程思想支配下建立起来的,另一方面又由对水工程活动有具体的指导作用的水工程技术和水工程制度等支撑,这两方面都被认为是水工程在文化总体中的心物结合层里的要素。这两方面的要素,在文化心物层,不仅与水工程系列的物质层、心理层的要素有直接的联系,而且还通过这一中介要素,引入其他系列的文化内容。它可能直接吸收其他科学的思想内容,来改造水工程系列的习惯要素内容,促使其更理性地成长和发展;也可能通过对其他物质存在的应用,使自身技术和制度等得到不同的解释,同样能改善水工程系列中的不良要素,使之得到更合理、更优化的重构。所以,水工程心物(结合)层要素是文化的水工程系列的中介要素,是水工程活动的行为规范或准则,也是水工程思想的个体表现,亦形亦意,形意相融。在水工程文化总体内,如作区域性的文化比较,这一层次最具有综合意义,也显得最清晰。由于其参照系较多,就使这一层次的要素更具可视性。就如,有关水工程规划、设计、施工的各种规程、规范、标准、定额等。

三、文化存在于形态的合理性

水工程是物质的东西,又是意识的东西,也是心物结合的东西,水工程的每一个内涵要素都是文化,从文化的总体上讲"水工程"和"水工程文化"是融为一体的,但又决不能武断地认为:水工程就是水工程文化。由于水工程这一实物体的客观存在和水工程文化存在于人类文化总体之中,而且水工程文化缘于水工程而形成,则水工程与水工程文化的概念,在一般情况下,常常会被人们含混地替代运用。虽然,水工程文化蕴含于水工程之中,但"水工程文化"概念相较于"水工程"概念来说,一直并未能被水利业界析出研究,直到20世纪末才有人专门将"水工程文化"这一词提了出来。应该说"水工程"的概念,已经有它成熟的、较全面的基本内涵,而"水工程文化"的概念则尚在人们探讨、研究或构想阶段,逐步地形成之中。如果可以将一个还正处于探讨、研究或构想阶段的"水工程文化"概念,完全等同于一个已非常成熟的"水工程"概念,将"水工程文化"与"水工程"相互替代使用,只能说,替代者只是把"水工程文化"作为一个时髦的名称在使用,而并未搞清"水工程文化"概念的本质内涵,应当视为是不理性的。

虽然上面已经述及文化由物质层、心物层、心理层的各种要素构成的,但文化尚有广义和狭义之分。广义的文化包容了这三个层次的所有内涵,只要是人类智慧的和非本能的东西,都会被认为是文化,指广泛意义上的文化;而狭义的文化,仅指其心理层和心物层的东西,是人类非本能的意识形态以及形意结合形态的东西,只有这些东西,才被认为是严格意义的文化。正如,区别不同国家、不同民族最本质的东西,是指其文化意识的差异,这也就是指不同国家、不同民族之间狭义文化之核心文化的不同。

从广泛的意义上讲,一座水工程这个物,是一种文化;一件艺术品也是一种文化。一座通过"形"能"化人"的水工程这一物,也可以说是一件艺术品。然而,一般艺术品却不可能去替代水工程,如雕塑与水工程,凝结在这两者之中的创作意识有明显不同,主要是其中的功能意识存在着很大的差距。雕塑着重于形的感受和意的寄托,水工程的最基本的出发点则在于"运用"的最根本的需求,形意的感受居其次。所以,从严格意义的文化内核意识上讲,"水工程"和常规"艺术品"是存在着差异的,不应在两者之间画等号。

对于"水工程"来说,无论水工程的物质存在形式怎么改变,即水工程型体或样式如何演变,其最基本的功能意识都是永恒的,如果这种最基本或最根本的功能意识丧失了,那么,它也就失去了"水工程"的最本质的意义。水工程要"运用"的思想意识,必须存在,才是水工程的根本。

因此,水工程在狭义文化概念中的核心意义或内容,才是水工程文化的本质,也是区别于其他文化要素的最主要特征。就如不同国家、不同民族之间的区别,主要在于其严格意义上的核心文化的差异存在。一个国家的不同民族之间的相互吸收和相互同化的关键,往往也取决于此。那么,认识不同民族、不同流域、不同地域之间所体现的水工程文化差异,主要也应根植于这一点上。可见,水工程文化的明确概念,应指水工程狭义文化的核心含义,这也正是一种最严格意义上、意识上的水工程文化存在形态。在这一点上,与前文所给定的"水工程文化内涵"定义,是基本相符的研究结果。

显然,上述所探索的水工程文化本质特征、核心含义及存在形态,既可避免运用中的"水工程"与"水工程文化"这两个概念各自存在空间的模糊性,又在为"水工程文化"求取了合理的、科学的生存空间,也可使人们进一步完善对"水工程"及"水工程文化"概念的理解。有关这方面的研究,应是非常具有现实意义的研究方向。

四、水工程文化"形"的构筑

"形"即存在形态,指其在人类文化总体中的存在形态,水工程文化的形态可分为形与态。

《说文》云:"形,象形也。"将象与形合二而一。《礼记》说:"在天成象,在地成形。"将象与天联系,将形与地挂钩。庄子曰:"物成生理谓之形。"(《庄子·天地》)界定形是物的根本特征。孟子说:"形色天性也",太史公云:"形者,生之具也"(《史记·太史公自序》),都认为形是与生俱来的。也就是说"形"是伴随着物的出现而客观存在的。换言之,水工程之形,是随水工程的出现而存在的。

在水工程文化学中,"形"则是指造型与构图、筑景与布局。造型与构图研究的是单体水工建筑物局部与整体的形;筑景与布局研究的是群体水、土工建、构筑物的总体的形。造型研究"形"的美化,构图研究"形"的序结构,筑景研究"形"的组合,布局研究"形"的规划。

（一）造型与构图

就单体水工建筑物而言，水下部分要讲质量，水上部分要讲形象，水下部分追求结构优化，水上部分讲究结构美化。

1.力与形的统一，结构优化与外形美化的统一

宇宙中的天地万物，均以一定的形状存在着。万物形状的构成，都是在力场作用下，在运动中，在与环境的适应和进化中完成的，形与力有因果关系。英国动物学家汤普森有句名言"形是力的图解"，它告诉我们自然物的形态是由内在的力决定的，即自然本身处在力的平衡状态中。因此，力就成为了自然美的规律之一。

美国建筑师兼发明家富勒认为："自然界存在着能以最少结构提供最早大强度的向量系统。"他一生都在为"少费而多用"这一信条而奋斗，都在努力寻找着"最少结构提供最大强度的向量系统"。今天，索膜建筑运用了预张力空间结构体系，它以最轻、最强的结构围合出最大的空间，使富勒的愿望成为现实。苏联建筑师塔特林提出的"最美的形式也是最经济的形式"的论断，有着很深的哲理性，这里的"经济"与密斯的"少"有相同的含意，即简洁、合理而符合科学。其实索膜建筑恰恰符合这一论断，它正是以最轻、最省的预张力结构的形态给我们以美感，以最科学的结构创造出最美的建筑形态，以技术美创造艺术美。在这里结构与建筑、技术与艺术得到了完美的结合和高度的统一。

2.自然选择的优化与连续梁结构分割比

对于自然界的许多结构来说，它们的存在从力学的角度来说都是极其合理的。只有这样，它们在生存的同时，才能给我们带来美感。比如竹子，它们全都以空心的形式出现，正是这种特有的"腹中空"使其与实心的与竹直径相同的树不同，树"木秀于林，风必催之"，而竹却能得以"适者生存"。首先，空心的结构使竹子在生长时节省材料，能够尽可能地向着蓝天生长，得以汲取更多的阳光和甘露，满足生存的需要。事实上，自然界中很多像牵牛花等攀缘类植物都是空心的，也是这个原因。其次，由材料力学可以知道，空心圆截面杆的抗弯强度比同样截面积的实心杆要大得多，并且空心圆截面杆内、外直径的比值越大，其抗弯强度也随之增大。还有，竹子在风载作用下各段抵抗弯曲变形能力基本相同，相当于阶梯状变截面杆，是一种近似的"等强度杆"。在风力作用下，竹子所受弯矩根部最大，自下而上越来越小，因而自根部向上截面越来越细。竹节的存在，在力学上，竹节使竹子在节点处，刚度增大，大大降低该点和根部的弯矩值；节间距最小值位于根部，节间距分布自下向上，由小变大，在中下段取得最大值，随后再向上，节间距又逐渐变小，竹节的这种构造特点使得竹子具有柔性、可弯性，在风荷载作用下，随风摇曳，卸掉部分荷载，而不至于连根拔起，在这

里,婀娜多姿是生存的需要;竹节的存在,在外形上就像休止符一样,对竹子空间进行划分,从而构成韵律,或"窥窗映竹见玲珑"(韩愈),或"湘妃旧竹痕犹浅"(刘禹锡),或"入水文光动,抽空绿影春。露华生笋径,苔色拂霜根"(李贺)。李苦禅诗曰:"未出土时已有节,及凌云处尚虚心",这些文化和艺术巨匠们从竹子身上发掘、弘扬人类社会基本的道德操守——气节和虚心,可谓一针见血、入木三分,他们紧紧抓住了竹子的两大美学特征:"节"和"虚",这也恰恰是竹子赖以生存的力学特征。在自然选择的优化中,力学和美学得到高度的统一。可谓:力为美之因,美赋力之形。

要使常见水工程连续梁结构产生美感,则要研究自然界中最佳分割比。这就是人们所说的黄金分割比"0.618"。

准确地说,黄金分割比指的是一种数学比例关系,也就是把一个整体一分为二,较大部分长度/整体长度≈0.618。它被世人称为是一个最具审美的数字或是神赐的比例。由于这一比例被人们公认为是最能产生美感的数字,因此也就被人们厚爱地将其与"黄金"二字相搭配,称之谓黄金分割比。据说在古希腊,有一个叫毕达哥拉斯的人,听到铁匠铺里传出来的打铁声很有规律,驻足倾听便浮想联翩,结果他把这种有规律的声音用数理的方式表达了出来,这个就是后来的"黄金分割比"。无论是古埃及金字塔、印度泰姬陵、法国巴黎圣母院,还是中国故宫、东方明珠塔等,这些无论从年代上还是从地理位置上,都相距甚是遥远的建筑,尽管其风格各异,但都有意无意地运用了黄金分割比。

水工程的设计也十分注意运用黄金分割比,例如连续梁奇数跨正弯矩相等,边跨与中跨之比为0.794 5,两边跨与全跨之比为0.613 7,已接近黄金分割比0.618。

双悬臂正负弯矩相等,边跨与中跨之比为0.353 6,单悬臂正负弯矩相等,边跨与中跨之比为0.414,两者中值为0.383 8,已接近黄金分割比1−0.618=0.382。

3.水工程造型与构图可运用的基本理论

图是平面的形,象是立体的形。水工程立体的象可分解为平面的图,因此研究平面构图和立体造象之规律,就显得十分必要。中国山水画的构图已有较为成熟的理论,实可为水工程之造型与构图提供指一些导原则和基本原理,有些作品还可成为水工程之造型与构图参考的案例。

构图的关键,在于正确处理主宾、远近、节奏、变化、对比、均衡、呼应、动静、起伏、开合、奇正、聚散、虚实、阴阳等关系。只要将以上各项关系妥为处理,做到恰到好处,就会设计出符合人们审美意图的水工程图形来。

(1)主宾。立体的象分解为平面的图时,就存在主宾有序的问题。例如,人们游览景观时往往有不同的视角,从不同的视角就会观察到不同的画面;不同的视角发生的概率亦不同,这和游览路线的设计以及游客观察习惯有关。一般景观设计,广场上的主体雕塑的正面,通常是放置在游览者观察的主概率的方向。

在由局部组成的整体中,各个局部在整体中所处地位应有主次之分,方能构成完整、紧密的统一体。如将各个局都置于突出的位置,不分主次,就会形成多中心,多中心就等于无中心,将会削弱以至破坏整体的统一性。从平面组合到立面处理,从内部空间到外部形体,为了达到统一,必须处理好主从关系。一般说来,把作为主体的大体量要素置于中央突出地位,而把其他次要要素均处于从属于主体的位置,方能使整个建筑成为有机、统一的整体。主从分明应体现在体量、位置、色彩、形状等各要素的安排上。

主从布置主要有几种形式:古建筑中,多以均衡对称的形式把体量高大的要素作为主体布置在轴线的中央,把体量较小的从属要素分别布置在四周或两侧,从而形成对称、均衡、严谨的组合形式;在左右对称的构图中,通常是一主两从的模式,主体部分位于中央,不仅地位突出,而且可借助两翼部分的次要要素的对比、衬托,从而形成主从关系异常分明的有机统一体;非对称布局多采用一主一从的形式,使次要部分仅从一侧依附于主体。

具体画面的构成也存在主宾有序的问题。画面应有主要部分和次要部分之分,主要部分往往是画面的结构中心。其宾主关系,一般通过宾主间形状的大小、位置、远近、多少、高低、趋势的安排来完成。宾应当紧紧围绕着主做文章,起对比烘托的作用,处于从属地位。主的位置一般在画面中心偏上部位,处于视觉中心,使之第一眼就被人们所关注。习惯的做法是用较大的体量、较整体、较实、较浓、较艳、较亮、较鲜明的手段来突出其主体的地位。有时为了打破习惯,不陈陈相因,不千篇一律,也常反其道而行之。这就要在宾上下功夫,运用各种艺术手段来导引视线。一个整体有宾主之分,一个局部亦有主次之分,但局部的主次之分必须服从整体的宾主之分。

(2)远近。设计者在对水利景观的构图中,应考虑游览者近观和远观的两种视角给人们带来的不同的视觉享受。郭熙说:"远望之以取其石势,近看之以取其质。"远望可以是俯视、平视,可动观;近看可以是仰视、平视,可静观。远望其势,观其整体布局、左邻右舍、前后衔接、环境融合、天地搭配;近观取质,观其细节构造、人物形态、喜怒哀乐、民俗风情、神采飞扬。

(3)节奏。节奏就是用反复、对应等形式把各种变化因素加以组织,构成前后连贯的有序整体。节奏在音乐的表现中最为明显,是抒情性作品的重要表现手段之一。但节奏绝不仅限于音乐层面,景物的运动和情感的运动也会形成节奏。节奏变化是艺术美之灵魂,节奏其实也是事物发展的本原。节奏变化是相对论变化的结果。每一种法则都体现着对立统一的关系,它们的相生、相发、相克不应当是无序的。对立双方的转化往往是有节奏的。有节奏才有韵律、才有艺术性。诗有韵律,如平平仄仄仄平平,音乐感跃然而出;在画面疏密变化中,也或如疏疏密密密疏,也或疏疏密密密疏疏,或如疏密疏密疏疏密等;在建筑物变化中,或如门窗门窗门门窗,或如窗窗门门窗窗门等,不一而足。位于江苏省苏州市相城区望亭镇以西,望虞河与京杭大运河交汇处的望亭水利枢纽工程,2012年11月更新改造后,就把上游闸首工作室改造成有一定节奏感的造型。

(4)变化。变化分渐变和突变,渐变显得较沉着舒缓,突变大起大落、大张大合,就显得紧张兴奋。变化要简洁,不能过于繁复,一般掌握住几个大变化,或在这些大变化中又含有若干小变化就够了。变化不可太平均,太平均等于没有变化。泰州引江河高港枢纽管理楼与泵房建筑的组合布置,就采用了高、低、方、圆、平、斜的突变手法,使该幢水工建筑的形状产生了变化之美。

(5)对比。所有的构图基本法则都是一种对比关系。强调或减弱它们的对比度往往是根据画面的需要安排的。对比越分明,视觉反差越大,节奏起伏越大,画面就越强烈、明朗,阳刚之气越充沛。对比强烈不是最难的,掌握微妙的对比效果就不容易了。主从分明应体现在体量、位置、色彩、形状等因素安排和强烈对比上。老子的对比论"长短相较,高下相倾,前后相随",给出了实施主从分明原则的具体方法,无对比就不能形成主从,无对比就不能形成统一。"长短""高下"是指主从的体量对比,"前后"是指主从的位置的对比,"相较"是指矛盾的对立面的差异不能太小,差异过小也就模糊了对立面双方的本来面目,也就失去了对比的初衷;"相倾"是指矛盾的对立面的对比要形成动势,要生动活泼、呼之欲出;"相随"是指矛盾的对立面要同时出现,不能一显一隐,在布置上要相邻、紧凑,不能相去甚远,形不成对比。

(6)均衡。均衡,指平衡。美学的均衡理念,主要是指布局上的等量不等形的平衡。均衡与对称是构图的基础,其主要作用是使画面具有稳定性。均衡与对称本不是一个概念,但两者具有内在的同一性——稳定。稳定感是人类在长期观察自然中形成的一种视觉习惯和审美观念。因此,凡符合这种审美观念的造型艺术才能产生美感,违背这个原则的,看起来就不舒服。一般的图案形式,大都左右对称,上下均衡,或四面都采用均衡的形式。而均衡与对称都不是绝对的平均,而是指一种合乎逻辑的比例关系。平均虽是稳定的,但缺少变化,没有变化就没有美感,所以构图最忌讳的就是平均分配画面。对称的稳定感特别强,对称能使画面有庄严、肃穆、和谐的感觉。比如,我国古代的建筑就是对称的典范,但对称与均衡比较而言,均衡的变化比对称要大得多。因此,对称虽是构图的重要原则,但在实际运用中机会比较少,运用多了就有千篇一律的感觉。均衡也有不对称平衡,以打破均衡,对称布局而显示其形式美的,但较为少见。这种打破对称的所有的变化、对比最后还必须达成均衡,或者说利用景观画面之中力的运动,使之最终达成均衡状态,均衡了,景观的完整性及

83

其特殊性也就出来了，由此静的境界也容易出来。对于一个希望对着画面进入坐忘状态的中国画家来说，均衡当然是极必要的，但均衡绝不是平均。

(7)呼应。呼应，系构图表现方法之一，是指画面中的景物之间要有一定的关联。呼应，要存在于构图的全过程中，构图的各个部分须形成一个整体。贯通一气，是呼应的目的，呼应不是单方面的，是构图中各块面、各段落间的相互关照，而有时却是揖让。你呼我应，我呼你应，呼了就需应，应了又得呼。如清李斗《扬州画舫录·桥东录》："有隔座目语者，有隔舟相呼应者。"

呼应就像一张网，将画面的各部分联络在一起。呼应不仅是就近两块或几块间的呼应，还表现在整个景观的起手与收尾间的呼应。清代正统派中坚画坛领袖王原祁推出一种相当完备的构图秩序："先定气势，次分间架，次布疏密，次别浓淡，转换敲击，东呼西应，自然水到渠成，天然凑泊。"将构图要点都说到了，他的作品无一不在运用东呼西应、上呼下应、里呼外应、山呼水应、人呼物应等相关技法。水工程设计时就要考虑与周边环境的呼应，大坝要考虑与山体的呼应，水闸要研究与河道两岸的呼应，绿化的环境要思考与建筑物的呼应等。

(8)动静。动静，本指动作或说话发出的声音；运动与静止。这一词出于《易·艮》："时止则止，时行则行。动静不失其时，其道光明。"而在中国哲学上将其作为一对概念的重要范畴。在中国古代哲学中，"动"与"静"这两个概念的含义，比通常物理学上所讲的运动、静止的含义要宽泛得多，复杂得多。如，变易、有欲、有为、刚健等都被纳入"动"的范围，而常规、无欲、无为、柔顺等则被纳入"静"的范围。因此，它被广泛地用来解释中国古代哲学各方面的问题，包含着丰富的内容。对水利风景区的观赏，同样要以哲学的理念去研究、去理解构景的物。一般水利风景区的景物可分移动之物和静止之物。静止之物主要是闸房、大坝、建筑、雕塑、湖水等，移动之物主要是水流、瀑布、飞鸟、白云、清风等。在设计时就必须辩证地考虑两者之间的关系。

"蝉鸣林逾静，鸟鸣山更幽"，道出动静的动态关系。在形、光、声、色诸要素中，林、山为静，是形静、大背景的静；蝉噪、鸟鸣为动，是声动、点动。形声的动静相宜，蝉噪、鸟鸣的点动、声动更突显山林的静谧。而无蝉噪、鸟鸣的林静、山静是了无生气的死寂。静止之物也可以有运动之势，动势是要动未动、未动欲动之态，动势与形的构造有密切关系，直与曲、正与斜、方与圆的强烈对比就能造成动势。建筑中柱、窗、窗，柱、窗、窗的排列构成一种律动。三峡截流雕塑上大下小、斜面向上，以高高的重心营造了直插云天的动感。构图中可利用动静关系的处理以加强意境的表现。在传统中国画中，动只是体现和加强静界的手段，所以动只是生命的一种律动，或像蒙娜丽莎的微笑，含蓄而意境隽永。静不是死寂，是一种精神升华的境界。因此，动必须致力在有助于精神升华的情、趣、意的表现上。

（9）起伏。风水家所谓的"起"，是指星峰高出山之外，"伏"是指"龙"隐于土地之中。"龙"有起、伏才表示这条"龙"是生、活的，有精神的，若没有起、伏，就是"呆块"（指顽蠢的死"龙"）。《葬经》说："葬乘生气。""气"贵于"生"；生者，活也，龙有起、伏才是活的，才是藏风聚气、界水止气的形势。起伏实指画面构图要有高低、上下、横竖间的变化。造型要有一上一下、一高一低、一竖一横的变化所产生的跌宕有致美感。一起一伏、一张一弛犹如音乐节拍，所以起伏还须有节奏感，有节奏感自然怡情适意。起，往往蓄势待发，所以耸而不安，起的过程又是势的积累过程，有艰涩沉厚之感；伏，往往是顺势而下，释放势能，流泄而舒畅。所以，明代大书画家董其昌说："远山一起一伏则有势，疏林或高或下则有情。"起伏不但是形式上的起落，也将造成视觉心理的微妙变化。水景观的起伏要看天际线，构成天际线的，可以是建筑物的外观轮廓，可以是山林的外观轮廓，也可以是山林与建筑物的交错。如泰州的鸾凤桥栏运用起伏的技法处理凤翅，使桥产生了较为理想的美感。

（10）开合。开合是中国画构图的起手式。《易经·系辞》上所言："一阖一辟谓之变，往来不穷谓之道。"清人沈宗骞的《芥舟学画编》中说："生发处是开，一面生发，即思一面收拾。则处处存结构而无散漫之弊。收拾处是合，一面收拾，又即思一面生发，则时时留余意而有不尽之神。"开是展开，光是展开，只有世而没有界，在中国人看来不符合圆的宇宙精神。圆的精神不但存在于天地之间，也存在于天地间的每一个个体，所以必须还要有合。合不是简单的结束、关闭，而是和开相呼应、相协调，共同构建圆的世界。小品往往只有一二个开合，鸿篇巨辞则有好几个开合。一幅面不管弃多少个开合，都将组合在一个大开合中，就像微观世界和宏观世界的关系一样。景观画面的左开右合、下开上合、正开敧合、前开后合，或者右开左合、虚开实合、淡开浓合、开开合合，决无定规，往来无穷。沈宗骞在这幅山水画中用山之生发——开和过桥之骑者、树及屋之收拾——合，再用组屋的远近两处之开和用水、树以收拾，虽画满尺幅，但乃能让人产生无山之开处，有无尽的空间。水工建筑物设计及整体布局也要研究开合问题，例如南京三汊河河口闸闸门的设计，不管是开还是合，都不曾造成河道空间被闸割断的效果，反而给人增加了对水工程想象的空间。

（11）奇正。奇正论是《孙子兵法》军事理论的重要内容："三军之众，可使必受敌而无败者，奇正是也。""凡战者，以正合，以奇胜。故善出奇者，无穷如天地，不竭如江河。""战势不过奇正，奇正之变，不可胜穷也，奇正相生，如循环之无端，孰能穷之？"奇正论用于绘画，就是指在布局画面时，要辩证地理解奇正变化，如正占主要地位，画就稳重、端庄；若奇为主，画就奇峭，多动感。但也要注意，过于正则易平、板，少生气；过于奇，则易流于怪、滑。奇正变化要顺势而变，变得好，长势；变得不好，损势、败势。"正"是儒家美学中极为强调的美学思想，"正"意味着刚柔相济，尽善尽美，意味

85

着"适中"、统一、和谐、均衡。中国画的奇正变化,最后还要归之于"正"。明代书画家对奇的理解与运用、对奇与正的关系非常重视,祝枝山评唐寅时说:"奇趣时发,或寄于画,下笔直追唐宋名匠"(《明散文集》"唐子畏墓志并铭")祝枝山与唐寅为莫逆之交,他所指唐寅之奇趣,就是指唐寅在绘画前,能打破对固有的经验世界的认识,暂时将眼、耳之间的所见、所闻先行涤去,而是用心灵去感受、去思考先天之玄妙之境,用心中之境、唐宋名匠之法作画。文徵明题画时也谈道:"独郭忠恕以俊伟奇特之气辅以博文强学之资,游规矩准绳之中而不为所窘。"所述与孔子的"从心所欲,不逾矩"之理念相吻合。

孙膑提出"形"和"奇正"的关系:"形以应形,正也;无形而制形,奇也。奇正无穷,分也。"对水工程文化学的构图、布局具有重要的指导意义,"形以应形"是就形论形,"应"是形与形的关系;要想出奇示美,就必须"无形而制形",这里的"无形"可以是意境、文脉、哲理等。在水工程文化学中,何为正,何为奇,奇正如何变化,奇正如何相生,这都值得深入研究。从唐太宗对奇正的解释中,我们可以悟出:在水工美学的具体实践中,共性为正,个性为奇;普遍性为正,特殊性为奇;一般的美学规律可视为正,具体山水、建筑物的特点为奇;通常作法为正,独树一帜为奇;实体构形为正,意境、文脉、哲理为奇。由于时空的变化,奇正也发生转化。如某种美学手法在甲地为正,在乙地则为奇;在春秋为正,在冬夏则为奇。所以,在具体项目的水工程文化学设计中,在遵循一般美学规律的同时,必须有自己的特色,有自己的亮点,有区别于他人的概念、风格、内容、手法,方能达到"以正合,以奇胜"的目的。在景观构图中,奇正就是处理稳定和不稳定间的关系。这可以是形的处理,比如稳定的形(如正三角形)和不稳定的形(倒三角形)之关系,或者是稳定的物(如山崖)和不稳定的物(如云水)之间的关系,前一种关系取决于形的意味,后一种关系则和人的认知习惯有关。这都是水利工程师们要深刻理解的知识。水工程造型有创新为奇,没有创新为正;有个性的文化内涵为奇,无文化内涵或仅有共性的文化内涵为正。如浙江曹娥江大闸工程突破了一般拦河闸设计工作桥的正,将大闸旅游观光作为拦河闸功能之一,出奇制胜地专门设计了轩敞透明、视野宽广的观光廊道,向游客展示现代水利技术,让游客感受人类水利文明。游客进入上层观光廊道,可尽情观潮观景;进入中层大闸工作桥,可欣赏二十八星宿文化和曹娥江名胜与典故;进入下层大闸管道间,可参观大闸工程的外观内质。游客站在大闸之上,农历每月初三、十八前后,可以北观波涛汹涌的钱江大潮,南见波平如镜的曹娥江和飞虹一般的闸前大桥,尽享天地之广阔无垠。每逢汛期,泄洪时,游客还可以近距离俯视白浪滔天的恢宏和雷霆万钧的洪流的壮观景象。

(12)聚散。画面的聚散关系是指构图的形象安排问题,画面各块面的聚集或散落布置将影响着构图的美与不美。要对各种绘画元素如色相、线条、笔点等的构图进行合理布局,使其有疏有密、有聚有散地分布在画面恰当的位置,必须重视主体形象密集程度的安排,以及形象密集后的整体效果。处理好形象密集区与疏散区之间的呼应关系。聚表现出紧张,严实,热烈有力度;散则表现出疏朗、散漫、舒缓、冷寂和孤傲。有聚必有散,文武之道一张一弛。砌砖叠墙也谓聚,但过于平齐,少有生气。聚之又聚,纠集如板,画易闷塞;散之又散,零星寥落,画面易散乱无主。聚时要讲究主次、大小、形状、浓淡、层次等变化;散时要讲究接气,呼应节奏。对空灵而言,空是空间,在画面上表现为大、为远、为白、为虚、为清、为浑蒙,非如此不足以任精神自由驰骋。灵是动,是变化,是不着痕迹。运动变化需要空间,需要时间。变化的过程也就是空间和时间的过程,所以灵本身就意味着空,特别意味着一种开放的空间。所以空灵,不是没有,不是空泛,不是真灵。空灵或是一种看似空旷,却蕴含着无限变化的状态,一种看似沉寂,又暗伏着勃勃生机的状态。空灵就是有空间有空间感,在于通,在于透,在于明,在于有。掌握好多、寡、浓、淡的度,就可以因“空灵”而入妙境。只有简约、含蓄才会提供更大的遐想空间,才显得更丰富、更广大、更深入。在构图中最忌平、齐、均,有疏有密才能打破均齐,要疏中有密、密中有疏,使画面产生节奏感。密的地方要重要实,但密集而不实;疏的地方要轻要虚,要疏而不空。在山水画中米芾自创了“米点皴”,以点为皴,打破了以往皴法都是用线来表现的传统技法,极好地表现了聚散疏密关系。

(13)虚实。虚就是无,实就是有。但中国古典美学一直认为与实相对的虚,并非空无,而是有流动聚散的元气弥漫其间。辩证地理解,虚既非空无,实也不是绝对的有。

虚中实,实中虚。黄宾虹说:“岩岫杳冥,一炬之光,如眼有点,通体皆虚,虚中有实,可悟化境。”“所谓活眼,即画中之虚也。”但这虚处成为“一炬之光”,即视角中心时反虚成实,而“杳冥山岫”则反实成虚。所以才说通体皆虚。只实不虚,画易板结壅实,过于直露,无活气,无画外消息。只虚无实,令观者茫然不知所对,了无生趣。虚中之实,节节有呼吸,有照应,灵机活泼。虚实转换要有交代,有节奏起伏;虚实转换要贯连通气、灵机活泼。

虚实相生相用,虚中有实,实中有虚,虚实对比而灵动出之,一味虚则流于空、平,一味实则易板结,失去空灵,难有韵味。清人邹一桂说得好:“虚而不可以形求也。”只有“实者逼肖,而虚者自出”。表现虚,只在虚处着力是弄不好的,只有着力于实,实处愈实,虚处愈虚。“虚实相生,无画处成妙境”。虚实变化本身即为妙境,因为这变化正可使得虚极的空白处也生出妙境。可以人反复玩味。遐思不已处,已处正是妙境。最怕虚不虚,实不实,糨糊一片。绘画研究虚实关系,书法亦须考虑虚实,方能产生美的效果。董文虎(虹桥村民)题靖江西园“虚圆亭”之“虚圆”二字用皴法入书,即产生了这样的效果。

在工程文化景观设计中,天空为虚,水流为虚,建筑为实,雕塑为实,草木为实,天空为背景,水流为背景、为穿插、为联系。在水利风景区的平面布局和立面设计时,心中就应统筹考虑水工建筑在可视整体中的虚实关系。

(14)阴阳。《周易·系辞上》云:"一阴一阳之谓道,继之者善也,成之者性也。"构图、绘画的一切手段和技法,如虚实、浓淡、疏密、黑白、起伏、奇正、隐显、呼应等都可以"阴阳"两字概括。老子曰"反者道之动",构图中的诸要素,如形神、虚实、浓淡、疏密、黑白诸关系中,都是正反相激文"道动",每一方都是对立另一方的反向作用力,正中有反,显示着无穷的生命力,掌握了解阴阳变化规律也就掌握了画面构图的变化和用笔、用墨、用色变化的规律。绘画之道,其法均来自阴阳。太一分阴阳,阴阳需共生。世间万物,孤阴不生,孤阳不长,即为道,阴盛阳衰、阳刚阴柔,均应囿于阴阳合一之中。一即为道,一不变之道,已自成法。法不立,则不破,法既成,乃需究其变。其变者,皆阴阳之变也!故得一之法,可成为绘画之基本理论。笔为一、为骨;墨为一、为气;骨为一、为阳;气为一、为阴;以笔取气为阳;以墨生韵为阴。笔墨合一,落笔生韵,韵化成形,阴阳互生,合二为一,即成画幅。以骨得势,以气成形;气聚于里,形发于外,既对立,又统一;既矛盾,又和谐,始于无极,终于成象,此乃绘画之道。

水工程文化中的造型、构图、筑景、布局也应建立在以阴阳观去认识文化和把握文化上。矛盾存在于世间一切事物中,水工程文化中的造型、构图、筑景、布局就是借助对矛盾的认识、展开、转化、再认识、再展开、再转化的过程而进行的。阴阳变化的过程是对立统一的过程,发端于对立,归属于统一。对立就是对峙、就是破、就是变;统一就是收拾、平衡。不断地破,以达景之变,又不断地收拾,以求景之和。破了求和,和了求破,这个阴阳变化存在于构图、布局的全过程。①

4.水闸造型与构图变化要素

(1)水闸造型。

水闸是修建在河道和渠道上利用闸门控制流量和调节水位的低水头水工建筑物。关闭闸门可以拦洪、挡潮或抬高上游水位,以满足灌溉、发电、航运、水产、环保、工业和生活用水等需要;开启闸门,可以宣泄洪水、涝水、弃水或废水,也可对下游河道或渠道供水。在水利工程中,水闸作为挡水、泄水或取水的建筑物,应用十分广泛。大型拦河的水闸造型,是水工建筑物提升水工程文化内涵与品位的关键,由于受其长高比的先天制约,可因势利导作出一些变化,将其设计为长廊型、火车型、龙腾型、轮船型、群雁型、飞燕型、亭廊结合型等可以不断重复延伸的形状。

---

① 郎承文.《中国画构图大全》[M].杭州:浙江人民美术出版社,2002年版。

①都江堰渠首四闸,原装修采用平顶、面砖饰面,与都江堰城市整体风格很不协调,后改成川西民居样式,灰砖墙、飞檐顶、中式棕色窗框,闸顶天际线有起伏变化,文化特色就凸显出来了。

②曹娥江大闸闸墩的闸房设计成面向上游的"海燕",造型颇具创意,内涵深刻,寓意绍兴要像海燕一般凌空飞翔。该闸充分考虑其无形功能——环境功能和人文功能的发挥,在闸上专门设计了"海燕"造型的观光节点,"海燕"节点与椭圆形观光廊道非常嵌套、契合。该闸还将传统"闸桥一体"设计模式的交通桥,从闸体分解出来,在下游另建,既确保以大闸为核心的水工程管理区和水利风景区之完整性、清静性,又可增加闸、桥互为观望的景观。

③成都清水河梁江堰节制闸在天际线的处理上,一改火柴盒式的平顶、呆板模式,将正立面的设计与天际线的布置结合起来;灰白相间的大鹏鸟造型,既突出屋顶,形成动感天际线;又置身于正立面,丰富了正立面的表现力;对称的双曲线托出蓝白色的水徽,色调清新、格调高雅。与淡雅的节制闸相对比,调度中心采用别墅型,以绿色、赭色团块为中心,以浅澄色、浅灰色相间杂色石材为连接过渡,白色门柱、黄色屋顶,显得格外醒目。

④南京三叉河闸不仅以其创新的弧形结构给人以曲线美的感受和别具风格的双镜造型给人以秦淮风月的诸多联想,而且又根据秦淮河最早曾称"龙芒浦",闸址附近有龙江小区,并有龙的传说以及500年前明朝皇帝朱棣下令郑和造龙船的"龙船遗址"等与龙的传说相呼应的文化要素,于是对三个闸墩上工作室的造型设计,采用了抽象的龙头造型,以内涵这些龙文化元素,展示了秦淮河悠久的历史文化和民俗文化。该闸又辅以柔和多彩的灯光设计,使夜晚的闸首和提起的闸门组合的造型,更似在夜幕中腾动的龙形。

⑤高港枢纽主体建筑中的闸站,远看宛如一艘远航的巨轮,寓意高港枢纽在现代化水利事业中乘风破浪、劈波远航;其西侧的船闸,南北两闸首四个闸室的设计一改常规建筑造型,呈倒八字风帆形,既寓意"扬帆"远航,又寓意"发展"向上。其他配套建筑物如会议中心、沃特龙大酒店、职工生活区、船闸票务中心等几座建筑物的设计,既注意了布局合理,又注意到互为一体的关系,其用色、造型皆成引人注目的亮点。

⑥广州长洲岛新担涌水闸选用亭廊结合型,新担涌水闸工程结合长洲岛"国家级生态文化旅游岛"的定位,设计了一座廊桥和水闸相结合,景观与防洪(潮)、通航相兼顾,彰显岭南特色的景观闸桥。其顶部为岭南园林式仿古廊桥,廊桥上设有两座单层门亭、四座重檐方亭、六段景观廊和两座三层楼阁,并起名为"阅江阁",通航孔设计为由钢吊桥连接。

(2)水闸构图。

水闸在立面构图上可利用对比变化的高低、虚实、凹凸、曲直、正侧、俯仰、长短、明暗、浓淡、静动、奇偶等矛盾诸要素,使之相互共存的方式,丰富立面的表现力,用对比的双方按一定的序列重复出现,造成韵律感、节奏感。

①高低。《诗经·小雅·斯干》所写的诗,讲的是对宫室修建之审美观,诗中认为要使宫室内外结构规模宏大,造型优美,屋顶的造型就要"如跂斯翼,如矢斯棘,如鸟斯革,如翚斯飞",要让屋面"飞"起来、"动"起来,如鸟、如矢,充满张力,方是上乘之作。在水工建筑物的顶层上沿线的设计上,就应吸收这一美学理念,力求避免设计成为单调平直的一线、一面的僵硬、刻板之造型。要运用高低起伏,转承跳跃的构图,使屋面形成有动感、动势的变化。屋顶的造型一般有三种:一是坡屋顶。坡屋顶在建筑中应用较广,主要有单坡式、双坡式、四坡式和折腰式等。法国巴黎建筑的坡屋顶,屋面坡度有变化,常采用变坡比、折线、灰色、开窗。屋顶上部大都比较平缓而面积较小,屋顶下部比较陡峭,面积较大。也有采用四坡顶的法式建筑;在陡峭的坡度上开设装有檐口的窗户,即老虎窗。荷兰喜采用高度为屋高的三分之二的红色大屋顶,突出童话氛围。荷兰风格还有复兴时期的建筑风格,是一种突显非对称式(L形式)的风格,屋顶上有时开一个巨大的辛格窗。欧洲教堂往往设计为直插云霄的尖屋顶,拉近天地距离,突出宗教理念。中国传统的四坡顶四角起翘的称庑殿;正脊延长,两侧形成两个山花面的称歇山。中国古代宫殿、房舍的屋顶,是整座建筑物最为醒目的地方,流畅的曲线和飞檐是屋顶最显著的特征。快速排泄屋顶的积水是设计者最初的目的,后来逐步发展成具有时代特征的屋顶,并将其固定下来。清王朝将《工程做法则例》中规定的27种房屋规格,纳入《大清会典》,作为法律等级制度固定下来。宫殿式的大屋顶以卷、翘、悬,突出皇权的威严,其表现形式有歇山、悬山、硬山、单檐、双檐、丁字脊、十字脊梁、勾连搭等;装饰框架,或曲、或直、或交叉、或突出,取其透空之灵气;变形体、变体量的小型建筑立于屋顶,或圆、或方、或标识、或对比,营造变幻之意境。

②虚实。虚实,讲的是绘画中常常使用的术语,简单的理解就是模糊和清晰。素描的"虚实"关系是不可缺少的,否则,画面就失去了"秩序",对于物体来说,定然会少了立体感,对于画面来说,则会少了空间感。对于一个物体,虚亮实暗;对于一个空间,近实远虚;对于形状,方实圆虚,转折为实,非转折为虚;对于结构,结构处实,非结构处虚。虚的地方模糊,层次少;实的地方清晰,层次多。宋代,释居简《寄秋塘陈敬甫》诗中有句"透闸观涛澜,雪溅冰玉澌",讲的就是他眼中水工程——闸的虚实关系。闸对空间进行了分割,才有对闸的透视观。在拦河闸的构型中,闸房的实与闸房和水流之间的虚空形成对比。在此基础上,可在闸房上再建空透的长廊,就会形成两

虚夹一实,颇似易经中的"坎"卦的卦象,寓意无穷。虚空纳万境,在处理闸房的虚实关系时应充分借鉴中国古亭的意境和手法,以求"水色山光尽交融""虚亭面面纳湖光"的效果,以达"坐观万象得天全"的意境。虚与实是缺一不可的,虚实共存,无实则无力感,无虚则无灵气。虚实共存并不意味着双方要对等,相反应竭力避免双方处于势均力敌的平衡状态。一部分以虚为主,虚中有实;另一部分则以实为主,实中有虚,以求局部和整体均可以构成对比关系。在处理虚实关系上还应注意到虚实的交错、交织、穿插、换位。

③凹凸。凹与凸在构成建筑体型中,既是相互对立的,又是相辅相成的。凹凸在给予观赏者相异的视觉感受的同时,还使人们产生截然不同的心理感受。凹入给人以聚焦、引力感,产生收敛、被动、包容的心理感受;而凸起则给人以膨胀、发散,产生积极、主动、主导感。正确处理凹凸关系,既能加强建筑物的体积感,丰富立面的表现力,还能借外形的外凸和内凹,借助阳光的照射,产生光和影的变化,生成美妙绝伦的图案。凹凸是一组能把形的变化和光的变化结合在一起的对立统一的范畴。设计者将凹凸两者巧妙地交织成图案,借凹凸及它们间的对比来丰富建筑体型,把凹凸统一于建筑造型之中,可以有效地增强建筑物的体积感和刻画建筑细部。在节制闸的设计中,闸房和闸门之间已形成透空,使上下形成强烈虚实对比,再采用连续的挑阳台和连通的带形窗,整个建筑由一条实、一条虚、一条凸、一条凹等要素组成,其对比异常强烈。

④曲直。曲,小溪缠绵于群山密林,是一种曲的景致。直,飞流直下三千尺,可显豪情;青云直上,飞流直下,使人感到豁达快捷,心无旁骛;小溪缠绵,群山环绕,令人倍感婉转惬意,柔情似水。曲、直两种景致各有其动人之处。对于水闸构图,曲直要兼用,才能使造型丰满多变。拦河分水闸,一般都有分水角,使得迎水面可布置成弧形。曲直对比无处不在,屋顶、平面、立面、门窗等,闸房的矩形和楼梯间圆柱形、闸房的弧形和楼梯间的方形,都能生成多种变化。

⑤正侧。闸房、启闭工作平台等,闸上部总体造型,不仅要考虑正面,还要重视侧面。因为,一般情况下闸之正面迎水,闸之侧面迎路,人们进入闸区,进入眼帘的,首先是闸之侧面。要使闸之正侧两面,既要有变化,又要融为一体,类似桥的梁板,其侧视景观注意梁高的变化要连续,不应有折线和突变点,使正侧两面都能对人产生良好的心理引诱力。泰州引江河高港枢纽泵站将管理楼设在泵站侧面,减少了泵站、节制闸两个侧面,让管理楼的正面替代了泵站的侧面,妥善地处理了整个枢纽建筑物的正侧面关系,使管理楼与泵站、节制闸融为一个整体,使人产生"巨轮"的意象,增加了枢纽建筑物对人们的心理引诱力,提升了整个建筑物的内涵、美感和品位。

心理引诱力,是指物对人所产生的心理感应力,是人之感官在接受到物体的形状、力的紧张程度、材质、色彩等诸要素信息后,人的意识对物所产生的认识,产生吸引和排斥的作用。如粗线条可使人体现强有力的感觉,细线则使人有纤细感,曲线表示轻柔,直线表示刚劲等。

用心理感应力分析闸、桥梁的造型时应注意:简支梁使心理感应力简化、弱化,连续梁使心理感应力具有节奏感。单体梁用不同的下缘线,其心理感应力使人产生的紧张感就大不相同,如平梁上下两线平行,给人静止、松弛感;微向上拱的梁给人紧张的动感;微向下垂的梁给人不稳定的下落感、不安全感。下缘线的设计要在整体上体现力的一贯性,使心理感应力在简化的紧张过程中能明了、合理。缘于此,就要求工程师对闸之上部构造的设计,应结构精练,线条简洁、明快、柔和,并具有连续性。

⑥俯仰。俯仰本指低头和抬头,但也为人们比喻对上对下的观察。清钮琇《觚賸·贞白楼诗》有句:"俯仰观幻化,斯理本如此。"水闸的闸房是人们感受水工建筑品位的重要部分,而处于闸房位置,又必须考虑人们俯视和仰视部位的处理。闸房俯视的主要是其下部结构,主要包括闸墩和工作平台,要注意结构力量的表现,下部构造是支承上部的承重构造物,其构造形式,对力的表达要清楚,力的传递方向要明确,要体现结构力的特征。闸墩上部构造一般有条式和柱式,条式较呆板,且透空性差,将整体空间隔断;圆柱式个体形状优美,可较好地共构闸房下的空间整体性完整。闸房仰视的主要是其工作平台,工作平台下部,使人观之要有安全感、消除压迫感和威胁感。这就要求工作平台下部构造要简洁、明确,并有一定的尺度和体量。通常使用的肋形梁板结构,不仅施工难度大,视觉感官也差;平板在仰视过程中,光反射是一致的,给人以整齐划一的视觉享受,施工又简单,美学效果优于肋形结构;在此基础上,上下游处可采用变截面,既考虑到荷载分布而节省材料,又在齐整中追求变化,丰富了底面的表现力。

⑦长短。大型拦河闸,如淮河蚌埠闸等,由于河面开阔,闸之跨度会远远大于高度,这样,闸之造型产生的视觉效果,往往会被削弱,俯视的感觉仅仅是一条线或带。这时,可将长跨度进行分解、分段,从视觉上将跨度缩小,并让人产生节奏感,突出造型的效果。节奏感,是重复某一形象单元,使其有规律地变化反复出现,给人产生的感觉。如河跨很长,采用短单元闸跨跨径,并使各短闸跨跨径产生有规律的周期变化,产生一定的节奏感,再通过节奏感所形成的动势,构成能使人有紧张感的引诱力和良好的心理感应力。

⑧明暗。明暗,亦作"明闇",指明与暗;明显与隐晦。黑夜是一个巨大的黑色画布,而亮化建筑物的灯光则是彩色画笔,有选择局部照亮,创造视觉兴奋点,要形成有明有暗、亦收亦放的效果。通盘照亮不是最佳方案,亮如白昼更是败笔。拦河闸夜间的亮化设计,其真谛就是巧妙利用灯光,突出明暗对比,或勾出轮廓,以求轮廓线的明

与建筑物实体的暗的对比；或水下照明灯向上照射，在水面上构成光怪陆离的图案；或灯射水边景观元素，以求水中倒影的亮与建筑物实体的晦的对比；真实、虚幻、变形是水中倒影的三美。灯光、倒影、涟漪，亦真亦幻，似实还虚，浮光耀金，生灭莫测，变化不已。绍兴曹娥江大闸亮化工程着笔在闸上通透的观光通道内部，将飞燕造型的大闸映衬得更加妖娆。

⑨浓淡。浓淡和疏密有致意思相似，主要用在园林的描写上。园林的布置或绘画的布局要有稀疏浅淡处，也有茂密浓重处，要适度，才有情趣。"浓妆淡抹总相宜"，在闸房外的装饰中，颜色的选择和搭配，应考虑到水、天的背景色彩。如采用突出法，可以亮色为基调；如采用融合法，可以水、天相近色为基调；如采用消去法，可以水、天相同色为基调。色彩的搭配应简单明快，三种以上的颜色的搭配，违背了"少则得，多则惑"的原则，就会给人以眼花缭乱、头晕目眩的感觉。靖江市夏仕港闸采用单色调加上明窗玻璃透空的大自然之天蓝色、树木的绿色相组合，给人以十分明快、简洁的色调，使人观之较感舒服。

⑩静动。南宋诗人杨万里在其《庚戌正月三，约同舍游西湖十首》诗之十中，观察水闸与水的动静颇有心得："闸住清泉似镜平，闸开奔浪作潮声。放开一板还收去，依旧穿沙绕石行。""镜"为静，"潮"为动；"闸住"为静，"闸开"为动。闸的静止与水的流动已构成强烈对比，而水流动的方向是纵向的，静止的拦河闸通过线条的变化，可构造出一种张力和动感。例如，立面上因下临空而突出的工作平台的横梁，可按弧形、变截面连续梁布置。古石梁河节制闸，屋檐配以波浪线造型，形成一种横向动势、吸引力。这样，可将水体的真实纵向运动与建筑物的虚拟的横向动势，立体交叉、巧妙地结合在一起，产生动感。正如威廉·荷加斯在《美的分析》中指出的那样："波状线比任何上述各种线都更能够创造美。"

⑪奇偶。在闸墩布置上，有奇数跨和偶数跨之分。奇数跨在视觉上稳定可靠，其对称轴上无闸墩，使人感到左右两部分连续；偶数跨的对称轴以闸墩为中心，使人感到闸室被分割为左右两部分。在奇数跨布置中，增大中跨的跨度就能增强闸室的整体的稳定感，这种不等分的空间分割，使中央部分的空间明显大于两侧空间，以主次分明，达到空间的统一。

⑫纵横。闸房的空间布置应体现纵横的变化，如上下游立面的变化、左、右侧面的变化，空间序列体现时间系列的特征：流动性、过程性、周期性、韵律性。在这方面，法国的郎香教堂的造型案例值得研究。它那奇异的黑色屋顶卷曲向上，漂浮在弯曲流动的墙面上，南墙陡然挺拔上升，切削出尖锐的斜面指向蓝天；东面敞廊凹进于玄色的屋顶下，仿佛是完整的房间被切去一半，暴露出里面的戏剧性场景：孤零零的小平台、方形小窗和圣坛似的水平条石；粗糙、凝重、封闭的白色实墙体显得有些后倾，

93

上面挖刻着大小不一、零零星星的神秘凹窗;教堂的每个立面表情各异,极尽变化,粗砺、敦实的块体互相挤压、互相砥砺、互相牵动,仿佛蕴藏着一些奇怪的力,要迸发,却又没有迸发出来。它的造型或像起航的轮船,或像戏水的小鸭,或像修女的帽子,或像倒插的飞机,像对峙的修士,或像合拢的双手等。雕塑般的造型,神似、形似的梦幻般的交织,给人以极大的想象空间,这就是郎香教堂的启示。

工程中常用的闸门类型可分为平面闸门、弧形闸门、舌瓣闸门、屋顶形闸门、扇形闸门、立式圆柱形闸门、圆棍式闸门、双扉闸门、人字闸门、壳形闸门等。就总体而言,平面闸门可以满足各种类型泄水孔道的需要,且具有制造简单,安装、运行、维护方便,抗震性能较好,水力学条件不突出(在水头不高的闸门中),运行的适应性比较强、闸墩短的优点;弧形闸门与平面闸门比较,具有启闭力小、比较稳定、闸槽没有凹槽、水流流态好、水力学条件优越、运用灵活等特点。就造型的美学欣赏而言,弧形闸门优于平面闸门,圆柱形闸门优于弧形闸门,但平面闸门便于作画,吊出水面时,又是另一种景观,这在日本已成为时尚。

位于日本静冈县沼津市内港与外港航路上的大型展望水门"Byuo"是日本最大的水闸,也是沼津市著名的观光地标。水闸顶部被建成瞭望台,水门离地面约30米高处设有宽3米、长约30米的展望走廊。登上瞭望台或展望走廊,骏河湾的美景尽收眼底。远处的富士山、爱鹰山和南阿尔卑斯山清晰可见。目前,这里已成为当地一处观光点和预防海啸的教育基地。

闸门的运动的方向分垂直、平面、混合。荷兰的人字闸属平面运动,泰晤士河防洪闸属混合运动。橡胶坝闸门属混合运动,以宽阔的视野、彩色的坝袋别是一道靓丽的风景线。

泰晤士河防洪坝由10个扇形闸门组成,平时平卧在河床的凹槽内,当风暴潮信号传来时,可在30分钟内,扇形闸门旋转90°,完成挡水任务。在防洪闸南岸修建了观景平台,防洪闸全景尽收眼底,岸上设有酒吧、纪念展览厅及商店,展厅里有防洪闸模型,为参观者进行演示,并放映其历史、功能及建造过程的电影。

闸墩上的机器间用木材做成弧形构架,表面镶贴波纹状的不锈钢饰面,在阳光的照耀下,熠熠生辉,与泰晤士河的粼粼碧波相映成趣,高6.5米的闸墩宛似一艘艘整装待发的巨轮,又像一只只守护泰晤士河的怪兽。

鹿特丹新水道挡潮闸位于鹿特丹新水道河口,是保护三角洲地区不受北海风暴潮袭击的大规模防潮工程的最后一部分,于1996年竣工,是世界第一大单孔节制闸。该闸设该闸设计新颖、技术先进,横卧在宽360米、深17米的新水道上,由两个庞大的支臂组成,在支臂顶端各装有一扇高22米,内设压载水箱的空腹式弧形闸门。两支臂与固定在河道两端的两个各重600吨的球形联轴节相连,并以其为中心转动。当两支臂在河心合龙时,即可将河道封闭,将海潮阻挡在闸门以外。该闸闸体平时停靠在河道两岸的泊坞内,需要关闭时随着其支臂的合龙,先将闸体浮移主河道就位,然后再向其内压载水箱充水,使其沉至建造在河床上的闸门底槛上。开闸时,先将闸体内的水排出,使其浮起,然后随着其支臂的移动再将其浮移回原停靠位置。该闸可抵御高达70000吨的潮水冲击力,即相当于可抵御万年一遇风暴潮的袭击。

(二)筑景与布局

1.筑景方要

水利景观的筑景从理论到实践,均源自园林的筑景理念与实践,筑景可分为造景、点景、寻景、藏景、引景、借景、泄景……

(1)造景。造景是通过人工手段,利用环境条件和构成园林的各种要素创作出所需要的景观。所谓"景",就是指境域的风光,也称风景、景观,是由物质的形象、体量、姿态、声音、光线、色彩以至香味等组成的。景观是园林的主体,欣赏的对象。自然造化的天然景观,是指客观存在,未经过人力加工的景观,大地上的江河、湖沼、海洋、瀑布、林泉、高山、悬崖、洞壑、深渊、古木、奇树、斜阳、残月、花鸟、虫鱼、雾、雪、霜、露等,都是天然景观,园林造景时要充分加以利用。风花雪夜,思之即来,造之在精,关键在思,奇巧在精,境界自出。中国自南北朝以来,发展了自然山水园林。园林造景,常以模山范水为基础,"得景随形""借景有因""有自然之理,得自然之趣""虽由人作,宛自天开"。造景方法主要有:

挖湖堆山,塑造地形,布置河沼,辟径筑路,造山以势、设水置景;

构筑楼、台、亭、阁、堂、馆、轩、榭、廊、桥、舫、舍、照壁、墙垣、梯级、磴道、牌坊、景门等建筑设施,造建筑景观;

用石块砌叠假山、奇峰、洞壑、危崖,造山石景观;

布置山谷、溪涧、川石、水道、湍流,造流水景观;

堆砌巨石断崖,引水倾泻而下,造瀑布景观;

按地形设浅水小池,筑石山喷泉,放养观赏鱼类,栽植荷莲、芦荻、花草,造静水景观;

用不同的组合方式,布置植物群落,以体现林际线和花木之季相变化,或突出孤立树的姿态,或修剪树木,使之具有各种形态,造花木景观。

在园林中布置各种雕塑,或与地形水域结合,或单独竖立,成为构图中心,以雕塑为主体,塑造核心命题景观。

中国古代园林座座皆是造景的范本,北方园林大气,南方园林精致。

(2)点景。点景指点缀、装饰的意思,现已被推陈出新广泛用于园林绿化中。园林常见的点景技法有以下几种:

画中有诗,寓意造景。园林的景观应如诗如画,必须着力追求意境美。用植物点景,松的苍劲、竹的潇洒、海棠的娇艳、杨柳的多姿、腊梅的傲雪、牡丹的华贵、兰草的典雅等,都能表达一定的意境。在临水竹丛边点缀几株桃花,便有"竹外桃花三两枝,春江水暖鸭先知"的诗情画意等。

安亭得景,楼台入画。"楼阁亭宇,乃山水之眉目也,当在开面处安置"。景区一定要在关键部位布置一些如楼、台、亭、阁、堂、馆、轩、榭、廊、桥、舫、舍、照壁、墙垣、梯级、磴道、牌坊、景门等的景观建筑,以标胜引景,让景观建筑,点景引人。比如在柳树林荫中点缀一个小亭,便有"万绿丛中一点红,动人春色不须多"的诗意。

静中有动,自然天成。静中有动的点景技艺就是增添动感效果,比如在溪边点缀竹筒水车,崖边点缀泉瀑,水中饲养水禽和游鱼,寺院点缀钟磬声等。若在园内多植浆果类灌木,便可招引飞鸟入园,起到"鸟鸣园更幽"的作用和效果。秀中有野就是不单讲究叠山理水,种植人工栽培花木,而是增加"天然图画"风韵,植物配置力求奇葩异卉、古树名木,保留一些自然景观,增添一些山野景物,使园林生态更多一些自然之趣。要讲究自然天成。要着意为之,无意出之,使点景艺术达到不留"斧凿痕"的境界。

(3)藏景。藏景是一种含蓄造园手法,"藏景"的目的,是为了更好地"露景"。藏景一般采用园中园的手法,将精彩之景,藏在园中的僻静处,让游人细细地寻找,才能发现。例如,颐和园中的谐趣园,北海中的静心斋都是园中园。园林是直观艺术,景物不藏则不深,不深则不奥,不奥则不幽。园中园的建造,使游人在宏大的园林中看到小巧精美的建筑,为园林的美增添趣味;宋代著名画家郭熙说:"山欲高,尽出之则不高;烟霞锁其腰则高矣。水欲远,尽出之则不远;掩映断其脉则远矣。"同时,游人站在园中园里,观赏大园的主景、中景,则又能借主景为远景,借中景为邻景,使园林景色更加丰富,层次更加丰厚。一般来说,藏景更具有艺术特点,容易引起游人的神秘感,更能吸引游人。但是藏也不是绝对的,以亭为例,有的宜藏,有的宜露。

(4)寻景。有藏的景,游人必然要寻景,寻景须有径,作为园林,径宜曲不宜直,径曲才能通幽。小径宜多于主道,则景幽而客散,径中要有景可寻,有泉可听,有石可留。游览线路的布置安排,要注意路径各段情调的变化。要让游人在行进中,能感觉到地势时高时低,光线时明时暗,视野时而开阔,时而幽深,色彩时而华丽,时而素淡,形象时而庄严,时而柔和。让道路交错穿插,游人时隐时现,沿线景观的变换,要呈现时而疾速,时而徐缓,要使人感觉有如音乐似的旋律与节奏之景观出现,使游人在游览中,不仅能观赏到静态美的景色,还能享受那动态美的旋律。

(5)引景。引景是吸引游人继续游览的景物。通过引景引起游人的好奇,吸引游人继续向前游览。例如,在山上修建一座小塔(引景),游人就会增添向上爬的兴致。

96

唐代诗人方仲荀在《虎丘山》中写道:"海涌起平田,禅扉古木间,出城先见塔,入寺始登山。"道出了城外虎丘塔、山里寺庙等建筑所起引景之作用和以利游客寻景的作用。在水中筑一湖心亭,就会引起游人泛舟之兴,产生要到湖心看个究竟的心理。园林中布置"漏窗"往往也是起引景作用的手法。在中国园林中,窗不仅出现在建筑物上,也出现在围墙上。因为窗恰是一个取景的框架,往往是摄取景观的最佳视点,所谓"尺幅窗,无心画",即是指此。像颐和园靠近昆明湖的院落内都设有一引进漏窗,通过窗可以看到昆明湖的景色,如十七孔桥,但是通过窗不能看到全园的景物,只看到其中的一部分,这会引起游人的想象和不停游览的兴趣。同时,窗的运用,也使得园林景区之间似断似续,成为景观之间的转折点。在园林艺术中,弯曲的长廊,曲折的小路,都可能起到引导游人继续游览的作用。

(6)借景。园外之景妙在借,景外有景在于时。"借景"作为一种理论概念提出来,则始见于明末著名造园家计成所著《园冶》一书。计成在"兴造论"里提出了"园林巧于因借,精在体宜""泉流石注,互相借资""俗则屏之,嘉则收之""借者园虽别内外,得景则无拘远近"等基本原则。

花影、树影、云影、水影、风声、水声、鸟语、花香,皆是自然的无形之景、有形之景,这些自然之景可借之和人造之景交响成曲。借景,园林之要。

从手法上可分远借、邻借、仰借、俯借、应时而借。王维的"江流天地外,山色有无中"为远借;乾隆的《寄畅园杂咏》"今日锡山姑且置,闲闲塔影见高标"为近借;白居易的"明月同好三径夜,绿阳宜作两家春"为邻借;"眺远高台,搔首青天那可问;任虚敞阁,举杯明月自相邀"为仰借;"俯流玩月,坐石品泉"为俯借;白居易的庐山草堂的"春有'锦绣谷'花,夏有'石门洞'云,秋有'虎溪'月,冬有'炉显峰'雪,阴晴显晦,昏旦含吐"即应时而借。

从借物上可分借山、借水、借建筑、借花木、借形、借光、借声、借色。中国古代早就运用借景的手法。唐代所建的滕王阁,借赣江之景,"落霞与孤鹜齐飞,秋水共长天一色"。岳阳楼近借洞庭湖水,远借君山,构成气象万千的山水画面。杭州西湖,在"明湖一碧,青山四围,六桥锁烟水"的较大境域中,"西湖十景"互借,各个"景"又自成一体,形成一幅幅生动的画面。

①借山、借水、借物。如远岫屏列、平湖翻银、水村山郭、晴岚塔影、飞阁流丹、楼出霄汉、堞雉斜飞、长桥卧波、田畴纵横、竹树参差、鸡犬桑麻、雁阵鹭行、丹枫如醉、繁花烂漫、绿草如茵。如无锡寄畅园,人在环翠楼前南望,可以见到树丛背后的锡山和山上的龙光塔。这塔和山似成园内之景;反之,若人在锡山或龙光塔上,甚至找不到寄畅园。

②借人物行为。如寻芳水滨、踏青原上、吟诗松荫、弹琴竹里、远浦归帆、渔舟唱

晚、古寺钟声、梵音诵唱、酒旗高飘、社日箫鼓。

③借天文气象。如日出、日落、朝晖、晚霞、圆月、弯月、蓝天、星斗、云雾、彩虹、雨景、雪景、春风、朝露等。此外,还可以通过声音来充实借景内容,

④借声。如鸟唱蝉鸣、鸡啼犬吠、松海涛声、残荷夜雨。

(7)泄景。泄景又称漏景,一般指透过虚隔物而看到的景象。虚隔物包括花窗、栅栏和隔扇等。景物的漏透,一方面易于勾起游人寻幽探景的兴致与愿望,另一方面透漏的景致,本身又有一种迷蒙虚幻之美。利用漏景来促成空间的空灵与渗透是中国造园的重要手法之一。漏窗之妙,泄景之用。计成在《园冶》一书中把它称为"漏砖墙"或"漏明墙","凡有观眺处筑斯,似避外隐内之义"。漏窗用于园林,不仅可以使墙面上产生虚实的变化,而且由于它隔了一层窗花,可使两侧相邻空间似隔非隔,景物若隐若现,富有层次,并具有"避外隐内"的意味。用于面积小的园林,可以免除小空间的闭塞感,增加空间层次,做到小中见大。漏窗本身的花纹图案在不同角度的光线照射下,会产生富有变化的阴影,成为点缀园景的活泼题材。漏窗大多设置在园林内部的分隔墙面上,以长廊和半通透的庭院为多。透过漏窗,景区似隔非隔,似隐还现,光影迷离斑驳,可望而不可即,随着游人的脚步移动,景色也随之变化,平直的墙面有了它,便增添了无尽的生气和流动变幻感。漏窗很少使用在外围墙上,以避免泄景。如果为增强围墙的局部观赏功能,则常在围墙的一侧做成漏窗模样,实际上并不透空,另一侧仍然是普通墙面。大园景可泄,小园景宜引不宜泄。"曲径通幽处,禅房花木深"。景露则境界小,景隐则境界大。

2.布局要论

1990年6月20日,国际建筑师协会第17次大会发表的《蒙特利尔宣言》第1行写的就是:"建筑是人文的表现,它反映一个社会的形象。"美国城市建筑规划学家刘易斯·芒福德指出:"城市是文化的容器。"如果推而演之,在城镇化的过程中,城、镇、乡、村都应该被建筑、水利规划师视为"文化的容器"。当然,首当其冲的应是城市,因为,城市的规划和建设,近一个世纪受1933年国际现代建筑会议发表的《雅典宪章》之"城市功能分区原则"的影响,一方面冲破了古典的放射的、圆形广场等形式主义的规划和建设布局,另一方面又因功能主义的统治,使城市规划、建设逐渐陷入机械主义,其刻板的分区,肢解了城市有机结构,缺少了人文关怀,使城市的形态变得单调、雷同。尤其是在功能主义主导下,导致的将城市空间最大限度地用于商业开发,侵占了大量水域、水体和绿地,破坏了城市生态,恶化了城市环境。伴随工业文明而来的污水、废气、噪声、垃圾、交通事故、安全事故对城市造成了严重伤害,使人类之"文明中最伟大的创造"变成了"文明中最巨大的破坏"。对此,生态文明建设、城市水生态文明建设,被历史性地推到了前台。新的城镇化布局、规划的指导思想——"望得见山,

看得见水、记得住乡愁"脱颖而出,城、镇、乡、村的水工程的规划、造型、建设也必须遵循这一理念去推进。

对水工程文化大系统而言,布局是顶层设计、整体规划和战略部署,这主要是指城、镇、乡、村的河道整治、水系调整、水体修复、水利风景区分布、水生态文明城市建设等的规划、布局。

城市河道整治布局通常可分为水源涵养区、植被保护区、历史文化区、健身休闲区、餐饮服务区、商业开发区、管理行政区等。

世界著名建筑大师贝聿铭说过:"对一个城市而言,最重要的不是建筑,而是规划。"布局是对形、图、景的整体构思与规划。

六朝时期齐国的谢赫在《古画品录》中提出绘画"六法",即气韵生动、骨法用笔、应物象形、随类赋彩、经营位置、传移模写。山水画的构图布局即"六法"中的"经营位置";《东庄画论》所云:"何为位置? 阴阳向背,纵横起伏,开合锁结,回抱勾托,过接映带,须跌宕欹侧,舒卷自如",更是对三维形象的谋篇布局作了立体的概括。这些都对城市水生态文明建设的规划和布局很有指导意义。

水利风景区的布局实际上就是现代园林的布局,要吸收中国绘画和中国园林布局的理念,要有虚实、疏密、色彩、光影和形象上的变化,而且这种变化要有动的气势。颐和园前山,从万寿山向南,地势由高到低,建筑由密到疏,色彩由富丽到淡雅,形象由庄严到柔和。这种情调上的变化,起了互相衬托的作用。朴素淡雅衬托了富丽堂皇,富丽堂皇也衬托了朴素淡雅。就像乐曲中强音和弱音的相互衬托,使两方面都表现得更加突出。

文脉空间的布局包括建筑、雕塑、民俗、宗教、诗文、书法、神话、传说、名人等形式。游览者到水利风景区,不仅仅是要看表象的景观,更多的是想欣赏这里的风土人情、文化传统、历史沿革,注重历史文化内涵的充分挖掘、合理的诠释,运用保护、恢复、调整、创新等设计手法。应该研究原有整体环境,对环境特征、文化传统、人文轶事等进行历史性的系统分析整合,确定各要素的色彩、尺度、形态、符号、意蕴等制约条件,通过合理布局,使内容和形式与整体环境相融合、相和谐,文化形态得以传承。文脉的整合,首先要全面了解文脉的内涵,其次要丰富文化内涵,不断注入活力,最后要深化游览者对文脉的感知。

水利风景区的布局还要借鉴《红楼梦》中所写的各种诗会意境,其实质是通过诗人的诗,对大观园的文脉进行解读,通过解读,介绍大观园的文化内涵,展示大观园文化脉络。例如"凹晶馆月夜联诗"写的是夜深人静,皓月在天。虽在此偏僻一隅,却能引来诗仙,频出佳句。诗对月光、对笛声的描写引出人物,因月光,能看到池中波纹、白鹤及远处的藕香榭;因笛曲,引来高雅孤傲的妙玉。特别是还是用因月光,才用不着灯笼和婢女,只有妙玉一人。这里还用"山坳"表达两层意思,一是跨越分水岭之隘口,由于沁芳闸之池在此,且有闸在隘口处,使视线两侧封闭,两侧开放;二是山间平地,多短沟,形成环抱之地势,使视线三面封闭,一面开放,这样一眼便能看到藕香榭。这是多么精到的人文环境布局。也只有此时、此地、此景,才能引来三个性格迥异、才华横溢的才女湘云、黛玉、妙玉相聚一处,联诗品评。

3.布局举例

(1)江苏水利风景区发展布局。

江苏水利风景区发展布局构筑在两个基础上:一是江苏境内的水利资源分布格局;二是江苏旅游发展的环境与布局。

江苏水利资源分布格局大体可概括为:一江(长江)、一海(黄海)、两河(淮河、大运河)、五湖库群(太湖湖泊群、运西湖泊群、里下河湖荡群、西南湖库群、连云港水库群);江苏旅游的战略性发展布局为一构架、一网、五带、四区,即以沪宁线、徐连线为东西轴,以淮扬镇为南北轴形成工字形基本构架,集中了江苏十三个中心城市和重点口岸,并以它们为节点发散连接各重要风景旅游区,形成遍布全省的开放的网络;五带即江、河、湖、海、运风景观光旅游带:长江沿岸观光带、淮河流域风景带、环太湖休闲度假带、沿黄海海滨风光带和大运河旅游风光带;四大旅游片区即宁镇扬泰、苏锡常通、徐宿淮和连盐片区。

江苏水利风景区发展规划意向,考虑到江苏旅游的战略性发展布局内含依托水资源发展的"五带",故拟融入江苏旅游的发展的大格局,扬己所长,避己之短,即充分发挥自然水系和水利工程之特色风景资源,构筑水利风景区发展大格局。具体为"两纵、两横、五片(区)、多点"的整体格局,即以大运河与黄海水陆交界岸线为"两纵",发展贯穿全省南北的水利风景区;以长江、淮河为"两横",发展横亘江苏东西的水利风景区;以五大湖库群,为"五片(区)"的沿湖、沿库的水利风景区和以星罗棋布、散落其间的水利工程枢纽和涉水典型人文景观为"多点"的水利风景区。

"两纵""两横"是线,"五片(区)"是面,"多点"是点,其实"两纵"中有点,如大运河中南水北调的13座泵站枢纽就是点,串点成线;"五片(区)"是面,面中有线,环湖为曲线,线中有点,每个点都各有其形,共构了江苏水利风景区的整体。

(2)四川省水利风景区规划布局。

四川省水利风景区规划布局是"四带""五区""多点"。其中,"四带"是雅砻江水利风光带、岷江水利风光带、沱江水利风光带、嘉陵江水利风光带,主打自然河湖、生态保育等,形成四纵的水利旅游发展格局,突显四川自然河流水利特色与成就。"五区"包括大成都城市水利风景片区、川南盆中丘陵水利风景片区、川东北秦巴水利风景片区、川西北高山高原水利风景片区、攀西山地峡谷水利风景片区,通过发掘各区水利内涵,展现四川不同区域的水文化、水生态、水景观。"多点"指"四带""五区"间星罗棋布、散落其间的水利工程枢纽和历史人文景观等众多景点。"四带"主打自然河湖、生态保育,"五区"主打不同区域的水文化、水生态、水景观。

该布局力图讲究条块结合、以条带块,但在空间的划分上,"四带"与"五区"在空间概念上有交叉,在景观概念上有重叠。"四带"未涵盖四川所有蕴藏水利风景区的大流域如金沙江流域等。这种划分有点牵强。实际上四川的流域带具有典型的文化特征。"五区"的划分应主要强调地理特征,如平坝、高原、丘陵、峡谷和风景区建设的战略实施方向。

(3)成都市水生态文明城市建设总体空间格局是"一网、三圈、四区、六廊"。

"一网"指建设以岷江、沱江水系为主体,构建互连互通、联动联调、丰枯互补、管理高效的生态型大水网,实现全市供水排水体系、防洪排涝体系、农业灌溉体系、生态景观体系和蜀水文化体系的统一协调发展。

"三圈"是布局有序、功能互补、保障有力的护水圈层,一圈层着力梯度蓄水、增加水面,打造亲水滨水空间;二圈层着力生态修复、河湖连通,筑牢城市防洪屏障;三圈层着力蓄水屯水、水源保护,提供充沛优质水量。

"四区"指四大生态建设区,两山水源生态屏障区(包括龙门山区生态屏障带、龙泉山区生态屏障带)城市生态景观功能区——主要指中心城区、现代农业生态水网区、协调发展生态提升区。

"六廊"是六条生态廊道,包括金马河、锦江、南河、湔江、西河、沱江。

该布局在线面结合上做文章,"网""圈""廊"是线,"区"是面,"廊"是直线,圈是曲线,网是直线和曲线的交结、编织。"一网、三圈、四区、六廊"着眼于功能的划分,以功能提纲挈领、统领全局。

五、水工程文化"态"的存在类型

"态",指形状,样子:与"态"相关的词有态度、状态、姿态、形态、神态、动态、静态、事态、情态、常态、变态、体态、生态等。"态"字的繁写为"態",由"能"字和"心"字上下合成,《说文》云:"态,意态也。"段注:"意态者,有是意,因有是状,故曰意态。从心能,会意。心,所能必见于外也。"说的是"态"与意相关,"态"由心生,"态"是心之能量的外在表现。

(一)水工程文化的三种存在形态

正如水的物理形态可分为液态、固态、气态,水工程文化的存在形态是指物质态、心物态、心理态。

任何一种文化形态,本质上都是人心与外物融合共构的产物。即所谓"文化结构三层面"说,正是从心物建构机制中来区分文化的层次属性:外层是物的部分,包括

"第一自然"即天然存在的自然物、"第二自然"即人类生产实践活动形成的人化自然物;中层是心物结合的部分,包括自然和社会的理论、社会组织制度等;内层是心的部分,即文化心理状态,包括价值观念、思维方式、审美趣味、道德情操、宗教情绪、民族性格等。文化学作为文化的内层,更多地体现着心灵主体的审美意识,但这种审美意识始终离不开物的影响。

1. 物质态

水工程文化所指的物质态,是指人类需要对地球及其四周天然存在之水进行利用和改造的包括气态、液态、固态等水的形态和人类按自己的需求要对天然水的客观存在条件和存在环境进行干预,经过水利活动所形成水用具、水工具、水工程及围绕发挥水工程功能所涉及的其他各种人化自然物质和人化物,包括水工程所蓄之水、林木、建筑、雕塑等物质之形态。

2. 心理态

心理是人脑对客观物质世界的主观反映,心理现象包括心理过程和人格表现形象。心理是高度有组织的物质——脑的特性,是主体对客体的反映形态。水工程文化所指的心理态,是指人们通过对天然水和对人化自然水及一切涉水的天然物及人化自然物、人化物的感觉、知觉、认识后,所产生的印象、记忆、想象、思维、感情和意志等,运用语言、表情、文字、图形、设计文件、文学、艺术等的多种多样形式表现出来的人脑信息反映之传播表现形态。

3. 心物态

心物态是指心与物相互作用后人们的行为状态及为规范人们行为所制定的行为准则的表现形态,如法律、法规、制度、民约等。水工程文化所指的心物态,是指人们由于对天然水和对人化自然水及一切涉水的天然物及人化自然物、人化物的需求,并因这部分物对相关人之心作用后,人们所产生的行为状态和为了规范人们行为所制定的水法律、水法规、水制度、水工程规程、水工程规范、水工程定额、水工程的专门管理制度和相关民约等各种表现形态。

(二)水工程文化心理态的几种典型表现形态

研究中国水工程文化学的重要任务之一,除了研究、认识、读懂、理解历史的和现有的水工程文化表现形态外,更重要的是如何将个性的、具有中国特质的、充满新意的文化融入正在建设的和未来的水工程之中,并使这些水工程内涵的文化,通过其表现形态,能让与这些水工程的相关人感受水工程之美、读懂水工程之文化特质。为此,研究了解水工程文化心理态中的相关之表现形态就显得比较重要。

针对水工程文化学研究而言,水工程文化的心理态之表现形态极多,其中有不少较能表现水工程文化内涵和品位的文化形态,同时也是水工程文化心理态之典型的表现形态。如诗为意、书为形、画为象、园为物、韵为律,即诗词是立意,书法是结构,画图是影像,园林、雕塑是实物,音乐是对比,文蕴和哲理是灵魂,联匾则为诗书文结合的精神面貌;从水工程设计阶段划分看,诗词相当于项目建议书,书法相当于可行性研究,山水画相当于初步设计,园林、雕塑相当于施工图设计,音乐相当于设计方案的比选、融合,文蕴和哲理相当于方案的核心创意,楹联、匾额相当于方案的装帧设计。

国际知名古建筑学家、园林艺术家陈丛周先生曾说:"中国美学,着重意境,同一意境可以不同形式之艺术手法出之。诗有诗境,词有词境,曲有曲境,画有画境,音乐有音乐境,而造园之高明者,运文学绘画音乐诸境,能以山水花木,池馆亭台组合出之,人临其境,有诗有画,各臻其妙,故'虽由人作,宛自天开',中国园林,能在世界上独树一帜者,实以诗文造园也。"①道出中国造园美学之意境。正如一幅中国画,也必须讲究气韵、留白以及意境,这些正是东方文化之精髓,绝非西方美学所依赖之韵律、比例、平衡等所能涉及其深的。我国水工程之建造、水生态环境之布局亦同此理,同样要借重于"运文学绘画音乐诸境"之表现形态,以达"各臻其妙"和"虽由人作,宛自天开"。

疏理一下,既是提升水工程文化内涵与品位的文化形态,又是水工程文化心理态的典型表现形态的门类主要为诗、书、画、园林、雕塑、音乐、文学、哲理、联匾。

1.诗

诗是文学体裁的一种,专指与散文相对的一种韵文形式。它要求高度集中地概括、反映社会生活,饱和着作者丰富的思想感情和想象,语言精练而形象性强,并具有一定的节奏韵律,一般分行排列。诗能通过其特有的节奏和韵律般的语言去反映生活,抒发情感。

唐人王昌龄在《诗格》谈及山水诗美学原则时,提出著名的三境说:"诗有三境:一曰物境。欲为山水诗,则张泉、石、云、峰之境,极丽绝秀者,神之于心,处身于境,视境于心,莹然掌中,然后用思,了然境象,故得形似。二曰情境。娱乐愁怨,皆张于意而处与身,然后驰思,深得其情。三曰意境。亦张于意而思于心,则得其真也。"在这里,"物境"是指自然山水的境界,"情境"是指人生经历的境界,"意境"是指内心意识的境界。这种由师从造化的"物境"到触景生情的"情境",再到由情悟意的"意境",深刻地揭示了山水诗美学演化、递进的规律。

陈丛周曾著文专门谈"中国诗文和中国园林艺术"的关系时提出:"造园看主人,即园林水平高低,反映了园主之文化水平,自来文人画家颇多名园,因立意构思出于

103

核心内容

---

① 陈丛周.中国诗文与中国园林艺术[J].扬州大学学报(人文社会科学版),1985(3):44-45。

诗文。""中国园林与中国文学,盘根错节,难分难离,我认为研究中国园林,似应先从中国诗文入手,则必求其本,先究其源,然后有许多问题可迎刃而解,如果就园论园,则所解不深。"对水工程文化学而言,这是至理名言。

水利工程师应以诗心建构水工程文化,设计水工程,打造水工程。即要把水工程建、构筑物打造成为一种无言的诗、有形的诗、凝固的诗。明代画家董其昌曾说过:"诗以山川为境,山川亦以诗为境。"水工程文化学的美学设计当以意境为本,水工程之意境当以诗境为据。这样,才能使设计的水工程达到从物境到情境再到意境,让人的心境得到升华、得到净化、得到顿悟。只有造出这样的水工程,才是水工建筑的上品。

在水工程、水利风景区中,水景、地貌、天象及生物等属自然景观,这些水景、地貌、天象及生物都是客观存在的,有些可能是由于受到水利工程建设对自然条件进行了干扰,但重新经大自然通过若干年调整后,再形成的(人化)自然景观。这些客观存在的自然景观,要成为水利风景区有灵魂的风景,关键是要有认识和发现这些自然景观的人,关键是要有能首先与这些景观产生心灵感应的人,去点破或解读,才能产生使大多数人去欣赏、读懂和理解的景观区。诚如,从古至今很多自然景观都是靠能与水产生心灵感应的人去发现的。在我国古代诗人眼中,我国的江、河、湖、海、瀑、溪、涧、池等水,都有可为他们赞颂的风景,他们用诗表现他心里所感受的千变万化的水物质、水环境的形态。如李白写黄河"黄河之水天上来,奔流到海不复回""黄河西来决昆仑,咆哮万里触龙门""黄河万里触山动,盘涡毂转秦地雷""黄河落天走东海,万里写入胸怀间"。李白把黄河的上、中、下游的景观尽纳诗中。他不仅写黄河,也写长江,"登高壮观天地间,大江茫茫去不还",写钱塘江"浙江八月何如此,涛似连山喷雪来",写浙江绍兴的水"镜湖水如月,耶溪女似雪",写洞庭湖"淡扫明湖开玉镜,丹青画出是君山",写涧水"山山白鹭满,涧涧白猿吟",写瀑布"挂流三百丈,喷壑数十里",写洲滩"三山半落青天外,二水中分白鹭洲"。我国其他诗人吟颂风景的诗篇里,也有大量吟颂江、河、湖、海、瀑、溪、涧、池等水景观,且能为人们广为传颂的诗句,如王勃写云霞"虹消雨霁,彩彻云衢",陆游写闲云"晴空万里宽多少,一片闲云足卷舒",杜牧写秋雨"深秋帘幕千家雨,落日楼台一笛风",李商隐写夜雨"君问归期未有期,巴山夜雨话秋池",李世明写大海"拂潮去布色,穿浪日舒光",杨广写春江"流波将月去,潮水带星来",杜甫写长江"无边落木萧萧下,不尽长江滚滚来",王维写潮水"日落江湖白,潮来天地青",刘禹锡写黄河"九曲黄河不尽沙,浪淘风簸自天涯",白居易写钱塘江"日出江花红胜火,春来江水绿如蓝",苏轼写西湖"欲把西湖比西子,淡妆浓抹总相宜",韦应物写涧水"春潮带雨晚来急,野渡无人舟自横",王安石写溪水"溪深树密无人处,唯有幽花渡水香",杨万里写泉水"坐看跳珠忽抛玉,忽然一喷与檐齐",谢灵运写池塘

"池塘生春草,园柳变鸣禽"……以上,仅在浩瀚如海洋的山水诗中,摘录了极少部分李白及众多诗人所写我国江、河、湖、海、瀑、溪、涧、池等(涉)水景观的诗句,就足以说明,在李白等著名诗人的眼中,他们见到的水(当时绝对没有被污染的水)都是美的,都是和周边的自然环境浑然一体的,他们在某时或某地见到水,就会产生人和自然的感应,才思从他们的胸中喷涌而出,写下了为人们千古吟唱的诗篇。使人们读到他们的诗,就似乎看到当地的风景;到了当地的风景区,就自然会联想起他们的诗篇。倒过来,正由于有了这些诗人的诗篇,使这些地方的水,犹如注入了灵气,而成为这些地方引以为自豪的风景区。刘禹锡在《陋室铭》中说"水不在深,有龙则灵"。什么是"龙"?龙就是(水)文化,有文化,水才有灵气。当然,不仅是诗人对水有感应,从古至今思想家、文学家、艺术家、学者、名人,甚至一些历代的皇帝、官员亦或民间的百姓,也都对水会产生心灵感应,留下了众多的名篇、名句或美好的故事,这些文化信息就是涉水景观与人之间联系的通道,凡与这些文化信息相关联的涉水景观,都极有可能被开发成水利风景区。涉水景观是客观存在的,关键是要有人去欣赏,要有人去发现,并要能使这些涉水景观给更多的人以感应,才能成为水利风景区。这样,除了客观这就是存在的水景观物质资源外,极重要的一条就是还要有能启迪人们与水产生感应的通道——精神资源,这就是诗、词、歌、赋、散文等各种涉水的文化。因此也可以说,诗及各种涉水文化表现形态,都是能表达水利风景区灵魂的表现形态。水工程、水利风景区品质的高低,关键在其对人产生感觉的大小和形成的水文化品位的高低。

　　因水工程的建设而形成的水利风景区,应成为彰显和弘扬水文化的重要物质载体。人们对水文化的认识渐趋清晰、渐趋理性、渐趋完整。不管是"广义水文化"说、"狭义水文化说"亦或"载体"说、"水事"说、"治水"说,都谈到水文化构成的两个基本要素,即"水"和"人"。水和人本是自然物,但人又是一种特殊的具有智慧的生物,人能以其智慧去利用自然、影响自然、改变自然(人化),而且人也能改变人类自己(化人)。"人化"与"化人"取得的成果总和就是文化,即文化就是人类智慧的显性化。水文化就是人类在认识水、改造水、利用水方面智慧的显性化。因此,我们可以这样认为,自然界中的水,最能引发人产生感应、使人感到有话要说的地方,就有水景。大多数人们对某一处水景和因水工程建设而形成的水景观都感兴趣,说的话较多的地方就是水利风景区。将人们对这一自然的或是人化自然景观的感受和说出的话,相对集中一下、提炼一下,就是这一水利风景区的水文化,就是这一水利风景区的文蕴。就如三峡泄流、小浪底冲沙形成的瀑布就是以其气势震撼激荡着每一位看到它的人,每一位看到三峡泄流、小浪底冲沙形成瀑布的人,无不有话要说,这些要说的话,就是相对三峡工程、小浪底工程的文化。例如,郑伟华的《新三峡赋》"千帆风骚渡陵谷,巨峡激流唱豪歌。大浪淘尽英册在,丰功厚誉锁烟波。伟人指点秀长河,高堤平湖出硕果。雄坝缚龙兴百业,福荫万代正能多",网民墨城烟柳写小浪底的"小底大坝暗洞开,潜龙呼啸入东海。震天巨浪滔黄沙,蔽日雾珠涤尘埃。玉爪裹胁土万亿,金甲抖落地千百。水患昨去成故事,伟业荫后创未来"等有关这方面的诗、文及艺术作品,也就是这两座水工程所涵文蕴之表现形态。

要让自然注入文化,首先是要认识、挖掘水工程、水利风景区的文化。要用文化的视角去观察、感受和体验水工程中"人化"自然的景观,千万不能"不识庐山真面目,只缘身在此山中"。而且,要查找和挖掘相关历史文献,了解当地的有关民风、民俗、民间传说,尽量为自然资源注入灵魂。其次,是将水工程打造或建设成水利风景区。不管是国家级还是地方级的水工程,凡在搞水利建设之初就要同时确立将水工程打造为国家水利风景区的目标,使水利工程的功能做到有形功能和无形功能并重。只有有一定文化内涵及品位的水工程、水利风景区才能让诗人产生有冲击力的心灵感应,才能产生歌颂水工程、水利风景区的诗篇。

2.书

这里所说的"书"是指书法。书法,是中国汉字特有的一种传统艺术。中国汉字是劳动人民创造的,开始以图画记事,经过几千年的发展,演变成了当今的文字,又因祖先发明了用毛笔书写,便产生了书法,古往今来,均以毛笔书写汉字为主,至于其他书写形式,如硬笔、指书等,其书写规律与毛笔字相比,并非迥然不同,而是基本相通。

许慎在《说文解字·序》中对书法进行定义:"仓颉之初作书,盖依类象形,故谓之'文'。其后形声相益,即谓之'字'。文者,物象之本。字者,言孳乳(意繁殖,泛指派生)而浸多也。着于竹帛谓之'书'。书者,如也。""书者,如也",此说一出,以其模糊性、深邃性、广延性为后世学者提供了极大的发挥、想象空间。刘熙载《艺概·书概》中说:"书,如也。如其学。如其才,如其志,总之曰:如其人而已。"唐代张怀瓘《书断》中说:"书者,如也,舒也,着也,记也。着明万事,记往知来,名言诸无,宰制群有,河幽不贯,何往不经,实可谓事简而应博。"王羲之《书论》中说:"夫书者,玄妙之伎也。"中国书法的这些美学特质性,是中华民族所独有的。

中国书法史认定:商周尚象,秦汉尚势,魏晋尚韵,隋唐尚法,宋尚意,元明尚态,清尚质。这是对书法形态历史演变的归纳、概括。

中国文字是"依类象形",是对天地、山川万物结构的摹仿、写真,因此,书法中的用笔、结体、章法的美学规律均可移植、运用到水工程文化学中来。

书法中讲究运笔、结体、章法的美学,水工建筑物的布置从个体到整体均有"运笔""结体""章法"问题:对水工建筑物而言,书法中的结体相当于单体水工建筑物的构型,书法中的章法相当于群体水工建筑物的总体布局,书法中的运笔相当于水工建筑物中的梁、板、柱、门、窗、檐等构件的造型。对水工建筑物而言,书法的书体和水工建筑物亦有对应关系,大坝类于篆书:瘦、圆、参差婉通、屈伸自如;水闸类于隶书:方正、扁平、一波三折、横向律动、整体平稳;水工结构类于楷书:块架分明、居静治动、应轨入矩、有法有式;河渠类于行书:行其当行、止其所止、行云流水、挥洒自如;景观类于草书:连绵气势、流畅飞逸、居动治静、润色开花。就书体风格而言,篆书有婉通诘诎之美,隶书有蚕头燕尾之美,楷书有端匀严静之美,行书有活泼流畅之美,草书有龙蛇飞动之美。

山水可居论,郭熙在《山水训》中还提出了著名的山水"可行""可望""可游""可居"说,已被广泛接受,而作为城市规划、房地产策划、旅游创意等的重要原则,也是水工美学设计的根本指导方针。

3.画

王伯敏总结前人的经验,把山水画的表现手法归纳为"七观法":步步看、面面观、专一看、推远看、拉近看、取移视、合六远(高远、平远、深远、阔远、幽远、迷远)。"七观法",对画家来说,既是观察方法,又是表现手法。对水工程文化学的设计者而言,这是视角设计问题。设计者首先要考虑多数观察者从哪个角度来欣赏这个工程文化作品,或远或近,或仰或俯,或外或内,或正或反;从每个角度给观赏者展现何种形象。

无论是山水画的画论,还是历代名家的山水画的名作,均为水工美学留下可移植借鉴的理论、原则,丰富多彩的素材,赏心悦目、美不胜收的规划、布局案例,值得水工设计者深入发掘、仔细玩味。山水画的构图法值得水工美学借鉴,但应当指出的是,对一张特定的山水画而言,其视角是固定的,其图框是局限的。水工美学的构图要复杂得多,它既无特定的视角,也无固定的画面,时时、地地处于变化之中,在这种情况下,我们的设计就像兵法中的设防,"备前则后寡,备后则前寡,备左则右寡,备右则左寡,无所不备,则无所不寡",设计似乎无从谈起,但兵法亦云:"攻其所必救,守其所必攻。"这就告诉我们,水工美学的构图要从观赏者的主概率方向入手,使山水画的构图流动起来,抓住主概率方向,就抓住了观赏者的第一印象,构图也就成功了一半,即使其他方向有所缺憾,亦为观赏者忽略。

如果水利工程师都能吸纳山水生命论、山水教化论、山水可居论,运用七观法去思考、设计水工程,去布局的水工程环境,何愁不能设计出一座座具有能表现诗意、画境等形态的水工程和架构出如诗如画的水工程环境来。而这些如诗如画的水工程、水景观又会给诗人、画家以心灵的感应,形成创作的激情,用他们的笔将他们接受水工程的视觉冲击后形成的水工程心理态变成水工程诗画这一表现形态,再传播给社会。无论是中国画、油画、版画、水彩画、水粉画……哪一画种,都能成为水工程文化心理态之表现形态。

4.园林

园林是传统中国文化中的一种艺术形式,人们在一定的地域,运用工程技术和艺术手段,通过改造地形,或筑山、或叠石、或理水,种植树木花草、营造建筑和布置园路等途径创作而形成的美的自然环境和游憩境域。园林,受到传统"礼乐"文化影响很深,造园者往往以其地形、山水、建筑群、花木等作为载体,来表达人之主体的精神文化。园林建造与人们的审美观念、社会的科学技术水平相始终,它更多地凝聚了当时、当地人们对正在或未来生存空间的一种向往。在现代,园林选址已不拘泥于名山大川、深宅大府,而广泛建置于街头、水利工程、交通枢纽、住宅区、工业区以及特大型建筑的屋顶。使用的材料也从传统的建筑用材与植物,扩展到了水体、灯光、音响等综合性的技术手段。中国古典园林建筑,不仅在中国汉式建筑中独树一帜,而且在世界园林建筑中,也占有极其重要位置。

水利风景区的功能与中西古代园林的功能,除了提供服务对象不同(一为公众、一为少数私人)外,其创造人化自然之美,注入品位高、内容丰富的文化、供人们欣赏之功能是相通的。为此,中西园林的建造理论与实践都是水工程文化学需要研究、吸收的重要宝库,是营造水利景观不可或缺的信息库。

中国园林的美,主要是自由之美、诗画之美、意境之美、雕琢之美,更是人造自然之美。它的主要特征是以假似真、以假乱真、犹如自然、既雕既琢、复归于朴、巧于因借、精在体宜、步移景异、小中见大、赋予灵魂、灌注生气、化景为情、变心为境、近而不浮、远而不尽、意象含蓄、情致深蕴、导人入胜、耐人寻味、画龙点睛、引人深思。

园中垒山挖水:山贵有脉,水贵有源,脉源相通,全园生动。水随山转,山因水活,溪水因山成曲折,山蹊随地作低平。山不在高,贵有层次,水不在深,妙于曲折。峰岭之胜,在于深秀。春见山容,夏见山气,秋见山情,冬见山骨。夜山低,晴山近,晓山高。山无泉而若有,水无石而意存。春水腻,夏水浓,秋水明,冬水定。

造园空间的利用:远山无脚,远树无根,远舟无身,既是画理,又是园理。园无大便无小,无小便无大,空间越分割感到越大越有变化,以有限面积营造无限空间。景观布局宜深远而有层次,宜掩者掩之,宜屏者屏之,宜敞者敞之,宜分者分之,见其片段,不逼全角,图外有画,咫尺千里,余味无穷。空间分割,"拆开则逐物有致,合拢则通体联络",有无相生,唯道集虚。

园中绿化草木:山以水为血脉,以草为毛发,以烟云为神采。重姿态,不讲品种,能入画即可。花木重姿态,音乐重旋律,书画重笔意,耐听耐看,经得推敲,蕴藉有味。松者,发也。枝不能多,叶不能密,方见姿态。刚柔相济,方见效果。杨柳必存老干,竹木必露嫩芽。小园树宜多落叶,以疏植之,取其空透;大园树适宜常绿,则旷处有物。以疏救塞,以密补旷。落叶树见四季,常青树守岁寒。明计成的《园冶》,论说绿化,皆是有的放矢:"编篱种菊""锄岭栽梅""寻幽移竹""对景莳花""院广堪桐""堤湾宜柳"。主次分明,疏朗有序;四季景色,季相变化,分区配置;每区,突出一季,兼顾三季,常绿与落叶搭配,乔木与灌木互补;各区,景观各异,花期长在;整园,围合亏闭,或分或割,或遮或透,闹中取静,空间自得;曲折起伏,错落有致,丰富天际,加大景深。

园内路径布置:园以景胜,景因园异,步移景异,在观赏路线上力求曲折起伏,变化多端。观赏角度和路线的导引可分静观、动观、仰观、俯观。静观即观赏者多驻足的观赏点,动观即较长的游览线。小园以静观为主,动观为辅;大园以动观为主,静观为辅。曲径通幽,廊引人随,移步换景,作为视觉的导向。一丘藏曲折,缓步百跻攀,这是俯视;绿杨影里,海棠亭畔,红杏梢头,这又是仰视,遂有山际安亭,水边留矶之举。小中见大,咫尺之内,而瞻万里之遥,方寸之间,乃辨千寻之峻。

水工程之管理范围,空间颇大,须以中西造园理论结合水利风景区的标准和用努力提升水工程文化内涵和品位的视角,去布置、去打造一切能利用的空间,让其成为既具有水工程管理、保护功能,又具有可供百姓、游人休闲、欣赏的生态空间、休闲场所、旅游产品。让每一座水工程之管理范围,都能依托客观存在山水环境、对公众开放;都能成为百姓心中对水工程形成的文化心理态的具象表现形态:水利风景区——公众的园林。

5.雕塑

雕塑,造是型艺术的一种,指为美化城市或用于纪念意义而雕刻塑造,具有一定寓意、象征或象形的观赏物和纪念物。雕塑,是用各种可塑材料或可雕、可刻的硬质材料,创造出具有一定空间的可视、可触的艺术形象,借以反映社会生活、表达艺术家的审美感受、情感、理想的一种艺术。雕塑是通过雕、刻以减少可雕性物质材料,或通过塑则堆、增可塑物质性材料的技法,来达到艺术创造的目的。雕塑又称雕刻,是雕、刻、塑三种创制方法的总称。

吴为山在2013年4月湖北美术学院学报的《我看中国雕塑艺术的风格特质——论中国古代雕塑的八大类型》中认为:中国传统雕塑风格大致分为八类:原始朴拙意象风、商代诡魅抽象风、秦俑装饰写实风、汉代雄浑写意风、佛教理想造型风、宋代俗情写真风、帝陵程式夸张风和民间朴素表现风。这是对雕塑形态历史演变的归纳、概括。

水利雕塑是营造水文化的重要手段,是实施人文水利的教化、休闲、娱乐功能的主要载体,具有强大的意化、情化、美化环境的功能。水利雕塑与水、与水利、与水利人、与水工程紧密联系,是以水立意、以水利为题材、以水利人为对象、以水利工程为内容的雕塑。

水利雕塑可分为三类:抽象、具象、介于抽象和具象之间的亦幻亦形的写意。具象雕塑让人一看就懂,突出文韵,象形于外,动情于中;抽象雕塑让人思考,突出哲理,象形于理,理蕴其中。写意,处于写实与抽象之间,它既不会使人产生一览无余的简单感,也不会令人有望而却步的深奥感,它引导人们在一种似曾相识的心理作用之下,去把玩、体味、感觉艺术作品的整体及每个局部、细部的"意味"。

水利雕塑的位置设计、布局设计都会与人们的视角相关,可分为中心布置和边缘布置。雕塑的视角,是指人们视点与雕塑之间的距离所造成的角度。不论室外大小型雕塑,一要考虑四面八方各个角度的构图和艺术形象;二要考虑雕塑大小、高低及位置的决定是否适当,这些对创造雕塑艺术形象有重要作用。同样一件雕塑作品,摆在不同位置,就会产生不同的效果。放置在广场的雕塑,要有远看的距离,一般视角较小,接近平视,容易产生亲切感。近看时要仰看,视角大,容易产生雄伟高大感。

雕塑是一种环境艺术,它介于绘画和建筑之间,它的表现需要衬托和依附。展厅雕塑或广场雕塑、园林雕塑实质上就是两种不同类型的美,前者是独立美,后者是依附美。

中国园林雕塑与中国的水墨画一样,以泼墨淋漓的大写意来表现意境,它蕴含着几千年的东方文化沉积、人文习俗和山水灵气。中国园林中最早的雕塑就是园林之石太湖石、黄石等或叠成假山或独立寓意。假山,从石峰形体的凹与凸、透与实、绉与平、高与低来看都具有强烈的抒情韵律感,正是绝好的后现代派雕塑作品;形石更是自然成形,如经点题,则其味无穷。

园林雕塑的表现主题是使环境空间美化,以满足人的心理美感需求。所以园林雕塑有别于纪念性雕塑。它的主要功能,是使作品更富有美感和丰富多彩,赏心悦目,强调装饰的一面。所以,我们现在所看到的园林雕塑大多是以装饰为题材的抽象或半抽象作品。形式上突出它的工艺性、趣味性,使之在绿地中形成一种点缀。如果脱离了园林的功能性而一味强调其中的思想性、政治性,从装饰功能中分离出来,那它很有可能会进入到一个认识问题的误区,干扰所表现的物体,创作出与环境不和谐的作品。而最好的水利风景区雕塑应是既能美化环境空间又具思想性的雕塑,如《黄河母亲》《三峡移民》等。

2003年,泰州市水利局在凤凰河畔兴建的亲水广场中心,塑起了一尊名为"治水者"的人物雕像,在其基座四面刻有"治水者""力通九脉""气贯九州""益济九区"的题词,吸引了众多游人驻足、观赏。人们无不称赞这尊艺术品是力的象征,无不认为这为泰州新增了一个极富文化内涵的水景观,无不认为这必将为泰州之水再增添灵气。

这尊《治水者》石雕人物塑像造型设计,出自于曾参加过新中国成立初期北京十大建筑石雕艺术装饰的工艺大师何根金老先生之手。

《治水者》塑像是用一块2.5米×1.85米×1.38米，重约16吨的整体花岗岩巨石雕凿而成的。

《治水者》设计的原型是按董文虎授意，取用泰州治江工程搬石固砌江岸护坡的石工劳作时的形态设计的。何老先生运用了15至16世纪意大利文艺复兴时期著名雕塑家、建筑师米开朗基罗（1475—1564，代表作为《大卫》《奴隶》）和法国古典时代雕塑大师罗丹（1840—1917，代表作有《思想者》《加莱义民》）的艺术手法，运用裸体造型来突现治水的石工们劳作时真实的形体。"治水者"那专注而执著的眼神、削瘦而有棱角的面庞、紧闭且两角微微向下的双唇，以及那即将昂起的头颅，无一不显示出东方民工的阳刚之气。"治水者"健美的体魄、宽大而厚实的胸臂、有力而似鹰爪的大手，紧紧抓住那似沉非沉的石块，将借助左腿半屈、右腿微撑及其劲而有力的腰部旋转时暴发的力量，刹那间，就会将这块悬起的块石送到水利工程应该安置的部位上。在"治水者"脚下，拍岸的浪花顿显安静了许多。这尊雕塑充分展示出力可拔山的治水民工、工匠及施工群体的力度和形象。

从远古"大禹治水"传说起，华夏儿女治水的历史迄今已有4000多年。治水是人类挑战自然的最早、也是最为浩大的工程。人类必将为之生命不息、奋斗不止。治水的历史又都是由两个层面的人物推进的，一为水利工程的规划者、设计者、决策者、指挥者，如大禹、西门豹、李冰父子、贾让、范仲淹等人。这些人物的传说、传记都已有书载、史传、塑像，歌颂他们的业绩；然而水利工程还需要有大批开挖河渠的民工、砌筑闸坝的工匠，以及发展到运用现代机械操作的施工队伍这样一个层面的群体人物去建设、去创造、去完成。他们同第一个层面的人物一样，都在共同谱写着水利的光辉历程。他们的形象同样应该长留在已经能安享治水之利地区的人们心中。缘于此，泰州市水利局除在其院内竖立了大禹的塑像，用以激励水利工作者要"秉禹之志，承禹之风"为水利事业奋斗终身外，又专门在新开挖的凤凰河畔之亲水广场中心，立此《治水者》的石雕塑像，旨在让生活在凤凰城中享受"水的泰州"现代水文明、水文化、水环境的市民们，同时也能感受到创造这一水环境的治水者催人奋进的力量，瞻仰其东方骄子的阳刚之气，欣赏其劲健雄浑的体形之美。

《治水者》的石雕塑像完成制作安装后，董文虎曾写新体诗赞曰：

　　治水者／他／自宇宙洪荒的历史走来／与水同行／力通九脉／使荡荡洪水／纳川归海／不复泛滥成灾。

　　治水者／他／从风雨如磐的岁月走过／与水同庚／气贯九州／使江海河汉／听凭调度／滋润神州大地。

　　治水者／他／向现代文明的未来走去／与水同存／益济九区／使大千

世界／花团锦簇／永远美轮美奂。

《治水者》雕塑与诗都是从属于凤凰河河道工程文化心理态之表现形态。

6.音乐

音乐是反映人类现实生活情感的一种艺术,是指有旋律、有节奏或有和声的人声或乐器音响等配合而构成的、一种有组织的、表达人们思想感情、反映社会生活的声响艺术。古代认为音乐有"音"和"乐"是有区别的。《礼记·乐记》:"凡音之起,由人心生也。人心之动,物使之然也,感于物而动,故形于声。声相应,故生变,变成,方谓之音。比音而乐之,及干戚(干,盾牌;戚,大斧。古代武舞执干戚)、羽旄(乐舞时所执的雉羽和牦牛尾),谓之乐。"后浑称"音乐"。

19世纪中期,音乐理论作曲家姆尼兹·豪普德曼在他的名作《和声与节拍的本性》里说"音乐是流动的建筑",讲出了艺术家对音乐艺术与建筑艺术的理解。他认为音乐虽然在时间流动中不停地演奏着,但它的内部却有着严谨的结构和形式美。结构和肢体按照旋律、节奏、调式、和声的规律在连续地流淌着。古希腊数学家毕达哥拉斯研究发现,各种不同音阶的高度、长度、力度都是按照一定的数量比例关系构成的,后来毕达哥拉斯把这种发现推广到建筑上,认为建筑的和谐也与数比有关。其后的一些著名美学家、建筑家也都认为,如果建筑物的长度、宽度、体积符合一定的比例关系,就能在视觉上产生类似于音乐的节奏感。

"建筑是凝固的音乐",这是一句被无数哲人推崇的名言。歌德、雨果、贝多芬都曾把建筑称作"凝固的音乐",这不仅是因为古希腊有关音乐与建筑关系的美妙传说,而且因为两者的确存在的类似与关联。建筑是一种空间造型艺术,但它也应有时间艺术的某些特点。因为建筑的空间,往往是一个空间序列,建筑空间序列是一个需要人在运动中才能逐步展现和铺陈开来的空间序列。这也就是一个须要置于时间的推移中,才能领略全部魅力的空间序列。空间序列的展开既通过空间的连续和重复,体现出单纯而明确的节奏,也通过高低、起伏、浓淡、疏密、虚实、进退、间隔等规律的变化,体现出抑扬顿挫的律动,这与音乐中的序曲、扩展、渐强、高潮、重复、休止非常近似,能给人一种激动人心的旋律感。把建筑比作凝固的音乐,所比喻的是,一幢具有美感和能给人心灵以震撼的建筑,其严格的数学比例、对称、均衡等造型特点,同样可以给作曲家以启迪,使其创作之乐曲在时间之流动中,全都凝固下来时,符合建筑美的比例、对称、均衡等特点,则这一乐曲必然也如同这座建筑一样,会给人带来美的享受或心灵之震撼。不同类别的艺术尽管各具特性,却都有内在联系,这种联系,使艺术家才可以从不同的艺术中得到灵感,也使各种艺术有可能互相"移植"和综合。

作为空间艺术的水工程建筑,同样也是一种时间艺术。水工程空间序列也像音乐中的时间序列一样,也可有前奏、主题、冲突、低潮、高潮、结尾等过程。人们在这个序列中进行观赏,视点有高有低,视角有仰有俯,视野有大有小,空间有开有合;视景的分隔联系,调和对比,高低起伏,变化统一,构成各种不同的节律感。对于一座水工程,人们必须一再浏览,从各个方向走近它,绕着它走走,还要走进去,在那些井然有序的内部空间里穿行。只有在这时候,它那真正的美感方能显现出来。水工程也是建筑,同样也应该是凝固的音乐,水工程也应以其造型表现出有声的音乐和无声的韵律。水工程之主题与形象(造型)的统一与均衡、对比与调和、比例与尺度、韵律与节奏、重复与变化、个性与风格、色彩与色调等艺术法则,与音乐之间是可以息息相通的。

杰出的建筑物,由于它成功地处理了建筑个体的各部分之间、个体与个体、个体与群体、群体与群体以及个体、群体同周围山水林木之间的比例、尺度、色彩、意境诸因素的协调关系,就能像一部成熟的乐曲,既千变万化、波澜起伏,又浑然一体、主题鲜明,使建筑有主旋律与副旋律、高潮与铺垫、独奏与和奏、领唱与和声。既有气势磅礴的交响乐、进行曲,又有缠绵悱恻、情浓意切的恋歌和清新欢快的田园牧歌。既有错落有致、突兀而起的险韵,也有"柱、窗、窗,柱、窗、窗"式的"蓬嚓嚓、蓬嚓嚓"的平稳节奏。俯瞰北京故宫建筑群的布局,从正阳门、端门、午门、太和门到太和殿、保和殿、中和殿直到景山,沿长达七华里的中轴线展开,十几个院落纵横交错,有前奏、有渐强、有高潮、有收束,几百所殿宇高低错落,有主体、有陪衬、有烘托,雄伟壮观的空间序列俨然一组"巨大的交响乐"。在沿着故宫中轴线,从起点向前推移,看到的是中国古建筑中之交响乐中的主题旋律和对位法,得到的是"大弦嘈嘈如急雨,小弦切切如私语。嘈嘈切切错杂弹,大珠小珠落玉盘"的感觉。

从交响乐的一般"起开合"的音乐结构中,可清楚地看出,音乐是用音符组成的时间的序结构,而书法、绘画、园林、建筑则是空间的序结构。具有启迪意义的是,时间序结构的美的法则同样可以移植到空间的序结构中来。时空是一体的,是可以互相转化的。中国的古典音乐和西方的交响乐有相似的时间结构,如矛盾的呈示、展开、再现:第一主题和第二主题的设计,第一主题向第二主题的转化,第一主题和第二主题的对比、冲突、斗争,第二主题最终向第一主题的靠拢、融合等,都值得水工美学在水利环境工程设计中加以借鉴。实际上,在中国古典园林设计旅游路线时,强调分隔、曲径通幽,强调景随步移等,就已经把时间序列之美的法则运用到园林设计之中。

山、水、水工程在陶冶人的心灵上具有特定功能。我们不难发现,古老的都江堰工程就是按照交响乐时间系列的设计艺术原则进行布局的。都江堰属三级调节的自动控制系统,水、沙的信息在系统内反馈流动,导引着物质的交换。都江堰的景观、人文美学的第一主题之信息流动,由鱼嘴至飞沙堰、宝瓶口顺流而下的信息,构成穿环而过的纵向流动;构成第二主题之信息,是自二王庙顺山而下,通过南桥至离堆公园的竖向、环向流动。列都江堰第二主题的二王庙、安澜索桥、茶马古道、伏龙观、离堆古园、南桥等草木亭阁之临江景观,与列都江堰第一主题的高山流水的相呼应,构成都江堰"交响乐"整体篇章,缺一不可。第一主题奔放、豪迈,第二主题思幽、怀古。由两大主题的交织和信息流之交换,共同谱写着跌宕起伏的都江堰"交响乐"。

水工程设计,可调动各种手段构造有声的水工建筑。如利用水工建筑物跨河、临河风大的特点,在闸室、塔顶安装各种各样的管风琴,只要风以不同速度吹来,便能奏出美妙的音乐;在桥的两侧栏杆安装不同规格的音响栏板,行人过桥时,依此敲打栏杆,游人便能奏出一支优雅的乐曲;利用各种材质的不同的音响效果,构造音乐楼梯、音乐地板,使每块板具有固定的音阶、音调,游人脚踩踏板,楼梯或地面便会叮咚作响,给人以享受;建造音乐墙,将电脑储存的各种音符和短曲,构成一个简单的作曲系统,行人通过该墙时,步伐有快有慢,墙内光电管感光程度也有强有弱,因而产生的曲调就不尽相同,若步履匆匆,就奏出激越的进行曲,若步履悠闲,就奏出轻快的舞曲。这样,便可设计出水工程的音乐、音乐的水工程。

水工程设计,还可借声组乐,在水工设计中如运用得当,对于创造别具匠心的艺术空间作用颇大。借水声,如叮咚的涓滴泉声、夺人心魄的瀑布声、秋夜雨打芭蕉声、小溪水流潺潺声、水流拍岸的哗哗声;借鸟语虫鸣,如黄莺鸣唱、鹦鹉学舌、小虫啾啾等;借风声,如春风溶溶、秋风飒飒、江风猎猎、谷风绵绵、山风涛涛。

在水工建筑物的设计过程中,由于水与边界的摩擦,水声也随之而生,水声是水工设计的直接对象。由于宽度、比降、出流方式、流量、水头、流速、边界、障碍物等要素的不同,就能产生不同的音响效果。溢洪道的出流如万马奔腾,卷起千堆雪;闸下出流绵绵不绝、催人奋进;底孔挑流与空气搏击,彩虹纷呈,惊天动地,夺人心魄;农渠水流,悄悄细语,娓娓动听。这些都是能激发相关人文化心理态,形成全新感的文化艺术设计技法。

借声、造声仅是将声音取来,如将声音变成音乐,还须对声音进行扬弃、取舍、组合,方能成为水工美学的有机组成部分。

水工程的设计,运用音律之美为水工程增色,水工程的建设也会激发词曲家的灵感,用音乐谱写水工程之美。南水北调东线泰州引江河工程建成后,表达"清清一条引江河,江畔舞彩练。春催菜花两岸金,夏染瓜果翠,秋收稻谷堆田垄,冬润寒梅艳""走进引江河,天蓝水清清,枢纽楼立大江边,高耸接天云。闸开物流畅,泵转波澜平,江水来去听指挥,旱涝得安宁。风停水似镜,风动浪如银,一条大河平地开,引水为人民""堤上桃花艳,沿河柳成荫,散步棋苑琴园里,来者总是情。好水留远客,好景迎佳宾,两岸处处皆园林,美妙胜仙境"等悠扬婉转、清新激越的《清清引江河》《走进引江河》就是这一工程心理态之乐感表现形态。

7. 文学

文学，是人的意识方面的产物，是生活的反映，是客观的东西经过人的头脑中思考后，由人重新组织，编出用文字表达出来的东西。文学是以语言文字为工具，形象化地反映客观现实、表现作家心灵世界的艺术，包括诗歌、散文、小说、剧本、寓言童话等，是文化的重要表现形式，以不同的体裁，表现内心情感，再现一定时期和一定地域的社会生活。文学是社会文化的一种重要表现形式，也是对美的体现。文学作品，是作家用独特的语言艺术，表现其独特的心灵世界的作品，离开了这样两个极具个性特点的独特性，就不是真正的文学作品。因为文学的载体为语言文字，所以区别于音乐、美术等艺术形式。文学有四大体裁：诗歌、散文、戏剧、小说。诗，传统的诗是有韵律的文学作品。散文，是一种没有严格的韵律和篇幅限制的文学形式。戏剧，是另一种古老的文学形式，主要通过不同角色之间的对话来表达作者的思想和感情。戏剧可以用于舞台的表演，也可以阅读。小说，是一种叙事性的文学体裁，通过人物的塑造和情节、环境的描述来概括地表现社会生活。另外，寓言也是文学体裁的一种，是指含有讽喻或明显教训意义的故事。前文已将较为普遍使用的"诗"列为一种专门的水工程之心理态的表现形态。这里所讲的则是指除诗以外其他几种文学体裁同样可以成为水工程之心理态的表现形态。

水利风景区，是2004年5月水利部颁发的《水利风景区管理办法》提出来的，其概念是指以"水域（水体）或水利工程为依托，具有一定规模和质量的风景资源与环境条件，可以开展观光、娱乐、休闲、度假或科学、文化、教育活动的区域"。而且，对其中的"水利风景资源"作了如下的解释："指水域（水体）及相关联的岸地、岛屿、林草、建筑等能对人产生吸引力的自然景观和人文景观"。从上述概念的内涵中，可以看出其真正的核心概念，是指以"水"为依托的"能对人产生吸引力的自然景观和人文景观"。透过这一核心概念，要进一步地去理解"吸引人"这三个字，并不是指水能提供人饮用、灌溉等从物质层面对人的吸引力，而是指一种能对人的精神层面施加影响，能让人激发出联想和感受之水及涉水环境对人的吸引力，这种吸引力其实质就是能达到"化人"的那种水工程、水景观的文化。因此，水利风景区必须强调景观的个性化、独特性、唯一性，坚决避免千景一面，应追求一闸一景观、一库一景观、一河一景观、一景一境界。在六类水利风景区的景观中，要达到能吸引人，各自必须有独到之处，要做到人无我有、人有我殊、人殊我变，方能引人入胜。当然，还要做到动人心弦、发人深省、惠人以久。

水利风景区核心概念中，将景观分为自然景观和人文景观两类。其中人文景观如都江堰的"二王庙"等，无可厚非的是以"李冰父子建造都江堰"的历史文化来吸引人的，文化是人文景观的灵魂，应是无可厚非的，这一类文化主要是靠人们去发掘和

115

核心内容

打造而成的。虽然各个水利风景区的自然景观是客观存在的,一般不能改变,但是,要做到能吸引人,可在增加其文化内涵上下功夫,要使每座水工程、每个水利风景区都能形成自己个性文化,让文化也成为自然风景区的灵魂。

一个地区,六类水利景观工程中若无个性独特的水工程,就应认真地去发掘水工程文化的文脉,要做到"三读":读懂地域、读懂历史、读懂文化,力求寻找到表现其文脉的最恰当的形式。范仲淹的散文《岳阳楼记》云:"乃重修岳阳楼,增其旧制,刻唐贤今人诗赋于其上。"讲的就是书法对文脉的发掘与展示。水利风景区,可围绕着核心文化主题辐射景观,做到景景可观、面面各异、方方胜景、区区殊致,各有各的独创,各现各的内涵。例如,泰州引水河工程,董文虎在规划设计选择文化主命题时,考虑到省旅游规划将泰州文化主题定位为"中华凤城",决定围绕这一文脉,建设河道工程。将该河道名设计为"凤凰河",并在该河建设中,打造出"天凤亭""凤冠石""九凤球""鸾凤桥""观凤桥""栖凤桥""百凤桥";构筑了内有"凤冠书法字柱"8根、寓意泰州经济腾飞的主题"凤翔"铜雕、形式各异的凤凰"景墙"6方、"百鸟朝凤"弧形双面回音浮雕墙等众多凤凰元素的"凤凰园"……一条新开的城市河道将史称泰州是"凤凰城"的记载显性化。董文虎所著《凤凰河凤祥泰州》一书所记述的以上景点、景物名称,也都成为他对这一河道工程心理态的表现形态。由于受河道工程及《凤凰河凤祥泰州》一书文化表现形态的影响,致使后来该河旁由建设部门所筑的路被定名为"引凤路","凤凰园"所在地被定名为"凤凰街道办事处",连已被人们叫了近千年的"城河",也改名为"凤城河"了。"凤凰河"这一工程规模并不大,本无个性的水利工程,因文化的注入,使其文化内涵、工程品位有所提升,而被评为国家水利风景区。

在水工程文学这一水工程文化心理态表现形态中,要数靳怀堰先生的《悲壮三门峡》这一本报告文学对一座水工程解析和表现得最为透彻和形象。作为一本文学作品,《悲壮三门峡》真实地再现了黄河第一大坝——三门峡水库的立项、论证、上马、开工、争议、治理等历史情节。该书不仅形象地介绍了在苏联专家帮助下"1960年9月14日,带着中华民族急切改变黄河'三年两决口,百年一改道'危害局面的千年梦想,万里黄河第一坝——三门峡大坝横空出世"的经过和1960年三门峡大坝建成的形象"随着三门峡工程最后一个施工导流洞闸门的徐徐落下,三门峡谷巍然屹立起一座长713米、高106米的优质混凝土大坝"和三门峡大坝刚建成时"古来万世一直汪洋恣肆的黄河顿失滔滔,一改怒颜。工程现场,欢声雷动,泪飞如雨;鞭炮齐鸣,锣鼓震天……"人们的激情和气氛,而且,更让人佩服地是作者能以大无畏的手笔,在书中如实地报告了早在三门峡规划设计阶段,我方专家就提出反对意见,建议修建"低坝小库"以减少库区淹没损失,形成的"'苏联方案'和'温氏方案'的主要区别在于:'大库'与'小库''拦沙'与'排沙''多淹'与'少淹'的历史性争议以及未采用我方专家意见,造成这一工程带来的巨大问题及损失。靳怀堾在书中又极为经典而辩证地阐述了为了拯救三门峡工程,周恩来总理会同水利专家为"把脉开方",经过两次大的改建和三次运用方式的调整,使三门峡终于重新在泥沙中崛起,起死回生,并尽力承担起防洪、供水、发电等功能的场面。"三门峡工程出现问题后,心中伤痕累累的决策者和建设者都在反思,都在苦苦地寻觅着解决问题的钥匙。在中央高层,对水利、对黄河、对三门峡工程倾注心血最多的,无疑是共和国总理周恩来。三门峡工程施工过程中,周恩来分别于1958年4月、1959年10月、1961年10月三次亲临施工现场视察,并两次在工地召开现场会议,解决工程设计与建设中存在的重大问题。""历时两周的会议,周恩来共9次到会聆听代表们的发言。12月18日晚上,周恩来做总结讲话。他神态平和而自信,一副胸有成竹的样子;目光如电,仿佛要把满天的乌云刺开一个缺口。周恩来辩证地分析了黄河三门峡工程所面临的形势,综合各家治黄主张之长,提出了治理黄河的指导思想:'总的战略是要把黄河治理好,把水土结合起来解决,使水土资源在黄河上中下游都发挥作用,让黄河成为一条有利于生产的河'"。作者形象而生动地写下:"三门峡大坝第一次被推上'手术台',进行'两洞四管'的改建'手术'。""'两洞四管'投入使用后,三门峡水库水位315米时,泄洪能力由3080立方米每秒提高到6060立方米每秒,泄流排沙能力大大增强,水库淤积速度有所下降,淤积末端的延伸也放缓了脚步。""经过两次大的改建和运用方式三次大的调整,三门峡水库终于起死回生——不仅基本实现了泥沙的冲淤平衡,也使水库在防洪、防凌、灌溉、供水、发电等方面,逐步发挥出显著的综合效益,但和当初激情规划给出的巨大预期效益相比,已大打折扣。"然而,对三门峡工程的争论甚至非议,直到今天仍然没有止息。更为重要的是,人们对三门峡工程失败的反思,促使人们对治理开发黄河的认识"迈上了新的台阶",三门峡成了全世界河工的镜鉴、泥沙专家的摇篮。此书不仅是三门峡水工程的文化表现形态,而且也将一批敢于面对现实有勇气的知识分子和反映正反双方意见客观性生动人物形象表现得淋漓尽致。

中国水利文协水文化研究会会长靳怀堾,以一个作家的良知和水利工作者的历史责任,撰写出版的这本《悲壮三门峡》,将这座已成为全世界河工镜鉴和泥沙专家课堂的三门峡之建设与运用过程,真实而生动地呈现给世人,形象而直面地反映了与这座水工程相关决策、建设、管理人物的艰辛和悲壮!这本读物开创了以报告文学的形式,对水工程科学而严肃的反思,并达到能给读者以提示,应以一种什么样的态度,去对待历史的三门峡!让人们在阅读这本书的过程中,对水工程建设的认识迈上了一个新的台阶。《悲壮三门峡》在水文化学中有其独特的研究价值。

8.哲理

哲学,是指以辩证方式,使人聪明、启发智慧的一门学问,它是探索"人与自然"关系的一种方式,哲学本身只是展现思维的不同维度,原本并无对错可言,但若以辩证法来探寻客观世界,即存在对错了,符合客观规律为正确,违背客观规律为错误。"哲"在汉字中,有"善于思辨,学问精深"的意思,可派伸为热爱智慧、追求真理。在近代中国已发展成为人们用于以学科的形式进行学习与思考的一种方式。哲学是建立在物质基础上的社会科学,它是人类研究世界的基本学科和手段。英国哲学家罗素认为:哲学,是某种介乎神学与科学之间的东西。它和神学一样,包含着人类对于那些迄今仍为科学知识所不能肯定之事物的思考;它又像科学一样是诉之于人类的理性而不是诉之于权威的,一切确切的知识都属于科学;一切涉及超乎确切知识之外的教条都属于神学。介乎神学与科学之间还有一片受到双方攻击的无人之域,这片无人之域就是哲学。

后现代主义把哲学定义为创造概念的学术。

《岳阳楼记》之所以千古流传,固然有"先天下之忧而忧,后天下之乐而乐"的哲理警句的画龙点睛,更重要的是导出这一名句的形、景、情、理的逻辑结构。这一逻辑结构是范仲淹虽未亲自到过岳阳楼,但以其对洞庭湖的想象,创造出来的符合逻辑的结构。这一逻辑结构,对水利景观规划、设计、创意,都有至关重要的参考作用。目前水利景观对筑景颇为着力,但大多忽视对符合逻辑结构之情、理要素的阐发和创造。

"衔远山,吞长江"是构造环境的形状。

"淫雨霏霏,连月不开,阴风怒号,浊浪排空;日星隐曜,山岳潜形;商旅不行,樯倾楫摧;薄暮冥冥,虎啸猿啼"是副景;"春和景明,波澜不惊,上下天光,一碧万顷;沙鸥翔集,锦鳞游泳;岸芷汀兰,郁郁青青。而或长烟一空,皓月千里,浮光跃金,静影沉璧,渔歌互答"是勾画正景。

"去国怀乡,忧谗畏讥,满目萧然,感极而悲"是描述作者的担忧之心情;"心旷神怡,宠辱偕忘,把酒临风,其喜洋洋"是介绍因自然条件改变,环境变化带来的喜悦之情。

"先天下之忧而忧,后天下之乐而乐"讲的是哲理,是画龙点睛之笔,它的导出,依托的是一个完整的逻辑。先构形,构形后,紧接着分两个层次设景,先抛出副景,再述正景。先写出"忧",注意,彼"忧"是为作者一己之"忧";随后抛出正景,写出"乐",而此"乐"乃指天下人之"乐"。一"忧"一"乐",构成强烈对比;随后再回到"忧",此"忧"非彼"忧",已是忧国忧民之"忧";最后,对"忧"提出设问,"是进亦忧,退亦忧。然则何时而乐耶",再回到"乐"。由此千古名句应运而生,喷薄而出。

水利景观的概念设计,应像《岳阳楼记》一样,应有一个完整的逻辑,一要简约,二要贯穿始终,设计者要忠实于自己的逻辑,调动各种手段表现这一逻辑。

由上海勘测设计研究院设计的无锡市江尖水利枢纽,是无锡市运东大包围的八

118

大控制建筑物之一。工程由三孔净宽为25米的节制闸、总流量为60立方米每秒的泵站、三跨平均跨度36米的双线弧形人行天桥及岸侧1.6万平方米的景观带组成。古运河北岸原为无锡米市,在历史上列我国四大米市之首。目前,在江尖水利枢纽的左岸,无锡市规划有南尖米市工业主题文化公园。该院设计人员,坚持"有形功能"和"无形功能"并重的哲学思想和逻辑思维、忠实于历史文化,运用融入区域整体规划的理念和抽象塑形的技法,在对该工程的枢纽进行平面布置与构图时,将枢纽在左岸岸边设计了一座圆筒形建筑,取名为"天下粮仓",并将节制闸上方人行天桥大胆地设计成平面线画"鱼"的形状,将"鱼"和"米"巧妙地联系在一起,蕴含江南乃"鱼米之乡"之用典。并在平面设计上利用右岸泵站进、出水渠水面上方空间进行绿化造景,与右岸景观带融成一体。在平面造型上也设计成"鱼"的形状,增大了公共空间,节约了土地资源。闸上人行桥又如飞燕展翅,轻巧美观、简约大方。通航孔桥平面呈开口环状,桥面轻巧。泵房结构新颖独特。由于泵房独特的造型需要,跨度17.1米的屋面采用现浇钢筋混凝土梁板结构。另外,巧妙利用泵房竖井内空间,布置旋转楼梯,方便运行巡视,在同类型竖井贯流泵泵站中属首创。水下卧倒门与城市景观协调。门体可局部开启形成小瀑布。该种门型河面无人工建筑物,河面通透,与周边环境相适应,很好地解决了城市繁华区域水工建筑物功能要求和景观要求的矛盾,为城市水工建筑物的布置和建设提供了新的选择。江尖水利枢纽对细节的处理,符合园林美学的要求,延伸了建筑物的魅力,设计人员将防洪封闭线藏于景观绿化的布局之中,通过花阶、踏步等景观手段来实现,这样,整个岸边景观带就变得蜿蜒曲折起来,可使水利工程与城市景观浑然融为一体。工程总平面布局,同样精于思考,节制闸布置在主河道上,利于行洪、通航。泵站布置在河道的凹岸,利用进、出水池上方空间布置景观平台,结合岸线走势蜿蜒布置景观带,在国内泵站工程中属首创。整个工程全区景观空间采用点、线、面结合的方式,以泵站为中心,形成一个链状、四区环绕的景观区域,展现出一个高低错落、疏密有致、让人流连忘返的宜人空间。主副管理用房布置于南尖米市工业主题文化公园的对岸,与公园主题呼应,两条玲珑的人行曲桥静卧水上,将泵房与公园又巧妙连成整体。工程整体造型简洁、美观,河面视野通透,是一座理念新颖的时代精品工程设计。"城市水利发展要体现水利与城市人文环境的协调,城市水利工程的建设应注重功能与环境的有机结合。因此,城市水利工程设计就要创新设计,在满足水利功能的前提下,突出生态、景观、文化和节约资源的要求。"这是上海勘测设计研究院设计师们符合哲学之"创造概念"的设计理念。

9.联匾

联匾是楹联和匾额的统称。楹联亦称"楹帖""对子""对联"。字的多寡无定规,一般要求对偶工整,平仄协调。字数特多的长联,叫"龙门对",相传由五代后蜀少主孟昶在寝门桃符板上的题词:"新年纳馀庆,嘉节号长春"演化而来。楹联多见于明末而盛行于清代。匾额是古建筑的必然组成部分。匾额中的"匾"字,古也作"扁"字,《说文解字》对"扁"作了如下解释:"扁,署也,从户册。户册者,署门户之文也。"《说文解字》认为"额"字是悬于门屏上的牌匾,也就是说,用以表达经义、感情之类的属于匾,而表达建筑物名称和性质之类的则属于额。因此,合起来这类的文学艺术形式统称为匾额,匾额悬挂于门屏上,还兼有装饰之用。楹联、匾额是较为普遍的文学和书法相融合的一种特有的艺术形式,也是书法艺术的一种专门格式。楹联、匾额作为一种兼容民俗性、文学性和艺术性的独特文学艺术,它在萌芽、孕育和发展传播的过程中不断吸取民间养料和其他文学与艺术精华,在充实壮大自己的过程中,它又能把所吸收消化的精神与物质转化出来,作为一种文化心理态的表现形态,再对人、对社会产生一定作用和影响。匾额、楹联是一涉及文学、哲学、美学、书法、绘画、雕刻等多种门类艺术领域的复合艺术。匾额、楹联既可以显示题额、撰联者浪漫的艺术想象和高雅文化修养,又可展示题书者的深厚书法功底及雕刻者的高超技艺。这种形式,更多地为园林、景区有楹柱的建筑物所选用,景区楹联是园林景观文化内涵的高度概括与美学表现,很为人们喜闻乐见。这种文化表现形态,实际上已成为造园设计者构筑园林时赖以传神的点睛之笔。

120

　　《红楼梦》第十七回中就写到:"诸大景致,若干亭榭,无字标题,也觉得寥落无趣,任有花柳山水,也断不能生色",特别强调了文字标题,强调了匾额、楹联、石刻对"景致""亭榭"的重要性。《红楼梦》为突出品题系列设计的必要性,在书中花了大量笔墨,通过清客、宝玉、贾政、元妃等对品题的构成反复推敲,展示品题的重要性和雕琢过程。品题可分为三字型和四字型。品题既要有典故,又要暗合景观精髓,如从"杏花村"到"杏帘在望"再到"稻香村"的演变,体现编新与述旧、用典与创新的有机结合;品题的位置亦正亦奇,有正上方的匾额,"抬头忽见山上有镜面白石一块,正是迎面留题处",如石牌坊上的"省亲别墅";有侧立的竖石如"稻香村","忽见篱门外路旁有一石,亦为留题之所";有挂立的匾灯,"港上一面匾灯,明现着'蓼汀花溆'四字"。

　　匾额、楹联、题刻可起到通过文字为景点标题、引导之用,词出景生,让人流连光景,细心揣摩。品题琳琅满目,或刻之青石,镌之砖墙;或书之于木,悬之中堂;或撰之于联,挂之楹柱,或题园名、景名,或陶情、写情、咏景,抑或用作颂人、写事,典雅含蓄,立意深邃,既能融辞、赋、诗、文意境于一炉,又能系诗情、画意于一词,使物景获得"象外之境、境外之景、弦外之音",人们得以涵咏乎其中,神游于境外,获得灵魂和生气,引发游人的审美情怀和感受,达到"得意忘言""得意忘形"的审美境界。在园中缓步吟赏,抬头观联,时空穿越,深厚的历史感油然而生。标题系列设计,一要符合逻辑,二要对景观的序结构优化,三要对景观文化内涵进行概括、提炼、整合、升华;标题题材包括自然景观、人文物艺、人物活动、季相天时等。通过标题对观众、游客进行引导、熏陶,提升文化品位、彰显文化精品。

中国古代水工程、水利风景区常常运用匾额、楹联、题刻进行标题引领。例如:

杭州西湖是中国古代留下的最美的水工程之一,十分注意标题引领和楹联的陈设。南宋时期就将围绕西湖分布的10处特色风景区,分别标题为"西湖十景",分别是"苏堤春晓""曲院风荷""平湖秋月""断桥残雪""柳浪闻莺""花港观鱼""雷峰夕照""双峰插云""南屏晚钟""三潭印月",后来逐步题书或刻石。

☆杭州西湖匾额、楹联既丰富也精彩。每景都以题刻引领,且有文人雅士撰联呼应,如:

○清代光绪末年状元骆成骧为"平湖秋月"撰联:

"穿牖而来夏日清风冬日日;

捲帘相见前山明月后山山。"

此联由现代书法家萧娴重书,遗憾的是失署原作者姓名。

○郑烨为"湖心亭"撰联:

"亭光湖心,俨西子载扁舟,雅称雨奇晴好;

席开水面,恍东坡游赤壁,偏宜月白风清。"

此联由著名昆剧表演艺术家俞振飞书。景区各联匾皆配置得当,匠心独具。因此,能脍炙人口,传播久远。

"西湖十景"十分传神地表现西湖最为精美的景区,以这一表现形态在人们心中植下了西湖美的核心文化,引导了千百年来人们对西湖的倾倒,引导了文人雅士、书法名家为十景撰联、咏诗和题书,复又为西湖的自然美,不断注入了文化美,使其成为了"人间天堂"。

现代水工程亦常将这一文化表现形态纳入水工程文化的设计范畴。例如,董文虎为泰州凤凰河工程的建筑物题书了一些联匾:

☆为石亭隶书题亭额:

"天凤亭"

○并为亭柱撰联两副,面南:

"瑞霭圆亭翔彩凤;

长河绿柳拂青烟。"

○面北:

"齐燕北去,三千桥畔无双景;

巴蜀西来,五百城中第一亭。"

☆为80多级拱桥隶书桥名:

"观凤桥"

○为该桥撰联两副,桥体北侧撰联并颜体书刻:

"云浮凤阙高桥涵月镜;

柳掩人家曲水畅天机。"

○桥体南侧行书撰联并书刻:

"拱桥高处观晴空万里天上彩凤;

长河岸边享烟柳无涯人间美景。"

☆为"百水园"所建之"厅"楷书题额:

"百水厅"

○"厅"之东面正门撰联并楷书:

"厅前水有道;

堂后绿为禅。"

○"厅"之西面后门临水行草题匾:

"烟绿林翠"

○撰联并行草书联:

"轻烟横翡翠;

碧水激琉璃。"

☆为"百水园"所建三层之"阁"上层隶书题额:

"上善阁"

○二层中楹行书撰联:

"登临可目极江城百水;

去亭阁仍心存海陵千秋。"

○二层外楹隶书用老子《道德经》论水之典撰联:

"雨云雪雾冰虹气;

地信仁渊能治时。"

☆为"百水园"所建五"亭"之一行楷题额(其余四亭皆有题书,略):

"春雨亭"

○行楷撰联并书:

"杨柳三春景色;

荚荷四座薰风。"

☆为临水"水榭"篆书题匾:

"绿绕"

○篆书撰联:

"一榭近流水；

　　　万绿引春风。"

　　浙江绍兴1999年整治环城河,沿环城河共建八个景区,绍兴市政协组成环城河文化布置组,为景区、景点检阅史册,考证旧制,组织研讨,撰写、题书了匾额、楹联82副,内容上紧扣园景,文字上寓以哲理,意境上深邃厚重,形式上典雅多变,彰显了作为历史文化名城的绍兴精典文化。现在八大景区中各选一、二以飨读者。

　　☆西园

　　此园系在原址上据宋代园林布局重建,主要景区仍复旧名,重现五代胜迹。园内有匾、额、楹联计39副。

　　○由中国书协第四届主席沈鹏2000年孟夏题额:

　　　"西园"

　　○西园大门由中国书协会员,兰亭书会会长,绍兴市书协主席沈定庵书(佚名)联:

　　　"于越号名城风物此中多入画；

　　　东浙留圣迹林园无处不胜春。"

　　☆稽山园

　　稽山园位于郡城古稽山门旁的稽山村原址。该园有匾、额、楹联计12副。

　　○镜桥　集新魏体字刻额:

　　　"镜桥"

　　○绍兴市政协原副主席陈惟于集联并集行楷字刻:

　　　"纤纤新月迎船出；

　　　两两珍禽背水飞。"

　　○绍兴市政协原副主席陈惟于集联并集隶字刻:

　　　"一片潋滟水,

　　　四面欸乃声。"

　　☆河清园

　　河清园与浙东运河毗邻,与城河北段合二为一。该园仅有额、联各1副。

　　○大门额由中国书协会员骆恒光行书园门额:

　　　"河清园"

　　○由越州诗社常务理事寿能仁集联、山阴书画院副院长甘稼泥隶书:

　　　"风物澄明新雨后；

　　　楼台高下夕阳中。"

　　☆百花苑

百花苑位于城西胜利大桥南侧,三面临水,苑中花卉达百余种,有亭、榭、廊间于花中,有匾、额、楹联4副。

○大门额由中国书协原副主席刘艺行书题:

"百花苑"

○苑中"三味茶楼"大门有中国书协会员汪灿根汉隶书清·郑板桥联:

"雷纹古泉八九个;

日铸新茶两三瓯。"

☆鉴水苑

鉴水苑位于鉴湖之滨,中兴路南大桥东侧,与稽山园毗连。鉴水苑有匾、额、楹联6副。

○入口处建有牌坊,牌坊由浙江省书协会员章剑深,集元·赵孟頫字刻作额:

"鉴水苑"

○牌坊由绍兴市陆游研究会会长邹志方撰、章剑深行楷书联:

"一水抱城淙碧;

千山排闼送青。"

☆治水广场

124

广场设砖质照壁、捐款碑、展厅等建筑,有题刻、楹联3副。

○由绍兴市书协主席沈定庵隶书照壁砖刻:

"缵禹之绪"

○展厅拓选上海乾隆举人清·赵秉冲联:

"水色山光皆画本;

花香鸟语总诗情。"

☆都泗门

都泗门旧属会稽县,为水城门,外接浙东运河,内连城内河道,系整治环城河时,原址复建。内设有匾、额、楹联6副。

○由中华诗词学会会员钱茂竹题、浙江书协原副主席马思晓行草书匾:

"枕带长河"

○由中国书协原副秘书长吕如雄行书楹联:

"江波蘸岸绿堪染;

山色迎人秀可餐。"

☆迎恩门

迎恩门系旧绍兴城西水陆城门,城内建有古卧薪楼。城上楼内设有匾、额、楹联10副。

○由陈天成撰、中国书协第二、第三届副主席欧阳中石行书一匾：

　　"浙东屏藩"

○由越州诗社常务理事寿能仁撰、中国书协会员王友谊篆书楹联：

　　"楼接虹霞连九陌；

　　门开水陆达三吴。"

第二节　水工程文化的"意"

　　从意识的起源看，意识是物质世界发展到一定阶段的产物；从意识的本质来看，意识是客观存在在人脑中的反映。人的意识是与物质相对应的哲学范畴，是与物质既相对立又相统一的精神现象。意，有多解，本学科研究的"意"，主要是研究的人之意识的意和人或事物流露的情态之意。从哲学的角度看，南宋朱熹认为："意者，心之所发也。"而水工程文化研究的"意"，则主要是指人们有关通过对水工程的认识而产生的理性思维和隶属于水工程的包括水工程在内的各种物，如水工建筑物、土工构筑物、管理用房屋建筑、水工程管理范围内的花草树木、美化环境的相关建筑、雕塑、其他装饰物及服务设施等，所流露的情态。

125

一、"意"存在于有形与无形之中

　　水工程之形，本是物质的形，是客观世界存在的实实在在的形状。而水工程文化所述的水工程之"形"，是指人们心中对这一客观存在的形所理解的富于想象空间，类比的"形"。例如，认为绍兴曹娥江大闸，形似"飞燕"，夜色下的南京三汊河闸，状如"腾龙"……在人类文化总体中，所陈述的"形"，都是意识形态之中虚拟的东西。也正由于是这种意识形态里虚拟的东西，所以实际上就是一种无形的东西。然而，这种无形的东西，存在于人的脑海里，抑或说存在于心里，虽系"无形"，却并不是不存在。它事实上作为一种文化，而在人类社会存在着，它是以这一门类的意识形态，存在于人类文化总体之中。那么，这种水工程文化其"形"之意识形态的无形，则是以其"意"的存在，而成为人们要研究的对象。研究水工程文化，探索确定其"意"，也是为水工程文化定"性"的一个重要方面。

　　任何事物之有形，尚且都存在着"意"，则对其无形的研究，就更应重视其"意"了，否则，人们便无从感受和认识水工程文化的存在。对水工程，不仅要研究水工程物质的有形之意，而且更应研究、探索水工程文化之无形的"意"，以破解这个长期为未深入研究水工程文化者认为的既存在又模糊的概念。

　　对人类文化来说，形与意，如同人与人的影子，人是有形的，影子是虚幻的、变化的、看是有形实是无形的,但又是紧紧与有形的人相随的。任何一种因人类文化而形成的物质存在,都有人类智慧的内在蕴含,这就是有形中的意;而意的无形,并不是不存在,人类文化中的无形是以其意的存在而存在的。可见,人类文化中有形与无形的存在,既是客观的,又有着非常明显的区别。

有形是指有形状的、感官能感觉到的事物,《韩非子·喻老》云:"有形之类,大必起于小,行久之物,族必起于少。"无形是指某事物虽然存在,但又不能为人之眼、耳、体等感觉器官直接感知。一种事物,可以是客观存在的物质,也可以是意识层面的非物质或者是以能量等形式存在着的"概念"。

人们将世界上具有形状、体积、重量等具体量值的东西,都称之为有形。无论是天然形成的,还是人类以文化之力打造形成的"结果",它都仍然有其形状、体积和重量等具体量值,人们可以通过这些具体的量值的测定,去了解它、认识它和运用它,即使人类改变了它原来的形状、体积和重量等,按照人类的某种意念去重新组合它,而构成后的新的东西依然有其新的形状、体积和重量等具体量值的出现,这些新构成的东西,仍然为有形的东西。在世界上,有些东西似乎并不同时具备这三个最基本的量值要素,如水(液体的物)和空气(气体的物),虽然这两者都没有固定的存在形状,这些物质会因容器或环境的形状之改变而改变,容器圆则圆之,容器方则方之,即人类可以以容器为其定而形之。因此,此时其形状、体积和重量这三个最基本的量值要素也就都同时存在了,那么这些东西依然可谓之有形。

本学科要讨论的"有形",并非物理学上的形,在物理学上谓"水无常形"或"无形",而从哲学或文化学的角度上来讲,则谓水和空气皆为有形。而本学科所讲"无形",则是与有形相对应的一对哲学或文化学范畴内的一个概念。老子在《道德经》中认为:"反者道之动,弱者道之用。天下万物生于有,有生于无。"《老子》以道为宇宙万物的总根源,循环往复的运动变化,是道的运动,道的作用是微妙、柔弱的。天下的万物产生于看得见的有形质,有形质又产生于不可见的无形质,即所谓道生一,一生二,二生三,三生万物。"无"并非不存在或没有,"无"仍然是一种客观存在着的状态,是一种与"有"相对应的人类文化的存在状态;"有"有它的存在形态,"无"也有自己独特的存在形态,"无"不是以"有"的那种具体的形状、体积和重量等的具体量值来衡量,测定它的存在,而是对有形升华后的那种"意"的出现,来表示其存在的。也可进一步用一个可能不甚恰当的比喻,来帮助人们理解"无"的存在。如数学上的"0"这个数字,它并不是表示没有,在一个完整的数轴上,"0"是其中的一个数点,表示计数上的一个等级或位置;如果说"0"是没有,是无,或者说是不存在,那么这一数轴,在"0"这一点上就断档了,数轴也就变得不完整了。这就说明,"0"是数轴上必然存在的点。"0"在运用上,更能说明其存在的事实。例如,温度在温度计上显示的"0"摄氏度,它并不表示没有温度,而0摄氏度是指温度中的一个值,是天气中零上和零下的分界点,在物理中表示冰的融化点时的温度;另外建筑标高的"0"点,同样是指一定高程的指标。显然,"0"是一种存在状态,与其他数值同样是一种不可缺少的客观存在。所以说,"无形"是以其"意"的存在形态,来构成人类文化完整的而且是一个无法缺少的部分。正因为有以"意"为存在形态之"无形"的人类文化存在,才有为人类文化所创造的一切被认为是"有形"的成果之存在。

因此说,人类文化的"有形"成果之存在,其实质是人类运用智慧的结果。而人类的智慧,恰恰又是受"有形"成果之启迪而生成的以"意"为最基本的存在形态的"无形"成果。这种"意",便是人类文化孕育中所形成并存在的"无形"成果,这一成果又为人们在新的实践中运用,再形成新的人类文化的"有形"成果……没有这种以"意"为最基本存在形态的"无形"成果之运用,显然也就难以有"有形"的人类文化成果之生成,两者相辅相成、循环往复,成就了人类社会的进步。因此,可以说"无形"与"有形"是互相统一的、是客观存在的。若缺其一,就谈不上有人类社会的存在与进步。

二、"意"的出现、积累和形成

在人类早期,人们曾把意识看作是一种独特的、寓于人的肉体之中并可以脱离肉体而存在的灵魂的活动。古代的唯心主义哲学家柏拉图认为灵魂在进入肉体之前,曾居于理念世界,具有理念的知识。中世纪经院哲学认为,灵魂是一种单纯的精神实体,灵魂是不死的,可以脱离肉体而存在。而古代的唯物主义者则强调意识对物质的依赖,往往把意识或者灵魂说成是某种物质,如古希腊的德谟克利特认为灵魂是由精细的原子构成的,中国的荀子也提出"形具而神生",范缜主张"形质神用"。在近代,众多的哲学家通过对意识的定义、意识的来源和意识属性的研究,得出了不同结论,如笛卡儿提出意识与物质相互独立的二元论;巴克莱主张"存在就是被感知",把意识作为世界的本原;霍布斯洛克等则认为意识是物质的产物;狄德罗、拉美特里等则明确指出意识是人脑的机能和属性;德国古典唯心主义哲学家提出并以思辨的形式阐发了意识的能动性问题;费尔巴哈则不仅提出人脑是意识的生理基础,而且还初步涉及意识的社会根源问题。

马克思和恩格斯在批判地继承前人认识成果的基础上对意识的起源、本质、作用作出了辩证唯物主义的阐释,认为:意识是人脑的机能和属性,是社会的人对客观存在的主观映象。这种主观映象具有感觉、知觉、表象等感性形式,也具有概念、判断、推理等理性形式。还认为:人类的意识活动具有社会性。意识是自然界长期发展的产物,由无机物的反应特性,到低等生物的刺激感应性,再到动物的感觉和心理这一生物进化过程是意识得以产生的自然条件。意识是社会的产物,人类社会的物质生产劳动在意识的产生过程中起决定的作用。辩证唯物主义在强调物质对意识起决定作用的前提下肯定意识对于物质具有能动的反作用。在意识活动中,人们从感性经验抽象出事物的本质、规律形成理性认识,又运用这些认识指导自己有计划、有目的地改造客观世界。

"意"存在于无形中,无形的"意"为人类文化总体中的最本质的东西,体现了人类非本能的最严格意义的行为结果。从人类历史的角度来观察,这种人类的无形的"意"之出现和存在,从严格意义上讲,才是真正出现的、独立的人类本身。因为,这种无形的"意",仅为人类所特有,是人类能顺应大自然,并能从一切生物中独立于大自然、立于不败之地的最根本的、最本质的能力。

然而,人类"意"的产生,却是一个非常复杂的生理化学过程,至今还是一个不甚清晰的人类之谜。人类是以最多的脑量、最大的脑面积而有别于其他动物。而人脑构成的主要成分和其他动物脑构成的主要成分一样,都是蛋白质,但这种构成人脑的蛋白质,是怎样工作的?又是怎样产生出有别于其他动物的人类之"意"的?其谜大概正在于此,以至于医学界、生物学界力图以人脑为标准来合成"人脑",但至今尚无法成功。不过,产生人类文化的人类智慧,本源于人脑,人类生存空间的客观环境,每时每刻都有着无数的信息不断地刺激着人脑,这些外来的信息一旦被人脑所接受,并经过了一系列复杂的生理化学过程的加工处理以后,便出现了信息的反馈,这便是人类的"意"的产生。人类无数次的这种对信息的接受、加工、反馈的重复进行,就使人类的"意"逐渐丰富、完善,形成了一个比较完整的对客观环境认识的概貌。当人类进一步对这些已形成的"意",进行继续深入加工的时候,客观环境的规律、特征等便逐渐被人类发现和认识。然后,人类也就会输出能适应这些客观环境的规律、特征等的能动意念,在这些不甚完善的能动意念的支配下,创造出有别于其他动物的、客观环境从来没有过的东西。这就是人类智慧运用的结晶,即为非本能的人类文化——"意"。"意"在人脑复杂的生理化学过程中产生以后,便随之逐渐形成了一种"意"的群体,或称"意群""意境",它在人脑中形成了无形的类似物质形态的构成,并且反复深入至无形的"意境"中去感受;而且不断地给予一定意向的完善,这种相对完善的"意群",或许就是人们常说的"灵感"。然而,由于潜意识思维中的某种"意群"所构成的"无形",它是在那种复杂的生理化学过程的正常工作中存在的,其存在的时限令人难以预料。它又是在某种客观信息环境状态下的反馈或经触发产生的,也许这种"意境"可能将伴人终生而存在,也许它的存在只是像梦中的幻境那么短暂,所以许多人提倡或深有感触地认为必须随时对"灵感"出现时的那个"意"进行捕捉,这是大多数脑力劳动者深有体验的"真理"。当"意境"形成以后,人们便会专门致力于"意境"的物化过程。实际上,这个对"意境"的物化过程,就是一种将人脑形成的文化寄托在人化物质之中的过程,这就是人的"寄意"活动。

如果人类在人为的物质创造过程中，没有一定的"寄意"，则这一物化过程便仅仅是一种人类的本能，是受客观环境刺激的一种本能的反应，这种反应行为所形成的物质存在，一般不能被认为是一种人类文化。"寄意"是以人类非本能行为的蕴含为准，有人类"寄意"的，则是人类物质文化的一种行为产生的结果；反之，则是人类本能行为产生的结果。人类"寄意"的实现，是源于人类复杂的"意"的产生和"意境"之升华而形成的。因为，人类有了"寄意"的活动，才有人类产生意识的能动作用，这也才有人类文化的萌生；否则，人类便也仅仅是一般动物而已，而非具有一定特殊内涵的"人类"。意识的能动作用首先表现在，意识不仅能够正确反映事物的外部现象，而且能够正确反映事物的本质和规律；意识的能动作用还突出表现在，它能够反作用于客观事物，以正确的思想和理论为指导，通过实践促进客观事物的发展。

三、水工程之"意"的出现与存在

水工程，作为一种人类文化的物质存在，也根源于人类的出现和人类"意境"的形成。当人类在面对自然的水体，只是本能地用嘴或用手捧水送至嘴边去饮用泉水、河水，尚没有出现水用具、水工具、水工程的时代，这种活动或行为，属未摆脱动物的基本习性的活动和行为。这一历史时期，严格地说，人类还没有完全从动物圈里独立出来。当人类发展到懂得用其他凹形物（水用具）去延长手臂去盛水来喝，能在地面挖坑积储雨水或打井（水工程）时，人类开始了对水的使用发生由某种意念到意境的物化过程行为，这才真正体现出有别于动物的人类智慧的运用。或许，这才能被认为是人类具有了虽非完整意义的水用具、水工具、水工程，但也都类属于水工程之"意"的产生，从此水工程才逐渐蕴含了越来越多的人类意识构想的"意"，也逐渐增加了超越水工程本身的基本使用功能的"意"，形成了一连串的"意群"，继而"水工程"也就构成逐渐完善的一系列独特的"意"的体系，研究、探索"水工程"的人们，便将它称为"水工程理论"。

不存在没有其"意"的水工程，"意"则成为水工程存在的最基本、最本质的内涵。人们根据不同"意"的构成特点，区分出了许多水工程分类或水工程风格，以其"意"的不同出发点来形成不同水工程的"意境"特点，这才有各种不同水工程风格的不断涌现。

事实上，任何一座水工程"意"的构成，都是非常复杂的。以某种"意"的寄托为出发点，并突出这"意念"，去构成一个完整的水工程的"意境"，这个"意境"是一个综合体，是多种不同来源的"意"的组合，甚至还可能是来自不同学派或不同风格的水工程"意念"的构成。如果把某一水土工建、构筑物武断地评定为某一学派或某一风格的水工程，恐有欠缜密。事实上，构思和筹划一座水土工建、构筑物，其"意念"都并不单一，所考虑的问题和影响的因素通常都是多方面的，很难有可能是某一学派或风格的

"意念"能贯穿如一,绝对相同。特别是每一座水土工建、构筑物所处的地理位置不同,所应对的水文、地质、气候条件各异,在相关规划、设计、施工等人的脑海中所产生的"意",就会随着接受信息不同而不同。人们不应该以某几个构件或部位的样式来论定整项水土工建、构筑物的全部"意境",那种水工程评论将带有一定倾向或偏颇,也将引导人们对水土工建、构筑物的复制、抄袭、模仿等陋习的发展和流行,那将是水工程发展的一种不理性状态,也是水工程业界不可取的懈怠和退化现象。

人类文化的发展,关键在于人类智慧的有机能动性的存在。人类的生物本能反应并非文化,我们虽然也承认和认识它是客观存的,却不能将人类文化的发展与其混淆,更不能将人类的生物本能的反应来作为人类社会发展应该提倡的东西。水工程的理性发展,在于人类在涉及水之方方面面的"意"的不断更新、完善和组合,以人类之"意"来说明水工程、丰富水工程、发展水工程,而非对已经前人物化后已客观存在的水工程之"形"的简单模仿和拼凑,否则,水工程只能是一种永远停止发展和极其简单的"防洪取水"的"器具"。

四、水工程文化的意象、意境、意味、创意

(一)意象

"意"就是意念,"象"就是物象。所谓意象,就是客观物象经过创作主体独特的情感活动而创造出来的一种艺术形象。简单地说,意象就是寓"意"之"象",就是用来寄托主观情思的客观物象。意象理论在中国起源很早,《周易·系辞》已有"观物取象""立象以尽意"之说。不过,《周易》所述之象是卦象,表现为阳爻、阴爻两种组合符号,这两种符号组合成六十四卦,原本是用来记录天地万物及其变化规律的,后来发展到历史、哲学范畴。诗学也曾借用并引申为"立象以尽意",其原则未变,但诗中之"象"已不是卦象所述的抽象符号,而是指具体可感的物象。这一创造意象的能力,永远是诗人的标志。亚里士多德最早指出:诗中所谓的明喻或隐喻,也就是比喻性的"意象",称之"喻象",即由比喻产生的形象。黑格尔关于美与艺术的定义,与这一意象理论也是相通的:"美是理念的感性显现""艺术的内容就是理念,艺术的形式就是诉诸感官的形象,艺术要把这两个方面调和成为一种自由的统一的整体"。意象,是水工程文化的构成要素,而物象则是大千世界客观存在之物。

关于言、意、象三者的关系,王弼认为:"夫象者,出意者也;言者,明象者也,尽意莫若象,尽象莫若言,言生于象,故可寻言以观象;象生于意,故可寻象以观意。意以象尽,象以言著。故言者所以明象。得象而忘言;象者所以存意,得意而忘象。"(王弼:(周易略例·明)象》)物象进入水工程文化,作为含情之象,就成为水工程文化的意象。意象分为实象和虚象、可见之象和想见之象,实象为可见之象,虚象是想见之象。《水利风景区评价标准》把景观分为:水文景观、地文景观、天象景观、工程景观、生物景观、文化景观及其组合,这是对水工程文化实象的分类。而水文化学家把南京三汊河闸视为腾龙的形象、彩虹的形象,则是虚象,是心中的意象。

马致远的《秋思》中"枯藤老树昏鸦,小桥流水人家"句中,枯藤、老树、昏鸦、小桥、流水就组成意象群,意象的集合、意象的序结构就构成意境。刘勰在《文心雕龙·神思》中指出:"独照之匠,窥意象而运斤。此盖驭文之首术,谋篇之大端。"将"意象"提升到至高无上的地位。可见"意象"是水工程文化"驭文""谋篇"的顶层设计。

美学中意象分为仿象和兴象。仿象,是指主体通过模仿对象世界的形态创造出的意象,它在感性形态、具象上与对象相似,甚至非常逼真,主体有意退居幕后;兴象,则是指主体以客观世界的物象为引导,给接受者提供借以触发情感、启动想象而完成意象世界的契机,物象触使感兴得以发生、联想得以展开,在此基础上生成的象便是兴象。例如,安德鲁领导的巴黎机场公司与清华大学合作设计的蛋壳型的北京中国国家大剧院,就是仿象,就是仿蛋壳设计的,设计者设计的灵魂就是"外壳、生命和开放"。其内涵是"中国国家大剧院要表达的,就是内在的活力,是在外部宁静笼罩下的内部生机""一个简单的'鸡蛋壳',里面孕育着生命"。而北京2008年奥运会场馆的设计,原名叫"b11"。从国家体育场设计方案全球竞标评选结果向社会公布开始,都称"b11"。"鸟巢"并非设计者起的名字,设计人员说:我们没有给它起名字,只是在提交方案的说明文本中用过"鸟巢",来描述该方案结构编织的特点,以便让人们更形象地理解。后来几乎所有的媒体报道用的都是这个名字,这个昵称倒也贴切。"这就是兴象。

（二）意境

"意境"是艺术辩证法的基本范畴之一,也是美学中所要研究的重要问题。意境是属于主观范畴的"意"与属于客观范畴的"境"二者结合的一种艺术境界。这一属艺术辩证法范畴的内容极为丰富,"意"是情与理的统一,"境"是形与神的统一。在两个统一过程中,情理、形神相互渗透,相互制约,就形成了"意境"。三国两晋南北朝时代文学创作中有"意象"说和"境界"说。唐代诗人王昌龄和诗僧皎然提出了"取境""缘境"的理论,刘禹锡和文艺理论家司空图又进一步提出了"象外之象""景外之景"的创作见解。宋代画家郭熙提出了山水画创作"重意"问题,认为创作应当"意造",鉴赏应当"以意穷之",并第一次使用了与"意境"内涵相近的"境界"概念。宋、元文人画的兴起和发展,文人画家的艺术观念和审美理想,尤其是苏轼在绘画上力倡诗画一体的艺术主张,以及元代画家倪瓒和钱选的"逸气"和"士气"说的提出,使传统绘画从侧重客观物象的描摹转向注重主观精神的表现,以情构境、托物言志的创作倾向促进了意境理论和实践的发展。清代画家兼理论家笪重光在《画筌》一书中使用了"意境"这一概念,并针对山水画创作提出了"实境""真境"和"神境"的理论,对绘画中意与境的含义和相互关系作了较深入的分析,对绘画中的虚实、形神、情景等问题,亦即意境的表现问题都作出了有益的探索。

意境理论的提出与发展,使中国传统绘画,尤其是山水画创作在审美意识上具备了二重结构:一是客观事物的艺术再现,二是主观精神的表现,而二者的有机联系则构成了中国传统绘画的意境美。为此,美术所强调的意境,既不是客观物象的简单描摹,也不是主观意念的随意拼合,而是主、客观世界的统一,是艺术家通过"外师造化,中得心源",在自然美、生活美和艺术美三方面所取得的高度和谐的体现。

水工程文化的"意境"的"意"不是一般的"意",而是"道"的体现。这种带有哲理性的人生感、历史感、宇宙感,就是"意境"的意蕴。刘禹锡有句名言:"境生于象外"。这可以看作是对于"意境"这个范畴最简明的规定。"境"当然也是"象",但它是在时间和空间上都趋向于无限的"象",也就是中国古代艺术家常说的"象外之象""景外之景",是虚象对实象的超越。"境"是"象"和"象"外虚空的统一。中国古典美学认为,只有这种"象外之象",才能体现那个作为宇宙的本体和生命的"道"("气")。诚如《园冶》所云:"轩楹高爽,窗户虚邻,纳千顷之汪洋,收四时之烂漫。"从有限的时空进到无限的时空。意象是形成意境的材料,意境是意象组合之后的升华。

王国维在《人间词话》中对意境多有高论,"有境界,则自成高格""有造境,有写境""所造之境必合乎自然,所写之境亦必邻于理想""能写真景物真感情者,谓之有境界""境界有大小,不以是而分优劣"。"有有我之境,有无我之境":"有我之境,以我观物""于由动之静时得之",曰"宏壮";"无我之境,以物观物""人唯于静中得之",曰"优美"。

境生象外,境大于象;境在象中,境满于象;境生象间,境藏于象。境生象外,境大于象。意境自然大于意象。"一片冰心在玉壶",此处的"玉壶"不涉及特定时空,只是诗人饱含深情无以言表的一腔赤诚,它鲜明如画、澄澈莹透,不仅有美玉的质感,而且足以承载诗人的至淳之情。"玉壶"脱离特定时空,不仅具有视觉上的鲜明性,而且与冰心相对,暗合人品高洁。

境在象中,境满于象。"春风又绿江南岸",诗的意象既非春风,又非江南岸,是想像中春来时百草丛生的江南两岸之景象。这一景象是由想而生的特殊景象,它与意境相辅相成,既不溢出也不缩减,景之象,就是意之境。象有多鲜明,意就有多浓烈,境就有多圆满,三者同一。

境生象间,境藏于象。梅尧臣《答韩三子赠述诗》云:"诗有内外意,内意欲尽其理,外意欲尽其象。"这里的内意,可谓意境,外意可为意象,内藏于外,自然境生象内。屈原《九歌·湘夫人》:"帝子降兮北渚,目眇眇兮愁予。嫋嫋兮秋风,洞庭波兮木叶下。"可视为境生象间的例子。

水工程规划、设计的水利工程师，在布局、设计一座水工程时，就不仅仅是要研究这座水土工建、构筑物能否符合水文条件、力学要求、机电标准，是否能满足防洪、排涝、供水功能的设计要求，还应研究这座水土工建、构筑物所处的自然和社会环境，在这一大的环境里新建构这座水土工建、构筑物后，这一环境将会发生什么变化？将会给人们带来什么样的视觉效果？将会使人们产生什么遐想？这些都要求水利工程师在规划、设计前，心中先产生要规划、设计的水土工建、构筑物的意象，进而结合到实地踏勘、调研所留在脑海中的信息，产生这座水土工建、构筑物的意境。而且要经过自己反复打磨，形成首先要让自己能满意的方案。对于已建好的水土工建、构筑物也还要用"兴象"的方法，再去观察体验其意境，产生新的灵感，以丰富这座水土工建、构筑物的文化内涵，进一步提升这座水工程的品位。

（三）意味

意味，指趣味或指情趣。《敦煌变文集·欢喜国王缘》："无限难思意味长，速须觉悟礼空王。"明李贽《复丘长孺书》："途间只恐逢着微生亩，渠必说些无意味言语。"

"味"是舌头尝东西所得到的感觉、鼻子闻东西所得到的感觉，也引申为情趣、体会。"味"最早出现在老子的著作中，老子在《道德经》中对味进行分类，在提出"五味令人口爽"的同时，又着重强调"为无为，事无事，味无味"。老子关于"味"的概念是与他的道相联系的，他讲"味无味"，最大的"味"是"无味"，"无味"是"道"的一个重要特性，因此"味无味"也就是悟道。

南朝·宋的画家、理论家、佛学研究者宗炳，"精于言理"，对古代的儒、道思想以及其同时代的佛学、玄学均有很深研究，他在山水画理论《画山水序》中提出："圣人含道应物，贤者澄怀味象。"指的是贤者的审美方式，"澄怀"有清心、静心等释义，是"涤除玄览""斋以静心"，是恬静空灵。"味象"，将"味"与"象"两个概念联系在一起。"道"存在于万物，却不是万物，虽通过形象表现出来，却又不是形象，就好像盐溶于水中，虽无盐之象，却有盐之味。"澄怀味象"，"澄怀"是前提，"味象"是目的，"山水以形媚道"，主要说的是圣人以"道"立于心，同时通过万物变化领悟"道"；山水以其自然形态体现和赞美着"道"，圣人、贤者可以通过观赏山水而体悟"道"，山水图画也具有同样的功能。这表明中国古代山水画的高度发达与成熟绝非仅是对自然审美的产物，而更主要的是受道家、玄学思想的影响的产物。"澄怀味象"不仅适用于山水审美，也适用水工程文化的艺术美欣赏，是中国美学的重要范畴之一。

司空图在《与极浦书》中写道："象外之象""景外之景"，在《与李生论诗书》这篇文章中，司空图具体谈到了"味外之旨""韵外之致"，人们在审美时常说：玩味、咀味、吟味、细味、熟味、寻味、品味，均与"味"挂钩。

王阳明在《传习录》说："目无体，以万物之色为体；耳无体，以万物之声为体；鼻无体,以万物之臭为体;口无体,以万物之味为体;心无体,以天地万物感应之是非为体。"可视为对五味的详解。水工程美感的主体,是眼、耳、鼻、舌、身的五官整合体,是"身知其安也,口知其甘也,目知其美也,耳知其乐也"(《墨子·非乐》),是全方位的审美,反映天、地、人的神、情、气、韵。

意象、意味、意境三个概念,可用来描述水工程文化美学研究、欣赏的三个阶段。意象靠观,意味靠品,意境靠悟。先是观,俯仰远近;然后是品味,由观形质而味气韵,由言入意,披文入情;最后是悟,玩味既久,自然悟人,进入象外之象、景外之景、味外之味。审美对象的神、情、气、韵只有味与悟方能得到①。

水工程客观地存在于天地山水之间,存在于社会大众之间,凡能见到水工程的人,都会因其存在,而欣赏或品评一番,去感受水工程文化的"意味"。因此,每座水工程文化的"意味",都涉及水工程文化的品味和品位,即都会有人对水工程文化去进行审美性的鉴赏和玩味,乃至客观地确定水工程之品位的高低。

(四)创意

"创"字有多解,我国最早的一部百科词典《广雅》:"创,始也。"创意之"创"字,指开始做。中国春秋时史学家左丘明所著《国语·周语》认为,"以创制天下"中的"创"字注为"造也"。故创意可认为是创造意识或创新意识的简称。它是人在对现实存在之事物理解以及认知的基础上,所衍生出来的一种新的抽象思维和行为的潜能。创意的关键是要创出新意,故创意也指所创出的新意或意境。

创意起源于人类的创造力、技能和才华,创意既来源于社会,又指导着社会发展。

类人猿首先想到了创造石器,然后才动手动脚把石器造出来,而石器一旦造出来类人猿就变成了人。人类是在创意、创新中诞生的,也是在创意、创新中发展的。从人类诞生开始,"创意"也就开始左右着人类的发展,那个时候没有"创意"两字,人类每一次的发明、创造都是在面对一定的环境、压力,为了生存的需求而产生的;否则,人类面对自然界突然降临的洪水、猛兽等灾害,最原始也是唯一的办法,只能像其他动物一样,用疯狂奔逃来躲避。正因为人类能创意、能发明,鲧才会"作城"——创造出来最早的水工程,以埋洪水,以挡猛兽。

创意是逻辑思维、形象思维、逆向思维、发散思维、系统思维、模糊思维和直觉、灵感等多种认知方式综合运用的结果。要重视直觉和灵感,许多创意都来源于直觉和灵感。语言的创意,让人类变成了高级动物——直到人类发明、制造、运用了工具,并在这个开拓性技术过程中深化了思考,驾驭了语言,才与动物有了质的区别。

创意,可以作动词用,也可作名词用。创意作动词用是指提出有创造性的想法、

---

① 张法著《中西美学与文化精神》[M].中国人民大学出版社,2010年版,第239页。

构思等。如汉王充《论衡·超奇》:"孔子 得史记以作《春秋》,及其立义创意,褒贬赏诛,不复因史记者,眇思自出于胸中也。"宋 程大昌《演繁露·纳粟拜爵》:"秦始皇四年,令民纳粟千石,拜爵一级,按此即鼌(晁)错 之所祖效,非错刱(创)意也。"王国维《人间词话》:"美成 深远之致不及 欧 秦 ,唯言情体物,穷极工巧,故不失为第一流之作者。但恨创调之才多,创意之才少耳。";创意也可作名词用,是指有创造性的想法、构思等 ,如郭沫若《鼎》:"文学家在自己的作品的创意和风格上,应该充分地表现出自己的个性。"

现代社会普遍认为:创意是一种对传统的叛逆,是突破常规的哲学,是导引、递进、升华的表现,是人类思维碰撞、智慧对接所导致的智能开发,是思想库、智囊团能量的释放,是深度情感与理性的思考与实践,是对不适应社会发展思维之毁灭的重新延伸和带来新一轮思维循环的起点,是人类走向未来的一种必然过程。创意,也是一种文化底蕴的展示,是破旧立新的创造,是对宏观、微观世界定势的突破后形成的成果,是对点题造势的把握与信心,是超越自我、超越常规的导引,创意能给人们以闪光的震撼。创意是创造性的系统工程,其实质,就是人们通过深思熟虑,研究出来具有新颖性和创造性的想法和不同于寻常的系列解决方法,又通过付诸实践后取得的成果总和,并因此而创造出包括物质和精神两种效益在内的更大效益。

创意一般具有四大特点和五种特性。创意的特点为新奇、惊人、震撼、实效。创意应具有的特性为时间性、类别性、针对性、区域性和效益性。

五、水工程之"意"、思潮及其影响

水工程之"意",即水工程文化,因为水工程文化是一种意识形态的存在,是水工程的各种思想意识的综合体,故而,水工程之"意"就是通俗的、概括的水工程文化的概念。水工程之各种"意"在现实中最有影响力的,当数水工程思潮,故应以水工程思潮为主来谈水工程之"意"的现实意义。

思潮是在一定时期内反映一定数量人的社会政治、经济发展、制作工艺、文化艺术物质消费之愿望的思想潮流。

水工程史上,出现的水工程思潮很多,然而,这些被水工程业界所认可的水工程思潮,更多的是以水工程建、构筑物的某些构件或型体来代表水工程思潮的,这在水工程文化被揭示前和还未对水工程之"意"作出深入研究的时候,是一种比较普遍的认知,这或许也是一种过渡性的必然。

实际上,水工程思潮就是一种普遍流行的水工程思想,它是人们构筑具有某种特征的水工程意念以及所形成的意群,也是人类的一种水工程文化,当属于意识形态的范畴。而水工程的建、构筑物的型体或构件,是一种人类文化的物质形态,若仅以物质形态的水工程建、构筑物来代表意识形态的水工程思潮或水工程文化,显然是不妥

当的。虽然,水工程思潮和水工程构筑物两者有一定的联系,但两者毕竟是两种不同存在形态的东西,当然无法相互代表,而且两者之间的联系,是文化结构要素中物质层和心理层的相互关系,这两者的关系不能混为一谈,也不应含糊其辞。在现实中,一旦有某一水工程思潮形成,便会普遍地成为人们水工程活动的主导意识,成为人们当时水工程之"意"总体中的主要成分,当人们在构思、策划一项水工程建、构筑物时,这种正流行的水工程思潮便在人们头脑中显现得最为清晰。例如,西方19世纪的建坝思潮,我国20世纪河道护坡直立式挡墙思潮以及现行的西方拆坝思潮和我国的生态型河道护坡思潮。然而,水工程思想的全部内容,是人们对水工程的了解、认识的意识、观念的经年沉积,某一时刻的水工程思想状况,是那个时刻之前人们水工程观的各种不同方面的水工程思想的结合,有的是理解的融合,也有的是不甚理解的混合,各种水工程思想的混融,构成了当时水工程策划者的水工程思想。当然,可能有某种水工程思潮的意念,会相对显得清晰一些,但也不可能占据构思的水工程"意境"的全部空间。接着,这种混融的水工程文化的意识,还将支配着人们从事物化水工程活动,去构筑成现实中的水工程建、构筑物。水工程文化或水工程思想,就是通过水工程活动而物化形成物质形态的水土工建、构筑物的,从而实现了两种不同形态的东西之间的联系的过程。

136　　　如果人们在水工程的这一物化过程中,寻求分属不同文化层次的水工程思想与水工程构筑物之间的等号,显然是不科学的。因为,无论在数还是量上,两者都是不可能相等的。从纯数值的概念上来讲,流行的水工程思潮在每一个人脑中所占水工程思想的比例是完全不同的,水工程的"意境"在构思过程、规划设计、施工的构筑和成型中,水工程思潮之蕴含的数值在各个水工程活动环节都可能产生一定程度的偏离;从形态上而言,水工程思想与水工程建、构筑物形态各异,水工程思想是属于意识形态、是无形的东西,水工程建、构筑物是属于物质形态、是有形的东西,有形与无形是没有共同的量词单位可以进行衡量的。

　　　水工程之"意"的存在形态,只能通过复杂的水工程活动来物化,通过物的形象为人们所感知。虽然在整个物化过程中,其"意"总是居于支配地位,且最终通过物化后的水工程建、构筑物的蕴含来表现其"意"。然而水工程建、构筑物所蕴含的是多种水工程之"意"的综合,有投资构思者之"意",有规划设计者之"意",也有施工成型者之"意"。可以看出,这个水工程建、构筑物的最终形态之"意",是一座或许协调、或许并不协调的各种有可能左右水工程建、构筑物建设人物之"意"的综合体。

　　　人类形成的水工程之"意",是在不断发展的,即使是同一个人,在不同时期其水工程的意识观念也是有一定差异的。因为人本身在日常活动中,就一直在不断地接受着生存环境、生活环境等所发出的各种信息,这些信息可能漫不经意地被流失,也可能滞留在头脑中被有机地处理了,而这些环境的信息量是根本无法计数的,头脑中接受、处理的信息则必然日渐增多,也就可能会使其产生的水工程之"意"日渐变化,造成不同时期不同的人涉及水工程所构筑成型的思想意识是不同的。

虽然水工程所表现的水工程文化具有复杂性和综合性,但并不是说水工程文化是不可认识的。人们对水工程的认识是要受所处的各种客观环境影响的,生存、生活等客观环境给予人们某种信息的刺激,才能产生对该信息的接受和处理后的反应。人们对水工程的认识,受在所接受有关水工程这方面教育或宣传的内容影响最大,这方面教育或宣传使人们开阔了眼界、增加了认识,间接地了解了客观环境,也同样可以产生对水工程的新认识。无论是直接的生存环境信息的刺激,还是间接的接受教育或宣传的对客观环境的了解,都会增加人们对水工程的认识量,形成相应的水工程文化认识观。人们具有对水工程一定的认识观,也就具有一定的水工程之"意"形成条件和规律,如果研究和了解了这些形成条件和规律,也就明确了人们普遍的水工程文化意识观念。加之,对于具体对象的水工程之"意"的研究或了解,具个性的水工程之"意",也自然而然地会被区别出来,则人们对水工程的文化也就会被认识了。

人们不仅研究水工程文化,更重要的是通过将研究后的成果运用到现实的水工程投资决策、规划、设计、管理、运用等各个环节,使水工程活动的参与各方能相互协调,真正建造出能满足人民大众现实生活和时代需求的各种水工程,这即是对水工程之"意"研究的现实意义。这就使人们研究水工程文化,不仅有了明确的研究方向,也有了重要的现实意义。

第三节 水工程文化的"质"

水工程文化虽然只是水工程所有内涵中的一个构成成分,然而它却是文化总体中的一个历史悠久的、比较独立的、相对完整的、人类不可或缺的要素。作为这样一个重要文化要素,它应该而且可以成为一门独立学科的研究对象,但其关键在于确立、认识其本质性的东西,即水工程文化的"质"。水工程文化的"质"是一种剔除了其外在所有附属物,留下了最能体现其存在性质所构成的东西。故而,认识水工程文化的"质",是对水工程文化定"性"的根本。

一、文化的本质

"质"字有多义,水工程文化的"质"之"质"字,是取用"本体、本性",即 "一事物区别于他事物的内在规定性"之义。文言中常见"质"字为"本质,实体"的意思,如《荀子·劝学》中"其质非不美也"。再如,中国南朝齐、梁时思想家,无神论者。范缜《神灭论》中"形者神之质"讲的是形体是精神的物质实体。

在唯物辩证法中,质与本质是用来描述客观世界普遍联系和永恒发展的范畴。"质"指的是"质与量"中与"量"相对应的那个概念;"本质"指的是"现象与本质"中与"现象"相对应的概念。这是哲学范畴内代表两组不同矛盾的对象。质与量对立统一,刻画客观事物性质和规模;本质与现象对立统一,揭示事物内在联系及其外在表现。黑格尔的《逻辑学》中关于对质与本质的理解,认为可以概括出质与本质的区别:主要有存在与实在、质变与本质之变以及反思性与同一性等三个方面的不同。质是由事物的内在特殊矛盾决定的。质与事物的存在是同一的,某物之所以是某物,是由于它具有特殊的质。事物的质通过事物的属性表现出来并为人们所认识。同一种质,在不同条件下与不同的事物相联系,就表现出不同的属性。事物的质并非事物各种属性的简单相加,但它们又是有机的统一。事物的质又是多元的,现代系统理论将事物分为三种不同的质,即自然的质、功能的质和系统的质。辩证法认为,认识事物的质是认识的基础。任何事物都是质与量的统一,没有无量之质,也没有无质之量,二者是相互依存的。在中国哲学中,"质"这一范畴还有其他两种含义,一是与"形"相对,指事物内部的质;二是与"文"相对,指人们内在的道德修养或作品的内容,有时还指质朴的艺术风格。

本质,是指事物的根本性质,是事物的内部联系,它从整体上规定了事物的性能和发展方向,是事物比较深刻的、一贯的和稳定的方面。本质是构成事物各必要要素之间相对稳定的内在联系,是事物外部表现形态的根据。本质是事物内部所包含的一系列规律性和必然性的综合,事物本身所包含的特殊矛盾构成该事物的特殊本质。认清事物的本质,就可以把握事物发展的规律性、必然性。

事物的本质与现象是辩证统一的。本质与现象是统一的,它们的统一表现为:二者相互联系、相互依存,是客观事物本身所具有的不可分割的两个方面。本质与现象又是对立的,其对立的表现为:一是,本质蕴藏于事物的内部,不能被人的感官直接感知,只有对现象进行抽象思维才能发现和认知;而现象则显露于事物的外部,可以直接被人的感官所感知。二是,本质是相对稳定、不易变化的;而现象则是可变乃至多变的。三是,本质是同类现象中一般的、共性的,抑或是根本的特征;而现象则是本质的、个别的、具体的表现,是事物本质的表面特征。从总体来讲,本质比现象深刻、稳定;而现象却比本质丰富、生动。任何事物的本质只能通过一定的现象表现出来,没有现象表现的纯粹本质,是不存在的;反之,任何现象又都是本质某一方面的表现,不反映本质的纯粹现象,也是不存在的。由于本质与现象的统一,才使科学研究成为可能。在本质与现象的对立统一关系中,本质决定现象,而现象的存在和发展归根到底取决于本质。唯物辩证法关于本质和现象对立统一关系的原理,为人们提供了透过现象把握本质的科学的认识方法。

文化在其产生、演进或存在的整个历史发展过程中，一直与人紧密地联系在一起，世界因为有了人，才有文化，文化是人类的文化，这也是人类与其他动物的最根本的区别。人类不仅在其演进过程中创造了文化，文化也为人类自身的存在、发展和需要而存在和发展。文化是人类的最本质的标志和特征。

人是文化存在与发展的主体或认识者，人在其生存的活动中，创造了改造自然的物质文化，生产出人类赖以维持生命存在和提高生活水平的一切人造物，再造了人类的生存、生产和生活环境，形成了人类社会的各种构成及其存在秩序和制度，使人类群体有了空前的繁荣景象；与此同时，人类还创造了具有改造人类自己重要意义的心理意识或精神文化。这一切，才有了严格意义的文化内涵和人类本质的体现和存在，给文化总体的发展输入了能动的有机的能源，人和人类这才真正地、完整地创造了人类自己以及属于人类拥有的一切。

人类是文化存在和发展的载体，或者说是存在物。人类文化发展的初始原因是为了人类自身的生存。无论是物质文化的生产和社会制度的演进，还是精神文化的提高，都是以人类生存能力的增强为核心的，然后才考虑其他方面的相应发展；无论人类智慧怎样被开发、运用，都是为了加强人类在生物圈中的主导、支配作用或地位。如果没有这个被人文学学者们称为"公理"的目的，文化也就失去了它存在的动力和空间，或者说文化就成为无源之水。所以说，人是文化发展相对永恒的动力，也是文化发展的服务对象——人类自己。文化发展始发于人类，也归结于人类，自始至终维系于人类，也使人类有了严格意义的内涵，形成了非本能行为活动全部内容的生存空间，这就是文化的本质。文化本质的被认识，也让人类更了解人类自己和人类生存、生产、生活的空间，包括人类生存、生产、生活空间的文化，人类所认识的文化便与人类同步发展，进入一个个不同的人类发展阶段。

"本质"，虽属哲学范畴，但是如果把它置于内涵更宽一些的"文化"概念里，同样也会有相同的作用，文化的本质，表达了文化的最根本的性能。它体现了文化基本发展方向所具有的目的，可以揭示贯穿于文化的整个发展过程中的基本构成。人们认识了文化的本质特征，也就能了解文化的基本点以及文化发展在社会演进中各方面的现实意义。

二、水工程文化的本质因素

水工程文化所揭示的是狭义文化核心部分——精神文化内的水工程内容，并包容于文化总体的范畴之中。文化的本质主导、规定了水工程文化本质的内容，只是水工程文化的本质还有其更贴切、更准确、更专门的内涵和本质因素而已。

与文化的本质一样，水工程文化的主体是人，载体也是人，没有人，水工程文化也就谈不上存在和发展了。人类认识了水这一客观环境的变化规律，并能主动地追寻改造大自然水空间环境的措施——水用具、水工具、通过水土工程形成的水土工程构造物，以求改造现存的水空间环境，去提供人能生存、生产、生活的水条件。当人类的某些改造水空间环境的"灵感"或"意念"被捕捉后，并逐步形成了当时人类认为是可用、可行或较为科学的"意群"或"意境"，以无形的存在形态，保留于人们的脑海之中，便构成了当时主流人群认为是较为理想的人类生存、生产、生活的水空间环境之意识形态。这些存在于人脑中的有关改造水空间环境之意识形态，就是水工程文化。这种属于意识形态的水工程构思，是以人对大自然之水长期认识的积淀为基础，人类的主观能动所产生的特殊功能。由于人脑智慧功能的存在，这一功能还表现在提供认识不断实践后的反馈，使得人类一直不断地有企盼构想的更新的水工程"意境"空间的显现。尽管构想的水工程"意境"，在水工程物化后，变成了人类的物质文化存在于自然界，看上去，已经将人类的水工程文化意识凝固在似乎已呈僵化的水工程这一人造物之中了，只剩下这一水工程之"形"的简单存在，但实际上，水工程文化的本体——涉及水工程的人，是可以通过物质的水工程这一物的信息刺激，使这些人产生复原式的感受，回味到原创者之水工程"意境"的。当然，这种感受到的回归意识，可能与原创作意识不尽相同，不过，寄予水工程这一物的"意"之创作设想，仍然会在回归于人之意识或意念的感受中，得到或多或少的品味。假设没有对水工程这一物之感受的人，水工程这一物之信息的刺激，就会没有了客体，则回归意识或意念的感受，也就无从产生。所以，某一水工程文化的主体或认识感受者，也只能是人类中涉及这一水工程的相同人群或不同人群——人的自身。

水工程文化存在的主体或承载水工程文化回归的载体都是人。水工程文化形成、存在的目的和发展，也同样是为了人类能更好地生存、生产和生活。对于水工程的创作构想，除了满足最基本的"取水、防洪"的功能之外，人类还会要求将人自身的其他各种"欲念"、需求在水工程中得到满足。不同时间和空间出现的各种"欲念"、需求内容的满足，都是水工程文化感知的对象。除"生存欲""生产欲""生活欲"等本能欲念外，"赏心欲""悦目欲""品位欲""完美欲""利他欲""表现欲""地位欲""虚荣欲""攀比欲"等非本能"欲念"都可能是水工程创作的构思方向，都是为了满足不同投资者或受益者的更多的心理需求，水工程的建设也就会更多地受当时水工程文化观念意识所支配。

任何时空位置上的水工程文化，都是为同一时空位置上的人们服务的。同时，水工程文化又支配着人们对水工程的普遍心理感受，为人们的心理感觉规定了一定的、普遍的"意境"空间，或者培养人们形成具有相应的水工程观念，去构筑能满足这种意识观念的水工程。

从上述的内容可以看出：构成水工程文化本质的因素，至少应该有集"主体"和"载体"为一体的人、人类的非本能意识、社会环境以及生态环境。这些水工程文化的本质因素，实际上是"四位一体"的和相辅相成的，任何一个因素都无法单独存在。前面对人是水工程文化的本质因素已有述及，下面对人类的非本能意识、社会环境、生态环境等作为水工程文化的本质因素再作进一步探讨。

水工程文化，实际上是维系人类所存在的非本能"欲念"和"意境"的总和。水工程文化也使水工程这一物质有其真正的、严格的意义，否则，水工程只能在模糊中挣扎。当人类还在其本身演进的形成过程中，并没有完整意义的非本能意识时，尚未有建立人类社会的环境条件，实际上只能具有一切动物几乎都有的"生存欲"——渴时寻水饮、洪水袭而陟。其时并没有严格意义的人类及其所携带的非本能意识，因为人类还混居于原始的生物圈中。而"生存欲"并不能说是水工程文化的本质因素，因为"生存欲"本身就不是水工程文化范畴的内容，也不沾文化的边。随着人类社会的发展，人类的水工程已由最原始的用上肢扒土坑积水的原始水活动需求空间，向挖井——水工程需求空间发展。在水工程内容增加的同时，人类需求所客观存在的"生存欲"，也就随水工程功能发展演进为包涵"生产欲"（首先是农耕生产欲）和"生活欲"（首先是定居生活欲）在内的"水工程欲"，"水工程欲"的概念已超越了简单的"取水、避洪"的本能的高级神经活动，所以，演进后的"水工程欲"是一种明确的水工程文化。不过，"水工程欲"虽是人类的非本能意识，却无法代表非本能意识的水工程文化的全部，如水工程环境给人们的感受所产生的美感意识反映，便不仅仅是"水工程欲"了，而是一种水工程文化。显然，"水工程欲"是水工程文化本质因素之一，但不能被作为一种涵盖性较宽的水工程文化本质因素。

水工程文化形成伊始，它就带有一定的群体性质，个别水工程的出现，并不能确切地说是人类水工程文化已经形成，最多还只能说是人类水工程文化才刚萌芽，只有普遍的人类水工程"意境"的存在，才具有水工程文化内涵的完整性。普遍的人类水工程"意境"的存在，是随着农耕社会和人类群居社会的发展，形成真正意义人类社会环境的出现而出现的，水工程"意境"，是在人类社会环境有需要的前提下建立的。这时，水工程文化的认识者，同时接受了社会环境需求反馈的内容，才能形成相对完整意义的水工程文化。如果人类社会群体和环境遭到突发性的严重破坏或毁灭，少数幸存者又陷入混居于生物圈的困境里，原始的"生存欲"之欲念并没消失，仍潜在于人体之内，必然地又将本能地占据主导地位，而水工程文化也就难以说存在与否了。所以，人类社会环境，也是水工程文化主要的本质因素之一。

生态环境是指生物及其生存繁衍的各种自然因素、条件的总和，是一个大系统，是由生态系统和环境系统中的各个"元素"共同组成。生态环境是由生物群落及非生物自然因素组成的各种生态系统所构成的整体,主要或完全由自然因素形成,并间接地、潜在地、长远地对人类的生存和发展产生影响。生态环境与自然环境在含义上十分相近,有时人们将其混用,但严格地说,生态环境并不等同于自然环境。生物的出现使地球水循环发生重大变化。土壤及其中的腐殖质大量持水,由于蒸腾作用将根系所及范围内的水分直接送回空中,这就大大减少了返回湖海的径流。这使大部水分局限在小范围地区内循环,从而改变了气候和减少水土流失。因此,不仅农业、林业、渔业等领域重视水生态的研究,由人类环境的角度出发,水生态也日益受到更普遍的重视。自然环境的外延比较广,各种天然因素的总体都可以说是自然环境,但只有具有一定生态关系构成的系统整体才能称为生态环境。始于18世纪60年代的工业革命,同样带来了工业生产材料和建筑材料的革命,水泥、钢筋混凝土的发明,使城市决策者、建设者心中的河湖功能发生了蜕变,他们用管道代替河道,汽车代替了船运,使城市的大河变成小沟,小沟变成涵管;湖泊变成池塘、池塘变成地块,用城市中还存在的河湖代替纳污池。结果,伴随城市工业文明而来的是:建筑和道路强势发展、水和绿色逐渐萎缩、遇雨即淹的"黄色文明"和污水入侵河湖、城市有河皆污的"黑色文明"。生态环境的破坏,不仅是恶化的其他生物(指原核生物、原生生物、动物、真菌、植物),最终也会导致人类生活环境的恶化。因此,近代水工程文化意识中,由对改善生态环境的"利他欲"这一人类现代文明的因素,也进入了水工程决策者、设计者……乃至一切涉及水工程人群的脑海之中,生态环境也成为水工程文化的本质因素之一了。

依托城市河湖型水利风景区发展,大力开展河湖疏浚、水系连通、水生态修复、水环境整治、水景观建设、水文化弘扬,统筹发展人工环境与自然环境,有机融合物理空间与文化空间,积极推进水生态文明城市建设,构建人、水、城相依相伴、和谐共生的独特城市生活环境等,都是因为水工程文化中融合了生态环境这一本质因素后,而形成的当代水工程"意识"和水工程空间的"意境"之水工程文化。

三、水工程文化的本质特征

这里主要研究的是水工程文化本质相较于文化本质而言的特征。文化的主体是人,文化使人类从各个方面完全地摆脱了生物圈原始的羁绊,成为独立的人类本身。而水工程文化只是设想让人类所处水空间环境,可变成能引导人类集约农耕、饲养牲畜和群居生活,并可抵御大自然中各种对人类生存、生产、生活的水侵袭和水威胁。用可供人类社会群居化的生存、生产、生活水空间环境,使人类能主动地从原始的水生存环境中脱离出来,由混居于其他动物的自然水生存空间,迈向人类独立逐步改造的水生存空间。也有可能当时人类水工程文化在构思这种独立群居的生存、生产、生活水空间时,已融入考虑了其他文化内容的设想或设施,客观地造就其他文化内容的形成。也可能是这种水工程文化构思,也已受到当时各种其他文化成果因素的影响。然而,属于水工程文化范畴的,仅仅是与水工程空间意境有关的东西,其他的只能说是不同文化内容在人脑中的协调,并非所有与水工程有一定联系的东西都是属于水工程文化的内容。所以,文化和水工程文化虽然两者的主体都是人,但水工程文化只限于对人类生存、生产、生活空间再造过程中对水有支配作用的那些"意念"或"意群"的部分。而文化总体的一体性,使水工程文化与其他文化联系在一起,构成人类文化总体的完整结构,是由文化的性质所决定的,而不是由水工程文化决定的。这是水工程文化研究时必须弄清的一个问题,这也是水工程文化本质的特征之一。

水工程文化本质的特征之二是水工程文化与文化也有类似的地方。文化和水工程文化的载体都是人。文化以人的存在而存在,也有可能因人类的毁灭而消失,因为文化的服务对象是人本身,当人类毁灭了,文化失去了服务对象,更失去了载体,文化也就没有了存在的意义和存在的可能了。水工程文化也同样是以人为最终的服务对象,为人类自己构思、设想的不同时期、不同区域相宜的生存、生产、生活所需求的水空间。如果人类毁灭了,依附于人体上无形的、意识形态的水工程文化便随之消失。

就这一文化的本质特征而言,当前人们的看法不尽相同。例如,从宗教的核心观念上看,肉体是短暂的,灵魂才是永恒的、不灭的。哲学上的"灵魂"概念是指存在于人的身体之中,可与身体对立的精神实体。宗教认为灵魂是可以离开形体而独立活动,并且不会随形体死亡而死亡的超自然存在,它是人或物一切行为的主宰。1872年英国著名人类学家、近代西方宗教学奠基人之一的E.B·泰勒在《原始文化》一书中以丰富的民族学和宗教学的资料为基础,简明透彻地阐述了灵魂观的产生和发展,创立了宗教起源于"万物有灵论"的学说。泰勒认为,灵魂观念是一切宗教观念中最重要、最基本的观念之一,是整个宗教信仰的发端和赖以存在的基础,也是全部宗教意识的核心内容。据此,宗教人士认为属于人"灵魂"之中的水工程文化这种意识形态是永存的。因为,人的肉体虽然消失,由于人的灵魂的存在,故水工程意识仍会附着于"灵魂"之中游离在空中,虽是飘游的,但仍是不失为一种存在的形态。不过,唯物论者却不苟同这种观点,既然人体已不存,于人脑而产生的意识又将依何生存?故而,水工程文化便也会随人的消失而失去其存在的条件了。

然而,设想人类或许毁灭了,文化的意识形态的部分也消失了,其中必然也包括意识形态之水工程文化。可是,广义文化内涵中的物质文化却有可能还暂时存在于自然界,尽管那时候的文化总体已不健全,可能还暂时存在的物质文化也无从被认识和使用,但是物质文化的"形"可能还确确实实地存在着。而从"水工程"这一系列的要素来看,水工程这一物质,也许并没有与人类同时被毁灭,水工程确实还存在着,但却没有了对其需求的运用或受益的人。"水工程"内涵便不完整,水工程也仅仅是一个仍然存在于自然界的"物"而已,意识形态之"水工程"是否仍存在? 虽然,不同的学术观点仍存在争论,但准确地说,"水工程"就只剩下"物"的"形",而没有属于水工程文化的"意"了。

按辩证唯物主义的观点,用文化作为参照系,显然,水工程文化的本质特征只能是具有纯粹的意识思想性,并完全以人为转移,没有了人,水工程文化便不存在。

这一水工程文化的本质特征,对认识"水工程"文化具有非常重要的意义。水工程文化的这一本质特征,给水工程规定了严格的意义。因为单纯在"生存欲"支配下形成的"取水、避洪"简单功能的人工水环境空间,并非水工程;如果有了人类意识的蕴含,却没有"取水、避洪"功能的内容,也非水工程。只有蕴含了某些水工程文化意识的人工水环境空间,才是一种水工程。这一水工程的存在,可以帮助人们去探索"水工程"存在的确切时限。假设人类或许消失了,水工程文化也随之消失了,那么,原来本为水工程的物仍然存在,这一存在的物自然也就失去了原来具有的水工程之意义。除非,这种存在物,虽已非严格意义上的水工程,仅仅是一种尚存本为水工程的"物",在随着自然界的变化,自然界又重新出现具有智慧型的新人类时,在他们脑海中重新生成水工程文化意识,并能接受上一轮回人类毁灭后所遗留本已属自然物的"水工程"之信息,破解而成为新人类之意识。因此,这一本已属自然物的"水工程",又可成为文化的水工程了。

若将水工程文化与水工程相比较,水工程文化则又有另外的本质特征:水工程的本质是解决人类生存、生产、生活活动的对水的需求问题,或者说是为了人类的各种生理和心理需求对客观环境的再造。而水工程文化,则是在这一解决过程或再造过程以及将来使用管理过程中的各种思想意识,其本质对于人自身而言,这就使两者有着明显的区别,水工程文化显然存在这样几种本质特征,即意向性、指令性和感受性等。

水工程文化的意向性,是指水工程文化在水工程的建、构筑过程即对人类水环境的再造过程中,事前不可缺少的,也必然出现的相应的"意境"设计。也许它对客观水环境或水工程环境已有相当多的认识,但对新的、将建造有水工程的空间"意境"与原有水环境比较,却是有着不同的构想,是将新出现的空间作了不同的无形构成后,才有水工程的建、构筑行为;否则,人类水工程便不可能得到发展与演进。而水工程文化本质取决于人,且为人的水环境的再造,确定了某种发展意向,这也便使水工程文化带有了一定的意向性。

水工程文化的指令性,是指当水工程文化为"水工程"构成了"意境"后,紧接着便是水工程所处水空间再造之物化的具体而复杂的过程,无论是布局的规划、形制的设计,还是物化的构筑、成型过程,事前构思成的"意境",则对这些过程起着绝对的支配作用。于是水工程文化在人们的水工程建、构筑活动过程中,又有着不同于水工程本质的指令性特征。

水工程文化的感受性,是指当水工程成型后,人们便去管理、运用它,那么,人们也就必然都要对它进行或有声或无声的评论,或有意或无意的品味。然而,每一个人所具有的水工程文化的意识内容和认知都不尽相同,先入为主的水工程文化思想观念早已形成了一种自己独特的品味、品位或评论的标准,不同的人所具有的不同品味、品位或评论的标准对同一座水工程就必然品出许多不同的味道来,评出可能完全有别的不同结论来。显然,水工程文化又给人们带来了不同于水工程本质的感受性特征。

当然,水工程文化还能与其他许多对象相比较,产生出更多的不同的本质特征来。然而,最主要的还是与水工程文化与水工程的比较。通过上述比较,已基本上可以让人们认识和理解水工程文化的本质特征了。

从由文化本质所决定的水工程文化的"质"与文化本质之间明显的差异和在文化构成的同一系列要素之水工程与水工程文化的本质特征相比较中,找到的区别去作深入研究,就能让人们更进一步增加对水工程文化性质之"质"的理解。

四、水工程文化之"质"互为表里的反映

水工程之精神、制度、行为、物质,都属(广义)水工程文化之"质"的基本范畴。但精神、制度、行为与物质又是互为表里的反映。精神文化是物质文化的心理积淀,制度文化是物质文化的社会规定,行为文化是物质文化的民间反映。而物质文化又是精神、制度、行为等文化成果的反映。

早在公元前700年,管子在《水地篇》中就指出了水态、水质对人类性格的影响:"人,水也。男女精气合,而水流形。""水者何也? 万物之本原也,诸生之宗室也,美、恶、贤、不肖、愚、俊之所产也。何以知其然也? 夫齐之水,道躁而复,故其民贪粗而好勇。楚之水,淖弱而清,故其民轻果而贼,越之水,瘘重而洎,故其民愚疾而垢。秦之水泔最而稽,淤滞而杂,故其民贪戾,罔而好事。齐晋之水,枯旱而铉,淤滞而杂,故其民谄谀而葆轴,巧佞而好利。燕之水,萃下而弱,沈滞而杂,故其民愚戆而好贞,轻疾而易死。宋之水,轻劲而清,故其民闲易而好正。"管子提到的水,主要是指黄河上、中、下游和长江中、下游之水。管子认为水质的好坏、河流形态的变化对人类性格、民俗、文化会产生重要影响。虽然,管子在这里揭示的重点只是受不同地域之水的影响,所造成民俗人性"恶"的侧面,但反映的却是河流、水等物质与人之心理互为表里的关系。管子所述因水致人之性"恶",主要是和当时的社会背景有关,春秋战国时代社会大动乱、大动荡,人性的阴暗面得以充分暴露,社会现状为管子提供了分析水态影响人性的素材如此,使管子才得到如此之感受。就地理水环境决定论而言,中国提

出的理论比西方要早得多,要全面得多,要细致得多,涉及河流形态、水量大小、水质变化等。

由南朝·宋刘义庆召集门下食客共同编撰、魏晋南北朝时期"志人小说"的代表作《世说新语》"言语"记载,王武子和孙子荆各言其土地人物之美,王云:"其地坦而平,其水淡而清,其人廉而贞。"孙云:"其山崔巍以嵯峨,其水㳷渫而扬波,其人磊砢而英多。"指出的是山水的序结构对南北民众精神状态的影响。

刘师培在《南北文学不同论》中分析中国南北民俗差异:"大抵北方之地土厚水深,民生实际,多尚实际。南方之地,水势浩洋,民生其间,多尚虚无。民崇实际,故所著之文,不外记事、析理二端;民尚虚无,故所作之文,或为言志、抒情之体。"[①]文中所说"水深"是指地下水埋深。刘师培虽由水引出南北民俗之差异,但未进一步揭示造成这种差异的物质文化背景和水工程文化对先民的塑造,仅从某一侧面对涉水之精神与物质之间的关系作了表述。

生产方式决定生活方式,生产方式和生活方式决定文化精神。一方水土养一方人,物质文化决定行为文化,行为文化刺激了精神文化的活跃。

1.渔猎和狩猎生产方式对的先民塑造

《周易·系辞下》说到远古先民的生产方式:"作结绳而为网罟,以佃以渔,盖取诸《离》。"渔猎活动是长江流域的先民最早的生产和生活方式。鱼借助大水的保护,容易躲避人类的猎杀,人们在渔猎中需要凭藉智慧、勇敢和力量,需要通过使用种种捕猎工具才能有所收获。在渔猎生活中,人们必须熟悉水性,不仅需要具有蹈水之道和驾驭水的能力,更需要凭借智慧和技巧。渔猎作为一种比较高级的"智力游戏"。狩猎与渔猎不同,北方古代先民的狩猎,需要更强壮的身体和生死搏斗的勇气,因此渔猎尚智,狩猎尚勇。

2. 治水对社会的塑造

水利工程是一项集体性、社会性很强的活动,参与人数动辄数万、数十万,这种大规模的组织协调不仅需要强有力的管理,而且也培育了人与人之间的合作能力。在一个密集的群居生活集体内,人与人之间相处和睦,不仅需要个性的自律,而且更需要对异己成分的包容。有包容才能团结,有团结才能合作,有合作才能凝聚力量,发挥出最大的效率。包容异端,所以必然会造成开放的心态;相反,封闭的心态,必然不利于沟通,更容易排拒异端,所以包容和开放是互为因果的一体两面。

水利工程的艰辛和漫长,又会砥砺坚韧不拔的性格。经常性的、长年累月的大型水利工程无疑是一种强大的几乎不可抗拒的社会力量,它一代又一代地持续作用,不

---

① 《刘师培史学论著选集》,上海古籍出版社,2006年版,第203页。

仅改造了中华民族的生存环境,也塑造了中华先民的性格。在这一点上南、北方有共通性——治水尚韧。

3.稻作与黍麦对先民的塑造

治水的成功为稻作创造了基础。一粒稻米,从播种到收割,要经过育种、晒种、选种、浸种、催芽、做秧田、落谷、管秧田、做稻田、莳秧、补棵、搁田、耘耥、防虫害、管水浆、保蘖攻穗、保穗攻粒,以至收割、归仓等几十个环节,每个环节都不能马虎,都有技术讲究。[①]

稻作的精耕细作决定农耕者的精细、精明、精致,精者,米也。稻作农业这种精细的生产方式作为一种最基本、最强有力的文化塑造力量,它把"精细"要素奠定为南方水文化之元。相对于南方的稻作,北方的黍麦是旱作植物,从耕作到收获,要粗放得多,对南北方的先民塑造而言,稻作尚精细、精明,黍麦尚粗旷、粗放。

4.车、船对先民的塑造

《周易·系辞下》谈到古代先民的出行方式说:"服牛乘马,引重致远,以利天下,盖取诸《随》""刳木为舟,剡木为楫,舟楫之利,以济不通,致远以利天下,盖取诸涣。""南船北马",正是中国南北水乡与陆地交通的本质差异,也显示了舟船在江南交通中的重要地位。驾船特别是驾大船,需要船员之间配合默契和通力合作,需要有包容和开放的心灵,需要团结协作精神。又由于水上航行比陆地车马行驶缓慢,航运需要耐心和坚韧的性格,需要持之以恒和锲而不舍的毅力。与船行相比,车行运营成本较高,运载量要小,在与外界交流上,船行更便捷,效率更高。车行——尚"随",随遇而安;船行——尚"涣",文采涣然,尚达、通达、畅达、交流,"以济不通",成为生存之本。

以上四个特征,长江流域、江南水乡亦都具备,苏轼在《卜算子·感旧自京口还钱塘道中》上半阕云:"蜀客到江南,长忆吴山好。吴蜀风流自古同,归去应须早。"十分清晰地道破了长江头尾文化的同质性,显示长江文明的整体性和系统性。

水工程文化对先民的塑造除有共性外,还有个性。以都江堰为例,都江堰的有三大功能即鱼嘴——分流、宝瓶口——引水、飞沙堰——泄洪,是对大禹的"岷山导江,东别为沱"的拓展和升华,都江堰模式在川西平原经不断自我复制,沉淀成地域记忆、文化记忆,最终固化成文化基因。这三大物质文化特性决定了行为文化的内涵,形成了蜀人的独具一格之特质:

"分",是分配、分享,造就喜平等、尚均衡的性格。

"引",是引进、接纳,造就喜广纳、尚包容的性格。

"泄",是排除、宣泄,造就喜调侃、多讥讽、善于自我调节的性格。《汉书·地理志》

147

核心内容

---

① 苏州大学文哲研究所编,《太湖文脉》[M].古吴轩出版社,2004年版。

云蜀人:"未能笃信道德,反以好文讥刺。"

环境——尚闲,优越的自流灌溉系统、丰沛的水量,造就"时无凶年""沃野千里"的环境,蜀人花费较少的时间和劳力解决温饱问题,有本钱、有时间、有心情去休闲。难怪苏轼在一首七言古诗《和子由蚕市》中说:"蜀人衣食常苦艰,蜀人游乐不知还。千人耕种万人食,一年辛苦一春闲。闲时尚以蚕为市,共忘辛苦逐欣欢。"

第四节　水工程文化的"域"

水工程文化包括了水工程思想、水工程观念、水工程情感等意识形态方面的内容。其实,水工程活动的各个环节都存在着水工程文化,哪些具体环节存在着水工程文化呢? 这就是下面所要讨论的水工程文化的"域"。

一、"域"的诠释

"域"表示疆土。"域"也作"或",与"国"同义。本义指疆界,疆域。域之原义指范围,是语境可以随着认知不断扩展的词。《说文》对"域"的解释是:"同本义域,邦也。"亦为区域、界局等地理概念,实际上域是一种集合,主要是信息的集合。这里可分为概念域、时间域、空间域等。《诗·商颂·玄鸟》"邦畿千里,维民所止,肇域彼四海",《周礼·地官·大司徒》"以天下土地之图,周知九州之地域广轮之数,辨其山林、川泽、丘陵、坟衍原隰之名物",其中之"域"指的就是疆土之意。

从现代科学的角度来讲,"域"实际上就是要讨论概念的内涵与外延。而在逻辑学的学术范围内,概念的逻辑结构则分为内涵与外延。作为近代逻辑教本之一的法国巴黎郊外波尔－罗亚尔修道院修士 A·阿尔诺(1612—1694)和 P·尼柯尔(1625—1695)合著的一本逻辑教科书,原名为《逻辑或思维的艺术》的《波尔－罗亚尔逻辑》一书,第一次提出了内涵和外延的区别。后来的逻辑学家对这种区别的合理性虽然意见不一,但"内涵"和"外延"这两个术语却沿用至今。

"内涵",是指反映于某种概念中的对象的本质属性的总和,是规定了事物属性的最根本的东西。内涵实际是一种抽象的感觉,是人对某个人或某件事的一种认知感觉,内涵不是广义的,是局限在某一特定人对待某一人或某一事的看法。内涵不是表面上的东西,而是内在的、隐藏在事物深处的东西,需要探索、挖掘才可以看到。不同的人对某个人或某件事的一种认知感觉,可能是一致的或相似的,也有可能是有差别的或不同的。科学界的定义是:主体里的瘾魂、气质、个性、精神被我们用情感的概念,创作出来的一切属性之和。

"外延",逻辑学名词,是指适合于某一概念的一切对象,即概念的适用范围。如

"人"这一概念的外延,即是指古今中外所有的人。"内涵"与"外延"这两者是一对相对应的逻辑概念,适合于对某种概念的定性或释义的运用,也是一般分析、定义某种概念最常用的一种科学方法。逻辑上指反映在概念之中的、具有概念所反映的特有属性的事物。例如"生物"这一概念的外延,就是自然界的独特的事物。自然界中各种各样的动物、植物、微生物都在概念中反映。如果"内涵"是剖析某种概念之"质"的主要方法,那么,外延(对照)则是指一个概念所概括的思维对象的数量或者范围,例如:"水工程"的外延就是指古今中外的一切的水工程。其中概括了水工程这一对象的时空范围(数量)。外延是解决这种概念之"域"的主要手段。

外延是人类智慧运用的一切结晶,对于人类文化来说,从存在的具体形态来看,有物质形态、心理意识形态,还有心物结合形态。这些不同存在形态的东西,都有着共同的本质属性,都是人类智慧运用的非本能行为的结果,并以这种共同属性的内涵,将不同存在形态的东西联系成一体,构成为人类文化的全部外延,这便可以被确定为文化的"域"的存在。

在人类文化的范畴里,任何事物都可以有"域"的存在。在数学里,有关于某些数的集合之"数域"——指复数域 C 的子域,常常也用来作为代数数域的简称。在地理上,有关于地区的界定之"疆域"如水工程文化有长江流域水工程文化、黄河流域水工程文化……此外,还可以将具有某种共同属性的东西,圈定为某种什么"领域"。如"政治领域""思想领域""经济领域""文化领域"等。显然,任何一个方面都可以有具备某种共同属性的"域"的存在。同时,这些"域"的存在,实际上都是具有某种共同属性的集合,在这个特定"集合"里的任何一个元素,都是构成这个"域"的要素,"域"就是以某种共同属性为前提的一些元素的"集合"。

二、传统水工程内涵的外延

在"水工程文化内涵"的讨论中,曾提到过传统水工程学的"水工程内涵",实际上水工程的内涵远不止这些。具有"水工程"这共同属性的集合便是水工程所应包容的内涵要素总体。水工程的内涵所应包容的要素结构状况,就像文化要素的结构状况一样,也基本上可以分成三种不同存在形态的要素群,即物质形态的水工程物及其所包容的构件和设备等、意识形态的水工程思想和水工程情感等、心物结合形态的水工程技术和水工程制度等,这些不同存在形态的要素群构成了水工程所应包容的总体要素的全部。此论,为水工程架构了一个完整的意识形态方面的要素群,这与传统水工程学的水工程内涵显然是有差异的。

而水工程内涵的这些要素,在水工程总体内,它们之间的相互关系也与文化结构内三层要素之间的关系一样。水工程的物质形态要素,在心物结合形态要素的具体指导下,来表现意识形态要素的本质。水工程的物质形态要素又对心物结合形态要

149

素和意识形态要素发出信息的反馈,水工程的意识形态要素则通过心物结合形态要素的过渡,支配着物质形态要素的具体实现,接收和处理物质形态要素渠道反馈回来的信息。这样,水工程的发展,也正是在这些不同形态内涵要素的相互关系活动中演进发展的,从而奠定了水工程在人类文化发展中的地位。

水工程通过不同形态的要素与文化总体结构中的其他要素也产生了积极的沟通关系,以利于水工程与其他文化要素相互之间或人类文化总体的共同发展、演进。例如在建筑领域,中国秦汉时期出现的"大屋顶"、西方中世纪后期出现的"哥特式"建筑,在很短的时间内几乎遍布于整个中国的官衙和庙堂、西方世界,这种建筑形式或风格的普遍出现所蕴含的人们的建筑文化意识,显然是一种祈望原旨和回归的纯净的潜意识欲念的抒发和思潮的存在,这也推进了后来宗教界、文艺界等的宗教改革及文艺复兴的发展,而宗教改革和文艺复兴运动的广泛深入,使文化的各层次要素的发展有了明确的新意向,同样,中国和西方水工程的上部结构也就相继出现了"飞檐翘角式""文艺复兴式"造型的中、西方式水工建筑上部造型。这也说明了水工程中的不同形态的要素的沟通是积极的,也是必然的,通过对水工程不同形态要素的分析,也可清楚地了解其与文化中其他要素相互沟通的具体途径,有利于水工程的总体理论的全面、理性的研究发展。

三、水工程文化在水工程活动中的"域"

(一)水工程活动与"域"

作为意识形态的水工程文化,其所存在的"域",具体地体现在整个水工程活动的过程中。属意识形态的水工程思想意识或水工程文化,对心物结合形态和物质形态的其他水工程内容起着支配作用。但又能在水工程活动的各个环节中找到它的存在。各个水工程活动环节,也离不开水工程文化的具体指导作用和支配决定作用。于是,在计划决策、规划、设计、施工、管理、运用等各个环节中,具有水工程的意识形态内涵这个共同属性的集合,便有了计划决策的水工程文化、规划的水工程文化、设计的水工程文化、施工的水工程文化、管理的水工程文化、运用的水工程文化等这样一些元素或要素。

水工程文化思想意识,对于每一个人来说,也许每一个所形成的内容构成都是不一样的,而每一座水工程的构成,在其计划决策、规划、设计、施工、管理、运用等各个水工程活动阶段,通常都不是由同一个人或同一"法人"来完成的。甚至,每个环节中具体的工作,往往也不可能是由一个人或一个"法人"来支配该环节完成的。如计划投资环节,通常要由水利业务主管部门或非公益项目的投资部门提出总体设想,由咨询部门作可行性研究,由政府及政府主管部门或非公益项目的投资决策主管部门作计划审批决定,而这每一个协作的工作程序,一般也不是由一个人来制定完成的。例如公益性水工程的计划投资环节,可能就会由水行政主管部门提出总体设想,由有相应资质的水利规划设计部门进行调研、勘测、论证、提交可研报告,再由发展和改革行政主管部门、规划行政主管部门、财政主管部门共同提出水工程项目初步的项目计划安排或初步决策意见,呈报政府办公会议最终确定。如果这项水工程是由几级政府共同投资的,则每级都要履行此相关过程,只不过除最基层一级是由有相应资质的水利规划设计部门进行调研、勘测、论证、提交可研报告,而其他各级是由有相应资质的水利规划设计部门进行审查可研报告而已。可见,一项水工程建、构筑物的物化过程直至建成,是要经过许许多多的个人或"法人"的共同协作,才能完成某个环节和每个环节中所需的诸多工序的。每一个人都在整个水工程活动中,从事自己所管的那个环节或部分,在自己已形成的水工程文化之思想、意识或情感等的支配下,在水工程建、构筑物的具体形成过程中,加进了自己的这一部分内容。而许许多多人的或相同或不同的水工程文化思想意识的加入,最终才能物化成一座实实在在的水工程。那么,事实上的这项已形成的水工程,已是所有参与者入选的水工程文化内容之融合构成的物化,而并非完全是某一水工程师的杰作,更不是某一水工程思潮的绝对成果。研究水工程文化的"域",也正在于了解其所涉及的相关人或"法人"。可以说,水工程文化遍及水工程建、构筑物形成过程的每一个环节、遍及每一个参与的"法人"以及每一个参与者。无论任何区域、任何水工程都一样,而这仅是从某一时间断面的某一点上而言的水工程文化的存在之"域"。

(二)水工程发展史与"域"

若从人类水工程发展史的角度来谈水工程文化的"域",则又是另一种状况。同样可以说,基本上从水工程的产生到水工程的消亡这一全过程,都是其存在之"域"。

当人类运用自己的智慧在地面上挖井取水,并逐渐发展为"尽力乎沟洫"时,人类水工程文化意识大略已相对形成。这里是先有水工程文化意识,还是先有水工程建、构筑物的争论,恐怕和"蛋、鸡先后论"一样,是难以用几句话来论定的。对于人类水工程文化的萌生点,如果较恰当地说,应该是一个区间。而人类水工程文化之"域"的下限点被认为是"水工程的消亡"之时,严格地说,水工程建、构筑物的存在,是以其"形"和"意"的同时并存而存在的,这便是这"域"的下限点被论定的最主要的论据。仅以一项水工程建、构筑物而言,其"形"的寿命最长的也不过几百年,抑或几千年而已,通常只是几十年或一百多年,若其"形"不存在,当然也就是这座水工程物的消亡;如果以人类水工程总体而论,只要人类社会还存在,水工程这一物的"形"便必定是连续的。但是,假如人类被大自然所淘汰,而地球还存在,曾是人类使用过的水工程,其"形"也还存在,其原有的"意"的蕴含,已不会得到人类的感受,即使其"形"还被仍然活着的其他生物所受益,也即使出现某种其他动物的脑量不低于或超过人类,但其他动物能在使用中感受到人类寄予的那种"意"吗？况且，水工程文化的"意"，仅为人类所创造和拥有，其他动物或许也有其自己的"意"，但对这两种不同感受体的"意"，从主、客观的视角去评说，无论如何都不会与人类作相提并论的，这种客观存在之水工程的形，对出现的某种脑量不低于或超过人类的其他动物来说，也只能算是地球上的自然物了。这样，才有人类"文化"的独立和高贵无比的价值。那么，没有人类去感受还存在的"形"，其所谓存在于"形"中的"意"其实也就不复存在了。"形"与"意"相分离后的水工程构、建筑物，严格地说，其实也就同时丧失了存在的意义了。水工程的"域"也就应该止于此了。

水工程建、构筑物"形"是其表，"意"是其质，而"意"是无形的东西，是通过人类复杂的生理化学过程的感知而存在的，若没有了人类，也就谈不上其生理化学过程的感知。"意"，虽然是以"无形"为其存在形态，但至此也就无从存在了。何况，水工程是以人类赋予的基本使用功能为前提的，基本使用功能已无从得到实现，这种曾是水工程的"形"的存在，已经是只空有其表的水工程之"形"，而无其本质内涵的"意"，则这种水工程至少也可以说是缺少了完整性。那么，更确切地说，水工程文化从水工程史的角度考察的"域"的区间，其下限应该是以人类的覆灭之点为消失区间。

因此，水工程文化存在于水工程内涵的各个环节或各个部分中，且与人类共生同存，这是由其自身的本质所决定的"域"。

(三)"域"内水工程文化的逆向反应

水工程建筑文化之"域"遍及水工程建、构筑物的整个形成和存在过程，水工程以其"形"和"意"相随而存在，水工程的"意"的感受为人们所感知，而这种感知，往往不尽相同，表现了人们之间不同水工程文化思想状况。而水工程建、构筑物的"形"与"意"以及"形""意"之间的各个水工程环节或内容也都是相呼应、相联系的，使水工程系列各要素组成一个完整的整体。故而，水工程文化也表现在水工程的其他内涵要素对水工程文化的逆向反应状态上。

水工程建、构筑物主要是以其形状和功能为人们所感知而存在的，而这种感知包含了一定的水工程文化之"意"，可能是感知者对水工程建、构筑物的条件反射所产生的反应，也可能是水工程建、构筑物的"寄意"者给予人们"寄意"之信息的被认知。恰当地说，应该是这两种意识都存在，只是所占的比例分量不同而已。显然，只有在人们的感知或认知下，水工程所蕴含的"意"，才能得到了一定程度的表述或反映，水工程文化也就在包括在这些能得到的表述或反映之中。只是人们从水工程所感知或认知的"意"，可能与原"寄意"者所给予水工程的原有"寄意"，会发生一定程度的偏离，人们从水工程所认知的"意"也可能没有原"寄意"的那么多分量，这就无法完整地读懂和理解"寄意"者的水工程文化观。抑或，还会产生对原"寄意"的错解；而人们感知的"意",也可能与原"寄意"的方向不同,水工程给感知者的水工程"意境"也就不同,也许是片面的信息反馈,也许是感知者水工程文化意识的无意加入,或者两种皆兼而有之,从而,又会构成新的、不同的感知"意境"。而这些新的、不同的感知"意境",或许能形成水利工程师水工程文化内容的丰富和水工程创作思想境界提高的新基础,也可能是水利工程师的下一个创作项目水工程活动的起点。通过对已有水工程的感知,引发新的"灵感"产生,形成新的创造性的水工程"意境",然后进行下一个项目的创作,设计和建造出具有新意的水工程。因此,水工程所给予人们的水工程文化的"意"之表述和反馈,在水工程文化中具有不可低估的价值。事实上,人类的思想意识都是来源于物的信息反馈,人类可以通过人脑智慧对物的信息的加工,产生了新的思想意识,这便是人类文化。水工程文化意识原本也来源于大自然水环境的信息反馈,而新的水工程文化意识也正是人类智慧与客观事物给人的信息反馈的叠加反应所形成的。所以,水利工程师非常重视对已有水工程和其他客观水环境的信息的采集,以备创造水工程文化新"意境"所构成的条件反射,以避免设计者的水工程文化"意境"的落后。这样,也就使水工程文化之"域"有了拓展。

四、心物层水工程文化之"域"

除水工程存在水工程文化以外,各种水工程技术、各种水工程制度等同样是水工程文化,也同样会作为水工程的另一种存在形态,即以心物层的文化形态,客观存在于社会。

水工程技术和水工程制度等原本就是水工程的心物结合形态的要素,即水工程文化和水工程活动交融的结合物,以一定的水工程思想观念,从各方面规定了水工程活动的某些行为准则,从而形成了水工程技术(包括规划、设计、施工、管理等各方面的技术)和水工程制度(包括规程、规范和定额、标准等)这样一部分水工程内涵要素。

由于这些水工程技术(包括规划、设计、施工、管理等各方面的技术)和水工程制度(包括规程、规范和定额、标准等)是水工程文化心物层的结合要素,所以能更清楚地表述水工程文化意识的蕴含内容。实际上,它们更多地是在水工程的具体活动中,转达水工程物质层反映而来的信息,或者说是对水工程文化的反馈。

这些由国家或地方制定并实施的若干水工程技术(包括规划、设计、施工、管理等各方面的技术)和水工程制度(包括规程、规范和定额、标准等),从空间概念上讲,就是在某一时间断面上的这一国家或地方上所付诸实施的水工程技术、水工程制度方面的水工程文化存在之"域"。

在水工程的具体活动中,对于原已形成或制定的水工程技术和水工程制度等行为准则,人们会感知它也许是合理的、有效的,也许是不太合理的、无效的,这都会在具体的水工程活动实践中得到验证。即使是原来行之有效的行为准则,也可能由于时间或空间的转移,人们生活需求、思想观念或客观环境的改变,都将对它的实施验证起着不同的影响作用,使其有效的成分和分量受到削减,甚至可能逐渐已与现实不相适应了。这就是在实践的验证中,将具体适应程度的信息反馈到水工程文化处,由水工程文化对自己进行重新检索,为水工程文化的重新构成提供了必要的、直接的信息资料。而新构成的水工程文化,又将与水工程活动再度重新交融结合,产生出新的水工程技术和水工程制度等,从而推动了水工程总体的发展提高。同时,这种来自水工程技术和水工程制度等的信息反馈,也不能不说是水工程文化发展演进的一种有效动力。

　　某一由国家或地方制定并实施的若干水工程技术(包括规划、设计、施工、管理等各方面的技术)和水工程制度(包括规程、规范和定额、标准等),在水工程活动中,从起草,到批准实施,到废止,也就确定了这一水工程技术或是这一水工程制度的水工程文化之"域"。而某一水工程技术或某一水工程制度虽未废止,但在水工程物化活动中,早已不为人们使用,成为名存实亡的水工程技术或水工程制度,从名存实亡起到废止,属不属这一水工程技术或这一水工程制度的水工程文化之"域"? 从这一水工程技术或这一水工程制度来说似乎已无使用者,可以从水工程文化之"域"中剔除,其实不然,否定或废止这一水工程技术或这一水工程制度,同样是人们的水工程文化之"意",故仍应将否定或废止这一水工程技术或这一水工程制度的水工程文化之"意"纳入其"域"内。

　　总之,水工程物和水工程技术、水工程制度等其他水工程内涵要素对水工程文化的一切表述和反馈,也说明了水工程文化之"域"的存在范围。这些,也表明了它们在整个水工程内涵中所体现的水工程文化之地位和意义,也从另一个角度论证了水工程文化的性质。

　　通过对水工程文化存在形态、思想意识、核心本质、存在区域四个方面的简要陈述和论证,人们大略可清楚地了解和认识水工程文化的基本性质,也奠定了"水工程文化学"的基本内容和要素,为人们阐明了一条基本的研究方向,以便于继续展开对其他方面的研究,包括对"水工程文化学"的各分支学科的深入探索,以求取水工程文化学体系的更全面和更完善的构成。

第五章　水工程文化的框架结构

第一节　水工程文化结构特征

　　水工程文化结构,即指水工程文化内涵中各种要素的构成。"水工程文化内涵"在第一章已作过介绍,并给了内涵范畴的定义,依据这个给定的内涵范畴,还可以在水工程物质实体之中所蕴含之水工程的精神文化中,找到一系列满足这一定义的要素,如水工程知觉、水工程情感、水工程观念、水工程意识、水工程思想、水工程精神、水工程思潮等,这些要素的构成规律、特征以及所构成的水工程文化体系状况等,都是要深化研究的问题。

　　对这些问题的研究,可帮助人们认识:在不同的水工程活动中,所支配的水工程文化内涵要素,是各不相同的。亦指各个水工程文化要素,在水工程的活动中,所起的支配作用是各不相同的。这样,人们对水工程文化运用上的具体功能、作用就能更明确了。也更清楚水工程文化所给定的不只是一个概念,而且是人们久已渴望认识的一系列客观意识形态的存在。对水工程文化运用上的具体功能、作用的认识,比对水工程文化内涵的给定更为重要。水工程的内涵及一般的文化内涵要素结构,都是由表层、中层和核心层构成的立体结构。而水工程文化的内涵诸要素结构却有所不同,水工程文化内涵的诸要素,存在着一个共同性质,即意识形态的潜在或客观认知存在,各要素间的相互关系或联系状况是平等的、并列的。如果从人类文化总体的构成细胞上看,这些都是核心层的分子,并无里外之分,是一种平面结构的"组成体系"状况,这就是从总的方面来看的文化结构的基本性质。但如果与较相近概念的水工程内涵、一般文化内涵的要素结构比较,则它们的具体的性质特征又是不同的。

一、水工程文化结构与一般文化结构的比较

　　探讨水工程文化结构与一般文化结构的区别和联系,可从结构的学科、型体、内容、性质、体系等几个方面着手。

　　第一,是研究这两种结构的学科不同。尽管水工程文化也可以说是文化结构中的一个要素,但研究一般文化结构并不包括水工程文化结构。研究一般文化结构的学科是文化学或文化人类学,虽然至今尚未有一部较全面的、完整的、规范的文化学的著作面世,但文化结构已为文化学所研究,却也是无疑的。而文化学研究的主要是本论述中理论上的有关问题,它并不研究所含要素的各个具体问题。各要素的具体

框
架
结
构

问题,由各具体学科研究,这当然也就不包括水工程文化结构的问题;水工程文化结构由水工程文化学研究,当然水工程文化学也就只要研究水工程文化结构的问题和结构内要素以及要素间的关系等基本理论问题。至于要素在水工程形成的过程中的具体作用问题,本学科则不去涉及。在科学之林中,研究文化结构的文化学和研究水工程文化结构的水工程文化学是并列的,文化学并不包容水工程文化学。而且,同为人文科学的范畴,研究这两种不同结构的学科必然是不同的。

第二,是结构型体的不同,指一般文化要素和水工程文化要素在各自结构中的位置分布状况从轮廓上看起来的型体区别。人类文化包容的要素很多,是很难在一部书中完全尽述和罗列的,不过这些要素的存在都有一定的客观规律,人们分析了这一规律以后,给予系统化排列,并将各要素的存在形态类别的不同作了一个形象的比喻,引入类似人类生存的这个地球的球体作比喻,即把要素中有形的物质看作是这个球体的表层,把无形的精神或心理要素认为是核心层或深层,而把似有形似无形的心物结合要素归在中层,从而构成一个完整的球体;对水工程文化要素的分析,同样也引入这个球体作比喻,既然文化是仅以意识形态而存在的,当然其要素都是在这个球体的核心层。如果将这个球体剖开,文化结构仍有上中下三层,水工程文化结构则仅有其下层。显然,文化要素的结构是立体的。而水工程文化要素的结构是平面的。

第三,是结构内容的不同。这是指结构内要素的成熟程度的区别。文化结构内的各要素发展至今,基本上有各自较成熟的概念以及对其进行专门研究的具体学科,所构成的文化结构整体框架稳定、构成清晰,文化内涵和性质一经给定,文化结构框架便随即形成,且内涵各要素也自觉地跃入就位。而水工程文化内的诸要素尚处在水工程文化被揭示时期,目前,尚未有较统一和成熟的概念,也基本上没有对某一个要素专门研究的具体学科出现,虽然人们对水工程知觉、水工程情感、水工程观念、水工程意识、水工程思想等各要素的词语也常有使用,但概念都不甚清晰,水工程文化的揭示,所面临的正是这些概念还相当模糊的诸多要素,故其要素的结构形成当然不易,也将有待随水工程文化研究的深入而给予充实、修正,逐步入位。所以,一般文化结构内要素已基本成熟,结构形成较易,而水工程,文化结构内要素尚未成熟,故其结构形成较困难。

第四,是结构性质的不同。主要是结构存在性质的区别。文化三层的立体结构存在完整,有形、无形、有形无形相结合的存在构成全面,对各要素的研究或要素研究间的相互协调,都能在文化结构内得以完成,无形源于有形,有形决定无形,有形也通过无形而得到抽象、升华,无形则给有形予指导和支配,且在有形与无形之间还有一个过渡、调和的有形、无形结合部,更能起到对有形和无形的协调作用,结构内若有矛盾都能在自身结构中解决。而水工程文化存在的平面结构,从人类文化总体看来显然是片面的、不完整的,且以其只有无形的存在而显得抽象,自身的感觉无法在自身结构中得到表达(自身没有表达功能),感觉正确与否,自身也无法检验。这些,都必须在结构外寻找表达和检验,并给予修正。因此,文化结构具有完整性和全面性,水工程文化结构却表现为局限性和片面性,这在水工程文化的研究中,当引起足够的重视,并要找出相应的研究方法和对其相宜的运用选择。

第五,是结构体系的不同。即各自结构内要素所组成之网络的区别。文化结构不仅各层面要素以及各要素本身组成大小不同的学科研究网络系统,而且总体结构也构成了一个总的科学体系,各种大小系统既相互交错,又各自成网络,相互呼应,实为一个复杂而又清晰的结构网络体系。水工程文化在大文化总的网络体系中,自成一个独立的小网络体系,一方面既符合总体网络构成的科学规律,纳入科学研究总体的大循环的运转中;另一方面又在自身独立的小网络中自成循环系统,有自己独立的工作运转程序。显然,文化结构系统与水工程文化结构系统不仅是大小系统的差别,而且还是子母系统的关系。

二、水工程文化结构与工程结构的比较

仿照上述五个方面,水工程文化结构与传统水工程学的"水工程"内涵要素结构进行比较,前者又有新的特征,且两者也有不同的区别和联系。

第一,从两种结构的研究学科上看。虽然传统水工程学并未正式提出过"水工程"要素结构的概念,但综观各个时期发展而来的传统水工程学,实际上仍是有明确的"水工程"内涵要素的,当文化概念以及文化科学体系形成以后,将这一科学理论也应用于传统水工程学的"水工程"内涵要素的分析上,则水工程要素结构还是客观存在的。以目前研究水工程的学科看来,目前,水工程学是有所涉及的。对这些水工程要素,传统水工程学早已有所研究,显然,这些要素的结构,仍然应划归传统水工程学或水工程学研究为妥。而水工程文化学研究的水工程文化结构,在水工程文化揭示阶段,已然明确,并且是在传统水工程学之邻,专门建立起来的。那么,在共同对水工程的研究上,使两者有着紧密的关系,应各自研究自己的结构内要素。传统水工程学习惯被认为是自然科学,也因为水工程在实施过程中又涉及许许多多社会问题,它实际上还是一门社会科学;水工程文化学却是人文科学,但其涉及服务于提高水工程文化内涵和艺术品位的相关技术,又属于自然科学范畴。这样,就需按其主要研究对象来划分。前者归入自然科学,后者划归人文科学。

第二,从两者结构的型体上看。如果也引入文化结构理论以及也将人类生存的地球作比喻,传统水工程学的"水工程"要素结构对象主要是物质形态和心物结合形态,当然就在这个球体的表层和中层;而水工程文化结构内要素则主要是取传统水工程学未曾正视的水工程的意识形态为对象，是这球体结构的核心层。所以，若将水工程视为一个完整的球体的话，传统水工程学的"水工程"要素结构和水工程文化结构正好构成了这一完整的球体。若也将这个球体剖开，前者拥有上、中两层，似乎仍是一个立体结构；后者仅拥有其下层，则当然是平面结构。

第三，从两者结构的内容上看。自人类的水工程出现之始，传统水工程学的"水工程"诸要素，便成为人们所探讨的对象和内容，直到人类文化结构理论的建立时，这些要素已为人们所熟知，纳入文化结构框架已是自然而然的事情了；水工程文化结构则是文化理论被广泛运用之后的产物，当人们给定水工程文化这些内涵要素时，这些要素才引起人们的特别关注和专门探讨，严格地说，这些概念才以水工程文化要素的崭新的、准确的身份出现。所以，水工程文化要素比起传统水工程学的"水工程"要素来，要年轻多了，可以说是刚出土的树苗。

第四，从两者结构的性质上看。传统水工程学的"水工程"内涵，基本上只有有形、有形无形相结合两类要素。在传统水工程学里，所表达的只有有形无形相结合的要素，对有形要素进行指导和支配的，也只能从其有形无形结合要素里去找依据，甚至错误地孤立了这两类要素的相互关系，致使水工程活动时有走向极端的现象出现；水工程文化要素则似乎是站立在传统水工程学的"水工程"内涵要素对面，且仅以无形的意识形态隐秘地存在，但自身却没有表达其意识的功能，但它恰恰正是传统水工程学缺限的补充。可见，传统水工程学的"水工程"内涵要素结构和水工程文化结构都有一定的局限性和片面性。然而，两者在对水工程的这一统一对象的研究上，若能相互友好地引为知己，却也不失完整性和全面性的协调结构性质。

第五，从两者结构的体系上看。如果说传统水工程学的"水工程"内涵是一个大的网络体系，则这一大体系中还包含两个小的网络体系，即物质形态和心物结合形态的两个系统，这两个系统看起来似乎是平等的、并列的，实际上在传统水工程学里，通常视物质形态系统较心物结合形态系统重要，这才有了"传统水工程学"为自然科学范畴的普遍流行概念，故这两个似乎是平等的系统仍略有大小之别；水工程文化结构体系依传统水工程学的"水工程"内涵结构体系之旁而构成，自成独立的网络系统，尽管在水工程文化揭示时期，其网络分布尚不很清晰，但在其独立的体系内也没有与其他存在形态交叉的复杂现象。故而，两者的结构体系是有明显区别的，不过，如果用一种不带任何色彩的眼光去研究水工程全部的内涵结构，可以发现，传统水工程学的"水工程"内涵结构之两个略有大小的网络，似乎可与水工程文化结构网络并称为三个小系统，共同组成了一个完整的对水工程总体进行研究的大系统。

第二节 水工程文化体系的组成

水工程文化体系,主要是指水工程文化内涵要素以一定的结构方式组成的系统,称之为水工程文化要素结构系统。水工程文化体系的组成,是以其客观存在的要素群结构为依据的。根据各要素的原型归属状况,主要是从水工程哲理要素、水工程伦理要素、水工程心理要素三个方面进行探讨的。

一、水工程哲理要素

(一)要素构成

水工程哲理要素,是指水工程哲学理论的要素群。具体为:有关水工程的物质与意识或精神、存在与思维的关系,以及水工程内涵构成的辩证关系和在社会环境中的地位、性质、作用等水工程要素。这一要素群主要包括水工程精神、水工程意识、水工程思维、水工程思想、水工程观念、水工程信仰、水工程真理、水工程理念以及水工程思辨等。

水工程精神,是指人们对水工程的意识、思维或心理活动的高度概括,是水工程的意识形态的最高境界。水利业界通过对古代的大禹精神、李冰精神和现代的红旗渠精神、九八抗洪精神的概括和提炼,打造现代核心价值观,加速现代水利的发展,便是明证。

水工程意识,是人脑机能对水工程客观存在的主观反映,是人的第二信号系统受水工程信息刺激后,高级神经活动的反射。它一方面是人之意识对水工程物质的存在的反映,另一方面又是人之意识对水工程活动具有能动的支配作用。水工程意识,包括了感性的水工程意识和理性的水工程意识两部分。"不垮、不漏,流量过够"是感性意识对水工程的反映;"水生态文明"是理性意识对水工程的反映。

楚人的河流文化意识,在左传《哀公·哀公六年》中有清楚的揭示:"初,昭王有疾。卜曰:'河为祟。'王弗祭。大夫请祭诸郊,王曰:'三代命祀,祭不越望。江、汉、睢、章,楚之望也。祸福之至,不是过也。不谷虽不德,河非所获罪也。'遂弗祭。"

楚昭王的卦师应是国师级的人物,卦师说:"黄河之神在作怪。"理应有据,因为当时黄河是国脉,引导中华文明主流,已是社会共识,但楚昭王不信邪,他的理念是河流文化意识,楚昭王的账算得很清楚,"江、汉、睢、章,楚之望","祭不越望",黄河之神,不关我楚国的事,尽管祭祀是舆论动员、心理疏导,楚昭王还是不想费那个闲工夫,要祭就祭江神,不祭河神。难怪孔子赞曰:"楚昭王知大道矣! 其不失国也,宜哉!"这个"大道",就是对长江、对楚水文化的自信。

水工程思维，是人脑对水工程客观存在的、间接的、概括的反映，是以语言为工具，对人们感受到的水工程感性材料进行的由表及里、去伪存真的分析和综合的能动过程，且以揭示水工程的本质和规律为最终目的。水工程思维包括逻辑思维和形象思维。逻辑思维能力是指正确、合理思考的能力，即对水工程进行观察、比较、分析、综合、抽象、概括、判断、推理的能力，采用科学的、符合逻辑的方法，准确而有条理地表达自己思维过程的能力。形象思维是依靠形象材料的意识领会得到理解的思维，从信息加工角度说，可以理解为主体运用表象、直感、想象等形式，对研究对象的有关形象信息，以及储存在大脑里的形象信息进行加工（分析、比较、整合、转化等），从而从形象上认识和把握研究水工程的本质和水工程规律。抽象思维与形象思维不同，它不是以人们感觉到或想象到的为起点，而是以概念为起点去进行思维，进而再由抽象概念上升到具体概念——只有到这个程度，丰富多样、生动具体的水工程才能得到了再现。

水工程思想，是人们对水工程的感性材料、运用思维机能进行加工、制作、结构的结果。这一结果，具备了对水工程活动的指导性质，是以是否能促进水工程活动的健康发展为标准，来判断水工程思想的正确性。《圣经》说，上帝面临大洪水时提出："我却要与你立约，你同你的妻，与儿子、儿妇，都要进入方舟。"在这里《圣经》第一次提出契约思想，由此构成西方核心价值观。

水工程观念，是指人们在头脑中形成的、较为长久而稳定的或相对永恒不变的，对水工程之认识思想，是在水工程活动中，经过较长时期的反复加工制作或思索后，所形成的较固定的看法或思想。传统水利是"使水利人"的"水利"的观念，现代水利的观念则是资源水利、数字水利、民生水利、人文水利、利水水利、生态水利等观念的综合发展。

水工程信仰，是指对某种水工程精神的极端尊崇，所形成的支配水工程行为的观念，是以这一水工程精神为固定反射条件的特殊反映。中华先民自古就有水神崇拜、龙（神）崇拜的传统。佛教有十大水神、十大河神、十大海神；道教神仙谱系除有对三官（天官、地官、水官）的崇拜外，还有对玄武（原型为水族龟蛇）的崇拜，后又不断地将治水英雄鲧（玄武）、大禹、李冰、许逊（晋代道士）等纳入自己的神仙谱系，以增进本宗教的亲和力和人与水患斗争能保平安的现实感。民间还把姜尚、晏敦复（宋平浪侯）、妈祖等能与水可以联系起来的人，作为水神，予以供奉。

水工程真理，是人们对水工程的客观存在及其客观规律的正确的主观反映，它来自于人们的水工程活动的实践，又同时需要接受水工程活动实践的检验，它是在与水工程谬误的比较和斗争中而存在和发展的。但是，水工程真理的绝对内容又是相对的，是绝对和相对的辩证统一。

水工程思辨,是指以水工程的先验理论为出发点或依据,运用逻辑方法推导过程所进行的纯水工程理论的思维,是一种完全脱离水工程实际的理性的人脑神经活动过程。

水工程理念,是指人类对水工程永恒不变的认识,并认为这一主观认识与水工程客观存在是绝对统一而形成的观念。它不受任何水工程经验和人们认识条件演变的限制,是绝对合乎理性的观念,也是人类水工程本原的唯一。

中华民族的水工程理念从古代到现在走过了一条道器结合至道器分离再至道器结合的路。《周易·系辞上》云:"形而上者谓之道,形而下者谓之器。"大禹、李冰治水,都是讲道制器、道器结合的。中华民族始祖的行而论道、道器结合发展到春秋时代的孔子那里,却变成坐而论道、重道轻器、道器分离的理论导致清代的科技落后。物极必反,后来清代的洋务运动又产生了重器轻道的思想。这两种倾向,此起彼伏,此消彼长,一种倾向掩盖另一种倾向。重道轻器,被动挨打;重器轻道,迷失自我。新中国成立以后,百废待兴,国力虚弱,生产力低下,首先要解决基本的民生问题、温饱问题,水利主要为农业服务,那时渠道设计、施工的标准是"不垮不漏,流量过够",重器不重道。特别是"大跃进"时期,尤其是如此,很多水工程急于上马,粗大笨且质量极差,只谈器的存在,不谈道之必要,同样是道器分离。现代水工程就不能这样了,水工程在兴建前就要认真规划、设计,不仅要求其具备有形的功能,还要具备无形的功能,讲道制器、道器结合。

讲道制器、道器结合之道,也是在不断变化和发展的,传统水工程大多只讲能具备有形功能的自然科学之道,而如需制有文化内涵的水工程之器,则就必须具备既讲自然科学之道,还要讲哲学社会科学之道,讲能融这两种科学于一体之道。换句话说,即要让自然注入文化,让文化凸显自然。只有讲融有双重科学之道,才能制出有一定文化内涵、高品位的水工程之器。

(二)水工程与哲理

在《蜀水文化概览》中,将蜀水哲理概括为道法自然、适度干预、生态平衡、人水和谐。这四个要素,共构了蜀水哲理。

现有观念认为,中西处理人与自然关系的哲学理念是不同的,即天人合一与天人二分。

上古历史表明,中华民族在洪水面前是积极有为的,从神话精卫填海、女娲补天,到大禹治水,莫不如此;《圣经》在创世纪中描述的西方先民,在洪水面前定乘诺亚方舟而去,采取逃遁、躲避、等待的方法。

"道法自然"与"天人合一"这两个概念既有联系又有区别。

《道德经》曰:"人法地,地法天,天法道,道法自然。"显而易见,在这种语法结构

163

中，"法"后面跟的是名词，因此"道法自然"的自然，是涵盖天、地、人的巨系统，"天"仅是自然中的组成部分。汉代董仲舒的"天人一也"主要指：人源于天、天人同类、天人通理、天人感应、君权天授；宋代张载的"天人合一"主要指天人一气、万物一体、主客合一。在儒家眼里"天"有多重含义：主宰之天、命运之天、义理之天、人格之天，而自然之天的含义，是今人附加的。

"道法自然"中突出的是"法"，"天人合一"突出的是"合"。在《道德经》中，关于"法"的依次逻辑递进中，"法"是法则，是顺应、遵照客观规律；而在"合"的理念中，天人关系是本原与派生的关系、决定与被决定的关系，天与人的互动不是均衡的，天是人世生活的最后希望和凭依。

"天人合一"的哲学思维始终没有彻底摆脱宗教神秘主义的纠缠，陷入本体论的困境；它阻碍了人类对自然进一步了解和认识，人对"天"的研究长久地被限定在经验的狭隘的空间里，陷入目的论的困境；按照"天人合一"哲学思维下的认识方法，人不必对自然界进行客观化、概念化的分析，又陷入认识论的困境。西方在天人二元、主客二分哲学思维指导下所取得的高度的近代工业文明，把人类带到了一个前所未有的发展高度。但是这种凭着人类一厢情愿而创造出的这个世界，在为人类带来幸福的同时也带来了灾难[①]。

蜀水哲理的实质是扬弃天人合一与天人二分的缺陷，取其中道，既克服了传统的"天人合一"观的人的主观能动性被遮蔽的缺陷，又剔除了西方"天人相分"观的人的盲目自大的因素，把人的主体性和自然的规律性和谐统一起来，人与自然的关系是既"合"又"分"，既"分"又"合"，演绎出道法自然、适度干预、生态平衡、人水和谐的模式。李冰凿离堆正是对自然适度干预的典范，而当今岷江上大大小小的引水式电站，将"竭泽而渔"变成"竭泽而电"，造成大段大段的脱水段，生态基流已归零，生态平衡遭到破坏，这正是片面追求发电利益最大化、过度干预自然的恶果。

二、水工程伦理要素

(一)要素构成

水工程伦理要素，是指人们在水工程发展的过程中形成的相互关系准则和道理的要素群，即水工程伦理关系的要素群。它主要包括：人们在有关水工程活动中的社会道德、人们在水工程建设过程中的道德规范以及人们对这些道德品质的培养、教育等问题之水工程文化要素。主要包括水工程道德、水工程信念、水工程理智、水工程修养、水工程风尚、水工程意志、水工程情操、水工程欲念等。

水工程道德，是人们在有关水工程的一切活动过程中，必须遵循一定行为规范和

---

① 朱松美.中国"天人合一"哲学思维的智慧与困境[J].东岳论丛,2005.(1)。

行为准则所具备的思想品质和心理意识。这些意识,是建立在一定的伦理思想体系之上的,在不同的伦理思想体系背景里,便形成了不同标准的水工程道德。

水工程信念,是指对某种已有的水工程思想观念或理想的真诚、自觉的信服,并具有支配某种水工程活动趋向的欲望,是认识和情感的有机统一。

水工程理智,是指人们在有关水工程活动中,合乎原则性和逻辑性的理性思维活动的思想意识,是一种具有不受客观情绪影响和干扰的理性能力的意识。

水工程修养,是指人们通过自我改造和锻炼在思想上所形成的合乎既定水工程道德标准的品质。而且,这种品质已成为人们的水工程意识构成中的一个有机成分。

水工程风尚,是指在社会水工程活动中形成的、对人们所要求的某种水工程道德趋向的品质,这种所形成的道德品质带有较强的社会性或普遍性。

水工程意志,是人们运用某种水工程道德的必然性,而为了去实现某一既定的水工程目的所产生的意识。它一方面要依循水工程道德规范,另一方面又具有能动的水工程意识取向。《圣经》把大洪水视为上帝对人类原罪的惩罚,通过洪水对人类进行优胜劣汰,重新组合,体现了上帝的水工程意志;大禹治水,"劳身焦思,居外十三年,过家门不敢入",体现人类的水工程意志。

水工程情操,是指人们在水工程过程中所持有的水工程情感和道德操守两者相结合的特殊的意识,其既有情感驱使动力,又有操守约束规范,是一种带有一定感情色彩的水工程修养。

水工程欲念,也就是水工程欲望,是人们对水工程的需求的意识,它是人们心理意识需求的正常现象,但这种需求的满足和实现却要受一定水工程道德规范的限制。

(二)现代水工程伦理观

黄河水利委员会提出了较为系统的现代河流伦理观:

第一,河流是有生命的。河流伦理建立在承认和尊重河流生命的基础上,目标是维持河流健康生命。河流生命的形成、发展与演变是一个自然过程,有其自身的发展规律,并对外界行为有着巨大的反作用力和规范性。其流量、流态、洪水、湿地、水质共同构成了一种波澜壮阔而又互相耦合的生命形态。

第二,河流是有价值的。河流具有自然价值和内在价值,河流伦理建立在承认河流价值的基础上。河流的存在除了对陆地生物提供生存环境以外,还以连续性、完整性及其生态功能展现出来,并通过它与地球生态系统的物质循环、能量转化和信息传输发生作用,维持着对于地球水圈的循环和平衡。其作为地质运动的产物,本身就已经揭示了自然的目的性和规律性。将河流看成是有生命的存在表明我们人类认同了河流的主动性、目的性和创造性,这意味着河流也是拥有内在价值和权利的主体。

第三,河流是有权利的。河流既是有生命的,又自身具有客观的内在价值,也就决定河流拥有多种权利，其中最根本的权利是生存权。它包括完整性权利、连续性权利、清洁性权利、基本水量权、造物权利。

黄河水利委员会提出的河流伦理观对水工程道德、水工程信念、水工程理智、水工程修养、水工程风尚、水工程意志、水工程情操、水工程欲念等做了很好的诠释。

三、水工程心理要素

(一)要素构成

水工程心理要素，即水工程心理过程的要素群。主要是指有关人们在水工程活动中的心理状态、心理过程、心理规律、心理作用等内容的水工程文化要素。这一要素群包括水工程感觉、水工程知觉、水工程表象、水工程记忆、水工程想象、水工程联想、水工程认识、水工程情感等主要成分。

水工程感觉，是人脑对直接作用于感官的水工程，客观存在的个别属性的反映。如水工程的型体、颜色、构件、空间、体量等，都可能成为刺激感官的信息，传入神经中枢而在头脑中得到反映，这是一般水工程心理活动的基础。

水工程知觉，是人脑对直接作用于感官的水工程客观存在的整体的反映，是所有个别属性的水工程感觉的总和，也是依赖于过去的水工程知识和经验而形成的。主要包括水工程空间知觉、水工程活动知觉和水工程时间知觉三部分。

水工程表象，是通过水工程感知(水工程感觉和水工程知觉的统称)而在人脑记忆中保存下来的水工程的形象。这一形象，是水工程感性认识中具有形象性和初步概括性的认识，也是水工程感性认识向水工程理性认识过渡的中间环节。

水工程记忆，就是人脑对过去经过的水工程的反映。具体地说，即人脑对水工程信息的输入、编码、储存和提取的过程，又可分为识记、保持和回忆三个基本环节。

水工程想象，想象，是指为了艺术的或知识的创造的目的，而形成有意识的观念或心理意象，是人脑在过去形成的水工程表象的基础上，所进行新的创造的水工程心理。这里有两层内容，一层是有过去形成的水工程表象或水工程感知材料作基础，另一层是所进行的新创造必须是从未感知过的，甚至是现实中不存在的水工程形象。

水工程联想，是由已经知觉的水工程表象唤起其他水工程的印象的水工程心理过程，是对客观存在的水工程与水工程在人脑之中的相互反映。这种反映，通常是取决于人对客观联系之已知的水工表象产生的印象和主观意识上的定向兴趣这两个因素。对水工程文化的设计者，想象、联想是极为程重要的素质，中国古代的建筑、桥梁、阵法等都自觉或不自觉地与北斗七星联系起来。最著名的是成都七桥。《华阳国志·蜀志》记："长老传言，李冰造七桥，上应七星。"按天象北斗七星来规划桥群，李冰"修七桥，上应七星"是创造水工程文化想象力的杰出典范，值得借鉴。

水工程认识，是人脑对水工程客观存在现象及其本质的反映，包括感性的水工程认识和理性的水工程认识,前者是直观的、表面的、现象的水工程认识,后者是间接的、抽象的、本质的水工程认识,两者由表及里构成了完整的水工程认识。

水工程情感,是人们对水工程认识的态度的体验,由水工程是否满足人们的需求所形成。有满足需求的肯定的水工程情感,有不满足需求的否定的水工程情感。通常还包括水工程情绪和水工程感情两类,前者侧重于本能水工程需求的体验,后者则偏重于非本能水工程需求的体验。

(二)水工程心理要素的影响

水工程感觉、水工程知觉、水工程表象、水工程记忆、水工程想象、水工程联想、水工程认识、水工程情感等水工程心理要素的影响,对水工程文化学、水工美学的创造性活动至关重要。《水工美学概论》提出:"'以人为本'体现在水工美学中,就是要突出'四人':有'形'无'景',不引人,'形''景'兼备,方能引人入胜;有'景'无'情',不动人,触景生情,方能动人心弦;有'情'无'理',不度人,由'情'参'理',方能发人深省;有'理'无'市',不惠人,市场开拓,方具可持续性。"就已经把水工程的哲理、伦理、心理诸要素融合在一起,构成水工程的审美标准。

《岳阳楼记》之所以千古流传,固然有"先天下之忧而忧,后天下之乐而乐"的警句的画龙点睛,更重要的是导出这一名句的形、景、情、理的逻辑结构,这一逻辑结构对水工程文化景观规划、设计的创意至关重要,目前水利风景区对造景颇为着力,但大多忽视对情、理要素的理解和阐发。

《岳阳楼记》顺次揭示的是 "衔远山,吞长江" 是构形。

"淫雨霏霏,连月不开,阴风怒号,浊浪排空;日星隐曜,山岳潜形;商旅不行,樯倾楫摧;薄暮冥冥,虎啸猿啼"是负景,"春和景明,波澜不惊,上下天光,一碧万顷;沙鸥翔集,锦鳞游泳;岸芷汀兰,郁郁青青。而或长烟一空,皓月千里,浮光跃金,静影沉璧,渔歌互答"是正景。

"去国怀乡,忧谗畏讥,满目萧然,感极而悲"是忧情;"心旷神怡,宠辱偕忘,把酒临风,其喜洋洋"是喜情。

抛出负景,写出"忧",注意彼"忧"为一己之"忧";随后抛出正景,写出"乐",一"忧"一"乐",构成强烈对比;随后再回到"忧",此"忧"已非彼"忧",已是忧国忧民之"忧";最后对"忧"提出设问,"是进亦忧,退亦忧。然则何时而乐耶"? 回到"乐",由此 "先天下之忧而忧,后天下之乐而乐"喷薄而出,应运而生。

先组形,再设景,继生情,复成理。千古名句"先天下之忧而忧,后天下之乐而乐"是哲理,是点睛之笔,它的导出依托的是一个完整的逻辑。

水工程文化景观的概念设计,应像《岳阳楼记》一样,应有一个完整的逻辑,一要简约,二要贯穿始终,设计者要忠实于自己的逻辑,要调动各种手段表现这一逻辑。

水工程文化的这三个要素群,相互关联、相互交叉。例如,水工程心理要素群,其水工程心理有三种基本过程,即对水工程的认识过程、对水工程的情感过程和对水工程形成决策的意志过程。水工程认识过程,又包括水工程感觉、水工程知觉、水工程表象、水工程记忆、水工程想象、水工程思维等,其中水工程思维便是水工程哲理的基本要素,而水工程意志又是水工程伦理中的一个要素。

同一要素在不同要素群中,其意义也各有侧重。如水工程意志,虽归属水工程伦理的要素,专指遵循水工程道德规范而言的意志,但从水工程哲理上看,水工程意志仍然是一种意识,而对水工程心理来说,意志则是指一种有选择性的心理意向。因此,水工程文化要素群的划分,仅是一个大略的轮廓,是为了水工程文化研究和具体运用的需要而罗列出来的,不必过于强求要素群里各种要素之间的界线都十分分明。因为,水工程文化本身就是一个非常复杂的构成,过于限定各要素内涵和意义,反而束缚了人们对水工程文化理性认识的发展以及对水工程文化研究的现实作用。

况且,水工程文化要素并不止这些,另外还有一些原型归属于其他意识形态的学科中的水工程文化要素,也可纳入这三个主要要素群中。例如,水工程宗教,是指人们在水工程活动中所具有的那一种超自然、超现实的意识,而且在不同的宗教背景里会形成不同内容的这种超自然意识,这就可归属于水工程哲理要素群。又如水工程逻辑,是指关于水工程的各种科学方法的思维,显然可归入水工心理要素群。再如水工程美学,原意就是水工程感觉学,其最主要的水工程感觉或水工程美感要素,更是属于水工程心理要素群的范畴。

综上所述,水工程哲理要素、水工程伦理要素、水工程心理要素可组成水工程文化的要素群体,三者既相对独立又相互交叉,由此构成水工程文化结构框架。

宗教在古代水工程文化形成、发展、传播过程中,起到一定作用,涵盖哲理、伦理、心理诸多方面。一方面,国家力量在治水活动中常常借助、利用宗教统一思想、引导舆论、动员群众、组织社会,完成治水的预定目标;另一方面宗教对治水文化进行植入和改造,从而丰富自身的理论和实践。

第六章　水工程文化的区域特征

水与水工程文化的空间分布主要体现在地域性和民族性两个方面。水与水工程的地域性主要表现在流域性上,例如,我国宏观上可按六大流域(太湖文化纳入长江流域下游文化范畴内)来区别不同的河流(工程)文化,可以分别研究它们各自的水与水工程文化特征;水与水工程文化的民族性则为讨论国内主要少数民族的水与水工程文化特征和对中西水与水工程文化作一简单比较。

第一节　水工程文化的地域性

　　水生民,民生文,文生万象。不同的河流(工程),养育了不同受益流域的人民;不同流域的人民,生成了不同特色的流域文化。

一、黄河文化

　　黄河流域界于北纬32°至45°,东经96°至119°,南北相差13个纬度,东西跨越23个经度,集水面积75.2万多平方千米,多年平均输沙量约16亿吨。含沙量大、几字弯纵跨13个纬度、地上河是黄河河流形态的主体特征。含沙量最多是黄河区别于世界上其他大河的独有的特色。黄河文化具有先导性、开放性、多源一体性三个特点。水沙激荡演绎着黄河文明史,水来则沙来,沙来则造(河)床,沙淤则水溢,水溢则失稳,形成"善淤、善决、善徙"的独特型态,有别于世界其他河流。大漠的黄色,高原的黄色,水流的黄色,麦粟的黄色,种族的黄色,赋予中华文明雄浑、沉稳、厚重的内涵。

　　李白的"君不见黄河之水天上来,奔流到海不复回"(《将进酒》)抓住一头一尾,揭示黄河大系统的雄浑;王维的"大漠孤烟直,长河落日圆"(《使至塞上》)描画出黄河的圆直、纵横构图的雄奇;刘禹锡的"九曲黄河万里沙,浪淘风簸自天涯。如今直上银河去,同到牵牛织女家"(《浪淘沙》),演奏出水沙激荡旋律的雄壮,将黄河与银河并列,突出黄河的神圣和崇高。

　　黄河文化由三秦文化、中原文化、齐鲁文化组成。

　　在黄河上段,河与大漠伴行,北流造成13个纬度的跨越,造就农耕文明与游牧文明的碰撞、交叉、融合,形成三秦文化(亚文化河湟文化),"回首可怜歌舞地,秦中自古帝王州"(杜甫《秋兴八首》其六),为三秦文化定位。粗犷、豪放和较为开放的特性;安土知足的处世态度;重农轻商的经济传统,务实、厚重的民俗文化传统;讲求实际、量入为出、奉行节俭、待人诚实、不讲客套、不慕虚名、不谈玄理的民风。

在黄河中段,由中州文化、三晋文化共组的中原文化展现出:祖根性(帝都文化)、延续性、创造性、兼容性;地上之悬河,寓意高高在上之君临天下的威严。激荡的壶口瀑布,犹如中华文明的源头与核心。黄河郑州段的特点为悬河头、华北轴、百川口、万古流。河洛文化则是该段黄河文化的核心,具有根源性、传承性、厚重性、辐射性四大特点。中原人的勇敢、坚定、倔强、雄浑、宽厚决定了中原文化的厚重、博大、宽广的精神品格,也决定了中原文化生态的原生、多样、茂密、外衍的特点。

黄河下段,流域面积虽然比较小。但由于黄河泥沙量大,下游河段长期淤积形成举世闻名的"地上悬河",黄河在出海口源源不断地造陆,彰显了齐鲁文化的创生性。几千年来,在华人意识形态领域高居统治地位的儒家学说就诞生于齐鲁大地。

齐国"民阔达多匿智"(《史记·齐太公世家》),"其俗宽缓阔达,而足智,好议论,地重,难动摇,怯于众斗,勇于持刺故多劫人者,大国之风也。""齐俗贱奴虏","逐渔盐商贾之利","齐、赵设智巧,仰机利"(《史记·货殖列传》)。

鲁国则《史记·货殖列传》称:"其俗宽、缓、阔达而足智,好议论",有"大国之风也"。"邹、鲁滨洙、泗,犹有周公遗风,俗好儒,备于礼"。其民"颇有桑麻之业""地小人众""好贾趋利"。

172   2500多年以前,孔子就指出了齐、鲁两种文化的差异:"知者乐水,仁者乐山;知者动,仁者静;知者乐,仁者寿。"(《论语·雍也》)道出齐文化属于智者型,鲁文化属于仁者型。齐文化是沿海文化类型,达于事理而周流无滞,有似于水;鲁文化是大陆文化类型,安于义理而厚重不迁,有似于山。齐鲁文化的汇合正是仁智合[1]。

二、长江文化

黄河文明连续不断,散发出阳刚之气;而长江文明断而又续,浸润着阴柔之美。

长江是世界第三长河,全长6397千米,水量也是世界第三。《国语》曰:"川,气之导也",水气交融揭示长江文明史,"水来则气来,水合则气止,水抱则气全,水汇则气蓄"(《山洋指迷》)。蜀文化的"生气",巴文化的"豪气",楚文化的"大气",吴越文化的"灵气",江流气场的浑厚、冲和、曲流、汇水的千姿百态,上下天光的一碧万顷,岸芷汀兰的郁郁青青,赋予长江文明的坚韧、灵动、博大的内涵。

早在春秋战国时期,诸子横议、百家争鸣,如果说黄河流域贡献了以孔子为代表的儒家学派,而长江流域则贡献了以老子、庄子为代表的道家学派,以及孙武、范蠡、屈原等一大批思想家,楚文化、吴越文化和百越文化交相辉映,大大丰富了中国文化的思想宝藏。中国道教四大圣地:湖北十堰的武当山、江西鹰潭的龙虎山、安徽黄山

---

① 周立升,蔡德贵.齐鲁文化考辨[R].山东大学学报(哲学社会科学版),1997(1)。

的齐云山、四川都江堰的青城山,均分布在长江流域。

在中华的地图上,黄河与长江的流向组成一个大鹏鸟的形状,上游是向西的鸟头,黄河的几字弯是鸟的右翼,长江的三角弯是鸟的左翼,中游构成鸟身,下游是散开的尾翼。这种构形和中华先民的图腾——太阳鸟,不谋而合,令人深思。蜀地的金沙遗址的四鸟绕日图案,楚地的高庙遗址飞鸟载日图案,吴越的良渚遗址的双鸟朝阳图案,说明长江文明均以鸟为自己部族的图腾,凸显系统性、趋同性。

长江文化由蜀文化、巴文化、楚文化、吴越文化组成。

蜀文化主要以川西成都平原为中心,巴文化起源于清江流域,楚文化以江汉平原为中心,吴越文化以为太湖流域中心。从源头上讲,如果说黄河文化的内涵是礼化,蜀文化就是仙化,巴文化就是鬼化,楚文化就是巫化,而吴越文化就是神化。

岷江水系的河流形态特征是:水出山而来,水态的树状分流、扇形扩张,浸润着"大道氾兮,其可左右"的"生气"。《水经注》误认岷江是长江正源,从另一侧面折射出对蜀水文化的认可。唐诗人齐己颂岷江曰:"玉垒峨嵋秀,岷江锦水清"(《酬西川楚峦上人卷》),《水经注》云:"岷山导江,泉流深远,盛为四渎之首"。《河图括地象》曰:"岷山之精,上为井络,帝以会昌,神以建福",岷江、岷山的神圣可见一斑,其主要地理特征是川西扇形冲积平原、城市建立在千里沃野之中。

巴文化的河流形态特征是:水穿山过,层岩叠嶂、险滩礁石,显示出通道式的输水形态,其以码头文化、航运文化,凸显"高江急峡雷霆斗"的"豪气"(杜甫《白帝》)。韦应物说嘉陵江:"凿崖泄奔湍,称古神禹迹""水性自云静,石中本无声。如何两相激,雷转空山惊。"(《听嘉陵江水声,寄深上人》)李商隐云:"千里嘉陵江水色,含烟带月碧于蓝。"(《望喜驿别嘉陵江水二绝》)《华阳国志·巴志》记载的巴人"其民质直好义。土风敦厚,有先民之流"。

"重迟鲁钝,俗素朴,无造次辩丽之气"。三峡"旦为行云,暮为行雨,朝朝暮暮,阳台之下","春冬之时,则素湍绿潭,回清倒影,绝多生怪柏,悬泉瀑布,飞漱其间,清荣峻茂良多趣味"(《水经注》)。《华阳国志》说:"江州(今重庆)险,其人半楚,姿态敦重。"主要地理特征是峡江台地,城市建立在万里波涛之滨。

楚文化的河流形态特征是:弯多、湖多、支流多,沙洲林立,充溢着"楚塞三湘接,荆门九派通。江流天地外,山色有无中"的"大气"(王维《汉江临泛》)。"山随平野尽,江入大荒流"(李白《渡荆门送别》》)。区别于蜀水文化的河流形态的树状分流、扇形扩张,楚水文化的河流形态则是"大荒"式的平面推进。《管子·水地》云:"楚之水淖弱而清",文学艺术的精灵注定要与"淖弱而清"的楚之水相匹配。《水经注》曰:"楚谚云:洲不百,故不出王者。桓玄有问鼎之志,乃增一洲,以充百数",可见河流形态对楚人的思维方式的影响。刘师培《南北文学不同论》云:"大抵北方之地,土厚水深,民生其间,多尚实际。南方之地,水势浩洋,民生其际,多尚虚无,故所作文,多为言志、抒情之体。"

宋玉《对楚王问》说,"有客里巴人"于楚都,"国中属而和着数千人"。当代考古发现东巴地多楚墓,鄂西楚地多巴物等,都说明先秦两汉时三峡地区是巴楚文化混合区。

吴越文化的河流形态特征是:溯江、环湖、濒海、弥漫着"水如棋局分街陌,山似屏帷绕画楼"水网交结的"灵气"。江南山水的阴晴变化,更使山川景物淡妆浓抹,多姿多彩。《水经注》记载浙东临平湖时说:"传言此湖草秽壅塞,天下乱;是湖开,天下平",民间已意识到水生态的好坏与天下的治乱紧紧联系在一起。《世说新语》"言语"记载,王武子和孙子荆各言其土地人物之美,王云:"其地坦而平,其水淡而清,其人廉而贞。"孙云:"其山崔嵬以嵯峨,其水甲渫而扬波,其人磊砢而英多。"地灵人杰,有什么样的山水,就出什么样的人物。《资治通鉴》说唐代就有"扬一益二"的断语,将扬州与成都并列。苏轼云:"吴蜀风流自古同",长江头尾的文化的同质性,显示长江文明的整体性和系统性。

三、珠江文化

珠江干流总长2214千米,流域面积为453690平方千米,海岸线长度为4963千米。单位汇流面积的海岸线是中国大河中最长的,为10.9米。河流的流向对河流文化产生重要影响,与黄河、长江的西东流向不同,珠江是多条江河自西、北、东向南而交汇珠江三角洲河网区,最后分别由八大口门(虎门、蕉门、洪奇沥、横门、虎跳门、磨刀门、崖门、鸡啼门)注入南海,整个水系呈扇状水系。江海汇流的形态,体现多元性和兼容性,多种文化在此相互碰撞、结合、交融形成江海一体的文化特质。

海岸线长短和出海口的多少是衡量河流文化的开放性的重要标志,与黄河、长江不同,黄河只有一个出海口,长江有两个出海口,珠江是江海一体的,有八个出海口,还有许多小的出海口。众多出海口、海港码头与珠江水系密切连接,大量移民由此走向海外,海洋文化也最早由此涌入中华大地。由于地势上受南岭的隔绝,珠江文化受中原文化控制偏少,同时也由于中原文化与海洋文化及本土文化碰撞,造成珠江文化的变通性。珠江文化较鲜明的特性有五个方面:一是海洋性、共时性、领潮性;二是多元性、包容性、开放性;三是重商性、务实性、时效性;四是敏感性、变通性、机缘性;五是平民性、平等性、自在性。

珠江文化以其多元、包容、开放的形态及实效性、适应性、发展性,与黄河文化、长江文化等江河文化共同构成了多元一体的中华文化的系统。珠江文化一可以跟世界的"水文化"观念对接,二可以跟黄河文化、长江文化并列。正如黄河文化系统有始祖黄帝、哲圣孔子,长江文化系统有始祖炎帝、哲圣老子,珠江文化也用自己的始祖舜帝、哲圣惠能构建自身的文化系统。李白诗云"黄河之水天上来,奔流到海不复回",写出了黄河文化的神圣、永恒;苏东坡词云"大江东去浪淘尽,千古风流人物",写出了长江文化的慷慨、风流;珠江是江海一体,岭南第一诗人张九龄有诗云"海上生明月,天涯共此时",意味着珠江文化的开放、包容,下笔即着墨于"海",即从海的视野看明月、看天涯、看此时、念亲朋。从而可见张九龄与上列这些代表黄河文化和长江文化的诗圣最大不同之处,是以海为视野。而这,恰恰也正是珠江文化与黄河文化、长江文化的最大区别所在,这就是:海洋性。可见这两句诗是珠江文化海洋性、宽宏性、共时性的最确切、生动的形象体现。

如果说黄河文化代表的是农耕文明,长江文化代表的是工业文明,而珠江文化代表的则是后工业文明。

梁启超在《中国地理大势论》中对珠江文化有绝妙的论述:"粤人者,中华民族最有特性者也,其语言异,其习尚异,其掘大江之下流,而啜其精华也,与北部之燕京,中部之金陵,同一形胜,而中流之纷错过之,其两面环海,海岸线与幅员比较,其长率为各省之冠,其于海外各国交通,为欧罗巴、阿美利加、澳斯大利亚三洲之孔道。五岭亘其北,以界于中原,故广东包广西而以自捍。亦政治上一独立区域也。他日中国如有联邦分治之事乎,吾知为天下倡者,必此两隅也。""自今以往,而西江流域之发达,日以益进,他日龙拏虎攫之大业,将不在黄河与扬子江间之原野,而在扬子江与西江之原野,此又以进化自然之运推测之,而不可以知其概者也。"

由于珠江流域水流和顺,丘陵娇媚,人们的性格也较为恭谦礼让,受水之影响,珠江文艺多具柔美之风。音乐悠扬婉转,绘画渔歌唱晚,诗词秀丽优美。这里多民族聚居,是百越文化、荆楚文化、中原文化和海外文化的融合地,是复合型文化多于其他地域文化。

四、淮河文化

淮河是南北的分界线,又是南北的交汇点,还是南北对峙的界河,历代政治、军事冲突的结合部。淮河的河流形态是融而不隔,古代有连通江、淮、河、济的邗沟、菏水、汴渠,现代有京杭运河。西北部为中原文化区、东北部为齐鲁文化区。东南是吴越文化区、西南为荆楚文化区,呈现为王道文化、仙道文化与巫鬼文化等多元文化形态,致使淮河文化具有极大包容性、多元性、过渡性。梁启超在《中国地理大势论》中说:"淮水流域之民族,数千年来,最有大力于中原也。夫淮域所以能独占优势者,何也? 其东通海、其北界河、其南控江,其地理之适于开化盖天然矣。"点出淮河文化的地理态势。《诗经》对淮河赞曰:"鼓钟将将,淮水汤汤。""鼓钟喈喈,淮水湝湝。"淮河充满乐感,7000年前的舞阳贾湖遗址出土的七音古笛便是明证。

《风俗通》曰:"淮者,均也,均其务也。"《春秋说题辞》云:"淮者,均其势也。"淮河虽然是居黄河与长江之间的南北界河，但在中华民族大家庭中，却是融而不阻的中间地带。南方人说它是北方，北方人说它是南方。"骏马秋风塞北，杏花春雨江南"，平原与丘陵相伴，纤寨与山村共存，旱粮与水稻相长，南米北面各味，南茶北酒均香，南舟北车同行，南蛮北伶共鸣，北雄南秀相映，这两种截然不同的文化景观皆能融入淮河人的秉性。

体现南北融合的水工程景观建筑当属扬州五亭桥，其最大的特点是阴柔阳刚的完美结合、南秀北雄的有机融合。它造型典雅秀丽，黄瓦朱柱，配以白色栏杆，亭内彩绘藻井，富丽堂皇，具有南方建筑的特色；而桥下则是具有北方建筑特色的厚实桥墩，和谐地把南北方建筑艺术、园林设计和桥梁工程结合起来。难怪中国著名桥梁专家茅以升这样评价：中国最古老的桥是赵州桥，最壮美的桥是卢沟桥，最具艺术美的桥就是扬州的五亭桥。[①]

五、海河文化

海河是中国华北地区的最大水系，中国七大河流之一。它不穿山越岭，也不流经旷野，而是一条横穿上千万人口大城市的河流。干流全长73千米，流域面积31.82万平方千米，干流之短为全国之最。海河水系呈扇形拓展，单位长度的流域面积高达4359平方千米，是中国七大河流中最大的。该值表明海河的辐射范围最大，这是由树状分流、扇形扩张的河流形态决定的，几何学告诉我们，多边形当周长一定时，圆形的面积最大。单位河流长度的流域面积这个特征值折射水文化承载力和蕴藏量。海河流域是世界文化遗产最多的河流，包括周口店北京猿人遗址、长城、故宫、承德避暑山庄及周围寺庙、颐和园、清东陵、清西陵、十三陵、天坛。干流奇短，造成江海通津、南北荟萃、东西碰撞的特有的文化景观。

海河流域是中华文明的发祥地之一，具有丰富的史前文化，并在元、明、清三代成为全国的政治和文化中心。

海河干流的奇短，又显示水资源的匮乏，对可持续发展构成威胁，近期有引滦入津、南水北调等工程为海河文化注入新的活力。

六、松辽江河文化

松花江的北源嫩江、南源第二松花江与松花江干流呈南北向与东西向交叉的丁字形布置，流域总面积56.12万平方千米。辽河支流呈东西向、干流呈南北向，全长1345千米，松花江流域总面积22.11万平方千米。

松辽文化在格局上表现为水、草相长，其多样性、多层次性体现在：松辽平原、松嫩平原的农耕文化、大兴安岭的畜牧文化、东北部肃慎系的渔猎文化或农牧、渔兼有

[①] 吴宗越、葛海燕《试论淮河历史文化与水环境关系》[C]. 第二届淮河文化研讨会论文集，2003年。

的混合型文化。松辽流域是多民族居地,如赫哲、锡伯、蒙古、朝鲜、鄂伦春、达斡尔、满族、回族、柯尔克孜等,多民族文化兼容并蓄、形态并存。

松辽古文化宗教信仰上表现为多神崇拜,尤以萨满教为甚。水草相长、寒冷的气候造就松辽文化的刚健、磊落、激昂慷慨而悲壮的格调,洋溢着奋发向上、开拓进取、乐观大度、淳朴豪爽的风貌等。徐渭在《南词叙录》中曾说:"听北曲使人神气鹰扬,毛发洒淅,足以作人勇往之志。信胡人之怒也,所谓'善于鼓怒也',所谓'其声嘶杀以立怒'是也。"道出松辽文化的内涵。(徐渭《南词叙录》《中国古代戏著集成:三》,中国戏剧出版社,1989)。

如果说黄河、长江的西东流向代表着主导的汉文化,而松辽水系流向的东西与南北的交叉则隐喻对这种固定、僵硬的汉文化的冲击,松辽少数民族多次挥戈南下、问鼎中原、统一中华。

恩格斯在《家庭、私有制和国家的起源》中说:"只有野蛮人才能使一个在垂死的文明中挣扎的世界年轻起来。"只有松辽文化中自然粗犷的特质,才足以补救浮靡空泛,才能给汉文化注入新的活力。这正是松辽江河文化给我们的启示。

(穆鸿利、冯永谦《松辽文化探论》,社会科学辑刊,2002(3))

七、水工程文化的地域差异

(一) 南北的文化差异

刘师培在《南北文学不同论》中分析中国南北民俗差异:"大抵北方之地土厚水深,民生朴实,多尚实际。南方之地,水势浩漾,民生其间,多尚虚无。民崇实际,故所著之文,不外记事、析理二端;民尚虚无,故所作之文,或为言志、抒情之体。"[1]

梁启超在《中国地理大势论》中对南北文化差异做了精到的比较:"由此观之,历代帝王定鼎,其在黄河流域者最占多数,故由所蕴所受使然,亦由对于北狄,取保守之势,非据北方而不足为以据也,而据于此者,为外界现象所风动、所熏染,其规模常宏远,其局势常壮阔,其气魄常磅礴英鸷,有俊鹘盘云、横绝朔漠之概。"

"由此观之,建都于扬子江流域者,除明太祖外,大率皆创业未就,或败亡之余,苟且旦夕者也。其为外界之现象之所风动、所熏染,其规模常绮丽,其局势常清隐,其气魄常文弱,有月明画舫缓歌慢舞之规。"

哲学:"孔墨之在北,老庄之在南,商韩之在西,管驺之在东。或重实行,或毗理想,或之峻刻,或崇虚无,其现象与地理一一相应。"

经学:"北人最喜三礼,南人最喜治易。南人简约,得其英华,北学深芜,穷其枝叶。"

---

[1]《刘师培史学论著选集》[M].上海古籍出版社,2006。

佛学:北方"学博见长";南方"理解见长"。

词章:"燕赵多慷慨悲歌之士,吴楚多放诞纤丽之文,自古然矣。长城饮马,河梁携手,北人气概也;江南草长,洞庭始波,南人之情怀也。散文之长江大河,一泻千里者,北人为优;骈文之镂云刻月,善移我情者,南人为优。"

美术音乐:"北以碑著,南以帖名。""南帖为圆笔之宗,北碑为方笔之祖。""遒健雄浑、峻峭方整,北派之所长也。""秀逸摇曳,含蓄潇洒,南派之所长。""北派擅工笔,南派擅写意。"

风俗上,"北俊南孊,北肃南舒,北强南秀,北僿南华,其大较也"。

"大抵自唐以前,南北之界最甚,唐后则渐微。盖文学地理,常随政治地理为转移。自纵流之运河既通,两流域之形势日相接近,天下益日趋统一。唐代君臣上下,复努力以连贯之。"梁启超从河流、地理环境入手,分析南北文化的特征,所论切中时弊。(梁启超《饮冰室文集全编卷三》,上海广益书局,1948年,96-105页)

(二)南北园林文化的比较

以北京为代表的北方宫苑系统以及北方某些宅园,与以苏州为代表的江南宅园系统也有其较为明显的个性差异,主要表现为崇高与小巧、浓丽与淡雅。

司马相如《上林赋》中说:"君未睹夫巨丽也,独不闻天子之'上林'乎?"道出北方园林的"巨丽"特征。北京宫苑,在不同程度上存在着严整对称的秩序美。北京紫禁城里的小型宫苑,其布局可说是以整齐对称之美为主的,最典型的是地处紫禁城北部的御花园。该园的整个园基呈矩形。而坤宁门—天一门,在中国园林系统中,参差天趣也不是涵盖一切园林的普遍品格。在这方面,钦安殿—承光门—顺贞门,这是一条由南至北的中轴线,居高而又居中的钦安殿是全园的主体,围绕着钦安殿所组成的宫院是一个园中之园,成了御花园的构图中心,布局往往非常讲究对称秩序之美。

江南宅园往往地不求广,园不求大,山不求高,水不求深,景不求多,只求能供留连、盘桓、守拙、养灵、隐退、归复自然。江南宅园的小巧之美,又和隐逸之善互为表里、相与为一,就像北方宫苑的崇高之美,和雄主之尊严联在一起一样。崇高和秀美正是北方宫苑和江南宅园的对照。

北方宫苑之"丽",更集中体现在建筑物外观的色相、装修以及内部的敷彩、陈设上,这就是金铺交映,玉题生辉,室内雕绘藻饰,屋面瑰丽斑斓。建筑物都喜用多种强烈的原色,如屋顶的黄、绿色琉璃瓦与屋身的红柱彩枋交错成文,以求鲜明的对比效果。

苏州园林粉墙黛瓦的建筑色调,多用大片粉墙为基调,配以黑灰色的瓦顶、栗壳色的柱、栏杆、挂落,内部装修则多用淡褐色或木纹本色,衬以白墙与灰色门框窗框,组成比较素净明快的色彩。江南宅园系统从总体上说,是既不壮丽,又不富丽。不是那种铺锦列绣、错采镂金之美,而是一种清水芙蓉、自然天奠的风格。如果说,北京宫苑是一曲繁富宏丽的大型交响乐,那么苏州园林就是素朴恬淡的短小牧歌。(金学智《中国园林美学》,中国建筑工业出版社,2002)。

南北园林的差异与山水环境有很大关系。龚自珍《己亥杂诗》云:"为恐刘郎英气尽,卷帘梳洗望黄河。""浙东虽秀太轻孱,北地雄奇或犷顽。踏遍中华窥两戎,无双毕竟是家山。"道出南北山水环境的差异。

缪钺总结的宋词的四个特点:"其文小""其质轻""其径狭""其境隐",和江南的水态一一对应。

"其文小","诗词贵用比兴,以具体之法表现情思,故不得不铸景于天地山川,借资鸟兽草木,而词中所用,尤必取其轻灵细巧者""盖词取资微物,造成一种特殊之境,借以表达情思,言近旨远,以小喻大"。相对黄河、长江的大河形态,江南水系,水量、水貌取其小,"雪堂西畔暗泉鸣,北山倾,小溪横。南望亭丘,孤秀耸曾城"(苏轼《江神子·江子》)。"清浅小溪如练,问玉堂何似,茅舍疏篱"(李邴《汉宫春》)。"暗泉""小溪"以"清浅"显其小,小是水量小、水道小,因其小方有"如练"之境。

"其质轻""唯其轻灵,故回环宕折,如蜻蜓点水,空际回翔,如平湖受风,微波荡漾,反更多妍美之致,此又词之特长""故凝重有力,则词不如诗,而摇曳生姿,则诗不如词"。相对黄河的水质"浑灏""浊浪排空",江南水景的"山青青,水清清",水质取其清,"疏影横斜水清浅,暗香浮动月黄昏"(林逋《山园小梅》)。早在春秋战国时期,先秦诸子就在探讨水质对民情和地域的影响:"楚之水,淖弱而清,故其民轻果而贼""宋之水,轻劲而清,故其民闲易而好正"(《管子·水地篇三十九》);"清水音小,浊水音大,湍水人轻,迟水人重"(《淮南子·地形训》);"甘水所多好与美人"(《吕氏春秋·尽数》)。

"其径狭","至于词,则唯能言情写景,而说理叙事绝非所宜"。相对黄河、长江的寥廓江天,江南水乡的"小桥流水人家",水径取其狭,"一棹碧涛春水路,过尽晓莺啼处"。

"其境隐","若夫词人,率皆灵心善感,酒边花下,一往情深,其感触于中者,往往凄迷怅惘,哀乐交融,于是借此要眇宜修之体,发其幽约难言之思,临渊窥鱼,若隐若现,泛海望山,时远时近"。相对黄河、长江的浩浩汤汤、横无际涯,江南水景的"细雨轻烟笼草树,斜桥曲水绕楼台",水境取其隐,"水曲漪生遥岸"(朱雍《十二时慢》),"望涓涓、一水隐芙蓉,几被暮云遮"(张炎《甘州·八声甘》)。[1]

---

① 缪钺《诗词散论》[M].上海古籍出版社,1982。

（三）明代山水游记、笔记对水与水工程文化的比较

1.南北山水形胜

明代山水游记、笔记好作山水形胜比较，有比较方能鉴别，给人耳目一新之感。王思任有云："天下山水，有如人相""蜀得其险""秦得其壮""楚得其雄""吴得其媚""闽得其奇""滇粤得其丽""越得其佳"（《王季重十种·杂序·淇园序》）；王士性评点天下山水名胜："天下名山……""水则长江汹涌，黄河迅急，洞庭浩森，巴江险峭，钱塘怒激，西湖妩媚，严陵清俊，漓江巧幻"（《广游志》卷下《杂志下》）。各色山水，特征独具，无一雷同，变幻莫测。

2.南北水工程与民风

王士性谈到长江、黄河时，认为："江南四时有雨，霪潦不休，故其流迂缓而江尾阔。江唯缓而阔，又江南泥土黏，故江不移；河唯迅而狭，又河北沙土疏，故河善决。""缓"与"迅"，"阔"与"狭"，"不移"与"善决"，王士性抓住了长江与黄河水文特性的三大差别。在治水方法上亦有不同："黄河之冲，止利卷埽而不利堤石，盖河性遇疏软则过，遇坚实则斗。非不惜埽把之冲去也，计一埽足资一岁冲刷而止，明以一岁去此埽而护此堤也，来岁则再计耳。若堤以石，石不受水，水不让石，其首激如山，遂穿入石下，土去而石遂崩矣。余见近督河者所作石堤往往如此，而常自护过，不肯以为非。"

王士性在其《广志绎》卷三中对关中和川中的水文化特性进行比较："关中土厚水深"（按:指地下水埋深），"故其人禀者博大劲直而无委屈之态，川中则土厚而水不深，乃水出高原之意。人性之禀多与水推移也"。王士性认为"水不深"和"水出高原"是蜀地民性"与水推移"的两大基本要素，造就了川人的勤劳乐观、灵慧自信、古风不泯的特质。"土厚水深"之论后来为梁启超所用。

"蜀有五大水入。嘉陵江从汉中自北入，岷江从松潘自西北入，大渡河从西番自西入，马湖江出云南自西南入，涪江出贵州自南入，总汇于瞿塘三峡向东而出。"（《广志绎》卷五）指出蜀地水系各河的流向及终汇长江的构造特点。

"川中郡邑，如东川、芒部、乌撒、乌蒙四土府亡论，即重庆、夔府、顺庆、保宁、叙州、马湖诸府，嘉、眉、涪、泸诸州，皆立在山椒水溃，地无夷旷，城皆倾跌，民居市店半在水上。惟成都三十余州县一片真土，号称沃野，既坐平壤，又占水利，盖岷、峨发脉，山才离祖，满眼石垄，抱此土块于中，实天作之，故称天府之国云。"（《广志绎》卷五）指出巴、蜀文化区各自的地理特征。

他还认为浙西、浙东民气迥乎不同，"浙西俗繁华，人性纤巧，雅文物，喜饰馨悦，多巨室大豪，若家僮千百者，鲜衣怒马，非市井小民之利。 浙东俗敦朴，人性俭啬椎鲁，尚古淳风，重节概，鲜富商大贾"。将两浙的居民划分为泽民、山谷、海滨三类，

"杭、嘉、湖平原水乡,是为泽国之民;金、衢、严、处丘陵险阻,是为山谷之民;宁、绍、台、温连山大海,是为海滨之民。三民各自为俗,泽国之民,舟楫为居,百货所聚,闾阎易于富赡,俗尚奢侈,缙绅气势大而众庶小;山谷之民,石气所钟,猛烈鸷愎,轻犯刑法,喜习俭素,然豪民颇负气,聚党羽而傲缙绅;海滨之民,餐风宿水,百死一生,以有海利为生不甚穷,以不通商贩不甚富,闾阎与缙绅相安,官民得贵贱之中,俗尚居奢俭之半"(《江南诸省·浙江》卷中)。王士性比较南北种植说:"江南泥土,江北沙土,南土湿,北土燥,南宜稻,北宜黍、粟、麦、菽,天造地设,开辟已然,不可强也。"讲的同样是水生态问题。而西方,所谓人水关系中的适应论与生态论的提出要迟到1930年,即黑格尔所提出的相似观点也要比王士性迟200多年。

（四）王祯对南北水利技术的比较

《王祯农书》兼论北方农业技术和南方农业技术。王祯自己是山东人,在安徽、江西两省做过地方官,又到过江、浙一带,所到之处,常常深入农村作实地观察。因此,《王祯农书》里无论是记述耕作技术,还是农具的使用,或是栽桑养蚕,总是时时顾及南北的差别,致意于其间的相互交流。

《授时篇》:"天下地土,南北高下相半,且以江淮南北论之。江淮以北,高田平旷,所种宜黍稷等稼。江淮以南,下土涂泥,所种宜稻秫。又南北渐远,寒暖殊别,故所种早晚不同,唯东西寒暖稍平,所种杂错,然亦有南北高下之殊。"

《垦耕篇第四》:"北方农俗所传春宜早晚耕,夏宜兼夜耕,秋宜日高耕,中原地地皆平旷,旱田陆地一犁必用两牛三牛或四牛,以一人执之,量牛强弱、耕地多少,其耕皆有定法。南方水田泥耕,其田高下阔狭不等,一犁用一牛挽之,作止,唯人所便。此南方地势之异宜也。""自北至南,习俗不同,曰垦曰耕,作事亦异。"

《耙耢篇第五》说到平整土地工具:耙、耢、抄、挞的南北的区别:"南人未尝识此,盖南北习俗不用同,故不知用挞之功,至于北方远近之间,亦有不同,有用耙而不知耢,有用耢而不知用耙,亦有不知用挞者。今并载之,使南北通知,随宜而用,无使偏废。"

《灌溉篇第九》:"唯南方熟于水利,官陂官塘处处有之,民间自为溪堨水荡,难以数计,大可灌田数百顷,小可溉田数十亩。"重点介绍农灌水工程。

可以说,《王祯农书》以前所有的综合性整体农书,像《氾胜之书》《齐民要术》《农桑辑要》等,都只记述了北方的农业技术,没有谈及南方,更没有注意促进南北技术的交流。

（五）中国古代水利技术

中国古代水利技术是中华文明存在与发展的基础,正是依靠水土资源的不断开发,中华民族才得以持续发展,中华文明才得以延绵不断。中国古代水利技术包括灌溉技术,如清水自流灌溉技术、浑水淤灌技术、"长藤结瓜"灌溉技术、塘埔圩田技术、拒咸蓄淡技术、坎儿井技术、井泉灌溉技术;治河技术,包括堤防技术、埽工技术、堵口技术、护岸技术、河流治导技术;运河技术,包括水源工程技术、船闸技术、渠线规划技术等。古代城市水利技术包括城市供排水技术、城市防洪技术、城市交通技术与域区灌溉和环境美化技术;水利机械技术包括提水机具与水力加工机械。这些中国古代水利技术有很高的含金量,同时具有浓郁的地方特色,值得深入研究。

第二节 水工程文化的民族性

水工程文化学的民族性包括国内的民族性和世界的民族性,国内的民族性将讨论少数民族的水与水工程文化、水习俗;世界的民族性将讨论中西水文化的差异。

一、多姿多彩的少数民族的水与水工程文化

(一)藏族

青藏高原素称"亚洲水塔",是诸多大江大河的发源地。在历史的长河中,祖祖辈辈生活在青藏高原的藏民族孕育出了与自然万物和谐相处、独具特色的高原藏族水文化,其中蕴含了丰富的生态伦理思想。

青藏高原被誉为"世界屋脊",是亚洲主要河流的发源地,素有"亚洲水塔"之称。这里高山林立且终年积雪皑皑,是高原上所有河流湖泊之水的补给源。藏文史书《郎氏家族史》记载了这样一个传说:世间的土、水、火、风、空五大精华形成一枚巨大的卵,卵的外蛋壳生成白神岩,卵内层的卵液转变成白螺海,卵中间温热的卵液里,产生六道有情。古时候的藏族先民们认为宇宙万物是由土、水、火、风、空五大精华凝聚而形成的,水是其中的元素之一。《俱舍论》等佛教典籍也描述:宇宙分器世界和情世界。器世界,即外部世界,是生命体赖以生存的星球等;情世界,即内部世界,是人和动物等生命体。器、情世界产生的本原是土、水、火、风、空五种元素。器、情世界相互联系、互为依存、互为缘起。《俱舍论》认为:傲慢的山顶上留不住功德的水。把器世界化为情世界来认识山与水。

藏族的水与水工程的文化体现在对雪山、圣湖的崇拜。羊卓雍措是喜马拉雅山北麓最大的内陆湖泊,藏传佛教中,羊湖的地位非常显赫,达赖喇嘛圆寂后,寻找转世灵童的班子会从湖中看出显影,指示灵童所在的更加具体的方位。

发源于冈仁布钦的四支河流,由于其源头呈泉状,被分别命名为马泉河、狮泉河、象泉河和孔雀河,也众星捧月般地环拱于圣湖东北西南四方,因此佛典里称之为"江河之舟"。这四条河流在漫长的山谷中发育成为著名的雅鲁藏布江、恒河、印度河和

萨特累季河。

圣湖四周有四大浴门、八座寺庙。四大浴门分别为东面的莲花浴门、南面的香甜浴门、西面的去污门、北面的信仰浴门。

水神崇拜深深蕴含于藏族人民的传统习俗中,如抢头鸡水、上净水、水磨、水浴、水藏等。

（二）维吾尔族

在古代维吾尔人关于其先祖的神话中,常提到神奇的水、树。还有古代的突厥人、回鹘（维吾尔）人都居住在河流沿岸,所谓"十姓回鹘""九姓乌古斯"人的居住区,据史料记载的确有十条和九条河流。由此看来,"十姓回鹘""九姓乌古斯"的名称或许是因其居住区的河流而得名。今天在维吾尔族聚居的喀什、和田等许多地区都有河流,并且河流的名称与该地地名相一致。可以说,维吾尔族的传统是将河流名称当作地名。

维吾尔人自古以来就非常重视水在社会生活中的作用,崇拜水神和水源出处的种种神祇。他们的先民认为其先世源出于水或可称为水的后代。他们中存在着祈雨求水的雅达魔术（求水巫祝）的习俗并保存了珍惜水资源的历史记载,还有关于水的节日流传下来。他们以水为世上最清洁的物质,无论什么样的污物都可以因水而重新洁净。他们自发地维护人与水,进而维护人与自然环境（整个生态系统）的关系。认为保护水不受污染是所有人的神圣职责。在维吾尔族的传统习惯中,人们都以浪费水、弄脏水源、将大小便入于水中、抛弃垃圾和生活污水为最不道德的无耻行为。（迪木拉提·奥迈尔著《阿尔泰语系民族萨满教研究》,新疆人民出版社,1996）。

维吾尔人、哈萨克人将泉水与生殖联系起来,将泉视为女阴,经常有人带来婴儿摇车模型或由丈夫带妻子掏挖泉眼,祈求生儿育女,传宗接代。此类泉分布新疆各地,最著名的是伊犁地区特克斯县和阿尔泰地区青河县的两眼温泉,还有哈密地区五堡乡和和田地区名为"恰卡哈"的泉水,都是祈求生儿育女的圣泉。

新疆维吾尔等族人民对水的珍惜和利用最典型的例子就是坎儿井,因为坎儿井采用井、渠结合的方式,凭借山势,在引水路线的地表上挖出许多竖井,并在地下将这些竖井连通成一条条的渠道,这样一来,使得深层的地下水转为浅层的地下水,最末端成为地表水,让坎儿井四周的地下水相对集中于人工构筑的地下水工程——暗渠中流动,这样可以防止水分的蒸发,把有限的水资源充分利用至农田的灌溉和生活的用水上。坎儿井独特的开凿技术,是勤劳智慧的维吾尔人对水合理利用的最好体现。

涝坝是新疆吐鲁番地区的特色水工程,实际上是坎儿井出水口的大小不同的蓄水池。首先,涝坝具有保证维吾尔人的日常生活用水及动植物所需水源的功能。在以前,维吾尔人聚居的城镇、乡村都建有涝坝,在一些骚站、寺院和麻扎附近和大路的拐弯处都会有涝坝的出现,并且在一些维吾尔人聚居的院落和园林中也发现建有涝坝。其次,涝坝具有生态功能。在有涝坝的地方,周围的植物生长都比较茂盛,动物所需水源也能得到保证。涝坝水,起到调节干旱地区空气湿度的作用,在大自然中保证了这一地区相对的生态平衡。再次,涝坝的文化功能也是比较明显的。涝坝水是维吾尔人先前的饮用水源,他们在这里集聚,日常的生活信息都是在这里得到通知获悉的,这里的环境优美,成为小孩子嬉戏玩耍、青年男女约会的场所,也是他们节日载歌载舞欢庆的场所。

(三)蒙古族

蒙古族是我国北方古老的游牧民族,逐水草而居,在水草丰美之处放牧牲畜,进行渔猎活动。《黑鞑事略》也记载说,蒙古人居徙"迁就水草无常,得水则止,谓之定营"。长期的历史文化积淀使蒙古族对水有着特殊的感情。游牧和渔猎,甚至是后来建立城市,也要以水为定。长期以来对水形成的依赖,使水文化在蒙古族的居住、生计和历史发展中都产生了广泛而深远的影响,水在他们心目中具有了不同寻常的意义。

184

在蒙古鄂尔浑河流域发现的石碑上有这么一句话,土和水结合在一起,叫作乌迈腾格里(Omay tängri),是母亲或神母。把土和水看作是养育一切的母亲,也就是承认了土和水是宇宙之源。

蒙古族信仰萨满教,把世间的万物都看成是有生命、有灵魂、有神灵的,这些信仰具有超自然的属性。他们出于对自然的畏惧而产生对神灵的信仰崇拜,包括对河流、山川、森林、日月星辰、风雨雷电等的崇拜。人们信仰这些神灵,并虔诚敬奉,恪守禁忌,以求得庇护和帮助,避免触怒神灵而遭到惩罚。《世界征服者史》记载:蒙古人在"春夏两季人们不可以白昼入水,或者在河流中洗手,或者用金银器皿汲水,也不得在原野上晾晒洗过的衣服;他们相信,这些动作增加雷鸣和闪电"。因为害怕引来雷电大劈,所以他们就不敢擅自入水。《长春真人西游记》中记载:"帝问以震雷事对曰:'山野闻国人夏不浴于河,不浣衣,畏天威也。'"一些禁忌甚至被上升到国家意志在法律中予以明确规定。成吉思汗大扎撒中就规定:"禁于水中和灰烬上溺尿,禁民人徒手汲水,禁洗濯,洗破衣服。"在《喀尔喀律令》中规定:"故意或戏耍而污浊水源者罚牛、马二只,给证人赏牛(一头)。"

蒙古族入主中原以后甚至把保护水源不受污染的习惯扩展到中原地区,据《元史》记载:"英宗至治二年五月,奉敕云:'昔在世祖时,金水河濯手有禁,今则洗马者有之,比至秋疏涤,禁诸人毋得污秽。'"这些禁忌无形中避免了水源的污染,可以降低草原上瘟疫和疾病的发生率，客观上降低了人口和牲畜的死亡率。

《喀尔喀三旗法典》中规定，新掘成或修整好的井归筑者所有，主人应对过往的疲劳马匹义务供水，如其马饮毕不予他人之马饮者，得没收其马；如不予衔辔之马以水者，课三岁羊一头。这既是一种行善施恩的表现，也是水源共享的社会生活传统，是共享水资源的制度与规范。这一特有的制度水工程文化，既对水工程投资者产权及水资源享用优先权给予保护，又对公有的地下水资源他人共享权作了规范，是一条已具有现代水工程文明理念的法典。①

（四）回族

回族信奉伊斯兰教，伊斯兰教的经典是《古兰经》，歌德说："《古兰经》是百读不厌的，每读一次，起初总觉得它更新鲜了，不久它就引人入胜，使人惊心动魄，终于使人肃然起敬，其文体因内容与宗旨而不同，有严正的，有堂皇的，有威严的——总而言之，其庄严性是不容否认的……。这部经典，将永远具有一种最伟大的势力。"

1. 真主与水

《古兰经》关于生命起源、动物世界、植物王国以及生态平衡也有许多论述。如"天地原是闭塞的，而我开天辟地，我用水创造一切生物。"这表示，一切生物由水造成，又表示一切生物起源于水。这两层意义与现代科学的看法，即一切生命归根结底起源于水和一切有生命的细胞主要成分是水，是不差分毫的。《古兰经》用非常简洁的语言，描述了生命的起源。坚信水是万物之源。《古兰经》没有明确提出真主创造了水，只是讲"用水创造一切生物""他在6日之中创造了天地万物——他的宝座原是在水上的"，实际上也就是说，真主同样是离不开水的。

2. 水的分类

雨水："真主从云中降下雨水，借它而使已死的大地复生"，雨水是天地循环的中介。"他从云中降下雨水，以便洗涤你们，替你们消除恶魔的蛊惑，并使你们的心绪安静，使你们的步伐稳健。"雨水的另一功能是洗涤心灵、安静心绪、消除蛊惑。"主在降恩之前，使风先来报喜。我从云中降下清洁的雨水。"雨水是洁净的。

井水："你应当告诉他们，井水是他们和母驼所均分的，应得水分的，轮流着到井边来。"这里已经有水资源管理的概念。

泉水："当时，穆萨替他的宗族祈水，我说：'你用手杖打那磐石吧。'十二道水泉，就从那磐石里涌出来，各部落都知道自己的饮水处。""我又使大地上的泉源涌出；雨水和泉水，就依既定的情状而汇合。"指出了，光有雨水还不够，还应开采地下水。

沸水："你们都只归于他，真主的诺言是真实的。他确已创造了万物，而且必加以

① 黄治国《蒙古族水文化的历史记忆及意义分析》[J].大庆师范学院学报,2011。

再造,以便他秉公地报酬信道而且行善者。不信道者,将因自己的不信道而饮沸水,并受痛苦的刑罚。"我要把犯罪者驱逐到火狱去,以沸水解渴。"沸水是惩罚罪恶的。

河水:"当塔鲁特统率军队出发的时候,他说:'真主必定以一条河试验你们,谁饮河水,谁不是我的部属;谁不尝河水,谁确是我的部属。'"显然这里的河水成了识别部属的标准。

海水:"假若以海水为墨汁,用来记载我的主的言辞,那么,海水必定用尽,而我的主的言辞尚未穷尽,即使我们以同量的海水补充之。"提出海水是有限量的概念。

精水:"他就是用精水创造人,使人成为血族和姻亲的。你的主是全能的。"精水是用来繁衍人类的。

3.河流篇

(1)管控河流。

"真主创造天地,并从云中降下雨水,而借雨水生产各种果实,作为你们的给养;他为你们制服船舶,以便它们奉他的命令而航行海中;他为你们制服河流。""制服河流"与治水不同,体现对江河的管控。

(2)河流分类。

"敬畏的人们所蒙应许的乐园,其情状是这样的:其中有水河,水质不腐;有乳河,乳味不变;有酒河,饮者称快;有蜜河,蜜质纯洁","水河""乳河""酒河""蜜河"的提法是独特的。"乳""酒""蜜"均由水组成,《古兰经》将其称为河,显示游牧民族在缺水的环境下对水的珍惜。

(3)诸河乐园、生态和谐。

《古兰经》中55处提到河,其中37处讲到"诸河乐园",颂扬水的功德。

《古兰经》中的"诸河乐园"思想包括真主创造万物、万物有序、生物具有多样性、人与自然关系密切等内容。其基本原则是人与自然和谐相处、相互依存。它对我们构建文明的现代生态观具有一定的借鉴作用。

(4)生物具有多样性。

众所周知,生物多样性是地球生物圈与人类本身延续的基础,具有不可估量的价值。《古兰经》中提到":难道你们(指受劝的世人——笔者注)还不知道吗?真主从云中降下雨水,然后借雨水而生产各种果实。山上有白的、红的,各色的条纹和漆黑的岩石。人类、野兽和牲畜中,也同样地有不同的种类……"总之,大自然中的这些美丽景象构成了一幅色彩斑斓、生机盎然的图画,人类不是地球上唯一的成员,人类不仅要发展自身,更要处理好与自然之间的关系。《古兰经》认为:真主创造的万物都是和谐相处并互相依赖,每一种生物都有其存在的价值,真主创造出来的各种动植物为人类提供了必需的资源,人类应该感谢它们,要珍惜真主赐予的动植物。

(5)珍惜并保护水资源。

《古兰经》说:"我用水创造一切生物。"水是一切生命之源和滋养物质,没有水生命就无法生存下去。《古兰经》启示人们不要生在福中不知福,不能任意的挥霍水资源,生活在水资源奇缺的沙漠之中的人最懂得水的珍贵。在《古兰经》经文中就已经明确的提醒人类:"你们告诉我吧!你们所饮的水,究竟是你们使它从云中降下的呢?还是我使它降下的呢?假若我意欲,我必使它变成苦的,你们怎么不感谢呢?"古兰经:"我确已把人造成具有最美的形态。""万物是各有定量的。""我确已依定量而创造万物。""海里的动物和食物,对于你们是合法的,可以供你们和旅行者享受。你们在受戒期间,或在禁地境内,不要猎取飞禽走兽,你们当敬畏真主——你们将被集合在他那里的主。"这就要求人们应该珍惜安拉赐予人类的自然资源,不可无限制地使用,更不能浪费。

(五)哈尼族

哈尼梯田是哈尼族水工程文化的杰出代表,2013年入录世界文化遗产,以元阳县为代表的"哈尼稻作梯田系统"被称为"全球人工湿地典范"。世界遗产委员会认为:"红河哈尼梯田文化景观所体现的森林、水系、梯田和村寨"四素同构"系统符合世界遗产标准Ⅲ和标准Ⅴ,其完美反映的精密复杂的农业、林业和水分配系统,通过长期以来形成的独特社会经济宗教体系得以加强,彰显了人与环境互动的一种重要模式。"

哈尼梯田,变化万千,或近圆形、或似方形,亦圆亦方、亦方亦圆,条条蜿蜒,块块曲折,各不相同,异曲同工。高下相倾,层次分明,云遮雾罩,郁郁葱葱,五彩斑斓,光影共舞,形色相融,变幻无穷,放眼望去,页页画面,顺畅无比,精致绝伦。详见本书第四章。

(六)傣族

傣族的创世神话《巴塔麻嘎捧尚罗》认为世界诞生在水之中,万物也都生于水中。祭祀寨神、动神,缅怀祖先都要举行滴水礼,也要为它们奉上一杯清洁的水。不仅在民间的宗教活动中离不开水,甚至佛教活动也都离不开水。在庄严的佛寺中,除了至尊的佛主释迦牟尼像,就是司水女神喃妥娜尼,似乎佛主也需要水神的辅佐。

泼水节是傣历的新年,是傣族最隆重的传统节日,每年的公历4月11日左右,为期三至四天,头两天为送旧,后两天为迎新,是傣族最隆重的传统节日,早期源于宗教仪式。《世界文化象征辞典》关于水的象征含义这样写道:"水的象征意义可归结为三大主题:生命的起源、净礼的方式与再生的中心。"而这也恰恰正是傣族人民对水的认识。在这些意念的支配下傣族人民形成了通过泼水或沐浴,达到乞福、求子目的和祥和生命的信仰。

傣家水井这一水工程,是傣族科学技术发展的活档案,也是傣族民族文化的百科书,是傣族水工程文化的重要部分,是中华民族水工程文化的一朵奇葩。傣家的水井建筑,造型独具匠心,别有特色,千姿百态,如同一件件奇特的艺术珍品,使人过目难忘。它们的造型大致可分为动物类、宝塔类、傣楼类,这些建筑物上雕龙画凤,刻有孔雀、大象等吉祥物,极富想象力,令人惊叹。千奇百怪造型各异的水井建筑,使一个村寨与另一个村寨又不雷同,就是在同一个村寨也找不出造型相同的两个水井。西双版纳有多少个傣族村寨,就有多少个造型的傣家水井。

　　水井的建筑由井底、井台、井栏和井罩、排水沟等组成,都是精工砌筑的,浑然一体。其中的井罩最有特点,是为了保护水的清洁而加上的,形成了傣族独有的水井建筑艺术。它融雕塑、绘画和实用为一体。傣族井罩主要有:圆形井罩,圆底圆顶像一个蒙古包,顶部主立一根铁杆,挂着一串小饮铃,微风吹来可发出清脆的"叮叮"声。井罩的顶部、墙体绘有各种彩色的凤、云、花草、树木等图案,井口两旁一对彩塑麒麟守卫着,昂首朝天,十分威武。单塔式井罩有方有圆,顶部修造一座小塔,塔身镶嵌着反光的小镜子,塔基、塔身绘有各种图案或民间神话传说故事。群塔式井罩的顶部中央有一座主塔,周围造四座小塔,每座塔的顶部都立一杆铁针,挂着银铃和金属三角旗,塔基有各种任务活动浮雕,美观典雅。动物类井罩的顶部为单塔形,两条泥塑长龙盘卧,龙头对着井口,张牙舞爪,似有不容侵犯之势。有的顶部圆形,上塑展翅的凤凰、戏水的金鹿等。德宏的井罩形式比较单一。选用砾石制造成一座长方形石龛,龛眉雕饰波纹,两端伸出龙头,昂首张望。龛脚左右蹲着一对小巧的石狮,守卫着水源不被污染。最美观的是石塔,它被托在石龛上的方形坡式石盖上,石盖的四角长而翘起。塔分三层,下大上小,四壁上雕刻有龙、象、孔雀等图案。每层都有一个石盖,形制石龛上的一样,而且一层比一层小。在每层顶盖之间分立着四棵圆形石柱,与塔身方圆结合,整体对称。当方形石盖层层缩至顶端时,形成一个笋状尖柱。整个井塔的建筑风格古朴凝重,美观大方。井罩上所绘的图案大多是傣族人民喜爱或者崇拜的动植物,尤其是有许多与水有关的动物或者水神的形象。比如龙和蛇的绘画和雕塑,这两种动物在傣族人民心目中是掌管水的动物。在傣族人的心目中,一般的水神就是龙,有它们的守护,水井的水会常满常清。另外,还可以在水井的井罩上看到司水女神喃妥娜尼的形象,与在佛寺中的动作一样,绞着长发伫立在水井边,表示井水永不干涸,水质清例甘甜。[①]

　　(七)彝族

　　彝文古籍《六祖史诗》说"人祖水中来,我祖水中生""凡人是水儿,生成在水中"。认为干净的水源是福禄水、圣水、吉祥水、祖源水;彝人把水视为珍贵礼物献给

---

① 艾菊红《傣族水文化研究》[D].中央民族大学,2004。

祖先,祭祖、丧葬、礼仪离不开献水;彝人禁忌在泉源、水井里洗脸、洗手,更不能洗衣服、洗脚,到源头喝水时,若没带盛水器具,要用手捧着喝时,不许伸手在水里洗;彝人认为污染水是犯罪行为,小溪里严禁抛进脏物,禁止往水里拉屎撒尿,人去世超度时恐生前有污染水源的行为,必须替亡灵解罪孽。

彝族祭祖大典,要进行7~9天。汲圣水仪式是彝族祭祖大典中的重大仪式之一,在第六天进行。毕摩占月亮阴阳卦指示汲圣水的方向,带领浩浩荡荡的队伍去汲圣水。汲圣水队伍从主祭场出发,将两只用马樱花木制作的精美水壶捆绑在一只称之为"祭羊"的绵羊犄角上,然后用食盐喂之。按毕摩占择定的汲水方向这只"祭羊"为先导,队伍尾随其后。当"祭羊"找到干净的水源饮水,便将"祭羊"饮水处的水视为吉祥之水,即"圣水"。于是在此汲两坛水,让"祭羊"驮回主祭场,放在祭坛的献台上,在毕摩念诵《汲圣水经》之后,将"圣水"分发给参加祭典的各个家支,洒在祭品上,祭奠天地、神仙和祖灵。彝族认为水是一切物种之源,能够滋润万物生长。净水是圣洁之物,可以涤荡污秽邪气。于是笃信用举行汲圣水仪式,取回祭场的水洗涤祖灵牌位,就能够净化祖灵,消除祖宗神灵沾染的一切污秽,使之保持清洁,以便更好地保佑后世子孙兴旺发达。他们认为把圣水洒在祭品上供奉天地、神仙和祖灵,则有避邪娱神之功效。彝族以水象征宗族源远流长,把汲水处视为圣地,将汲水处的地名和具有显著特征的景物与祖先名谱一并载于家谱之中,汲水处的景物和地名便成为同宗共祖的重要标志,是宗族源远流长的时空再现。[①]

(八) 羌族

羌寨多建于高半山上,寨中一般都建有碉楼。羌寨碉楼有古老的历史,2000年前的《后汉书·西南夷传》描述的冉駹人"依山居止,垒石为室,高者十余丈",其中所谓"邛笼",即今羌语碉楼之意。房屋建筑材料大都是就地取材,与环境条件有密切关系。羌锋、羊龙山寨,以块石、片石加黄泥砌成。萝卜寨、布瓦山寨以黄泥夯筑或二者兼用构成。住房一般为二层或三层平顶房,整体呈梯形,后墙和房屋上部高于前半部。下层圈养牲畜,通院门,中层住人,顶层作堆放谷物等用,上层房背小楼顶供白石神。居住安排方式是人在牲畜之上、神在人之上的习俗信仰。羌寨供水可以流遍全寨,有向各家供水的水道。进水口建在寨子最高处,引渠水或泉水,水口处如都江堰水利工程一般利用水的天然冲力自然分水。水道一般在巷道旁修,渠道用石板盖起,水渠盘绕流过全寨。渠上不少地方开有天窗,为各家取水、洗涤之处,羌锋、桃坪羌寨最为典型。这种取水方式构思巧妙科学,是羌族水工程文化的实体展现。

189

区域特征

① 朱崇先、杨丽琼《地方性的民俗认同》[J].楚雄师范学院学报,2008(2)。

二、汉族与少数民族在水与水工程文化上的互动

（一）汉、维的互动

坎儿井是新疆维吾尔等族人民的水工程的杰出代表，也是汉族与少数民族在水工程文化上互动的光辉案例。

《庄子·秋水篇》中曾有"子独不闻夫坎井之蛙乎"之句。据考古发现，早在新石器时代，我国中原地区居民已熟练掌握了凿洞技术。以后，不断发展完善。最晚在春秋战国时期，已发明和掌握了竖井凿洞施工技术。其最早的文字记载见于《左传》鲁隐公元年（公元前722年）"郑伯克段于鄢"。井渠之说缘于《史记·河渠书》中的记载："临晋民愿穿洛水以溉重泉以东万余顷故卤地，诚得山水可令亩十石，于是发卒万余人穿渠，自征引洛水至商颜山下。岸善崩，乃凿井，深者四十余丈。往往为井，井下相通流水。水秃以绝商颜，东至山岭十余里间。井渠之生自此始。"穿渠得龙首骨，故名龙首渠。龙首渠创于何时《史记·河渠书》未明示。井的流变历史中，很可能还有一个介于这二者之间的半土半文的名字——坎儿渠。有专家考证认为，关中龙首井渠传到了甘新交接处，其作用与功能逐渐发生了变化，由在陕西的输地表水，变成集、输地下水的卑赣侯井，从这儿又传到吐鲁番后加上了蓄水池，变成了集、输、蓄地下水的工程，已脱离了原来的井渠的作用与功能，成为一个新事物，就被称为坎儿井了。新疆坎儿井是受中原井渠法的坎儿渠的启示，逐渐由中原传入而形成的。

据史料推断，龙首渠应建于汉元鼎至元封年间（前116—前110年）。最早提出吐鲁番的坎儿井是汉代井渠发展而来的陶葆廉。1891年陶随其父来新疆，写有《辛卯侍行记》。书中写到："坎尔者，缠回从山麓出泉水，作阴沟引水，隔数步一井，下贯木槽上掩沙石，灌为飞沙拥塞也。"又说："其法甚古《汉书·沟恤志》引洛水，井下相通行水，西域已久有之（《乌孙传》：宣帝时遣史者案行表穿卑迪西）。孟康曰：大井六通渠也。"

（二）汉、羌的互动

《史记·六国年表序》："禹兴于西羌。"《集解》也引"《孟子》称'禹生石纽，西夷人也'"。西汉蜀地大学者扬雄的《蜀王本纪》更明确地记载："禹本汶山郡广柔县人，生于石纽。"大禹一系的羌人世居岷江两岸，自古以擅长水利闻名，这一传统源远流长，因而直到近世，成都平原上举凡打水井、修河堤一类工作，往往都由来自岷江上游的羌民承担。禹族既然生活在岷江上游，其治水活动也就开始于今四川境内这一流域，故《尚书·禹贡》记载其"岷山导江，东别为沱"，又载"沱、潜既导，蔡、蒙旅平"。这些都是禹羌族群在岷江、沱江和嘉陵江流域平治水患、疏导山川的古老传说。禹羌族群在岷江流域等地创立的以疏导为核心的治水技术、经验和理念，为后代举世闻名的开明氏、李冰等领导的蜀地大型水利工程所汲取和发展，为秦汉以后"天府之国"的形

成和恒久持续发展奠定了坚实的基础,而禹羌水工程文化智慧可谓泽被千秋,并为历史上中国广大地区的众多水利工程所继承弘扬。

第三节　中西方水工程文化异同

中西方水工程文化的差异源自文明的基因,而文明基因的差异则源自水流动力学的差异。

一、河流动力学与海洋动力学的差异

（一）主控因素单一化与多元化

河流动力学与海洋动力学的动力学机制有较大的差异。对河流动力学而言,控制河流流动的主要因素就是地球引力,就是我们常说的人往高处走,水往低处流,呈现单一化。

对海洋动力学而言,控制海流流动的主要因素则呈现多元化,光是造成潮汐的引力就有三个:地球、月球、太阳,除此以外,还有热盐效应、地壳运动、火山爆发、地震、季风和地球自转等。海水运动的形式主要有波浪、潮汐和洋流。洋流按成因可分为风海流、密度流（又称地转流或梯度流）、补偿流;按海水温度的差异又可分为暖流和寒流;洋流按其流经的地理位置又可分为赤道流、大洋流、极地流及沿岸流等。

（二）边界约束的相对稳定与相对模糊

就河流而言,由于长度和宽度的大比例,两岸的边界约束就突现出来,这将塑造大河文明的特质:含蓄、内敛、不喜欢远征,不喜欢失控,不喜欢走极端。河流局部失稳如裁弯取直、改道等并不能改变边界约束的相对稳定的特性。

就海洋而言,由于体量和尺度的关系,海洋的边界约束相对模糊,这将塑造海洋文明的特质:重民主、尚个体、开放、外向的心态。一望无际的海洋极易激发出人类的冒险精神、征服精神、开拓精神。

就形态学而言,海洋的面状辐射、方向上的多向性,体现空间感、现实感,在思维方式上倾向解析、分解。航海中方方向感的分解不是四个（东、南、西、北）或八个,而是分解到360度,乃至再向分、秒的等级进一步进行分解,方能确保达到目的地;河流的线状贯通、方向上的单向性,体现历史感、时间感,在思维方式上倾向整合。值得玩味的是,雅典奥运会用一池海水展示历史,而北京奥运会却用一轴画卷展示历史,恰如其分地反映出海洋文明和大河文明在动力学上的差异。

（三）主控基因对人类社会文明的影响

管子对河流动力学早有认知:"夫水之性,以高走下",讲的就是河水流动的主控

因素。"是以圣人之化世也,其解在水。……是以圣人之治于世也,不告人也,不户说也,其枢在水。"所谓"化世""其解在水""治于世""其枢在水",讲的正是河流动力学对大河文明的深刻影响。

无论"普天之下,莫非王土;率土之滨,莫非王臣"(《诗经·小雅·北山》),还是"君为臣纲、父为子纲、夫为妻纲"的家国同构、礼法同构,都深深铸刻着主控因素单一化、大一统的烙印,金字塔式的超静定、超稳态的社会结构由此构成。

海洋动力学上的主控因素多元化在西方的直接表现就是,早期的三权分立如国君有君权、教会有教权、贵族有王权,发展到后期的立法权、行政权和司法权相互独立、互相制衡,彰显出开放、多元的梯形结构。在各类社会结构中,三角形结构最稳定,是几何不变体,重心最低,是高度的三分之一(金字塔的四面体的重心是高度的四分之一)。

二、中西河流文化比较

(一)母文化与子文化

特殊的地理环境、气候条件、经济结构,不仅影响到民族的基本生活方式,而且还会对其社会政治形态、思想意识以及人们的心理结构产生或多或少的影响。对中西方而言,河流文化是母文化还是子文化? 海洋文化是母文化还是子文化? 这要从中西方的不同的地理环境、生产方式、生活方式中寻找答案。

中华文明发展的地理环境的特点:其一是黄土高原的地理生态的相对同质性。同质的松散的黄土层,小型冲积平原,温带气候,最适宜于发展单一的自给自足的小农经济。小农业生产的单一性,决定了人们生产方式、生活习性、价值观念,以及社会组织结构诸多方面的同质性;其二是在这些农耕共同体之间并不存在使它们长期彼此隔绝的天然地理屏障。散布在黄河流域与长江流域的这些同质的农业村社小共同体,均可以不受障碍地彼此沟通与相互影响。正是小共同体之间这种不受阻碍的相互交流导致你中有我,我中有你,逐渐在文化上形成同质体的华夏文明的大板块;其三是华夏文明与其他古代文明之间进行文化交往相当困难,华夏文化与其他古代文明相比,是旧大陆诸多文明中最远离古代文化交流圈的文明。众所周知,埃及文明、美索不达米亚文明、希腊罗马文明与印度文明之间,存在着广泛持久的文明互动与交流。从中华文明整体而言,依存河流为生的部族占居主体地位,依存海洋为生的部族仅居次要的从属地位,诸子百家也多以河流立论阐发各自的哲学与政治理念。

西方文明起源于欧洲。这个欧洲不是今天地域意义上的欧洲,而是指地中海沿岸,西方文明正是起源于此并向北发展,地中海岛屿星罗棋布,农业不像东方的大河流域那样发达,基本上属于农牧混合型经济,所产粮食甚至不能自给。在人口稠密的城邦如雅典等,要从黑海沿岸和埃及等地购进谷物。于是,西方文明发展成为商业文明。商业文明的产生基于市场意识,而市场意识又基于交换意识,交换意识又基于承认各自独立的平等意识,平等意识则来自于分立、独立意识。于是,西方对人显得相当的尊重,个人主义盛行。地中海美丽的波光海湾及希腊半岛贫瘠的土地、绵延的山岭造就了开放自由的古希腊文化。正对大海的搏击,赋予希腊人不畏强暴、迎难而上的精神,同时也使他们认识到,在航海中,必须尊重和依靠科学,否则就会葬身鱼腹。古希腊的文化就在挑战、应战海洋中逐步走向成熟,铸成了海洋性的文化模式,自然条件的多样性引发经济多样化并进而促使思维的多样性。

对中西方而言,每种文明既有河流文化,又有海洋文化,但有母文化与子文化之分。对中华文明而言,河流文化是母文化,海洋文化是子文化;对西方文明而言,海洋文化是母文化,河流文化是子文化。

(二)河流形态比较

同样是河流文化,中西方又有差异。中国的河流文化是大河文化,西方(欧洲)则是小河文化。黄河、长江的长度、流域面积、年径流量等,是欧洲的塞纳河、莱茵河、多瑙河等无法可比的。黄河、长江的"四同":同源头、同流向、同国度、同归宿,是区别欧洲河流形态的最大特点,也就造成中西河流文化内涵的差异。从宏观水系来看,与欧洲水系不同,中国内陆水系具有明显的统一性。因为欧洲地势低平,所以河网密集,水流平稳(流速较慢);欧洲轮廓破碎,河流短小;欧洲的气候(西欧)为温带海洋性气候,年降水均匀,所以河流流量季节变化不大;河流流经国家数量多,多为国际性河流;水流平稳,水位季节变化不明显,所以河流航运价值高;并且多人工运河。欧洲大陆从东北到西南斜贯着一条由乌瓦累丘陵、瓦尔代丘陵、喀尔巴阡山脉、阿尔卑斯山脉和安达卢西亚山脉构成的分水岭,使欧洲大陆形成两个斜面——北冰洋—大西洋斜面和地中海—黑海—里海斜面,因此欧洲水系是散向四方的。一方水土养一方人,水系的不同流向,为政治的分化、分立、分裂埋下种子。

梁启超通过比较中美两国的地理环境,探讨中美民族性格差异及其原因之所在。他认为河流的走向与气候等因素结合在一起,会对民族性格产生影响。"凡河流之南北向者,则能连寒温热三带之地而一贯之,使种种之气候,种种之物产,种种之人情,互相调和,而利害不至于冲突。河流之向东西者反是,所经之区,同一气候,同一物产,同一人情,故此河流与彼河流之间,往往各为风气。""中国的河流基本上是东西向的,而美国的河流则大多是南北向的,这就造成中美两大民族性格的不同。"实际上,河流的流向决定原住民的迁徙特性,河流自西向东的流向意味着沿河流向纬度变化不大,因此在同一时刻,流域的季节基本一致,由食物需求而产生的迁徙动力就减弱了,这正是中华民族不喜迁徙、求稳定的内因;相反自南向北的流向,意味着沿河流走向纬度变化较大,而在同一时刻,流域的季节却呈现春夏秋冬的变化,由此构成原住民的迁徙动力,导致原住民向食物丰沛的流域流动。

密西西比河与黄河、长江虽均属世界性大河,但密西西比河从本质上说是欧洲的移民文化,仅有200多年的历史。在河流形态的差异主要表现为:在流向上自西向东与自北向南的区别,在流经国家上有一个国家与两个国家的区别,在支流分布上有大致均衡与严重失衡的区别等;同样是大河文化在历史积淀上有悠久与短暂之分,在总体文化类型上又有河流文化为主与海洋文化为主、河流文化为辅的区别。

(三)文化内涵比较

1.统一性、开放性、多样性

中国的河流文化是统一性与多样性相结合,西方则是开放性与多样性相结合。中国河流文化的多样性体现在空间性上,黄河文化为北方文化,按上中下游又可分为三秦文化、中原文化、齐鲁文化;长江文化为南方文化,按上中下游又可分为巴蜀文化、楚文化、吴越文化。

西方的河流文化的多样性体现在时间性上,如世界遗产委员会评价匈牙利布达佩斯多瑙河:"这些遗迹采用的是受到了好几个时期影响的建筑风格,是世界上城市景观中的杰出典范之一,而且显示了匈牙利都城在历史上各伟大时期的风貌。"突出文化在各个时期的积累,不同时期的建筑具有不同的风格,如希腊式、罗马式、哥特式、文艺复兴、巴洛克、古典主义、罗可可、浪漫主义、现代主义、后现代主义等,这些建筑反映时代的变迁。而在中国,历朝历代的建筑风格变化并不明显。

2.文化遗产的分布差异

从世界文化遗产名录中,西方涉及整段河流的有塞纳河、莱茵河、多瑙河等,而中国进入世界文化遗产名录的没有整段河流,仅是流域内的单个景点,如岷江的九寨沟、都江堰、峨眉山等,而三江并流是作为自然遗产入录的。这种现象说明中西在河流文化遗产分布上,前者是线状分布,后者是点状分布。出现这种现象有以下几个原因:一是由于中西在建筑材料的差异,前者是木构,不易保存,后者是石构,保存年代较为久远;二是中国古代改朝换代时,为清除上一个朝代的影响,往往连文化遗存一并清除;三是自然灾害造成历史文化遗存的消失,如开封历代都城遗存被黄河泥沙掩埋;四是西方很早就重视对文化遗产的保护,相比之下,新中国成立之初,建筑学家梁思成提出保留老北京城的建议竟被视为异端邪说,被上升到"要把我们赶出北京"政治层面加以批判,实在可叹!

在水工程理念上,中西方有较大差异,同样讲水,儒家讲水之德,道家讲水之道,佛家讲水之修;儒家是"敬水",道家是"静水",佛家是"净水";儒之执中贯一、道之守中得一、佛之空中归一;而西方则是"控水",体现在上帝对江河湖海的招之即来、挥之即去,这种管控一切、推销一切的宗教使命感已经牢牢铸刻在西方主流社会的思维方式和价值观上。

三、文明基因对建筑的影响

这些基因深刻影响着各自的建筑,形成不同的建筑文化。

主控因素单一,造成布局上中国大型宫室建筑强调中轴线、强调主次,造成中国传统建筑的艺术风格以"和谐"之美为基调,造成中国建筑形制相对稳定。梁柱组合的木构框架从上古一直沿用到近代,这是中国建筑艺术系统稳定与守成的最有说服力的例证。中国城市整体性强,南北中轴线定位,主次分明,对称排列;市中心设王城,无公共广场;建筑呈平面展开;曲线有内收感;与自然和谐。

主控因素多元化,造成西方建筑开放的单体的空间格局向高空发展,造成西方建筑艺术风格多变,古希腊式、古罗马式、哥特式、文艺复兴、巴洛克、浪漫主义、洛可可、现实主义、功能主义、后现代主义等各种形式,百花竞艳。但没有一种风格能够具有绝对的统治地位。西方古代城市无一定轴线,道路结构呈环形辐射,布局自由;开放式布局,有中心广场;市中心有高耸建筑;尺度雄伟,体量宏大,呈外张感;与自然对峙。

边界约束的相对稳定,造成对约束来源——大地的认同。东方的建筑如四合院、皇家的紫禁城,全是群体的建筑,俯向大地的,它追求的不是高度和单体,而是群体连接的广度,追求优美,天人合一的实质是对地的认同,是天地人合一。

边界约束的相对模糊,造成西方建筑的开放、轩敞、一览无余。这与中国围墙文化的封闭、内敛、深藏不露又形成鲜明的对比。西方建筑原型古希腊神庙,不强调内部空间,却以外部空间为主,四周开敞的柱廊形成心理上的外向社会的离心空间。边界约束相对模糊造成西方古建筑的空间序列采用向高空垂直发展、挺拔向上的形式。同时,西方古典建筑突出建筑个体特性的张扬,横空出世的尖塔楼、孤傲独立的纪念柱处处可见。边界约束的相对模糊,造成对约束来源的——大地的反抗,西方建筑大量哥特式建筑,是单体的、向天的,竭力摆脱地心引力,追求永恒的自由和个体的尊严。

四、文明基因对园林的影响

河流动力学的稳定的边界约束、河流九曲的形态对中国园林的构图产生重要影响,景藏则境大,景显则境界小。中国较为强调曲线与含蓄美,即"寓言假物,不取直白"。

园林的布局、立意、选景等,皆强调虚实结合,文质相辅。或追求自然情致,或钟情田园山水,或曲意寄情托志。工于"借景"以达到含蓄、奥妙,姿态横生;巧用"曲线"以使自然、环境、园林在个性与整体上互为协调、适宁和恬、相得益彰而宛若天开。"巧于因借,精在体宜"的手法,近似于中国古典诗词的"比兴"或"隐秀",重词外之情、言外之意。看似漫不经心、行云流水,实则裁夺奇崛、缜密圆融而意蕴深远。

受海洋的大尺度和潮汐的规律运动的影响,西方园林则以平直、外露、规模宏大、气势磅礴为美。比如开阔平坦的大草坪、巨大的露天运动场、雄伟壮丽的高层建筑等,皆强调轴线和几何图形的分析性,其平直、开阔、外露等无疑都是深蕴其中的重要特征,与中国建筑的象征性、暗示性、含蓄性等相比有着不同的美学理念。

五、中西方水工程文化比较

近代西方的工业革命,推动水工程科学的发展,与水工程息息相关的学科如水文学、水力学、土力学、材料力学、结构力学、地理学、测量学、电工学、农田水利学等的建立及混凝土这一建筑材料的横空出世,使西方水工程产生了建立在定量分析的试验科学基础上的伟大革命,超大型水工程相继问世,极大地影响了水工程文化的发展。

20世纪以来,中国也由于混凝土的广泛应用及相关的水科技理论的发展,并在西方科技尺度的统一作用下,近现代水工程呈飞跃式的发展,其质、其形、其意与传统水工程相比,发生了明显的变化。虽然水工程领域出现工程材料同质化(最基本的工程材料是钢筋、混凝土)、技术手段通用化、技术标准统一化、水下形体趋同化的现象,但水工程文化的多样化依然存在,在水工程上部建筑、水利景观的营造上,仍呈现出百花齐放、多姿多彩的文化氛围。

(一)中西方水闸工程文化比较

水闸是陆地的连接、架空的房屋、水上的构筑,它近水而非水,似陆而非陆,架空而非空,是天、地、水三系统的交叉点和聚焦点。水闸这种水工建筑物与水的关系是横卧、跨越、拦蓄、导向、分流,其构型特点也由此而生。横卧,表示长高比较大,其尺度,长远远大于高或宽;跨越,表示其位于水天之间,近水远天,云在闸上飘,水从闸下流,水天一色的背景给人以空旷、穿透的视觉;拦蓄、导向、分流,表示其水型特点是闸前有水面、闸后有水道。

闸、桥与水的关系在横、跨这两点上是相同的,不同的是:桥不具备拦、导、分的功能。桥的跨度远大于闸的跨度,因此在空间造型设计上基准点是不同的;闸、坝与水的关系在横、拦这两点上是相同的,在跨、导、分上是不同的。跨越不同于横卧,水从其下流,并不阻水。

泰晤士河防洪闸藏闸门于河床,将闸门的垂直起落变成转动;荷兰马斯兰特挡潮闸、常州钟楼防洪控制工程,藏闸门于两岸,将闸门的垂直起落变成水平移动,这两种方式既利于通航,又不遮蔽水面空间,在水工美学的设计上采用消去法,即将闸门在环境中隐身,不遮挡人们视线,对水上空间处理干净、空灵。但多数闸门在环境中无法隐身,对人们的视野形成隔断,只有采用突出法,使其成为环境中的景观或地标式建筑,从而抓住人们的眼球,这将涉及造型和色彩的设计,而具有水文化含金量。

泰晤士河防洪闸墩形如西方神话中的怪兽,日本荒川水闸状如潜艇,日本三岭水闸在闸门上绘制海画,这是西方水闸工程揭示的海洋文化内涵及底蕴。

外苏州河闸厚重、古朴的闸墩采用汉代牌楼造型,曹娥江大闸通透、圆融、空灵的造型传达出如诗如画的意境,护栏上文化典故历史的雕刻,无不显露出中华水文化的特质。概括一下,它们做到了"水下工程重质量,水上工程重形象"。因此,面临全盘西化的浪潮,水文化工作者大可不必悲观,在这一广阔天地,仍将大有作为。

西方在对待人与自然的关系表现为"天人对峙",有强烈的自我扩张意识,强调人是大自然的主人,弘扬人的伟大与崇高,相信人的智慧与力量,重视现实世界和人的个性,形成了崇尚人文主义的思想,对自然科学的研究和注重技术的改进,充分显示了人驾驭自然的欲望。将人工趣味的几何形式与由山野树木形成的自然轮廓线呈现对立与相互反射之势,尤其是宗教建筑,运用林立向上的尖塔、凌空飞架的飞扶壁,使教堂显示出一种向上与向四周伸展的外张性格,似乎努力挣脱自然的束缚,使自身肢体得以充分的伸展。这与中国的表现手法迥然不同,中国建筑是以建筑的屋脊、屋角及屋面等处所形成的曲线,与山峦的起伏、树木的姿态等自然轮廓存在着某种暗合,与自然环境浑然一体,在体量上也是"适形而止",表现出对大地的依附。

（二）中西方堤岸工程文化比较

荷兰的阿姆斯特丹堤坝是征服自然、控制自然的杰作。荷兰海堤彰显的西方文化以人为中心,强调对自然的征服和改造,以求得人类自身生存与发展,是一种"天人对立"思想的反映。一般的弧形闸门是竖向布置、垂直起吊,荷兰的弧形闸门却是水平布置,硕大的弧形闸门构成巨大的"人"字,给我们以深刻的启示:在自然界面前,人是可以有所作为的。值得回味的是堤坝的标志性纪念物却是一个高不过1米的弯腰搬石的力士的铜雕塑,与绵延的大坝形成了巨大的反差和对比,透出哲理,引人深思,体现了对劳动的尊重、对勤奋的崇尚。雕塑的体量经过精心设计:这样一个举世罕见的伟大工程,其标志性纪念物如此之小,但又如此震撼人心,完全是艺术的魅力。

与西方的堤岸工程不同,中国的都江堰崇尚自然,布局象天法地,追求天意和理气,使水工程建筑和城市空间排列组合达到尽善尽美,显示出人适应自然的水流呈"人"字形,而宝瓶口与飞沙堰的平面布置则呈"人"字形,实际上是化"人"为"人",将"人"融"人"自然,达到天人合一的至高境界水平。

（三）中西方运河工程文化比较

米迪运河沟通大西洋与地中海,丽都运河沟通的是安大略湖与大西洋,从世界遗产委员会的评价看,欧美运河是科技的杰作,其和谐美体现在个体的完整,以工程成就入录世界遗产名录。京杭大运河沟通的是黄河文明与长江文明,对中华文明的稳

197

定发展和融合做出重要贡献,京杭大运河是文化的瑰宝、文化的集萃,其和谐美体现在整体有序的结构,整体对个体的规定。京杭大运河承载的功能价值、自然价值、历史价值、审美价值和文明信息比欧美运河要丰富得多、复杂得多,它以文化景观、人工水道等多种遗产类别而入录世界文化遗产名录。

（四）中西方湖泊工程文化比较

毕达哥拉斯说过,"我们的眼睛看见对称,耳朵听见和谐"（托塔凯维奇《六概念史》）,表明西方的美感主体是眼耳独尊。黑格尔更明确指出:"艺术的感性事物只涉及视听两个认识性的感觉。至于嗅觉、味觉和触觉则完全与艺术欣赏无关"。奥地利新锡德尔湖/费尔特湖的湖文化的美学欣赏主要集中在视觉和听觉上,城堡和宫殿体现视觉的美学欣赏,"湖上音乐会"体现听觉的美学欣赏。与西方的湖泊工程不同,西湖的美感主体则是眼、耳、鼻、舌、身的五官整合体,是"身知其安也,口知其甘也,目知其美也,耳知其乐也"（《墨子·非乐》）,是全方位的审美,反映天、地、人的神、情、气、韵。

（五）中西方给水工程文化比较

法国加尔水道桥和塞哥维亚古罗马输水道的造型艺术很注意对象的富有逻辑的几何可析性。毕达哥拉斯认为"由于数,一切事物看起来才是美的",柏拉图认为"尺度和比例的保持总是美的",亚里士多德认为"美的主要形式是秩序和比例的明确"（托塔凯维奇《六概念史》）。西方的先哲们重视形式逻辑在美学中的地位,他们的观点是:美的东西都是几何的、可析的,美的建筑是由明确的几何形体关系、几何比例关系,以及确定的数量关系所构成的,建筑就应当是由这些确定的几何体所形成的独立的实体,这一组合的实体又可分解为一个个简单的几何体。塞哥维亚古罗马输水道给人留下深刻的印象,这一建筑以双层拱洞为特点,上下两层,拱宽一致,便于力的传递,两层高度比为0.57:1,接近黄金分割比。长813米、高28.5米的双层花岗岩石网格,对空间进行分割,成为一个巨大的取景框,远处的楼群被分割、切碎,分中有合、合中有分,妙理无穷,以个体的张扬体现和谐,以数和比例实现和谐。

与西方的给水工程不同,宏村独特的水系和村落实现园林化,其美学特征是"中"与"和"。水系由水口、水圳、月沼、南湖、水院组成,月沼为宏村的公共中心,体现了美学的"中"。水口高程得当、朝抱有情,水环境虚实相生、动静皆宜,水圳九曲十弯、宽窄相间,水院均衡分布、沿街随院,带来生气、灵气、文气。外部山水环境"枕山、环水、面屏",水体的多样形态,民居"楼台近水,倒影浮光",呈现出水墨画卷,三者在风水理念的指导下实现了原生态的"和合",以整体对部分的规定体现工程与自然的和谐。

（六）中西方水电工程文化比较

中国三峡大坝坛子岭景区利用截流"功臣"——四面体作雕塑,朴素至极;块体倒置,上大下小;斜面向上,动感顿生;简约而不简单。截流纪念公园的围墙用三角形卵石透空作栏板,提取竹笼、枵槎的地域文化元素,用各类施工材料构造的雕塑展示长江文化,如"纤夫",体现中华民族讲求意象的传统美学特征。

被美国土木工程师学会列为美国七大现代土木工程奇迹之一的胡佛大坝雕塑,以刀砍斧凿的红色花岗石作为大背景,高9米的两个青铜双翼男天使,彰显人类战胜洪水的意志和智慧,底座黑色的花岗石与背景形成鲜明对比。该设计方案与奥运奖牌正面图案——插上翅膀站立的希腊胜利女神意趣相通,只不过将女神换成男天使。

三峡的万年江底石、大江截流石、三峡坝址基石、银版天书等雕塑体现自然的原生态,截留纪念公园的利用各类施工材料的写意雕塑体现工程的原生态,以体现天人合一为主题。《圣经》中说:"神就照着自己的形象造人,乃是照着他的形象造男造女。"强调神人合一。胡佛大坝的雕塑延续这种传统,注重神人和普通人的写真刻画,以人本为主题。

水工程的美学价值已为世界所认可。世界文化遗产名录中的中西水工程,都能彰显出不同的文化特色、不同的美学特征。从美的视角看,这些水工程的风格为:法国巴黎的塞纳河畔、匈牙利布达佩斯多瑙河边,以历史悠久的世界著名建筑闻名,立足世界遗产名录,河以建筑扬名;罗马尼亚的多瑙河三角洲彰显的是湿地生态、自然之美;中上游莱茵河透出的是历史、文化的沉淀,散发出陈年佳酿的芬芳;加尔水道桥、西班牙的塞哥维亚古镇及水道桥揭示单一水工建筑的结构形式美;英国的铁峡桥、比利时中央运河上的四部升降机是工业革命的奇迹,围绕工业建筑,形成市镇,构造景观,建博物馆、公园,充分发挥其旅游、休闲、教化功能;奥地利新锡德尔湖/费尔特湖将历史、文化、生态之美糅合在一起,城堡与酒齐名,湖水与音乐交融;皖南古村落——西递、宏村供水系统展示的是天人合一,揭示哲理之美;中国都江堰水利工程、米迪运河、荷兰的阿姆斯特丹堤坝、加拿大丽都运河都是真正意义上的水工建筑,让世界惊叹人类的创造力之美。

从世界文化遗产的角度,评委们从都江堰看到世界文明,从宏村看到独特的文化遗存,从米迪运河看到运河与环境的和谐美,从丽都运河看到科技和历史,从阿姆斯特丹堤坝看到文艺复兴和创新,从杭州西湖看到美学中的真谛。这些工程,为我们展现出水工程的深刻、丰富多彩的文化。它们为发掘、展示水工程的文化内涵提供了宝库。中西方水工程的美学价值彪炳史册,值得深入研究。当今,发掘并表现水工建筑的文化内涵,已成为世界潮流。

第七章　水工程文化的演变与发展

水工程文化学是为探讨水工程作为人类的一种文化现象的起源、演变、结构构成、本质功能、传播及其进化中的个性与共性、特殊与一般规律的新学科。水工程文化学的研究模式基于三个观念：文化层观念、文化史观念、文化域观念。水工程文化层观念在上几章已进行充分讨论，第七章、第八章将讨论水工程的文化史观念和文化域观念。

水工程文化的时间性，即时代性或历时性、阶段性等。

水工程文化时期的划分原则是：以与水工程文化的因素——水工程及文化的发展为划分断代的基本检索依据，以水工程文化研究历程对水工程文化作用的影响为主导线索，参照水及各种水工程思想等进行历时性的阶段划分。

第一章已按中国工程文化存在形态的发展规律、特点，将水工程文化总体以及各区域、各时期水工程文化分期确定为：史前原始社会的水工程文化——神化性水工程文化、奴隶社会时代的春秋战国时期的水工程文化——中小型土方型水工程文化、漫长的封建社会时期秦汉至清中期的水工程文化——大中小土石方水工程文化、半封建半殖民地社会时期清后期至新中国成立前的水工程文化——新型建筑材料水工程文化、社会主义社会时期的水工程文化——现代水工程文化。

根据水工程文化在揭示前与揭示后的不同作用的区别来划分，主要分为水工程文化潜在时期、揭示时期和认知时期三个基本阶段。

潜在时期是指文化揭示以前的这段建筑文化的形成、发展过程，即从人类水工程文化产生以后到水工程文化的揭示前为止，主要是因为这一段人类水工程文化的过程有一个共同的特征——水工程文化都为无意识的潜在。

揭示时期是指广泛意义上的水工程文化被揭示所经历的过程，虽然水工程文化的揭示仅为一点，但孕育或产生这一行为的过程却是需要有一定的发展阶段的，将揭示以及孕育过程合称为一个时期，包括文化本体研究的提出到文化应用至水工程上的全过程。

认知时期是指水工程文化揭示以后，人们有意识地认识感知水工程文化存在和作用的这一阶段，这要根据水工程文化揭示点的被确认，而断定认知时期的开始。

研究水工程文化的时间性，实际上是对水工程文化学史的考察，以时间为纵轴揭示和认知各时间节点，考察、剖析该节点上的学说、人物、工程作品的文化内涵之发展脉络，并指出不同时期水工程文化学的不同特征。水工程文化学史与水利史既有联系又有区别,水工程文化学史是以工程为载体探讨水文化,而水利史是以历史为载体研究水利行为和水工程的。

第一节　古代水工程文化

一、史前时期

(一)水工程文化的曙光——双墩刻画符号

安徽省蚌埠双墩遗址7300年前出土的630多个刻画符号,丰富多彩,数量多而集中,是迄今为止新石器时代遗址中出土数量最多、内容最丰富的一批与文字起源相关的资料,在中国文字史、汉字起源史上有重要地位。双墩刻符的功能可以分为表意、戳记、计数三大类,是社会经济文化发展到一定历史阶段的必然产物,处于文字起源发展的语段文字阶段,已经具备了原始文字的性质。

安徽省蚌埠双墩遗址出土的多个符号,在中国刻画符号体系里具有非常重要的地位,刻画符号是双墩遗址的最为重要的发现。主要发现在碗底陶片上,构成了双墩文化遗存的重要内容,为史前刻画符号又增添了一套新的时代早、数量大、种类多、内容丰富、结构独特而新颖的符号种类。从符号的刻画形状来看,可分为象形和几何形两大类。从符号的使用率来看,有些符号反复出现或与其他符号构成组合符号。这就形成了双墩刻画符号自身的特征,与其他新石器时代遗址所发现的刻画符号相比,一部分单体和象形类符号的形体结构与其有一定的相似性,其重体和组合体符号的猪形、鱼形、杆栏式房子形、花瓣形、蚕丝形、太阳形和几何类的横形、竖形、叉形、钩形、十字形、三角形、方框形、圆圈形等符号多与其他文化遗址符号有一定的形似性。如组合符号的鱼形和双弧线形或与方框形组合等,三角形和鱼形、花瓣形组合等,方框形和蚕形、花瓣形、钩形组合等重弧线形和横线形或圆圈组合等,半框形和一道或二道横线形组合等,十字形和圆圈形组合等符号与其他新石器时代遗址符号的区别就比较大或大相径庭。这代表了古代先民观察世界的思维方式。

蚌埠双墩遗址出土的600余件刻画符号中,与"水纹"相关的刻画符号已接近90件,占总数的六分之一。渔猎活动与水密不可分,水纹刻画符号中的大部分内容都与渔猎经济活动有关,"水纹"刻画符号包含的内容,还涉及狩猎、居住、气候环境等方面。双墩先民在长期的渔猎活动中,积累了丰富的经验,他们通过判断水纹变化来识别鱼群活动规律,以便确定从事渔猎活动的方式;通过对不同水纹现象的记录,反映当时气候、水环境对于"水纹"变化的影响;这些"水纹"分为具象写实和抽象的概括,前者包括鱼、渔网、刺鱼等,后者包括抽象鱼纹、水面等。

他们将"水纹"刻画符号中的某些符号在形式和意义上固化,并在一定区域内共同使用,初步显示了原始文字的功能。这最早水工程文化的萌芽。

(二)水工程文化的实证——井之文明

中华先民最早修建的水工程是井,井文明是我国史前水工程文化的实证。东汉王充《论衡·感虚篇》引用尧时的"击壤歌"记有:"吾日出而作,日入而息,凿井而饮,耕田而食,帝何力于我哉?"讲述了史前先人就懂得通过人工——"凿"的水工程技术,以及懂得用比地表水清的井水"而饮"的文明,这是我国流传下来的史前水工程文化之光辉。与尧有关的水工程"尧井",在《太平御览》卷一八九引《郡国志》中记载:"尧井在氾水县东十五里。汉高祖败,项羽追之,入此井得免。见井中有双鸠飞出,有蜘蛛网,因而得免。"这段记载,表现了"井"这一水工程的延伸文化也是十分丰富的。

浙江余姚的出土文物极为丰富,其中也包括了水井。水井在锅底形水坑中,用两百多根底部削尖的桩木和长圆木构成木构水井,分内外两部分,外围是直径约6米的近圆形栅栏桩,外围栅栏桩用以加固井口或井架,内井其口部近似方形,边长近2米,井深约1.35米,井壁用四排桩木和8根长圆木加固;碳14测定年代为距今5500~5800年,是人类社会河姆渡文化——汉字"井"的原型。

河姆渡水井是我国有实物可考的最早的水井。这个水井的木结构的实体构造,活生生地勾勒出"井"这个的汉字的笔画造型的由来。"井"字下边的一横表示井底,上边一横表示井盖,两竖表示木桩井壁。所以,《说文解字》云:"井,八家一井,象构韩形。"对韩的解释是"韩,并垣也。从韦,取其币也"。对韦的解释是"韦,相背也"。这是从结构上对井的定义,而《释名》云:"井,清也。泉之清洁者也。"则是对井的功能的定义。河姆渡水井的外圆内方的结构,是功能设计:外桩为阻滑桩,抵抗大块土体的下滑;内桩为过滤网,避免小颗粒淤塞井底和污染水质。这个井,除了功能的需求外,还有哲学含义,体现了天圆地方的宇宙观,井字的上一横代表天,下一横代表地,两竖代表天地的联系。

(二)水用具文化的精彩——马家窑彩陶

水用具文化的精彩出现在5300多年前的马家窑彩陶上,它主要分布于黄河上游的甘肃、青海的洮河、大夏河、湟水流域一带,先民们并没有满足陶罐装水、盛饭、烧水、煮饭的使用功能,他们用毛笔在马家窑彩陶上,对水作了淋漓尽致、出神入化的描绘:或波澜不惊,或春水微皱,或巨浪滔天,或同心圆扩散,或旋涡泛起,像浪尖上的水珠,引领着浪涛的起伏,各类水符号和谐的组合,对比中迸发出强烈的动感,像黄河奔流的千姿百态,生生不息,永世旋动,表达对水的崇拜和赞美,臻成彩陶艺术的高峰。它的图案之多样,题材之丰富,花纹之精美,构思之灵妙,构成了典丽、古朴、大器、浑厚的艺术风格,"高端、大气、上档次",是史前任何一种远古文化所不可比拟的。它将水工具的功能拓展到同时具有供人欣赏的水文化和水艺术的功能。

二、夏商周时期

(一)大禹治水的文化影响

1.治水路线图的文化内涵

宋洪迈在《容斋随笔》对大禹治水的路线图进行了分析:"《禹贡》叙治水,以冀、兖、青、徐、扬、荆、豫、梁、雍为次。考地理言之,豫居九州中,与兖、徐接境,何为自徐之扬,顾以豫为后乎? 盖禹顺五行而治之耳。冀为帝都,既在所先,而地居北方,实于五行为水。水生木,木东方也,故次之以兖、青、徐。木生火,火南方也,故次之以扬、荆。火生土,土中央也,故次之以豫。土生金,金西方也,故终于梁、雍。所谓彝伦攸叙者此也。与鲧之汩陈五行,相去远矣。此说予得之魏几道。"①

"禹顺五行而治之",这是魏几道、洪迈的核心观点,其立论的推演源于《尚书·洪范》:"箕子乃言曰:我闻在昔,鲧堙洪水,汩陈其五行。帝乃震怒,不畀《洪范》九畴,彝伦攸斁。鲧则殛死,禹乃嗣兴,天乃锡禹《洪范》九畴,彝伦攸叙。"

按五行相生排列,治水空间序依次是北、东、南、中、西,实际上是先下游、再中游、后上游,先下游,出口问题解决了,洪水也就很容易消退。这是大禹治水的大局观,大局观正确是成功的先决条件。确定治水时空排序的五行方略实际上是《连山易》中的五行理论的推演和具体实践。

《禹贡》11次提出"导":"导岍及岐""导嶓冢""导弱水""导黑水""导河、积石""嶓冢导漾""岷山导江""导沇水""导淮""导渭""导洛",可见"导"是大禹治水的灵魂,"导,引也","义本通也"(《说文》)。独独在论及"岷山导江"时,又加了个动词"别",即"东别为沱","别,分解也"(《说文》)。一"导"一"别"成为大禹在蜀地的治水方略,后来的李冰修建都江堰采用的"引""分""泄"的方针实际上就是大禹治水"导"和"别"方略的延伸和升华。

《尚书》的"虞书大禹谟"篇记载了禹对治水的总结:"德唯善政,政在养民。水、火、金、木、土、谷唯修,正德、利用、厚生唯和,九功唯叙",五行观跃然纸上,五行的生克制化,确确实实既是大禹的世界观,又是治水的方法论。

宋代学人陆游在《禹庙赋》中对大禹治水的方法论作过精彩评点:"世以己治水,而禹以水治水也。以己治水者,己与水交战,决东而西溢,堤南而北圮。治于此而彼败,纷万绪之俱起。则沟浍可以杀人,涛澜作于平地。此鲧所以殛死也。以水治水者,内不见己,外不见水,唯理之视。""以水治水"是循水之理,按水的自然规律治水,"以己治水"是逆水之理,是不作调研,按主观想象治水。

---

① 宋洪迈《容斋随笔》[M].北京:昆仑出版社,2001年。

2.大禹精神

《史记》对大禹治水作了这样的描述："禹乃遂与益、后稷奉帝命,命诸侯百姓与徒以傅土,行山表木,定高山大川。禹伤先人父鲧功之不成受诛,乃劳身焦思,居外十三年,过家门不敢入。薄衣食,致孝于鬼神。卑宫室,致费于沟域。路行乘车,水行乘船,泥行乘橇,山行乘檋。左准绳,右规矩,载四时,以开九洲,通九道,陂九泽,度九山。令益予众庶稻,可种卑湿。命后稷予众庶难得之食。食少,调有余相给,以均诸侯。禹乃行相地所有以贡,及山川之便利。"

据此,当代水利人把大禹精神归结为:公而忘私、忧国忧民的奉献精神;艰苦奋斗、坚韧不拔的创业精神;尊重自然、因势利导的科学精神;以身为度、以声为律的律己精神;严明法度、公正执法的治法精神;民族融合、九州一家的团结精神。

3.大禹治水对文明基因的固化和强化

大禹治水是人类第一次大规模对自然的干预,以治水开国,以治水治国,以治水定国。司马迁在《史记》中记述大禹治水时,从"下民皆服于水"讲到"众民乃定,万国为治",道出治国先治水的铁的定律。在治水的庆功大典上,君、臣高歌:"元首明哉,股肱良哉,庶事康哉!"反复吟唱的主题仍是大一统。这种群体统一规划、统一指挥、统一行动的征服自然的行为,使治河行为社会化,流域受益一体化,为建立大一统的中国超稳定社会结构,积累了经验。这是世界上其他文明所不具备的,而为中华文明所独有。

清代乾隆花大本钱将大禹治水这一不朽题材雕刻在价值连城的巨玉上,并题诗云:"功垂万古德万古,为鱼谁弗钦仰视。画图岁久或湮灭,重器千秋难败毁。"可见他对大禹治水如此青睐,不仅把它当作自己一生的总结,更重要的是"德万古"——大禹治水塑造了中华民族之魂;"功垂万古"的国之"重器"就是指大禹治水为构建大一统的国体和超稳定的社会结构所做出的重大贡献。

(二) 周易对水工程文化的理性阐释

1."三易"中卦元的演变

关于易学的演化,《礼记·春官·大卜》说得比较清楚:"掌《三易》之法,一曰《连山》,二曰《归藏》,三曰《周易》,其经卦皆八,其别皆六十有四。"

三易:连山、归藏、周易分别是夏、商、周代的指导社会实践的基本理论,既是世界观又是方法论,大禹治水和连山易密切相连。《周易·系辞》云:"河出图,洛出书,圣人则之。"河图、洛书演示宇宙万物变化规律,无疑对大禹治水有着深刻的启迪。

从北宋元丰年间发现的古书《三坟》中可看出《连山易》的来龙去脉和概貌,《三坟》中《太古河图代姓纪》有如下记载:"伏羲氏,燧人氏子也。因风而生,故风姓。末甲八,太七成,三十二易草林。草生月,雨降日,河汛时,龙马负图,盖分五色文,开五易甲,象崇山。天皇始画八卦,皆连山,名易。君、臣、民、物、阴、阳、兵、象,始明于世。"[1]

《连山易》的八卦名称是君、臣、民、物、阴、阳、兵、象。《归藏易》的八卦名称是地、木、风、火、水、山、金、天。《周易》的前身《乾坤易》的八卦名称是天、地、日、月、川、云、气。《周易》的八卦名称是天、地、山、水、风、雷、火、泽。三易的八卦实质是远古先人们在对宇宙的认识和把握过程中所抽象出的八大基本要素,从三易的八卦名称的变化过程可看出《归藏易》和《周易》的八卦基本取自八种具体的自然现象,而《连山易》的八卦则取自八种自然现象和社会现象,君、臣、民、兵是具体的社会要素,阴、阳、物、象则是抽象的自然和社会要素。从上述可看出《连山易》和《周易》在八卦的取向上有着明显的不同:《连山易》的八卦取向的指导思想是抽象和具体相结合、自然和社会相结合;而《周易》的八卦取向的指导思想则完全是抛开抽象而选择的都是具体的自然。

从《连山易》的六十四卦的结构看,虽然它的基本卦元是具体和抽象相结合、社会和自然相结合,但其物象的生成却是直接了当、一目了然的;《周易》却不同,虽然它的基本卦元是具体的、自然的,但它的物象的生成却是转换的、联想的、形象思维的,从这点可看出,《连山易》是《易经》的初级阶段,而《周易》是《易经》的高级阶段,这也从另外一个层面说明了为什么《周易》会流传至今,而《连山易》《归藏易》却消亡了,这其中有历史的必然和逻辑的必然。

《周易》基本卦元的选取与《连山易》和《归藏易》不同,《连山易》的基本卦元中未出现"水";《归藏易》基本卦元中出现一个"水";《周易》的八个基本卦元中就有两个与水有关:坎和兑,而六十四卦中与水有关的就有二十八个。这一易经结构演变历史充分说明,大禹治水的实践为《周易》提供了丰富的素材,甚至直接影响到《周易》卦系统的基本架构;而《周易》则是大禹治水的理论总结。

《周易》高度评价这两个水卦:"坎者,水也,正北方之卦也,劳卦也,万物之所归也""兑,正秋也,万物之所说也""润万物者,莫润乎水"。这就直接阐明了诸子百家对水的认识。

2.《周易》对水工程文化的阐释

如果说大禹开以易治水先河,那么《周易》则如实反映了中国古代自大禹以来先民治水的实践和经验。《周易》六十四卦中专门讲述水工程的有两卦:风水涣和水风井,前者阐释的是防洪工程的调度和实施,后者阐释的是水工程的建设。

《周易》风水涣卦,巽上坎下。"涣,亨,王假有庙。利涉大川,利贞",在洪水灾害到来时,决策者用到太庙祭祠的手段,动员群众,统一思想。"初六,用拯马壮,吉",想

---

①王兴业.谈〈三坟易〉的校误与正文[J].周易研究,1998.(2):77。

战胜自然灾害,要有充分的物质准备。"九二,涣奔其机,悔亡",防洪决策应果敢有力,如坐失良机,将丧其根本,则悔之晚矣。"六三,涣其躬。无悔",战胜自然灾害,决策者应身先士卒。"六四,涣其群,元吉。涣有丘,匪夷所思",决策的正确,方案的得当,损失的减少,大大出乎意料。"九五,涣汗其大号,涣王居,无咎",检讨决策的正确与否,方能使救灾顺利进行。"上九,涣其血去,逖出,无咎"[1],通过这次抗洪救灾,总结经验,吸取教训,以利再战。

《周易》水风井卦,坎上巽下,其内涵极为丰富,"井"是广义的取水工程。"初六井泥不食,旧井无禽"讲的是因淤塞水利工程报废,而造成生态退化。"九二井谷射鲋,瓮敝漏"。瓮漏则水泄,而失其用,讲的是水利工程因失修而功能减退。"九三井渫不食,为我心恻。可用汲,王明,并受其福"。这里讲的是水利工程的疏淘、水的有无、可食与不可食引起决策者的严重关切,水运系于国运。"六四井甃,无咎",讲的是水利工程的维修、保护的重要性。"九五井洌寒泉食",特别强调水质的重要性,视为"中正""上六井收勿幕,有孚元吉",讲的是水利工程既成,就应该"勿幕",发挥最大的效益。"象曰:木上有水,井,君子以劳民相劝"[1],这里已涉及思想工作、政治工作、水政问题了。

《周易》多处谈到治水,如果我们将《周易》的治水论说与西周盨铭文和《史记》中大禹治水的描述相对照,就会发现有惊人的一致。如《周易·恒卦》曰"初六,浚恒",讲的是防洪的最重要的手段:疏浚河道,理通水路,这实际上就是大禹治水时的"浚川""开九洲,通九道"的开通之道;又如《周易·泰卦》曰"无平不陂,无往不复",讲的是水工建筑的功能、建造和使用应注意的问题,这实际上就是大禹治水时的"敷土、随山""陂九泽、度九山"的理论概括;又如《周易·坎卦》曰"坎不盈,祇既平",讲的是水利工程中的高程测量和水流控制的问题,这实际上就是大禹治水时的"左准绳,右规矩"的形象注解。

在六十四卦中,以"坎"卦为中心的两两组合为天水讼、水天需、地水师、水地比、山水蒙、水山蹇、雷水解、水雷屯、风水涣、水风井、火水未济、水火既济、泽水困、水泽节。在六十四卦中,以"兑"卦为中心的两两组合为天泽履、泽天夬、地泽临、泽地萃、山泽损、水泽节、泽水困、雷泽归妹、泽雷随、风泽中孚、泽风大过、火泽睽、泽火革。

在六十四卦中,上述的系列组合,给出了易经中水与其他事物的不同构型,而卦辞则对这些构型作出具体的评判。卦名皆由卦象而生,不同的水与物的组合卦,由不同的卦象组成。这些卦型对水工程文化学和水工美学而言具有方法论的意义。

水地比,讲的是对比、比较在美学中的作用,有内比、外比、显比之法。

水泽节,"当位以节,中正以通。天地节而四时成",讲的是节奏、节制的运用,有

---

① 金景芳 吕绍纲《周易全解》[M].上海古籍出版社,2005.1。

不节、安节、苦节、甘节之分。

山水蒙，"艮少，坎隐伏不明"，讲的是混沌美、朦胧美，"山下出泉"是体位，方能构成朦胧的要件，对"蒙"有"发蒙""苞蒙""困蒙""童蒙""击蒙"之手段。

水山蹇，外险内止，故难。险为动之极，止为静，讲的是外动内静的构图，这种构图是难度较大的。

泽山咸，讲的是美学中感应律，天地感即阴阳和合，和合则万物生，和谐美由感而生。"柔上刚下，二气感应以相与"，"山泽通气"，这是感的要领。感有感知、感应、感悟。感知是人对万物由感而知，是单向的，是自下而上的；感应是双向的，被感者和施感者要相互呼应，是双向的；感悟是对万物高层次的把握。由感知而明，由感应而通，由感悟而生，方有"观其所感，而天地万物之情可见矣"。

风水涣，按《礼·檀弓》解释："美哉奂焉"，风行水上，文理灿然，故为文也，讲的是美大多是呈现于水这个界面上的。也就是说，水是个大画布，由风任意驰骋，构成绚丽多彩的画面。

山泽损，提出"损刚益柔有时，损益盈虚，与时偕行"，已涉及虚实对比的美学布局，首先对损的对象加以界定，进而区分酌损、弗损，把握损之度。损有余而补不足，最终达到一种动态的均衡。

210

水雷屯，"动乎险中，'大亨贞'"，以动求险、动险合一，是美学布局的奇招，要领在于"刚柔始交"，才能达到"雷雨之动满盈"的效果。

雷水解与水雷屯不同，它是内通外动，于是"动而免乎险"，动而出险是美学布局的正着，"得中道"是解的妙义。解是解构，"天地解而雷雨作"，旧秩序的解构，方有新秩序的产生，方有"雷雨作"，解构是水工程文化创新的灵魂，这就是"解之时，大矣哉"的含义。

水风井，水在泽中，汲之不穷，故兑为井。井养而不穷故通：穷则变，变则通，通则久。通字在构图中体现于气通、形通、意通、理通。

泽水困，水在泽下，泽竭故困。困刚掩，上下皆坎，阳陷阴中，欲通而不通。讲的是构图中，阳为阴所包围，实被虚所阻断，画面难有灵气。

天水讼，乾上水下，乾阳上升，坎水下降，故气不交。这种"讼"的布局，"天与水违行"，实际上是一盘散沙的模式，各局部孤立、零乱出现，毫无联系，指出这是美学构图中的大忌。

水天需，水上乾下，乾阳上升，坎水下降，故气交。这种"需"的布局，"位乎天位，以正中也"，所谓"气交"，实际上是物质的交换、能量的交流以及信息的交织、交感，实现你中有我、我中有你，使各局部构成一个有机的整体，从而实现浑成美、整体美。

地水师，众也，"能以众正，可以王矣"，讲的是驭众之术，涉及构图则是整体统帅局部之法,有"师出""师中""师左""帅师"等处理方法。

泽雷随,"刚来而下柔,动而说""而天下随时。随时之义大矣哉",所谓"随",即因时制宜、因地制宜、因物制宜、因人制宜。

雷泽归妹,"天地之大义也。天地不交,而万物不兴",讲的是天地交汇,阴阳交融,方有生气,方能生万物。

火泽睽,火动而上,泽动而下;二女同居,其志不同行。说而丽乎明,柔进而上行,得中而应乎刚,是以"小事吉"。天地睽而其事同也,男女睽而其志通也,万物睽而其事类也。睽之时,用大矣哉! 象曰"解,险动",动而免乎险,《说文》曰"睽,目不相听也",睽为反目,一目视为彼,一目视为此,讲的是不同的视角对万物的不同的解读,体现文化的多元性、事物的差异性,和而不同,方构成世界的序结构。

泽地萃,"聚也;顺以说,刚中而应",地上有泽,讲的是湿地生态,聚也,是生物多样性的聚集,"聚以正也""顺天命",要求聚集的方式应顺应自然规律,方能"观其所聚,而天地万物之情可见矣"。

水火既济,上坎为雨,下离为日,是雨过日出的美景。六爻皆当位有应,阴阳相间,指出只有阴阳总量相等,才是标准的平衡格局、高度对称的格局。美学只有到此,才有"终而止,其道穷"的感觉。

火水未济,六爻虽应,但均不当位,即阴爻在阳位,阳爻在阴位,是聚而失其方。这种错位,构成系统归位、生生不息的动力,就因为终而不止,方其道不穷的循环。点出阳处布阴、阴处着阳,运用这种躁动,才可破坏旧平衡的美学理念,可使布局充满活力、张力,也是美学生命力的源泉。

地泽临,《说文》:"临,监临也",《尔雅》:"临,视也"。地在上,泽在下,象征大地对泽水采取居高临下的监督,临的本意就是从上往下看。临又分为"咸临""甘临""至临""知临""敦临",分别为感应审视、美学审视、上位审视、下位审视、透视审视。

泽火革,"革,水火相息。"《杂卦》中说道:"革,去故也。"水工程文化的创新思维就需要"革",而头脑风暴就是要"去故也",就要树立对立面,做到"泽中有炎""天地革而四时成",而不是简单地抄袭文化的符号。

三、春秋战国时期

(一)《考工记》中的水工程文化

《考工记》是中国目前所见年代最早的手工业技术文献,该书在中国科技史、工艺美术史和文化史上都占有重要地位。在当时世界上也是独一无二的。全书共7100余字,篇幅并不长,但科技信息含量却相当大,内容涉及先秦时代的制车、兵器、礼器、钟磬、练染、建筑、水利等手工业技术,还涉及天文、生物、数学、物理、化学等自然科学知识。

《考工记》十分重视水利灌溉工程的规划和兴修,它记述了包括"浍"(大沟)、"洫"(中沟)、"遂"(小沟)和"《田"(田间小沟)在内的当时的沟渠系统,并指出要因地势水势修筑沟渠堤防,或使水畅流,或使水蓄积,以便利用。对于堤防的工程要求和建筑堤防的施工经验,它也作了详细的记述。

《周礼·地官·遂水》记载:"凡治野,夫间有遂,遂上有径,十夫有沟,沟上有畛,百夫有洫,洫上有涂,千夫有浍,浍上有道,万夫有川,川上有路,以达于畿。"

"匠人为沟洫,耜广五寸,二耜为耦,一耦之伐,广尺深尺,谓之畎;田首倍之,广二尺,深二尺,谓之遂;九夫为井,井间广四尺,深四尺,谓之沟;方十里为成,成间广八尺,深八尺,谓之洫;方百里为同,同间广二寻,深二仞,谓之浍。专达于川,各载其名。凡天下之地埶,两山之间,必有川焉,大川之上,必有涂焉。凡沟逆地阞谓之不行。水属不理孙,谓之不行。梢沟三十里,而广倍。"这里讲的是与井田制相配套的渠系设计,"沟""洫"的作用是引水、输水,"遂"是配水,"浍"是泄水,"专达于川"指渠与河的联系,或引或泄,"各载其名"除了各安其位、各行功能外,还隐喻周礼的等级制度的内涵,已形成完整的水工程的符号文化和制度文化。

"凡行奠水,磬折以参伍。欲为渊,则句于矩。凡沟必因水埶,防必因地埶。善沟者,水漱之;善防者,水淫之。凡为防,广与崇方,其閷参分去一,大防外閷,凡沟防,必一日先深之以为式,里为式,然后可以傅众力。凡任索约,大汲其版,谓之无任。""凡行奠水,磬折以参伍",是指溢流堰的合理配置;"凡为渊,则句于矩",是指合理配置跌水,调整水流速度,防止渠道冲刷;"善沟者,水漱之",主张水路要因势利导,借水冲淤,保持畅通。"凡为防,广与崇方,其閷参分去一,大防外閷"提出堤防设计,采用较缓的边坡维持河堤稳定。

《考工记》的本质是齐国政府制定的一套指导、监督和评价官府手工业生产及兴办水工程的技术制度。它的官书性质和严格的强制性、制度性表明了书中记载的技术文献已经超越了简单的技术资料记载,而成为当时国家精神和时代精神的浓缩,只不过这种浓缩不是以精神文化的集中形式而是以技术文化的形式。我们可以窥见其已极大地影响了古人的宇宙观、思维方式和人文关怀精神。其中所蕴含的天人合一、五行相生、虚实结合、仿生造物的美学思想迄今依然闪耀着智慧的光芒,它们开创了具有典范性和普适性的造物审美原则,有着借鉴价值和指导意义,也是水工程文化学值得认真挖掘的宝贵资源。

(二)《管子》中的水工程文化

管仲当过齐国宰相,有丰富的实践经验。作为法家的代表,管子的水论是古代治水大全,涉及的学科有世界本原论、水力学、水文学、水害学、水工程学、水利管理学等。

管子在《水地篇》中探讨世界本原论,开宗明义地提出:"水者何也? 万物之本原也,诸生之宗室也,美、恶、贤、不肖、愚、俊之所产也。""太一生水,水反辅太一,是以成天"(《郭店楚简》)。中华先民对世界的本原采用一元论。中华文明的两大流域黄河、长江具有"四同":同源,发源地均在青藏高原;同向,均由西向东流动;同归,均注入太平洋;同国,全程均分布在中国境内。黄河文明和长江文明的"四同",极大增强中华文明的认同感和同一性,是世界本原一元论的地理环境基础。

水力学:"水之性,行至曲,必留退,满则后推前。地下则平行,地高即控。杜曲则捣毁,杜曲瞠则跃。跃则倚,倚则环,环则中,中则涵,涵则塞,塞则移,移则控,控则水妄行。"这里已涉及水力学中的急流和缓流、水跃、弯道环流等基本概念。

水文学:"水有大小,又有远近,水之出于山而流入于海者,命曰经水。水别于他水,入于大水及海者,命曰枝水。山之沟,一有水,一毋水者,命曰谷水。水之出于他水,沟流于大水及海者,命曰川水。出地而不流者,命曰渊水。此五水者,因其利而往之可也,因而扼之可也,而不久常有危殆矣。"分类就是认知,由于"五水"的划分,明确各自特点,治水才有方向,方能对症下药。

水害学:"五害之属,水最为大。五害已除,人乃可治。""善为国者,必先除其五害",相对水利学,反向思维,率先提出水害学,化害为利,"人乃终身无患害而孝慈焉"。

水工程学:"大者为之堤,小者为之防,夹水四道,禾稼不伤。岁埤增之,树以荆棘,以固其地;杂之以柏杨,以备决水。"体现了重点设防,就地取材,因地制宜。

水利管理学:"请为置水官,令习水者为吏,大夫、大夫佐各一人,率部校长官佐各财足,乃取水左右各一人,使为都匠水工。令之行水道,城郭、堤川、沟池、官府、寺舍及洲中当缮治者,给卒财足。"可以看出,分工明确,各司其职,号令统一,组织高效;工程规划、财政筹措,方案实施,赏罚分明,管理调度,既有可行性研究,又有施工组织设计。

四、两汉时期

(一)贾让

西汉时期,贾让提出"治河三策",成为治理黄河的最早文献。上策是其核心思想:"人不能与水争地","徙冀州之民当水冲者,决黎阳遮害亭,放河使北入海"。中策讲的是要做既可灌溉,又可分洪的复合水工程,具体内容是:"多穿漕渠于冀州地,使民得以溉田,分杀水怒。"下策,贾让对修缮、加固现有工程,只是作了简略的表述:"缮完故堤,增卑倍薄。"其结果是"劳费无已,数逢其害。"贾让的"定山川之位,使神人各处其所,而不相奸"的观点现在看来,属于水工程的决策文化。[1]

"治河三策"后来被王景应用于治理黄河的实践中。析读"治河三策",贾让提出

---

① 班固撰,颜师古注. 汉书[M]. 北京: 中华书局, 1962。

演变与发展

的"不与水争地"、顺自然而用之的思想以及实地考察、比较分析而后形成决策的科学精神,是汉代水工程文化的光辉杰作和宝贵遗产。

(二)王景

王景是东汉时的水利专家又是易学家,王景的八世祖王仲"好道术,明天文"。《后汉书·王景传》对其治黄经历作了专门记载:"景少学'易',遂广窥众书,又好天文术数之事,沈深多伎艺。""时有荐景能理水者,显宗诏与人谒者王吴共修作浚仪渠。吴用景堨流法,水乃不复为害。"永平十三年,"夏,遂发卒数十万,遣景与王吴修渠筑堤,自荥阳东至千乘,海口千余里。景乃商度地执,凿山阜,破砥绩,直截沟涧,防遏冲要,疏决壅积,十里立一水门,令更相洄注,无复溃漏之患"。王景治黄方略,因地制宜,颇具实效。开凿水道,拆除洪障,加固防冲,疏浚河道,分流泄洪,上引中截下排等,均在防洪关键点上,作足文章,水害即除。易经的"初六,浚恒"和"无平不陂,无往不复"的治水理念光辉又在治黄历史上闪耀。王景作为一代治水高手,其在治黄的规划、设计、施工等环节上凸显的水工程文化理念至今都被称赞,而永垂青史。

五、魏晋南北朝时期

《水经注》是公元6世纪北魏时郦道元所著,全书30多万字,详细介绍了中国境内1000多条河流以及与这些河流相关的郡县、城市、物产、风俗、传说、历史等。该书还记录了不少碑刻墨迹和渔歌民谣,是中国古代较完整的一部以记载河道水系为主的综合性地理著作,是展示水工程文化的大观园。

《水经注》文笔雄健俊美,既是古代地理名著,又是优秀的文学作品,在中国长期历史发展进程中有过深远影响。它以河流为纲,以水谈地理,以水说历史,以水示景观,以水言人物,以水叙事件,以水续风俗,以水传神话,以水诵诗文,是中国6世纪的一部地理百科全书。侯仁之教授概括得最为贴切:"他赋予地理描写以时间的深度,又给予许多历史事件以具体的空间的真实感。"(《水经注选释·前言》)《水经注》描写三峡景观的名句分外清新:"春冬之时,则素湍绿潭,回清倒影。绝𪩘多生怪柏,悬泉瀑布,飞漱其间。清荣峻茂,良多趣味。每至晴初霜旦,林寒涧肃,常有高猿长啸,属引凄异,空谷传响,哀转久绝。"四季不同的奇异风光,从不同的角度凸显了三峡的奇异、险峻、清拔、幽暗、深邃、空寂各种风貌,成为山水游记的范文。(《水经注》,华夏出版社,2006)

六、隋唐时期

(一)大运河的横空出世

隋唐是中国运河体系发展过程中的重要阶段,是大规模开挖、沟通、修缮、拓浚大运河的时期,也是大运河航运较为繁荣的一个时期。正在申遗的大运河就属复合型的历史水工程文化,涉及区域广,包括8个省市,时间跨度大,前后达2000年。大运河是世界上开凿最早、里程最长的人工运河,它是古代中国人民创造的伟大水利工程,是我国历史上南粮北运、水利灌溉的黄金水道,是军资调配、商旅往来的经济命脉,是沟通南北、东西文化交融的桥梁,是集中展现历史文化和人文景观的古代水工程文化的长廊。从隋唐至清末随着经济中心的逐渐南移,政治中心与经济中心分离的矛盾越来越突出,政治中心在北方,经济中心则转移至南方,南北关系从此稳定下来。运河通过漕运将国都与经济中心连接起来,源源不断地供应京师各种物资需求,粮食安全、经济安全得到充分的保障。

大运河承载着上千年的风雨沧桑,见证了沿河两岸城市的发展与变迁,积淀了内容丰富、底蕴深厚的运河文化,是中华民族弥足珍贵的物质和精神财富,是中华文明传承发展的纽带,涉及文化品类极为丰富,有哲学、艺术、科技、景观、历史、民俗等。大运河是漕运文化、都市文化、民俗文化等的复合型水工程文化,开放性与凝聚性的统一、流动性与稳定性的统一、多样性与一体性的统一是大运河水工程文化的深刻内涵。

梁启超在《中国地理大势论》中说:"中国南北两大河流,各为风气,不相属也。自隋炀浚运河以连贯之,而两河之下游,遂别开交通之通之路。夫交通之不便,实一国政治上变迁之最大原因也。自运河既通以后,而南北一统之基础,遂以大定。以后千余年间,分裂者不过百年耳,而其结果,能使江河下游,日趋繁盛,北京、南京两大都,握全国之枢要,而吸其精华。"其高度评价了隋唐大运河的对维持中国的统一和稳定的巨大历史功绩。

(二)唐代水制度文化的发展

唐代是我国封建社会发展的全盛时期,封建法律制度也达到了空前完备的程度,形成了世界上独树一帜的中华法系。为了维护封建国家统治,唐代统治者采用了多种法律手段调整社会关系,律、令、格、式是唐代的主要法律形式。其中,式是有关封建国家各级政权组织或各类机关活动的规则,以及中央与地方、上级与下级之间的公文程式的细致规定。《新唐书·刑法志》说:"式者,其所常守之法也。"《唐六典·刑部》说:"式以轨物程事。"可见,式和律一样,是唐代独立的法律形式,具有法律效力,从性质上来说,它属于行政法律规范。因而,《水部式》是唐代的一项独立的行政法规,其名称来源于唐代中央机构中管理水资源的部门——水部。

《水部式》是唐代就水资源管理所制定的一项专门的行政法规,在中国古代历史上,就某类特定的自然资源进行专门立法并不多见。唐代采用当时的主要法律形式之一的"式"对水资源管理予以专门立法,反映了当时政府对水资源管理的重视,同时也从侧面反映了唐代法制的完备。唐代的水管理制定了专门法规唐《水部式》,为唐《式》33篇之一。现今见到的《水部式》虽为残卷,但其内容相当丰富。唐代一些州县也制定了地方水利管理法规。敦煌水部式残卷有29段35条2600余字。

《水部式》对水资源的利用和分配有着较为详细的规定,在唐代当时的历史背景下,在1200多年前的世界上,能够注意到水资源的综合利用、水资源利用的顺序及水量的分配,其内容显示出一定的先进性。

第一,《水部式》对水资源利用的顺序作出了规定。

"诸水碾硙,若壅水质泥塞渠,不自疏导,致令水溢渠坏,于公私有妨者,碾硙即令毁破。""诸溉灌小渠上,先有碾硙,其水以下即弃者,每年八月三十日以后,正月一日以前听动用,自余之月,仰所管官司,于用硙斗门下著锁封印,仍去却硙石,先尽百姓灌溉。若天雨水足,不须浇田,任听动用。其旁渠疑有偷水之硙,亦准此断塞。"水资源的功能多样,不仅能为人类提供饮用水,而且是农业、工业和航运所需。如何在这几者之间平衡,关系到水资源的合理和有效利用。《水部式》规定用水的顺序则是航运、灌溉、碾硙,其未涉及百姓用水,但是,可以猜想,当时的百姓用水应该都是从河流或者水井中获取的,《水部式》未加以规定而已,应该是对百姓生活用水未加以限制。至于《水部式》将航运放在灌溉之前,原因可能在于:自隋大运河开通,长江干流贯通,南方经济逐渐兴盛,立都于北方各王朝所需的粮食全依赖于南方各地,至唐时"今赋出于天下,江南居什九"。在水量丰富、不影响灌溉的时期,唐代允许碾硙等对水力资源的利用,这反映了唐代已经认识到水资源的多种功能。

第二,《水部式》对上下游的水资源利用作出了规定。

《水部式》规定,"泾渭白渠及诸大渠,用水溉灌之处,皆安斗门,并须累石及安木傍壁,仰使牢固""其斗门,皆须州县官司检行安置,不得私造""泾水南白渠、中白渠、南渠水口初分,欲入中白渠、偶南渠处,各著斗门堰",斗门的有无及其尺寸直接控制着水量。

"京兆府高陵县界,清、白二渠交口著斗门,堰清水,恒准水为五分,三分入中白渠,二分入清渠。若水两(量)过多,即与上下用处相知开放,还入清水。""至浇田之时,须有开下,放水多少,委当界县官,共专当官司相知,量事开闭。""南白渠水一尺以上,二尺以下,入中白渠及偶南渠。若水两(量)过多,放还本渠。"《水部式》规定的是一种均水制度,按照所需灌溉的田地亩数来确定用水量;上游不得在渠道上造堰,不得使下游无水灌溉。对于水量的分配,《水部式》的规定较为具体化。《水部式》规定:"诸灌溉大渠,有水下地高者,不得当渠造堰,听于上流势高之处,为斗门引取。""凡浇田,皆仰预知顷亩,依次取用,水遍即令闭塞,务使均普,不得偏并。"唐人刘禹锡评论说:"按《水部式》,决泄有时,畎浍有度。居上游者,不得拥泉而颛其腴。"

《水部式》不仅对上游的行为做出了限制,而且详细地规定了上下游之间的用水原则——均水制度(不是数量上的平均,而是根据所需灌溉的田地数量,保证所有田地均能得到灌溉)以及上下游之间的水量分配。水资源的开发利用必然会牵扯上下游之间的利害关系,如何协调其利益关系并且合理利用水资源,是水资源开发利用过程中不得不考虑的问题。唐代的上下游水量分配是通过斗门(渠道上的取水闸门)来实现的。

第三,《水部式》对水资源的保护作出了规定。

唐代已经注意到要保护水资源,唐代的水资源比较丰富,但是唐代政府却意识到水资源保护的重要性,这主要体现在《水部式》中对节约用水以及官吏的节水管理职责作了规定。"诸渠长及斗门长,至浇田之时,专知节水多少。其州县每年各差一官简校;长官及都水官司,时加巡察""泾、渭二水,大白渠,每年京兆少尹一人检校。其二水口大都门,至浇田之时,须有开下,放水多少,委当界县官,共专当官司相知,量事开闭。"

第四,《水部式》对水利官员的考核作出规定。

"若用水得所,田畴丰殖;及用水不平,并虚弃水利者,年终录为功过,附考。"将官吏的考核与节约用水量联系在一起,以水资源管理的成绩作为官吏考核的标准之一。

七、宋元时期

(一)宋代苏轼"水学"的创立

苏轼的"水学"是指水工程学,但从苏轼的全部社会活动看,"水学"又包括水文化学。水工程学涵盖治水理论和实践,水文化学包括文化工程和工程文化,苏东坡在这两方面均有伟大的建树。苏轼建立的"水学"是对中华水工程文化的重大贡献,是水工程文化学史上的里程碑(详论见第九章第一节)。

(二)元代《王祯农书》

王祯是元代著名的农学家,著有《农书》共22卷,分三大部。其中农桑通诀6卷,包括农事起本、授时、地利、播种、灌溉、种植、祈报等;百谷图4卷,包括谷属、蔬属、果属、杂类等11个属类;农器图谱22卷,包括田制、灌溉、杵臼、舟车、鼎釜等20个门类,水工具文化,尽显其中。清《四库全书》主编纪昀赞其书为"农书永乐大典",其特色为"其书典胆有法,图谱中所载水器尤为实用有裨,每图之末必系以铭赞诗赋,亦风雅可诵",在比较各种农书时说,"唯祯书引据赅洽,文章尔雅,绘图亦工致,可谓华实兼资"。

王祯的《农书》,图、诗、文并茂,是中国古代科学著作中将科学与艺术融为一体的典范。农桑通诀按赋体论说,行云流水、气势磅礴;百谷图按散记行文,字句斟酌、文采飞扬;农器图谱图诗俱佳,作图或山水泼墨,或人物素描,或器物写生,每图配诗,字字珠玑,或借物抒情,或写景寓理,"谁念农工苦,徒知粒食鲜。拼将图谱事,编记作诗传"。字里行间,情系三农。

（三）任仁发的水闸

上海元代水闸遗址被评选为"2006年度中国十大考古发现之一"。它是元代著名水利专家兼书画家任仁发设计的,据古书记载任仁发在上海共设计建造了10处水闸。

水闸的设置目的在于利用潮汐原理配合开闸放闸,使泥沙不再淤积于主河道影响航行,进而利用人类和大自然的合力实现水网疏浚。在考古发掘中,专家们揭开元代水闸真面目的同时,元代水利工程施工工艺也得到了还原,通过计算机技术复原并呈现了这座水闸的数十道建设工序:先打下1万余根木桩,木桩上铺木梁,木梁上再铺木板,最后木板之上铺石板。整个工程管理十分精确,已经达到了令今人惊叹的地步,建造水平绝不逊于当今任何一件获得"鲁班奖"的作品。为了确保桩位施工精密度,每根木桩都由工匠用毛笔蘸墨汁用元代盛行的八思巴文编号,古代的施工人员根据天干地支的计数方法对上万根桩进行了编号。"一桩一位一编号",保证基础工程做得有章法,其施工监理的严格程度甚至超过了现代钢筋混凝土建筑工艺,令人敬畏。最上层的石板之间则用"金元宝"形状的铁榫固定,则确保了石板的"无缝连接"。另一种与水闸相关的施工技术叫"上灰浆","灰浆"是用糯米、石灰等材料制成的古代"黏合剂",一般在古城墙等建筑工艺中较为常见,在对元代水闸的研究中也发现了这种糯米浆的神奇作用。在石板与石板的连接处,凡依靠"金元宝"形状的铁锭榫卯加固的部位,表面都发现了涂抹"灰浆"的痕迹,这种"黏合剂"比现代的胶水牢固多了,而且有防腐功能,以至于当700多年后用现代机械向下打桩时,依然难以撼动水闸的坚固实体。

任仁发主持疏浚吴淞,功绩卓著,水利专著有《浙西水利议答录 十卷》。明初顾或在《竹枝词十二首》中这样赞颂道:"不是青龙任水监,陆成沟壑水成田。"

任仁发还擅长国画,与赵孟頫齐名,许多创作灵感来自治水生涯。他设计的水闸体现功能美和造型美的有机统一。闸室的缩放、消力池石板的无缝对接、海墁群桩的星形布局,无不浸润着对美学的追求。

任仁发的《秋水凫鹭图》作湖边双鸭戏水之景。线条勾勒精微凝练,设色妍丽。一株疏枝海棠斜出湖上,其下石畔丛竹野菊芦草苗壮,湖水涟漪,整体构图呈S形。三鸟与两鸭形成水天的对峙,而疏枝海棠则是水天的中介。三鸟的方向与体态各异,构成群内对比,二鸭一在水中游弋,一在岸上疏羽,丰富画面的动感。

任仁发的《二马图》,以肥瘦不同的两匹马,隐喻贪官和清官,是具有明确讽刺内容的绘画作品,寓意深刻,可以说因治水有感而发。

《二马图》的画面十分简单,并排画有一肥一瘦的两匹马,没有任何背景陪衬。两匹马的外形、神态对比强烈。右边那匹棕白相间的花马,膘肥肉厚,神采焕发。它踏着轻快的碎步,尾巴扬起飘动,一副养尊处优、自在得意的样子;左边那匹棕色瘦马,画家用曲线,突出马的骨瘦如柴。瘦马的条条肋骨清晰可见,它低着头,步履蹒跚,尾巴卷缩着,一副被人冷落、疲惫不堪的样子。

八、明清时期——潘季驯的"束水攻沙"治黄方略

嘉靖至万历年间,四任总理河道的潘季驯,与前人不同,抓住了黄河水沙激荡的本性,鲜明地提出了"筑堤束水,束水攻沙,蓄清刷黄"的治河方略。他反对分流论,他认为:"水分则势缓,势缓则沙停,沙停则河饱,尺寸之水皆由沙面,止见其高。水合则势猛,势猛则沙刷,沙刷则河深,寻丈之水皆由河底,止见其卑。筑堤束水,以水攻沙,水不奔溢于两旁,则必直刷乎河底二,一定之理,必然之势。此合之所以愈于分也。"他在和改道论者辩论时指出:"夫议者欲舍其旧而新是图,何哉?盖见旧河之易淤,而冀新河之不淤也。事则以为不论新河之深且广,凿之未必如旧,即合捐内帮之财,竭四海之力而成之,数年之后,新者不旧乎?水行则沙行,旧亦新也。水溃则沙塞,新亦旧也,河无择于新旧也。借水攻沙,以水治水但当防水之溃,毋虑沙之塞也"。潘季驯束水攻沙理论包括利用缕堤"拘束水流,取其冲刷"和利用遥堤束水,借水攻沙(蓄清刷黄)两个体系。潘季驯束水攻沙理论多年来得到不断充实和完善,对于今后黄河下游河道治理工作仍有重要参考价值。

潘季驯对束水攻沙理论进行了较为全面的实践,力排众议,大刀阔斧,将这一方略付诸实施,对黄河下游进行了一次较大规模的治理,成绩卓著,使黄河出现了"流连数年,河道无大患"的局面。包世臣曾高度评价潘季驯的治河贡献:"是故,神禹以后善河事者,未有能及潘氏者也。"

《河防一览图》图卷前端有潘季驯撰写的祖陵、皇陵和全河三个图说。《河防一览图》绢本,设色彩绘。此图将东西流向的黄河与南北流向的运河并排地组织在一个画面上。黄色的为黄河,排在上方,绿色的为运河,排在下方。但两河并非自始至终地排在一起。图的起端是黄河源,当黄河流经与延安河交汇处时,始将运河画入。当运河流经宝应县时,黄河则已到入海处,此后所绘便完全是运河了。由于这个原因,《河防一览图》所示的方位,黄河与运河是不相同的。大体说来,黄河以上为南,以下为北,以左为东,以右为西。运河则以上为西,以下为东,以左为南,以右为北。

墨拓本的《河防一览图》是依《河防一览》原书附图放大一倍而成的。图前附"祖陵图说""皇陵图说""全河图说"。该图采用传统的形象画法,府、州县用不同登记的符号标识。表示的名胜古迹,形象逼真。河流用双线绘出边线,其中用不同形式的水波纹区别其等级,黄河绘成带有大浪花的波纹。其他河流只绘小波纹,湖泊绘鱼鳞状波纹,淤塞河不绘水纹。该图除详细表示自然素外主要反映河防工程。图上用较粗的线条绘画黄河两岸的各种堤坝防范工程及水小桥等,并多处用文字注明决溢时间和地点、筑堤年代和堤长以及河流险要地段该图反映了潘季驯的治河理论和方法。《河防一览图》实际就是现代水工程规划、设计阶段,提供决策人物观看的效果图或平面图,不仅有水工程技术价值,更有水工程文化价值。

《河防一览图》具有较高的文化和艺术价值,是明代水工程文化的奇葩。

第二节　苏轼"水学"对水工程文化学的贡献

苏轼,四川眉山人,是世界级文学家、艺术家。从蜀中走向全国的苏轼,首先提出要兴建"水学"的理念。他在策断"禹之所以通水之法"中说:"当今莫若访之海滨之老民,而兴天下之水学。古者将有决塞之事,必使通知经术之臣,计其利害,又使水工行视地势,不得其工,不可以济也。故夫三十余年之间,而无一人能兴水利者,其学亡也。"(《苏轼散文全集》,今日中国出版社,1996,第673页)

从上文看,这里的"水学"似乎是单指水工程学,但从苏轼的其他治水学说、治水实践等全部社会活动看,他的"水学"还包括水文化学。他的水工程学涵盖治水理论和实践,他的水文化学包括"文"化水工程和水工程文化。苏东坡在这两方面均有伟大的建树。苏轼建立的"水学"是对中华水文化的重大贡献。

一、苏轼"水学"的核心理念

苏轼的一生有着辉煌、卓有成效的治水实践,他不仅仅是一个实干家,同时还是一个治水理论家,在他的《东坡易传》中,对易经的治水理论有独到的见解和深刻的发挥。从苏轼对《周易》中的坎为水的本性卦、风水涣的防洪卦和水风井的水利工程卦的解说、诠释,到他治水的周密策划和成功的实践,我们不难看出他将易理与治水两者相联系的认识,是何等的深透。

苏轼治水的心得来源于对水的特性的认知,集中体现在对坎卦的理解上:"万物皆有常形,唯水不然。因物以为形而已。世以有常形者为信,而无常形者为不信。然而,方者可斫以为圆,曲者可矫以为直,常形之不可恃以为信也如此。今夫水,虽无常形,而因物以为形者,可以前定也。是故工取平焉,君子取法焉。唯无常形,是以遇物而无伤。唯莫之伤也,故行险而不失其信。由此观之,天下之信,未有若水者也。"[①]"水虽无常形,而因物以为形者,可以前定也。"他抓住问题的要害,故"取平""取法"的基本方略也就应运而生。

苏轼对风水涣的注释为:"世之方治也,如大川安流而就下;及其乱也,溃溢四出

---

① 苏轼《东坡易传》[M].上海:上海古籍出版社,1989。

而不可止。水非乐为此,盖必有逆其性者,泛溢而不已。逆之者必哀,其性必复;水将自择其所安而归焉。古之善治者,未尝与民争;而听其自择,然后从而导之。"①对水之特性的把握极为准确。"听其自择,然后从而导之",是对治水方略的深刻理解。

苏轼对水风井的注释为:"《易》以所居为邪、正,然不可必也;唯'井'为可必。井未有在洁而不清,处秽而不浊者也,故即其所居,而邪、正决矣。孔子曰:'君子恶居下流,天下之恶者归焉。'初六,恶之所钟也;君子所受于天者无几,养之则日新,不养则日亡,择居所以养也。《象》曰'井养而不穷',所以养'井'者,岂有他哉!得其所居则洁,洁则食,食则日新,日新故不穷。'井泥'者,'无禽'之渐也,'泥'而'不食',则废矣。'旧井',废井也;其始无人,其终无禽。无人犹可治也,无禽不可治也。所以为井者亡矣,故时皆舍之。"①这里的"养"谈的是对水利工程的维护、功能的发挥;提出"养"的重要性:"养之则日新,不养则日亡"。苏轼在疏淘六井、解决饮水问题时,正是站在"养"的战略高度上,不断持续发展水利事业。

"'修',洁也。阳为动、为实,阴为静、为虚。泉者所以为井也,动也实也;井者泉之所寄也,静也、虚也。故三阳为泉,三阴为井。"井,实际上是广义的水利工程,水利工程的修建成功与否取决于阴阳、动静、虚实关系的正确处理。

这些就是苏轼的以易理治水的理论。

二、苏轼的治水文化

今天,人们谈起苏轼,多知其为宋四家之首,是世界级的艺术家,不知其为水利专家;多赞其文学成就之高,而不晓东坡以易治水之道开景观水利之先河。苏轼多年为官,虽大起大落,不是官场上的不倒翁,但他却是为官一任,造福一方,其中抗洪救灾、兴修水利、积极探索水工美学,则是他一生中留给世人另一曲动人的宏大乐章,值得大书特书,值得认真研究和大力宣传。读《宋史》和苏轼文集,可以发现苏轼治水的专题奏折动辄几千字,对水利工程规划深度介于可行性研究和初步设计之间,论述之周密,措施之具体,实令人叹为观止。

(一)抗洪救灾、严防死守、决战决胜

1077年,苏轼年四十二,在密州任。就差知河中府,已而改知徐州。四月,赴徐州任。

《宋史》记载:河决曹村,泛于梁山泊,溢于南清河,汇于城下,涨不时泄,城将败,富民争出避水。轼曰:"富民出,民皆动摇,吾谁与守?吾在是,水决不能败城。"驱使复入。轼诣武卫营,呼卒长,曰:"河将害城,事急矣,虽禁军且为我尽力。"卒长曰:"太守犹不避涂潦,吾侪小人,当效命。"率其徒持畚锸以出,筑东南长堤,首起戏马台,尾属于城。雨日夜不止,城不沉者三版。轼庐于其上,过家不入,使官吏分堵以守,卒全

① 苏轼《东坡易传》[M].上海.上海古籍出版社,1989。

演变与发展

其城。复请调来岁夫,增筑故城为木岸,以虞水之再至。朝廷从之。①

从以上记载可看出,苏轼在抗洪救灾中切实把握好了以下几个关键环节:

(1)"吾在是,水决不能败城"。苏轼以城在我在、城毁我亡的大无畏的决战决胜的精神,树立必胜信念,鼓舞民众、团结群众,战胜洪水。

(2)"河将害城,事急矣,虽禁军且为我尽力"。调动军队,作为抗洪突击队,好钢使在刀刃上。

(3)"分堵以守"。分工明确,责任到人。

(4)"筑东南长堤,首起戏马台,尾属于城"。显然此举是关键,决策得当,部署得力。

(5)"增筑故城为木岸,以虞水之再至"。常备不懈,第一次洪峰过后,仍不放松警惕,立即用木桩对城墙加固,迎接第二次洪峰。

抗洪抢险胜利后,苏轼感慨颇深,作《河复》诗,借写治理黄河的情况,以阐述其为政者都要重视治水之志,录以备考:

"小序题解:熙宁十年秋,河决澶渊,注巨野,入淮泗。自澶、魏以北皆绝流而济。楚大被其害,彭门城下水二丈八尺,七十余日不退,吏民疲于守御。十月十三日,澶州大风终日,既止,而河流一枝已复故道,闻之喜甚,庶几可塞乎。乃作《河复》诗,歌之道路,以致民愿而迎神休,盖守土者之志也。"

"君不见西汉元光元封间,河决瓠子二十年。巨野东倾淮泗满,楚人恣食黄河鳝。万里沙回封禅罢,初遣越巫沉白马。河公未许人力穷,薪刍万计随流下。吾君盛德如唐尧,百神受职河神骄。帝遣风师下约束,北流夜起澶州桥。东风吹冻收微渌,神功不用淇园竹。楚人种麦满河淤,仰看浮槎栖古木。"

次年,重阳前后又发大水,由于苏轼率领徐州军民,早做工程,防患于未然,安然度汛,心情很是宽松,他对比去年,思绪万千,挥笔又写成"九日黄楼作":"去岁重阳不可说,南城夜半千沤发。水穿城下作雷鸣,泥满城头飞雨滑。黄花白酒无人间,日暮归来洗靴袜。岂知还复有今年,把盏对花容一呷。"

(二)防洪规划、数据说话、科学态度、实事求是

在开封治水规划中,有人主张开沟,有人反对开沟,众说纷纭,对此事《宋史》记载较为简单:"先是开封诸县多水患,吏不究本末,决其陂泽,注之惠民河,河不能胜,致陈亦多水。又将凿邓艾沟与颍河并,且凿黄堆欲注之于淮。轼始至颍,遣吏以水平准之,淮之涨水高于新沟几一丈,若凿黄堆,淮水顾流颍地为患。轼言于朝,从之。"①苏轼通过测量,用"淮之涨水高于新沟几一丈"的数据,阻止了"凿黄堆欲注之于淮"的错误规划。

---

① 元脱脱《宋史》[M].中华书局,1977:10801-10818。

1091年，元祐六年，苏轼到任颍州，便遇防洪决策难题，他在有关八丈沟三个奏章（共3598字）中以实事求是的科学态度，对争辩双方的持论作了令人信服的分析。

1. 调查研究、尊重科学

在奏章中苏轼说道："臣历观数年以来诸人议论，胡宗愈、罗适、崔公度、李承之以为可开，曾肇、陆佃、朱勃以为不可开，然皆不曾差壕寨用水平打量，见地形的实高下丈尺，是致臆度利害，口争胜负，久而不决。"苏轼严厉批评争论双方，不进行基本的水准测量，根本没有吃透实际，空谈决策，妄作规划，最终祸国殃民。随即，他派人作了详细的水准测量："每二十五步立一竿，每竿用水平量见高下尺寸，凡五千八百一十一竿，然后地面高下、沟身深浅、淮之涨水高低、沟之下口有无壅遏可得而见也。"[1]有准确的数据在手，苏轼就有了强有力的发言权。

2. 数据说话、求真务实

测量之后，对数据进行对比，"罗适云：'淮水面阔二十余里。'今量阔处，不过三里。适又云：'淮水涨不过四丈。'今验得涨痕五丈三尺。适又云：'黄堆口至淮面直深十丈有畸。'今量得四丈五尺。三事皆虚"，并揭露数据造假的真实目的，"乃是适意欲淮面之阔与溜分之多，则以意增之，欲涨水之小，则以意减之。此皆有实状，不可移易，适犹以意增损；其他利害不见于目前者，适固不肯以实言也"。

3. 抓住核心、理论剖析

该防洪规划的核心是淮水、颍河、八丈沟的泄洪关系。苏轼首先对淮、颍泄洪关系进行论述："但遇淮水涨溢，颍河下口壅遏不得通，则皆横流为害，下冒田庐，上逼城廓，历旬弥月，不减尺寸。但淮水朝落，则颍河暮退，数日之间，千沟百港，一时收缩。以此验之，若淮水不涨，则一颍河泄之足矣。"显然颍河受淮水制约，这是问题要害，是苏轼的第一逻辑推理。

新开八丈沟能否解决颍河泄洪问题？苏轼分析到："八丈沟比颍河大小不相伴，八丈沟必常先颍河而涨，后颍河而落。方颍河之不受水也，则八丈沟已先涨矣，安能夺诸沟而东？及八丈沟稍落而能行水，则颍河已先落矣，安得不夺八丈沟而南？此必然之理也。"对新沟的功能进行界定，是苏轼的第二逻辑推理。

对新开八丈沟带来的问题，苏轼分析到："若八丈沟不能东流，却为次河、江陂等水所夺，南入颍河，则是颍河于常年分外，更受陈州一带积水，稍加数尺，必为州城深患""八丈沟遇淮水涨大时，临到淮三百里内，壅遏不行。二水相值，横流于数百里间，但五七日不退，则颍州苗稼，无遗类矣"。指出新沟的弊病，是苏轼的第三逻辑推理。

以形象思维见长的苏轼，在此方案论证中，逻辑思维之严密，恰表现得淋漓尽致。

223

①《苏轼散文全集》[M].今日中国出版社,1996:214-215.

演变与发展

4.审查预算、制止"钓鱼"

针对该工程预算"起夫十八万人,用钱米三十七万贯石",苏轼指出这是跑马圈地的预算,显然是有意大大缩小的数字,"开沟之后,又别夺万寿等三县农民产业,不知凡几千百顷",这些费用均未计算在内。预算先小后大,工程一上马,便是钓鱼工程。

最终,决策者接受苏轼的建议,取消了劳民伤财的有害无益的工程。

(三)西湖综合治理

1071年,36岁的苏轼第一次杭州任职是杭州通判,其时,"六井亦几于废",杭州居民叫苦连天。为解民之疾苦,苏轼就已协助杭州知州陈襄,组织民众,修复六井,让城中百姓喝上了甘甜的井水。第二年,恰逢江南一带大旱,"自江淮至浙右井皆竭",民众吃水十分困难,而杭州居民依赖六井水的滋润躲开了干渴的厄运。

1090年,元祐五年,十五年后,当身负太守重任的苏轼再次来到杭州时,又大手笔地对西湖进行了综合性的治理,这次对西湖综合治理,是苏轼治水生涯中的浓墨重彩的最大手笔,其指导思想是:系统工程、综合治理、恢复生态、疏浚河道、营造景观、突出人文、政策配套、狠抓落实。

《宋史》记载:"杭本近海,地泉咸苦,居民稀少。唐刺史李泌,始引西湖水作六井,民足于水。白居易又浚西湖水入漕河,自河入田,所溉至千顷,民以殷富。湖水多葑,自唐及钱氏,岁辄浚治,宋兴,废之,葑积为田,水无几矣。漕河失利,取给江潮,舟行市中,潮又多淤,三年一淘,为民大患,六井亦几于废。轼见茅山一河,专受江潮,盐桥一河,专受湖水,遂浚二河以通漕。复造堰闸,以为湖水蓄泄之限,江潮不复入市。以余力复完六井。又取葑田积湖中,南北径三十里,为长堤以通行者。吴人种菱,春辄芟除,不遗寸草。且募人种菱湖中,葑不复生。收其利以备修湖,取救荒余钱万缗、粮万石,及请得百僧度牒以募役者。堤成,植芙蓉、杨柳其上,望之如画图。杭人名为苏公堤"①我们试图从苏轼的三个关于综合治理西湖的奏章(共5777个字)中②,进入他的治水思路。

(一)熟读历史,借鉴成功经验

唐代诗人白居易曾浚治西湖,作《石函记》,其略曰:"自钱塘至盐官界应溉夹河田者,皆放湖入河,自河入田,每减一寸,可溉十五顷,每一伏时,可溉五十顷。若堤防如法,蓄泄及时,则溉河千顷,无凶年矣。"苏轼由此看到方向,提高信心,"由此观之,西湖之水,尚能自运河入田以溉千顷,则运河足用可知也"。

(二)论说必要、动员舆论

对工程的必要性的论说,实际上是动员舆论、争取支持的重要手段。苏轼分五

---

① 元脱脱《宋史》[M].中华书局,1977:10801-10818。

② 《苏轼散文全集》[M].今日中国出版社,1996:155-162。

个层面进行阐述:"若一旦堙塞,使蛟龙鱼鳖同为涸辙之鲋",这里实际上讲的是生态平衡(林语堂说此条为是宗教理由,似是走偏);"复饮咸苦",饮用水是大事;"今岁不及千顷,而下湖数十里间,菱荷谷米,所获不赀",灌溉面积锐减,百姓生计困难,当然要引起重视;"吏卒搔扰,泥水狼藉,为居民莫大之患",扰民与水旱问题并存,必须解决;"水不应沟,则当劳人远取山泉",劳民直接影到国计民生。苏东坡从生态平衡、水质保持、粮食生产、扰民劳民的角度切入,抓住了问题要害。显而易见,整治西湖刻不容缓、迫在眉睫、势在必行。苏轼上书朝廷,不仅从民饮、灌溉、航运,还从酿酒等方面阐述了西湖必须疏浚的多条理由,甚至动情地说:"杭州之有西湖,如人之有眉目,盖不可废也。"(《乞开杭州西湖状》)奏章终于打动了宋哲宗,批准了苏轼的奏请。

(三)方案设计及实施

1.闸门挡潮、江河分治

西湖的淤积,和海潮顶托钱塘江浑水直接进入西湖有直接关系,但杭州的运河又需要保持一定水位,为不致因海水小汛低潮,河水下泄过度而影响交通。苏东坡在仔细研究之后,确定的整治原则是:先在钱塘江边建水闸,潮高关闸,防江水入侵致淤和增加河湖防洪压力,潮低放水,可泄内部涝水。同时疏浚盐桥河、茅山运河,使运河水深达8尺,满足航运要求。阻挡钱塘江潮的浑水不直接进城,让钱塘江水从别处流入茅山运河,因茅山运河是流经人口稀少的城东郊区,水经过一段沉淀,变清后再通过市区的盐桥河入城,就好得多了。

2.修复生态、政策配套

为解决西湖杂草丛生问题,构成生态的良性循环,苏轼号召农民在滩地、湿地种菱,顺便进行除草,一举两得。为使此项政策保持长效机制,苏轼说服决策者减轻农民负担,"今来起请欲乞应西湖上新旧菱荡课利,并委自本州岛量立课额,今后永不得增添。如人户不切除治,致少有草莳,即许人划赁,其划赁人,特与权免三年课利。所有新旧菱荡课利钱,尽送钱塘县尉司收管,谓之开湖司公使库,更不得支用,以备逐年雇人开葑撩浅,如敢别将支用,并科违制",通过政策保证,把生态修复建立在可靠的基础之上。

3.水政执法、拆除违建

整治西湖,除了方案技术问题外,还涉及社会问题,如水污染、违章建筑等,苏轼把它视作系统工程,采取综合治理,"两岸人户复侵占牵路,盖屋数千间,却于屋外别作牵路,以致河道日就浅窄。准此,据理并合拆除",通过水政执法、拆除违章建筑,制止了与湖争地现象,避免了对湖水的人为污染,既保护了水质,又营造了宜人的水景观。

225

4.疏淘六井、解决饮水

在治理西湖同时,苏轼又把注意力放在给水工程上,因为"经今十八年,沈公井复坏,终岁枯涸,居民去水远者,率以七八钱买水一斛,而军营尤以为苦",饮用水问题日渐突出。苏轼礼贤下士,启用有经验的和尚,吸取过去竹管易损的教训,"遂譬画用瓦筒盛以石槽,底盖坚厚,锢捍周密,水既足用,永无坏理"。在工程的可靠性上做文章,扩大供水范围,"又于六井中控引余波,至仁和门外,及威果、雄节等指挥五营之间,创为二井,皆自来去井最远难得水处"。敷设、健全给水管网,最终全城饮用水问题得以彻底解决,"西湖甘水,殆遍一城,军民相庆""明年春,六井毕修,而岁适大旱,自江淮至浙右井皆竭,民至以罂缶贮水相饷如酒醴。而钱塘之民肩足所任,舟楫所及,南出龙山,北至长河盐官海上,皆以饮牛马,给沐浴。方是时,汲者皆诵佛以祝公"。可见,立竿见影,当年整治,当年受益,功莫大焉。至此事毕,苏轼善始善终,还不忘为出大力的和尚请功。

5.资金筹措、成功运作

在资金筹措上,苏轼算了一笔细账,"勘会西湖葑田共二十五万余丈,合用人夫二十余万工。上件钱米,约可雇十万工,只开得一半。轼已具状奏闻,乞别赐度牒五十道,通成一百道,充开湖费用外",他提出要清理遮蔽湖面的水草两万五千方丈,或是十一方里,此项工作需要二十万天的人工,按一天人工清除一方丈左右计算,每一工五十五个钱,加上三升米,全部计划需要三万四千贯,他已然筹得一半,请太后再拨给他一万七千贯。显然,苏轼向上争取工程经费并未狮子大开口,而是先自筹,再向上争取1:1的匹配政策,这种筹资策略是很容易成功的。

苏轼正确处理了西湖整治的各个关键环节,天道酬勤,其成功是必然的。

(四)两个水利规划

元佑六年(1091),西湖整治的成功,极大提高了苏轼兴修水利的决心和信心,他开始把视野和注意力放在更大范围的水利规划上。

《宋史》记载:"浙江潮自海门东来,势如雷霆,而浮山峙于江中,与渔浦诸山犬牙相错,洄洑激射,岁败公私船不可胜计。轼议自浙江上流地名石门,并山而东,凿为漕河,引浙江及溪谷诸水二十余里以达于江。又并山为岸,不能十里以达龙山大慈浦,自浦北折抵小岭,凿岭六十五丈以达岭东古河,浚古河数里,达于龙山漕河,以避浮山之险。人以为便。奏闻,有恶轼者力沮之,功以故不成。轼复言:'三吴之水,潴为太湖,太湖之水,溢为松江以入海。海日两潮,潮浊而江清,潮水常欲淤塞江路,而江水清驶,随辄涤去,海口常通,则吴中少水患。昔苏州以东,公私船皆以篙行,无陆挽者。自庆历以来,松江大筑挽路,建长桥以扼塞江路,故今三吴多水,欲凿挽路为千桥,以迅江势。'亦不果用,人皆以为恨。轼二十年间,再莅杭,有德于民,家有画像,饮食必祝。又作生祠以报。"①

上述记载提到苏轼的两个水利规划,一是整治浮山岛险滩,二是吴中规划治河。

1.整治浮山岛航道险滩

(1)航道之险,"浮山峙于江中,与鱼浦诸山相望,犬牙错入,以乱潮水,洄洑激射,其怒自倍,沙碛转移,状如鬼神,往往于渊潭中,涌出陵阜十数里,旦夕之间,又复失去,虽舟师、没人"。苏轼指出了这里水流紊乱,地形复杂,危及安全,整治迫在眉睫。

(2)苏轼认真调查研究,"相视地形,访闻父老,参之舟人,反复讲求",做到心中有数。

(3)整治思路:避开险滩、另辟航道、解决水源,"并山而东,凿为漕河,引浙江及溪谷诸水二十余里以达于江"。

(4)航道选址颇有考究,"石门新河,若出定山之南,则地皆斥卤,不坏民田",新河道避开良田,从盐碱地通过,将航道整治和改良盐碱地结合在一起,"自新河以北,潮水不到,灌以河水,皆可化为良田",一举两得,综合利用,苏轼用心颇为良苦。

(5)打隧洞、通水道,"具得其自大慈浦北折,抵小岭下,凿岭六十五丈,以达于岭东之古河实",取直线,缩短距离,方案最佳。

(6)整治防洪堤,"又并江为岸,度潮水所向则用石,所不向则用竹",材料因地制宜,突出重点,在治水上有所备有所不备,深得孙子兵法真谛。

2.吴中水利规划

苏轼的两个关于吴中水利规划奏章共 7935 个字②,着重推荐"单锷吴中水利书"。苏轼开宗明义点明问题的实质,三吴"虽为多雨,亦未至过甚,而苏、湖、常三州,皆大水害稼",问题提出后,必须找准原因,对症下药,方能手到害除。"松江大筑挽路,建长桥以扼塞江路",路与洪水争道,这是问题的症结。苏轼所推荐的单锷的治水方略实质上是系统工程。

(1)先开江尾,解决冲淤的出路。《考工记》曰:"善沟者,水啮之;善防者,水淫之。""水啮之",即调水冲沙,冲沙治理有方向性,先后次序不可颠倒,必自下而上。"先治下,则上之水无不流,若先治上,则水皆趋下,漫灭下道,而不可施功力。其理势然也"。

(2)禁止围河造田,善待洪水,给洪水以出路。所谓"迁沙上之民",即腾出洪泛区,还田于河,还田于湖。

(3)拓宽河道,"疏吴江岸为千桥",增大洪水下泄流量。

(4)整治闸口,导水入江,降低水位,以防倒灌,"置常州运河一十四处之斗门石碶

227

① 元脱脱《宋史》[M].中华书局,1977。
② 《苏轼散文全集》[M].今日中国出版社,1996。

堤防"，便是效率极高的举措。

（5）"次开导临江湖海诸县一切港渎，及开通茜泾"，此举是扩大洪水泄出口，为洪水找出路，以便使洪水尽快入海。

上述这两个水利规划，限于各种原因，未能实施，苏轼引为憾事，但由此可见他忧国忧民之心、缜密策划之思，日月可鉴，赢得了百姓的极大尊重，"轼二十年间，再莅杭，有德于民，家有画像，饮食必祝。又作生祠以报"，便是明证。

三、苏轼对水工程文化学的贡献

苏轼是水文化的倡导者、水景观的设计大师。苏轼留存于世的两千七百多首诗歌中，山水诗就占了近五分之一；词三百多首，纯以山水为题材者约两百首，可见他对水文化情有独钟。

（一）苏轼对水理的感悟

1.水生哲理

《天庆观乳泉赋》曰："阴阳之相化，天一为水。""水之在天地之间者，下则为江湖井泉，上则为雨露霜雪，皆同一味之甘，是以变化往来，有逝而无竭。"[①]苏轼认为水是天地的中介，天地的联系。

"凡水之在人者，为汗、为涕、为洟、为血、为溲、为泪、为矢、为涎、为沫，此数者，皆水之去人而外骛，然后肇形于有物，皆咸而不能返"。苏轼认为水是人体重要成分，水就是生命。

他爱水："我性喜临水""吾家蜀江上，江水清如蓝"（《东湖》）。

他赞水："水者，物之终始也""水心无己"（《东坡易传》）。

他得水之所悟："必将得于水之道也"（《日喻》）[②]，水之道"因物赋形""柔外刚中""水性故自清，不清或挠之。君看此廉泉，五色烂麇尼"（《廉泉》）。"地与楼台相上下，天随星斗共沉浮。一尘不向山中住，万象都从物外求"（《潮中观月》）。"使君非世人，心与古佛闲。时要声利客，来洗尘埃颜""俯仰尽法界，逍遥寄人寰。亭亭妙高峰，了了蓬艾间"（《南都妙峰亭》）。

苏轼所识水中禅机："闭眼观身如止水""水中照见万象空""水镜以一含万"（《送钱塘僧思聪归孤山叙》[③]）。苏轼认为天地万象、丰富多彩、无限广大，皆含映于水中。

"水性故自清"（《廉泉》）。"道人胸中水镜清，万象起灭无逃形"（《次韵僧潜见赠》）。苏轼讲的是艺道同一的文艺本体论。

"江月照我心，江水洗我肝"（《藤州江下夜起对月赠邵道士》）。

---

①《苏轼散文全集》[M].今日中国出版社，1996：527。

②《苏轼散文全集》[M].今日中国出版社，1996：1430。

③《苏轼散文全集》[M].今日中国出版社，1996：748。

"形倚一笠,地水转两轮。五霸之所运,毫端栖一尘"(《赠月长老》)。

"石眼杯泉举世无,要知杯度是凡夫。可怜狡狯维摩老,戏取江湖入钵盂"(《游中峰杯泉》)。

2.水育文学

苏轼以水论文艺,最先受其父苏洵思想的启迪。苏洵在《仲兄字文甫说》中从美学角度对风水涣作了绝妙的解释:"今夫风水之相遭乎大泽之陂也,纡余委蛇,蜿蜒沧涟,安而相推,怒而相投者如鲤,殊然疑态,而风水之极观备矣。故曰'风行水上涣'。此天下之至文也。"。"水"是指创作主体及其艺术修养,"风"则是指客观事物刺激了创作主体,而让创作主体产生了创作冲动、灵感和激情;"风水相遭"是指客观事物触动了创作主体,使创作主体产生灵感。

"吾文如万斛泉源,不择地皆可出,在平地滔滔汩汩,虽一日千里无难,及其与山石曲折,随物赋形,而不可知也。所可知者,常行于所当行,常止于不可不止。如是而已矣,其他虽吾亦不能知也"(《自评文》)①。"大略如行云流水,初无定质,但常行于所当行,常止于所不可不止,文理自然,姿态横生"(《与谢民师推官书》)②。苏轼在《滟滪堆赋》指出:"天下之至信者,唯水而已。江河之大与海之深,而可以意揣,唯其不自为形,因物以赋形,是故千变万化而有必然之理。"

苏轼从父亲那里接受了"风水相激""实中溢外"的观点,所以坚持有为而发,不勉强为文。"万斛泉源,不择地而出"是苏轼的艺术创作动力;"随物赋形,尽水之变"是苏轼的艺术表达、创作方法;"行云流水,文理自然"是苏轼的艺术鉴赏、创作风格。苏轼的水育文学论,正是"风水相激"观点的引申、充实和发挥。

(二)山水文化的鉴赏

诗因景而生色,景因诗而扬名。山水文化鉴赏是苏轼"水学"的重要组成部分,通过山水文化鉴赏,揭示水流的不同形态如江河湖海、潭泉井瀑等的文化内涵,道出不同地区的水文化差异,达到怡情养性的目的,同时为构建水工程文化学、水工程美学、水景观学提供了理论支撑。

巴山蜀水的雄奇、灵秀对苏轼创立"水学"产生重要影响,《蜀中名胜记》说眉州"山不高而秀,水不深而清,列眉通衢,平直衍广,夹以槐柳。小南门城村,家多竹篱桃树,春色可爱,桥之下流,皆花竹杨柳。泛舟其间,乡人谓之小桃园"。

苏轼对眉山的水生态的描写是:"清江入城郭,小圃生微澜"(《送千乘、千能两侄还乡》,诗集卷三十)。对乐山河流形态的描写是:"锦水细不见,蛮江清可怜。奔腾过佛脚,旷荡造平川"(《初发嘉州》)。眉山被陆游誉为"蜿蜒回顾山有情,平铺十里江无

---

①《苏轼散文全集》[M].今日中国出版社,1996:1492。
②《苏轼散文全集》[M].今日中国出版社,1996:1035。

声""孕奇蓄秀当此地,郁然千载诗书城"(《眉州披风榭拜东坡先生遗像》)。故乡的山清水秀对苏轼青少年的影响是"润物细无声"。

他对黄河的水文化的领悟是:"活活何人见混茫,昆仑气脉本来黄。浊流若解污清济,惊浪应须动太行。帝假一源神禹迹,世流三患梗尧乡。灵槎果有仙家事,试问青天路短长"(《黄河》)。"气脉本来黄"揭示黄河文化的精髓。

他对长江的水文化的领悟是:"山川同一色,浩若涉大荒"(《牛口见月》),"唯余八阵图,千古壮夔峡"(《八阵碛》),"长江连楚蜀,万派泻东南。合水来如电,黔波绿似蓝。余流细不数,远势竟相参"(《入峡》),"游人出三峡,楚地尽平川。北客随南贾,吴樯间蜀船。江侵平野断,风卷白沙旋。欲问兴亡意,重城自古坚"(《荆州十首》)。"同一色""涉大荒""尽平川"道出楚地的山水构型的特征。

"瞿塘迤逦尽,巫峡峥嵘起。连峰稍可怪,石色变苍翠。天工运神巧,渐欲作奇伟。块轧势方深,结构意未遂。旁观不暇瞬,步步造幽邃。苍崖忽相逼,绝壁凛可悸。观八九顶,俊爽浏颢气。晃荡天宇高,奔腾江水沸"(《巫山》)。苏轼笔下所写的三峡,奇观叠现,鬼斧神工,夺人心魄。

"楚人少井饮,地气常不泄。蓄之为惠泉,垄若有所折。泉源本无情,岂问浊与澈"(《次韵答荆门张都官维见和惠泉诗》)。苏轼将"井饮"与"地气"关联起来,透露出楚地民俗。

"襄阳逢汉水,偶似蜀江清。蜀江固浩荡,中有蛟与鲸。汉水亦云广,欲涉安敢轻"(《汉水》)。"已泛平湖思濯锦,更看横翠忆峨眉"(《法惠寺横翠阁》诗集卷九),苏轼这里流露的不仅仅是思乡之情,更重要的是不断将巴山蜀水与异地山水进行比较,把蜀水文化推向全国。

苏轼对海文化的领悟主要是:"蓬莱海上峰,玉立色不改。孤根捍涛天,云骨有破碎"(《文登蓬莱阁下,石壁千丈,为海浪所战,时有碎裂,淘洒岁久》)。"万人鼓噪慑吴侬,犹是浮江老阿童。欲识潮头高几许,越山浑在浪花中""江神河伯两醯鸡,海若东来气吐霓。安得夫差水犀手,三千强弩射潮低"(《八月十五看潮五绝》)。蓬莱看海,赞峰誉浪;钱塘观潮,说古论今。

他对淮河的领悟是:"好在长淮水,十年三往来。功名真已矣,归计亦悠哉。今日风怜客,平时浪作堆。晚来洪泽口,捍索响如雷"(《过淮三首赠景山兼寄子由》)。长淮浪堆,洪泽响雷。

苏轼对江西山水的领悟是:"楚山澹无尘,赣水清可厉"(《尘外亭》)。"江西山水真吾邦,白沙翠竹石底江。舟行十里磨九泷,篙声荦确相春撞。醉卧欲醒闻淙淙,真欲一口吸老庞。何人得俊窥鱼矼,举叉绝叫尺鲤双"(《江西》)。楚山赣水,白沙石底。

苏轼的山水赋及游记有《赤壁赋》《后赤壁赋》《天庆观乳泉赋》《洞庭春色赋》《钱

塘六井记》《雩泉记》《石钟山记》《琼州惠通井记》等,无一不钟情于水。

《洞庭春色赋》:"吹洞庭之白浪,涨北渚之苍湾"。

《赤壁赋》:"白露横江,水光接天""天地之间,物各有主""江上之清风,与山间之明月。耳得之而为声,目遇之而成色。取之无禁,用之不竭,是造物者之无尽藏也"。

《后赤壁赋》:"江流有声,断岸千尺;山高月小,水落石出""适有孤鹤,横江东来。翅如车轮,玄裳缟衣,戛然长鸣""梦一道士,羽衣蹁跹"。

《石钟山记》:"山下皆石穴罅,不知其浅深,微波入焉,涵淡澎湃而为此也。舟回至两山间,将入港口,有大石当中流,可坐百人,空中而多窍,与风水相吞吐,有窾坎镗鞳之声,与向之噌吰者相应,如乐作焉""事不目见耳闻,而臆断其有无,可乎"。

《慈云四景甘露泉》:"阶下有龙潭,一泓寒且碧。不须抚两掌,流出仙人液"。

《雩泉记》:"庙门之西南十五步有泉,汪洋折旋如车轮,清凉滑甘,冬夏若一,余流溢去,达于山下。""吁嗟雩泉,维山之滋。维水作聪,我民所噫"。

苏轼的山水游记,文风清新,佳句叠出,意境深远,反复吟诵,受益匪浅。

(三)山水画点评

苏轼在《画水记》中对古今画水作了评述:"古今画水,多作平远细皴,其善者不过能为波头起伏",指出水面画法的单调,就水画水;"唐广明中,处士孙位始出新意,画奔湍巨浪,与山石曲折,随物赋形,尽水之变,号称神逸"。孙位始出新意,以水石的激荡为表现主题,注重水与边界的相互作用,因"随物赋形",方可"尽水之变";"其后蜀人黄筌、孙知微皆得其笔法。始,知微欲于大慈寺寿宁院壁作湖滩水石四堵,营度经岁,终不肯下笔。一日,仓皇入寺,索笔甚急,奋袂如风,须臾而成,作输泻跳蹙之势,汹汹欲崩屋也",孙知微仍在水石激荡上下笔,"营度经岁"反复在结构、布局上推敲,然后一气呵成;"近岁成都人蒲永升,嗜酒放浪,性与画会,始作活水",蒲永升深得山无水不活、无活水不灵的真谛;"尝与余临寿宁院水,作二十四幅,每夏日挂之高堂素壁,即阴风袭人,毛发为立"[①],所画活水的视觉冲击力,可见一斑。

苏轼在《净因画院记》中说:"余尝论画以为人禽宫室器埒皆有常形。至于山石竹木水波澜云虽无常形而有常理。常形之失人皆知之。常理之不当虽晓画者有不知。故凡可以欺世而取名者必托于无常形者也。虽然常形之失至于所失而不能病其全。若常理之不当员举废之矣。以其形之无常是以其理不可不谨也。世之工人或能曲尽其形而至于其理非高人逸才不能辨。"[②]苏轼抓住"常形"与"常理"的矛盾,揭示了画论的精髓。

"出新意于法度之中,寄妙理于豪放之外,所谓游刃馀地、运斤成风"(《书吴道子

---

① 《苏轼散文全集》[M].今日中国出版社,1996:805。
② 《苏轼散文全集》[M].今日中国出版社,1996:777。

画后》)①。"味摩诘之诗,诗中有画;观摩诘之画,画中有诗"(《书摩诘蓝田烟雨图》)②。

在苏轼一系列的山水题画诗当中,"烟雨""云烟""浮空""缥缈"都是高频出现的词语,"浮空""缥缈"则是云山烟水给观者最直接的感受。苏轼由水的不同形态,提炼出了组成画面美感的三元素:烟、雨、云。

山水画:"山苍苍,水茫茫,大孤小孤江中央。崖崩路绝猿鸟去,唯有乔木攙天长。客舟何处来,棹歌中流声抑扬。沙平风软望不到,孤山久与船低昂"(《李思训画〈长江绝岛图〉》)。

"照眼云山出,浮空野水长""经营初有适,挥洒不应难""咫尺殊非少,阴晴自不齐。径蟠趋后崦,水会赴前溪"(《宋复古画潇湘晚景图三首》)。苏轼极为重视绘画构图,经营位置,实践上要做到"径蟠趋后崦,水会赴前溪",景物要错落有致、连绵呼应,这样才能在和谐中见变化,构成完美的整体。

"目尽孤鸿落照边,遥知风雨不同川。此间有句无人见,送与襄阳孟浩然"。

"木落骚人已怨秋,不堪平远发诗愁。要看万壑争流处,他日终烦顾虎头"(《郭熙秋山平远二首》)。郭熙画论有三远:平远、高远、深远,苏轼对"平远"的理解是"目尽""顾虎头","目尽"是穷尽视线,"顾虎头"是凝聚画眼。

"江上愁心千叠山,浮空积翠如云烟。山耶云耶远莫知,烟空云散山依然。但见两崖苍苍暗绝谷,中有百道飞来泉。萦林络石隐复见,下赴谷口为奔川。川平山开林麓断,小桥野店依山前。行人稍度乔木外,渔舟一叶江吞天。使君何从得此本,点缀毫末分清妍。不知人间何处有此境,径欲往买二顷田。君不见武昌樊口幽绝处,东坡先生留五年。春风摇江天漠漠,暮云卷雨山娟娟。丹枫翻鸦伴水宿,长松落雪惊醉眠。桃花流水在人世,武陵岂必皆神仙。江山清空我尘土,虽有去路寻无缘。还君此画三叹息,山中故人应有招我归来篇"(《书王定国所藏烟江叠嶂图(王晋卿画)》)。

绘画可定格瞬间场景,而诗歌却能揭示场景变化、事件因果、画中情、画外音。苏轼这首山水画评诗就是明证。此诗意象繁茂,表情丰富。诗人采用大量虚词和散文句式加以表达,精练隽永的诗歌语言的比例有所减少。首先是运用虚词连结词语和句子,造成语意转接连贯。其次,采用散文句式。

首句写烟江叠嶂,突出一个空字。景由阔至狭,又归于苍茫气象。意象集中,用语紧凑,写出绘画所无法表现的烟云聚散的自然景象,同时又蕴含"守得云开见月明"的哲理,令人回味。前半部分用赋,铺叙景物。以烟江叠嶂为远景,描写绝谷、飞泉、萦林、络石,接着视线下移,以小桥野店点缀为近景。最末荡开一笔,以渔舟一叶,浮

---

①《苏轼散文全集》[M].今日中国出版社,1996:1602。
②《苏轼散文全集》[M].今日中国出版社,1996:1601。

于江天之间,呼应首句。后半部分以抒情议论为主,画图的景物安排有清妍之美,既赞美该画的布局,也抒发诗人归隐之念。

"却从尘外望尘中,无限楼台烟雨濛。山水照人迷向背,只寻孤塔认西东"(〈虔州八境图〉八首》之六)。云烟变换,营造出流动性的"空蒙",由尘外到尘中,"浮空出没有无间",迷远之境由此而生。

"野水参差落涨痕,疏林出霜根。扁舟一棹归何处?家在江南黄叶村"(《书李世南所画秋景》)。"参差""欹倒",山水画以正合,以奇胜,兵家、画家隔行不隔理。

《书晁补之所藏与可画竹三首》中说:"与可画竹时,见竹不见人。岂独不见人,嗒然遗其身。其身与竹化,无穷出清新。庄周世无有,谁知此凝神。"画家作画,出神入化,忘去自身,身与物化,物我两忘,可谓思入杳冥,无我无物,方能达到"无穷出清新"的境界。

(四)讴歌水利

苏轼在踏踏实实兴修水利、为民造福的同时,还拿起诗歌这种宣传武器,大声为水利鼓与呼,留下许多脍炙人口的光彩篇章,是探索水工程文化学的先驱。

"今年粳稻熟苦迟,庶见霜风来几时。霜风来时雨如泻,杷头出菌镰生衣。眼枯泪尽雨不尽,忍见黄穗卧青泥。茅苫一月陇上宿,天晴获稻随车归。汗流肩赪载入市,价贱乞与如糠秕。卖牛纳税拆屋炊,虑浅不及明年饥。官今要钱不要米,西北万里招羌儿。龚黄满朝人更苦,不如却作河伯妇"(《吴中田妇叹》)。此诗与唐代白居易的《卖炭翁》有异曲同工之妙,苏轼选取典型的生活情景和人物的行动,通过叙事抒情,间用议论的方式,形象地反映人民凄苦生活现实,揭露出造成人民悲惨命运的社会根源,真可谓三农咏叹调。

"天寒水落鱼在泥,短钩画水如耕犁。渚蒲拔折藻荇乱,此意岂复遗鳅鲵。偶然信手皆虚击,本不辞劳几万一。一鱼中刃百鱼惊,虾蟹奔忙误跳掷。渔人养鱼如养雏,插竿冠笠惊鹈鹕。岂知白挺闹如雨,搅水觅鱼嗟已疏"(《画鱼歌(湖州道中作)》)。

《新渠诗(并叙)》:庚子正月,予过唐州。太守赵侯始复三陂,疏召渠,招怀远人散耕于唐。予方为旅人,不得亲执壶浆箪食,以与侯劝逆四方之来者,独为《新渠》诗五章,以告于道路,致侯之意。其词曰:"新渠之水,其来舒舒。溢流于野,至于通衢。渠成如神,民始不知。问谁为之,邦君赵侯。""新渠之田,在渠左右。渠来奕奕,如赴如凑。如云斯积,如屋斯溜。嗟唐之人,始识秔稌。""新渠之民,自淮及潭。挈其妇姑,或走而颠。王命赵侯,宥我新民。无与王事,以迄七年。""侯调新民,尔既来止。其归尔邑,告尔邻里。良田菜千万,尔择尔取。尔耕尔食,遂为尔有。""筑室于唐,孔硕且坚。生为唐民,饱粥与饘。死葬于唐,祭有雉豚。天子有命,我唯尔安。"

苏东坡的水利之歌,颂新渠之水、颂新渠之田、颂新渠之民,诗中为民请命,与民同喜同忧之情,溢于言表。

【河复(并叙)】

熙宁十年秋,河决澶渊,注钜野,入淮泗。自澶、魏以北皆绝流,而济、楚大被其害,彭门城下水二丈八尺,七十余日不退,吏民疲于守御。十月十三日,澶州大风终日,既止,而河流一枝已复故道,闻之喜甚,庶几可塞乎。乃作《河复》诗,歌之道路,以致民愿而迎神休,盖守土者之志也。

"君不见西汉元光元封间,河决瓠子二十年。钜野东倾淮泗满,楚人恣食黄河鳝。万里沙回封禅罢,初遣越巫沉白马。河公未许人力穷,薪刍万计随流下。吾君仁圣如帝尧,百神受职河神骄。帝遣风师下约束,北流夜起澶州桥。东风吹冻收微渌,神功不用淇园竹。楚人种麦满河淤,仰看浮槎栖古木"。

"古井没荒莱,不食谁为恻。瓶罂下两绠,蛙蚓飞百尺。腥风被泥滓,空响闻点滴。上除青青芹,下洗凿凿石。沾濡愧童仆,杯酒暖寒栗。白水渐泓渟,青天落寒碧。云何失旧秽,底处来新洁。井在有无中,无来亦无失"(《浚井》)。除青苔,洗凿石,去旧秽,驱寒栗,有浚井的辛苦,"井"就来;无浚井的辛苦,"井"就失。

(五)对水工程美的探究

1. 湖泊的意境美

在西湖,两条长堤横卧湖面,是两个大诗人建筑的:白居易的白堤,苏东坡的苏堤。白堤东西方向,靠近湖的北岸;苏堤,一又三分之二里长,南北方向,靠近湖的西岸,六桥九亭连接,映波、锁澜、望山、压堤、东浦、跨虹,六桥烟柳,春晓雾蒙,湖光山色。苏堤的修建是系统工程的典型案例,既解决交通问题,又解决了清淤的去处,同时营造了独特的亮丽的风景线,对西湖空间进行分割,内外湖由此而生。长堤卧波,拱桥多姿,上飘彩云,下驶飞舟,柳丝浅绿鹅黄,轻拂半隐半现的石堤,而千年古塔,矗立天际。杭州西湖,四周群峰耸翠,山色空蒙,这是天然条件。湖中有白堤、苏堤,把湖面划分成不同的风景区。堤间拱桥,在低平的湖上,赋予了空间的曲线与立体感。堤上桃红柳绿,丰富了湖中色彩。桥下游船往来,时装笑语,波光桨影,堤边春风怡荡,长条拂水,更增添了山湖秀色,旖旎风光。还有花港观鱼,小瀛洲、平湖秋月等水面上的园中之园、景中之景,给人以丰富多彩与多层次的感觉。春夏秋冬、花朝月夜,都有赏不完的风景。苏东坡诗云:"我来钱塘拓湖绿,大堤士女争昌丰。六桥横绝天汉上,北山始与南屏通。"(《轼在颖州》)六桥指映波、锁澜、望山、压堤、东浦、跨虹桥,古朴美观,映波桥就是那六桥由南而北的第一桥,桥长17米,宽6.7米,单孔石拱桥,始建于北宋,民国九年桥面改石级为斜坡。水榭茶楼,小桥长廊,倒映在波光之中,将桥取名为"映波桥"正是恰到好处。站在桥上一边可见新建的雷峰塔,一边则是另一处西湖十景"花港观鱼"。随着时光的流逝,白堤已毁(白居易曾在旧日钱塘门外的石涵桥附近修筑了一条堤,为"白公堤",如今已经无迹可寻了,现称白堤为白沙堤),苏堤健在,苏东坡开景观水利、人文水利的先河,构建西湖的美学框架,为西湖进入世界文化遗产名录奠定基础。

杭州西湖2011年入录世界文化遗产名录,世界遗产委员会对杭州西湖文化景观评价是:"杭州西湖文化景观是文化景观的一个杰出典范,它极为清晰地展现了中国景观的美学思想,对中国乃至世界的园林设计影响深远。""西湖文化景观遗产由承载其突出普遍价值的六大要素组成,包括西湖自然山水、'三面云山一面城'的城湖空间特征、'两堤三岛'景观格局、'西湖十景'题名景观、西湖文化史迹、西湖特色植物。"

苏轼对湖泊的水景观美学诠释是:"水光潋滟晴方好,山色空蒙雨亦奇。若把西湖比西子,淡妆浓抹总相宜"(《饮湖上初晴后雨二首》)。此诗是水景观的精品设计,丽日晴空,水生光,清晰分明,瑰美华艳,为浓抹;雨丝风片,山着色,缥缈隐约,素雅朦胧,为淡妆;"潋滟"为正,"空蒙"为奇,奇正相合,浓淡相宜,遂为西湖定评,千古绝唱。水天、山水、晴雨、人湖、浓淡的对比,诗画美、朦胧美、人文美、色彩美,美不胜收。"西湖之景甲天下,唯公能识西湖全",阮元对苏轼的这一评价足征苏东坡对西湖风景了解之全面透彻。

当今的艺术家张艺谋在"印象·西湖"实景演出的设计中,颇得"潋滟""空蒙"的真谛,水不再是载体,水是灵动的生命,水是充斥宇宙的主角,用水来表现水,用水来表现空间,用水来表现酷,用水来表现诗意,水会幻化成雨,时而大雨,时而小雨,时而方雨,时而圆雨,雨雨独特,它既是一个视角,又是一个形象,既是一个感情,又是一个情绪。

2. 河流的生态美

"我性喜临水,得颍意甚奇。到官十日来,九日河之湄。吏民笑相语:'使君老而痴。'使君实不痴,流水有令姿。绕郡十余里,不驶亦不迟。上流直而清,下流曲而漪。画船俯明镜,笑问汝为谁。忽然生鳞甲,乱我须与眉。散为百东坡,顷刻复在兹。此岂水薄相,与我相娱嬉。声色与臭味,颠倒眩小儿。"(《泛颍》)这首诗是苏轼对河流生态的赞美:颍水忽直忽曲,舟停时则水如明镜,舟行时又浪似锦文。它摄下诗人的身影,当舟中的诗人向水中的自己致问时,它竟然生出鳞甲,与诗人相嬉,扰乱水中的诗人的须眉,散而为上百个东坡,又在顷刻之间还原为一。亲水、近水、娱水、水之奇,水之清,水之活,水之趣,跃然纸上。难怪清代文艺批评家刘熙载在《艺概·诗概》说:"东坡长于趣。"

3. 水力机械的造型美

(1)水车。

"翻翻联联衔尾鸦,荦荦确确蜕骨蛇。分畴翠浪走云阵,刺水绿针抽稻芽。洞庭五月欲飞沙,鼋鸣窟中如打衙。天翁不见老翁泣,唤取阿香推雷车"(《无锡道中赋水车》)。他对水车之美,赞誉有加。前两句用"翻翻联联""荦荦确确"描述水车结构中的构件的连接和构件的造型的形式美,三、四句中用"浪走云阵""针抽稻芽"描述水车造就的绿色、动态环境美。

(2)辘轳。

"新系青丝百尺绳,心在君家辘轳上。我心皎洁君不知,辘轳一转一惆怅。何处春风吹晓幕,江南绿水通珠阁。美人二八颜如花,泣向花前畏花落。临春风,听春鸟。别时多,见时少。愁人一夜不得眠,瑶井玉绳相对晓"(《辘轳歌》)。将青丝化为井绳,心情随辘轳转动而起伏,妻子对夫君的深深思念在辘轳上表现得淋漓尽致。

4.园林景观的布局美

苏轼的《灵璧张氏园亭记》,透露出他的造园理念和美学思想。

"其外修竹森然以高,乔木蓊然以深","其外"是对园林边界的处理,以高深的修竹和乔木围隔成一个静谧的私密空间;"其中因汴之余浸以为陂池","其中"是对园林的整体设计,取汴河的余脉,以水贯园;"取山之怪石以为岩阜",有水必有山,山水不能分离,叠石以"怪为"要义;"蒲苇莲芡,有江湖之思。椅桐桧柏,有山林之气。奇花美草,有京洛之态",植物的配置及分区,营造不同的文化氛围,既有水岸的静思,又有山林的飘逸,还有都市的富态;"华堂厦屋,有吴蜀之巧",建筑物的形制体现文化内涵,这里取吴蜀风格;"其深可以隐,其富可以养"[①],是对园林功能的要求,既要躲避闹市的喧哗,又能颐养天年。"其木皆十围,岸谷隐然。凡园之百物,无一不可人意者,信其用力之多且久也"。造园者独具匠心,处处留心,方有"无一不可人意"的效果。

《李氏园》云:"其西引溪水,活活转墙曲。东注入深林,林深窗户绿。水光兼竹净,时有独立鹄。""小桥过南浦,夹道多乔木。""尽东为方池,野雁杂家鹜。""其北临长溪,波声卷平陆。"理水是园林的灵魂,活水入园是关键,以水贯园使园林成为有机的整体,串接、引导游览路线。

咏园诗《和文与可洋川园池三十首》包括湖桥、横湖、书轩、冰池、竹坞、荻蒲、蓼屿、望云楼、天汉台、待月台、二乐榭、泉亭、吏隐亭、霜筠亭、无言亭、露香亭、涵虚亭、溪光亭、过溪亭、披锦亭、禊亭、菡萏亭、荼蘼洞、篔筜谷、寒芦港、野人庐、此君庵、金橙径、南园、北园,涉及桥、湖、轩、池、坞、蒲、屿、楼、台、榭、亭、洞、谷、港、庐、庵、径、园,几乎涵盖了园林的所有建筑,反映出苏轼对园林艺术的广阔的视野和高超的鉴赏水平。

(1)题泉。

"泉源从高来,走下随石脉。纷纷白沫乱,隐隐苍崖坼。萦回成曲沼,清澈见肝

---

① 《苏轼散文全集》[M].今日中国出版社,1996:805。

膈。众泻为长溪,奔驶荡蛙蝈。初开不容椀,渐去已如帛。传闻此山中,神物懒遭谪。不能致雷雨,滟滟吐寒碧"(《荆门惠泉》),揭示泉的地质构造,穷尽泉的千姿百态,诠释泉的无量功德。

"金沙泉涌雪涛香,洒作醍醐大地凉。倒浸九天河影白,遥通百谷海声长。僧来汲月归灵石,人到寻源宿上方。更续茶经校奇品,山瓢留待羽仙尝"(《虎跑泉》)。"涌雪"是动态美,"涛香"是味觉美,"汲月"是空灵美。

(2)题桥。

"群鲸贯铁索,背负横空霓。首摇翻雪江,尾插崩云溪。机牙任信缩,涨落随高低。辘轳卷巨缏,青蛟挂长堤。奔舟免狂触,脱筏防撞挤"(《两桥诗东新桥》)。铁索桥的功能美与造型美,跃然纸上。

(3)题井。

"岩泉未入井,蒙然冒沙石。泉嫩石为厌,石老生鳞隙。异哉寸波中,露此横海脊。先生酌泉笑,泉秀神龙蛰。举手玉箸插,忽去银钉掷。大身何时布,大翮翔霹雳。谁言鹏背大,更觉宇宙窄"(《双井白龙》)。井泉一体,泉龙相生,井为小宇宙,泉看大世界。

(4)题亭。

"唯有此亭无一物,坐观万景得天全"(《涵虚亭》)。从有限观无限、穷无限、知无限,回归于有限。

"决去湖波尚有情,却随初日动檐楹。溪光自古无人画,凭仗新诗与写成"(《溪光亭》)。坐亭赏溪光,灵感顿丛生。

"坐看阳谷浮金晕,遥想钱塘涌雪山"(《浴日亭》)。虚涵纳万境,亭因其虚,方可穷尽视线,方有"坐看",方可"遥想"。

(5)题园。

"春池水暖鱼自乐,翠岭竹静鸟知还。莫言叠石小风景,卷帘看尽铜官山"(《题陈公园》)。园中山水、竹鱼、鸟石,各要素绝不可少。

(6)题轩。

"一轩高为黄花设,富拟人间万石君。佳本尽从方外得,异香多在月中闻。引泉北涧分清露,开迳南山破白云。此意欲为知者道,陶翁犹自未离群"(《万菊轩》)。轩廊曲径,分割空间,沟通楼台,增加景深,组织游览,引导观赏,体现形相美、节奏美。

(7)题寺。

"潮随暗浪雪山倾,远浦渔舟钓月明。桥对寺门松迳小,槛当泉眼石波清。迢迢绿树江天晓,霭霭红霞晚日晴。遥望四边云接水,碧峰千点数鸥轻"(《题金山寺回文体》)。回文体的对称性令人叹为观止,给出的正反两种空间序列,皆为妙景横生,对景观游览路线的设计,另辟蹊径。主客易位、全息对称、句句双景伴生;空间转换、步移景异、高潮序曲倒错。

(8)题楼。

"海上涛头一线来,楼前指顾雪成堆。从今潮上君须上,更看银山二十回"(《望海楼晚景五绝》)。望海楼高,更上一层,凭栏极目,销忧开怀。

(9)题潭。

"翠壁下无路,何年雷雨穿。光摇岩上寺,深到影中天。我欲然犀看,龙应抱宝眠。谁能孤石上,危坐试僧禅"(《潭》)。潭静且深,坐而悟性,是禅宗"水观"的好去处。

第三节 近代水工程文化

一、近代水工程文化的同质化

1824年,英国建筑工人约瑟夫·阿斯谱丁(Joseph Aspdin)发明了水泥并取得了波特兰水泥的专利权。1889年,中国河北唐山开平煤矿附近,设立了用立窑生产的唐山"细绵土"厂。

近代西方的工业革命,推动水工程科学的发展,与水工程息息相关的学科如水文学、水力学、土力学、材料力学、结构力学、地理学、测量学、电工学、农田水利学等的建立及混凝土这一建筑材料的横空出世,使西方水工程产生了建立在定量分析的实验科学基础上的伟大革命,超大型水工程相继问世,极大地影响了水工程文化的发展。

20世纪以后,由于混凝土的广泛应用及相关的水科技理论的发展,并在西方科技尺度的统一作用下,中国近现代水工程呈飞跃式的发展,其质、其形、其意与传统水工程相比,发生了明显的变化。虽然水工程领域出现工程材料同质化(最基本的工程材料是钢筋、混凝土)、技术手段通用化、技术标准统一化、水下形体的趋同化的现象,但水工程文化的多样化依然存在,在水工程上部建筑、水利景观的营造上,仍呈现出百花齐放、多姿多彩的文化氛围。正如基层水利工作者概括的那样:"水下工程要质量,水上工程抓形象。"因此,面临全盘西化的浪潮,水文化工作者大可不必悲观,水工程的广阔天地,大有作为。

二、教训深刻的三门峡之争

新中国建立后,人们征服自然的能力越来越大,兴修水利工程的规模也越来越大。因此,决策水工程文化的作用越来越受到人们的重视。大型水电站的建设对环境的影响引发社会的极大关注和争论,其中,影响最大的是1957年开工兴建的三门峡水利枢纽工程之争和1994年开工建设的三峡水利枢纽工程之争,是近现代水工程文化——决策水工程文化的奇观。一为教训深刻的水工程决策文化,一为慎重决策重大项目水工程文化。

三门峡工程从规划阶段开始,就有一些专业人士反对在三门峡建设大坝。其中以清华大学教授黄万里最具有代表性,他在中国水利部召集的学者和水利工程师会议上反对修建三门峡大坝,并批评中国政府邀请的苏联专家的规划,指出三门峡大坝的主要技术是依靠苏联列宁格勒水电设计院,而该院并没有在黄河这样多沙的河流上建造水利工程的经验。黄河泥沙淤积等一系列问题决定了三门峡水利枢纽的建设是不符合实际的决策。

另一个被外界传闻反对建设三门峡水库的水利专家,是现黄河水利委员会设计院的温善章,但此说法现得到更正。据温善章本人所述,他并没有反对建造水库。在三门峡建立水库,是当时所有水利部专家的共识。只不过在具体技术问题上,他和主流的水利部专家产生分歧,主要针对原先三门峡大坝设计的"高坝"方案,主张"低坝、小库、滞洪、排沙"方案,旨在放弃一点大坝高度,减少若干库容,少淹一点上游的土地,尽量保护关中平原百姓的利益,将移民人数降低到15万人以下。他觉得当时水利专家对于下游的灾害看得重了,相反对于上游百姓可能遭受的损失,尤其是移民的问题,看得轻了。

除此之外,当时《中国水利》杂志编辑部对1957年6月10日至24日召开的"三门峡水利枢纽讨论会"会议记录中,可查阅到70名水利专家学者有温善章、黄万里、叶永毅、梅昌华、方宗岱、张寿荫、王潜光、王屯、杨洪润、严恺、李蕴之等十多人,明确表示了不同意三门峡360米高坝方案。对黄万里关于"潼关以上将大淤,并不断向上游发展",张寿荫的"回水离开西安40~50千米,淤积也可能在西安附近发生",以及梅昌华关于移民等问题的警告等发言都有记录。尽管出席会议的专家几乎都预见三门峡大坝今后可能出现的所有问题,但1957年正值"反右运动"最盛的时候,大部分与会者受到政治因素的影响,并不太愿意公然对三门峡大坝的技术问题提出反对意见。

1958年,在三门峡工程开工一年后,陕西仍在极力反对三门峡工程。理由是:沿黄流域水土保持好就能解决黄河水患问题,无须修建三门峡工程。但三门峡工程并没有因此停止。1960年,大坝基本竣工,并开始蓄水。到1962年3月其上游渭河潼关河床就抬高了45米,渭河成了"地上悬河",严重危害着关中平原的安全。1973年河道淤积延至临潼以上,距西安只有14千米,又威胁到西安的安全。关中平原的地下水无法排泄,田地出现盐碱化甚至沼泽化。

2003年8月27日至10月,渭河流域发生了50多年来最为严重的水灾。有1080

239

万亩农作物受灾,225万亩农作物绝收。这次洪水造成了多处决口,数十人死亡,515万人口受灾,直接经济损失达23亿元。但是这次渭河洪峰仅相当于35年一遇的洪水流量,因而陕西省方面将这次水灾的原因归结为三门峡高水位运用,导致潼关高程居高不下,渭河倒灌以至于"小水酿大灾"。

水利界意识到问题的严重性,2003年10月11日,水利部召集陕、晋、豫三省相关部门及部分专家学者,在郑州召开了潼关高程控制及三门峡水库运用方式专题调研会(以下简称郑州会议)。在郑州会议上,中国水利部副部长索丽生指出,有必要对三门峡水库的运行方式进行调整,三门峡水库的防洪、防凌、供水等功能可由小浪底水库承担。

紧接着,10月31日,国内资深水利专家,92岁高龄的中国科学院、中国工程院院士张光斗和水利部前部长、80岁高龄的中国工程院院士、全国政协原副主席钱正英,在接受中央电视台《经济半小时》栏目采访时也共同呼吁:三门峡水库应该尽快停止蓄水和发电。

三门峡大坝从立项到建成至今的数十年里,围绕大坝的利弊,各方一直争论不休,反映着生存之争与利益之争。陕西方面是为了自己的利益和生存而争,而三门峡水电站也是同样的处境。作为三门峡水库调度的负责人,三门峡水利枢纽管理局水库调度科科长张冠军对于水位有着最深刻的体会:要发电,就需要保持高水位,但上游地区将因此出现严重的泥沙淤积。如果降低水位,又无法发电。他无奈地表示:"水位是三门峡水利枢纽管理局的一道生死线。"

三门峡水电站作为新中国第一项大型水利工程,有人说是一个败笔。但作为新中国治理黄河的第一个大工程,其探索方法、积累经验的作用是不可小看的,丹江口、小浪底、葛洲坝、三峡等大工程都从它那里得到了极其宝贵的经验教训。但是,同样不能因此就拒绝做深刻的反思。例如决策与管理的科学性、民主性,部门之间的协调机制。在我国的水利建设史上,没有一个工程像三门峡这样,从工程设计到建设,从运行到管理,历经曲折,既有规划、决策的教训,也有建设和运行管理的经验,坎坎坷坷,风风雨雨,不时成为全国水利界乃至全社会关注的焦点。党和国家领导人数次亲临现场,亲自协调,重视程度之高,力度之大,十分罕见。三门峡之争,是水工程文化的一种典型现象,既有水工程决策文化,也有水工程管理运用文化,而且这一水工程文化之殇,将会给水工程业界留下永久的记忆。正如潘家铮先生所说:"按照最初的规划要求来衡量,三门峡工程无疑是失败的,而经过反复探索多次改造后,仍发挥了一定的效益,更重要的是它留给我们极其可贵的经验。"

第四节　现代水工程文化

中国跨入现代化进程应以1978年改革开放为界,改革开放前三十年,水工程多以除害为主要目标而兴建的重点工程和以"水利是农业的命脉"为指导的兴利目标而大办农田水利工程,是当时水工程真实的写照。改革开放后,经济飞速发展,水资源、电资源的需求越来越大,北方缺水、南方有河皆污的现象也引起人们的重视,国家把水定为"生命之源、生产之要、生态之基",将加快水利发展从"不仅事关农业农村发展"提高到"而且事关经济社会发展全局""关系到经济安全、生态安全、国家安全""努力走出一条中国特色水利现代化道路",综合性特大现代水工程决策文化,生态文明成为水工程文化意识,都已成为现代水工程文化现象。

一、慎之又慎的三峡决策之争

与三门峡之争的同时又出现了三峡之争,后者争论范围更大、时间更长,论证更为严谨。

毛泽东以诗人的情怀和政治家胸襟提出了"高峡出平湖""当惊世界殊"的设想和以战略家的严谨,反复倾听正反两方面意见,亲自调查研究建设三峡工程的相关事项和条件。从1953年2月乘"长江舰"视察到1958年1月南宁会议不到5年时间,毛泽东为了三峡工程和长江水利建设问题先后6次召见林一山。对三峡工程的考虑,他逐步地深入和细致,提出了很多关键性问题:一是如何解决泥沙淤积;二是投资国力能不能承受;三是怎样解决防空炸问题,同时要考虑防原子弹的问题。

1958年南宁会议上,毛泽东主持了首次三峡辩论会,正方林一山从汉代贾让治水谈起,历数长江洪水灾害给百姓和国家带来的损失以及至今存在的众多隐患;讲到长江流域丘陵地区也有的旱灾;讲到水力发电是我国工业的主要来源,以及为了15年内赶上英国,我国钢铁工业的发展要求与电力增长要求之间的比例;林一山还谈到了三峡工程投资的可行性和技术上的可能性。

反方李锐则首先对黄河与长江不同的水量、洪水及泥沙量、最大与最小流量之差做了比较,说明长江自古以来就是一条好河,想以三峡工程一下子解决百年、千年一遇洪水是不现实的。李锐还提出,修建三峡工程需要移民100多万人,极为困难。他还讲到,左右三峡修建时间是国家财力、经济发展的需要,是电力而不是防洪,而三峡这样大的电站,要在几十年后才可能有此需要。另外,还有地质情况及工程技术等问题不容有任何疏忽,三峡工程同国防与世界形势也有不容忽视的关系。

及至在20世纪80年代开始新一轮三峡工程论证中,反对意见的代表人物是李锐和黄万里。黄万里多次上书中央反对修建三峡工程,主要观点有:"三峡坝有四大工程本身的错误,还有两大生态环境的错误,不知床沙输的是卵石,而按悬移的泥沙一般处理。"提出五大问题:造坝后对于河道和流域的生态环境影响,大坝和航船上下的工程技术问题,社会影响或社会效益的合理性和可行性,工程经济可行性是否成立,三峡建坝对于国防安全的考虑。

地方政府也积极介入方案论证,重庆市对坝高提出异议,认为150米方案,大坝抬高水位有限,水库回水末端仅在忠县至长寿之间,长寿至重庆间的航道不能改善,万吨级船队不能直达重庆。重庆市希望将正常蓄水位提高至180米。

在1985年3月召开的全国政协七届三次会议上,三峡工程问题被列为会议的重要议题。一些政协委员从关心国家建设的角度提出了不同意见,并引起争论。

中共中央和国务院鉴于重庆市和社会各界人士对三峡工程的兴建还有不同意见,认为应当充分体现决策的民主性和科学性,乃于1986年6月联合发出《关于长江三峡工程论证工作有关问题的通知》。通知要求:①由水利电力部广泛组织各方面的专家,对"150米方案可行性研究报告"进行深入论证和修改,根据论证意见重编报告;②成立国务院三峡工程审查委员会,负责审查新编报告,再经中共中央和国务院批准,最后交全国人大代表会议审议。水利电力部随即成立了长江三峡工程论证领导小组。

1989年3月,长江委根据各专题论证报告重新编制的三峡工程175米方案可行性报告经论证领导小组研究通过。

1990年7月6~14日,国务院在北京召开三峡工程论证汇报会,听取论证领导小组关于论证工作和新编可行性报告的汇报。出席会议的有中央领导、民主党派负责人、一些学会的理事长、国务院有关部委与湘、鄂、渝等长江中上游沿江省市及地区的负责人以及特邀代表、专家共178人。会上,绝大部分人同意论证的结论:"建比不建好,早建比晚建更为有利",少数人有不同意见。会议认为:新编可行性报告已无原则问题,可报请国务院三峡工程审查委员会审查。

1990年12月,国务院三峡工程审查委员会第一次会议决定组织力量审查新编报告,并于次年6月审毕。

1991年7月中旬,国务院三峡工程审查委员会第二次会议决定将新编报告上报国务院批准,再转报全国人民代表大会常务委员会审议通过。

1992年4月3日,全国人民代表大会七届五次会议,根据对议案审查和出席会议代表投票的结果,通过了《关于兴建长江三峡工程的决议》,要求国务院适时组织实施。其时,出席会议的代表2633人。是日下午3时许,大会宣布投票结果:赞成1767票,反对177票,弃权664票,未投票25票,持不同意见的占三分之一。

三峡工程建成后取得很大成绩,也暴露一些问题,争论仍在继续,主要议题仍集中在环境、气候、水质、淤积、地质、下游湖泊水量等方面。

　　三峡之争同样是水工程的决策文化,既有科学决策又有民主决策。

二、南水北调的决策文化

　　自1952年10月30日毛泽东主席提出"南方水多,北方水少,如有可能,借点水来也是可以的"设想以来,在党中央、国务院的领导和关怀下,广大科技工作者做了大量的野外勘查和测量,在分析比较50多种方案的基础上,形成了南水北调东线、中线和西线调水的基本方案,并获得了一大批富有价值的成果。其中包括水利部的"东、中、西三线方案",水利部长江水利委员会主任林一山的"四江一河调水西进方案",黄河水利委员会的"大西线方案",中国科学院资源综合考察委员会研究员、水问题联合研究中心副主任陈传友的"大拐弯建大电站方案"和"四江进两湖方案",北京林业大学教授袁嘉祖、郭开等人的"大西线方案",中国科学院海洋研究所研究员朱效斌的"三江贯通,调水分洪方案",成都市南洋高新技术研究所退休研究员,年届82岁高龄的张世禧教授的"青藏高原大隧道方案"等非常有参考价值的十条线路。

　　国学大师南怀瑾在1999在邓英淘等编著的《再造中国》一书的序中认为"从《再造中国》宏观来讲,我们中国现代开始的最大内忧,就是缺水和沙漠的扩展问题""因此,便有一群有心之士和研究水利专家学者们提出拯救黄河和南水北调的呼声""所以便有西线、中线、东线调水等呼声叠起。甚之,要从青藏高原雅鲁藏布江调水的构案,其实这些提议都是学者、专家科学性的论证,听者有心,言将无过,真正行动起来,那是靠智、仁、勇具备的大德者来推动,才能完成一代千秋不朽的事功"。

　　(一)概况

　　南水北调工程主要解决我国北方地区,尤其是黄淮海流域的水资源短缺问题,规划区人口4.38亿人。南水北调工程规划最终调水规模448亿立方米,其中东线148亿立方米,中线130亿立方米,西线170亿立方米,建成后将解决700多万人长期饮用高氟水和苦咸水的问题。

　　南水北调总体规划:推荐东线、中线和西线三条调水线路。通过三条调水线路与长江、黄河、淮河和海河四大江河的联系,构成以"四横三纵"为主体的总体布局,以利于实现中国水资源南北调配、东西互济的合理配置格局。西线工程截至目前,还没有开工建设。

　　东线工程:利用江苏省已有的江水北调工程,逐步扩大调水规模并延长输水线路。东线工程从长江下游扬州抽引长江水,利用京杭大运河及与其平行的河道逐级提水北送,并连接起调蓄作用的洪泽湖、骆马湖、南四湖、东平湖。出东平湖后分两路输水:一路向北,在位山附近经隧洞穿过黄河;另一路向东,通过胶东地区输水干线经

演变与发展

济南输水到烟台、威海。东线工程自2002年12月开工建设,已于2013年12月8日建成通水。

中线工程:水源70%从陕西的汉中、安康、商洛地区,汇聚至汉江流向丹江口水库,从丹江口大坝加高后扩容的汉江丹江口水库调水,经陶岔渠首闸(河南淅川县),沿豫西南唐白河流域西侧过长江流域与淮河流域的分水岭方城垭口后,经黄淮海平原西部边缘,在郑州以西孤柏嘴处穿过黄河,继续沿京广铁路西侧北上,可基本自流到终点北京。

中线工程主要向河南、河北、天津、北京4个省市沿线的20余座大中城市供水。中线工程自2003年12月30日开工,于2014年12月12日建成通水。

西线工程:在长江上游通天河、支流雅砻江和大渡河上游筑坝建库,开凿穿过长江与黄河的分水岭巴颜喀拉山的输水隧洞,调长江水入黄河上游。西线工程的供水目标主要是解决涉及青、甘、宁、蒙、陕、晋等6省(自治区)黄河上中游地区和渭河关中平原的缺水问题。结合兴建黄河干流上的骨干水利枢纽工程,还可以向邻近黄河流域的甘肃河西走廊地区供水,必要时也可及时向黄河下游补水。截至目前,还没有开工建设。

规划调水规模,东线、中线和西线到2050年调水总规模为448亿立方米,其中东线148亿立方米,中线130亿立方米,西线170亿立方米。整个工程将根据实际情况分期实施。

南水北调涉及长江、淮河、黄河、海河四大流域和十余省,牵涉水量和距离均为世界最大水利工程。

世界上最大的泵站群,东线一期工程长1467千米,全线共设立34座泵站,总装机流量4447.6立方米每秒。

世界首次大输水隧道近距离穿越地铁下,北京西四环暗河工程从下方仅3.67米穿越营运中的北京市五棵松地铁站。

世界上最大的穿河输水隧道,中线穿黄工程,长4千米多的两层衬砌水隧道穿越黄河激流。

世界最深的调水竖井,中线穿黄工程将长江水穿越黄河的抽水竖井深76.6米。

世界最大水坝升级,丹江口大坝加高工程,可相应增加库容116亿立方米。

(二)社会争论

1.负面影响

南水北调的工程自提出后就引起了广泛的争论,反对者主要认为南水北调工程耗资巨大,涉及大量的移民问题,调水量太少,发挥不了经济效益,调水量过多,枯水期可能会使长江的水量不足,影响长江河道的航运,长江口的咸潮加深,更有可能引发生态危机。

2010年初的中国西南大旱,中国水利水电科学研究院水力学所总工及灾害与环境研究中心总工刘树坤对南水北调工程提出了质疑。他认为,西南这次出现百年难遇的干旱,应该对水文资料重新修订,对干旱出现频率、可能性都要重新评估。他认为这些评估的结果都会影响水利调度,重大水利工程何时开始做,做多大,影响程度有多大,都应重新评估。2011年长江中下游旱灾引发对南水北调工程的质疑,南方是否有足够水资源可以调配给北方,再次受到严峻的考验。当面临气候变化时,对长江流域的生态环境是否会产生深远的影响,也必须进行评估与考量。

南水北调工程造成河南省和湖北省33万人搬迁,搬迁给移民生活带来颠簸动荡。有些移民因为得到的补偿款不足,在买下政府提供的住房之后,所剩款项只能购置一小块耕地。而安置地工作机会匮乏,有些人不得不背井离乡到大城市打工。由于国家投资少、安置标准低及水、电、路、校等生产生活设施不能满足基本需要,造成大量移民遗留问题。

其他问题如:发电量减少,从丹江口水库调水,丹江口水电站的发电量有所减少(减少年电量7亿~8亿千瓦时)。文明古物问题,南水北调东、中线工程穿越中国古代文化、文明的核心地区,其影响范围大,涉及文物遗存内涵丰富。虽然国家进行大量的抢救,但必将会淹没一些文明古迹。对洄游生物的影响,调出区修建水库会对一些需要到上游产卵的生物产生影响,甚至导致其灭绝。

2.正面影响

支持者大多认为长江水量丰富,每年有大量的水流入大海,调一部分到北方缺水地区可解决北方的缺水问题,负面影响可以通过防范、补偿和综合治理开发措施,将影响减少到最低。南水北调中线工程以解决沿线100多个城市生活和工业用水为主要供水对象,兼顾农业及其他用水,建成以后经济效益和社会效益巨大。

缓解汛期对长江地区的威胁,大量的南水北调将减小洪水对长江地区的灾害。南水北调中线工程完成后,汉江防汛形势有望出现逆转。丹江口水库加高工程基本完成,而南水北调计划每年从丹江口调水95亿立方米。近些年类似汛情再度出现时,出现在中下游的洪峰将被"削"低30厘米。这意味着湖北宜城至沙洋之间的14个蓄洪民垸,遭遇百年一遇以下洪水可以不启用。近80万人、90余万亩耕地基本解除洪水威胁。可促进北方经济发展,较大地改善北方地区的生态和环境特别是水资源条件,增加水资源承载能力,提高资源的配置效率,促进经济结构的战略性调整;对于扩大内需,保持中国经济快速增长,实现全国范围内的结构升级和经济社会环境的可持续发展,具有重要的战略意义。

有利于缓解水资源短缺对北方地区城市化发展的制约,促进当地城市化进程。

可改善农牧业生产条件,调整农牧业种植结构,提高土地利用率。还可改污水灌溉为清洁水灌溉,减轻耕地污染及对农副产品的危害。

改善北方水质及生态环境,能有效解决北方一些地区地下水因自然原因造成的水质问题,如高氟水、苦咸水和其他含有对人体不利的有害物质的水源问题,改善当地饮水的质量。避免北方一些地区长期开采饮用有害深层地下水而引发的水源性疾病,遏止氟骨病与甲状腺病的蔓延,有利于提高居民健康水平。

通过改善水资源条件来促进潜在生产力形成现实的经济增长,逐步改善黄淮海地区的生态环境状况,提高北方供水能力后,可以减少对地下水的超采,并可结合灌溉和季节性调节进行人工回灌,补充地下水,改善水文地质条件,缓解地下水位的大幅度下降和漏斗面积的进一步扩大,控制地面沉陷造成对建筑物的危害,使中国北方地区逐步成为配置合理、水环境良好的社会。

任何一项大型水工程的兴办总是有利也有弊的,关键是科学的论证和权衡利弊之决策者的信心,这就是水工程决策文化的核心要义。

三、水工程生态关怀意识

改革开放后三十年,中国社会经济高速发展,资源的浪费、环境的污染、生态的破坏等问题越发严重,水工程文化学面临新的研究课题——人类生态修复意识。

朱仁民根据自己的实践提出"人类生态修复学",涵盖自然生态、文化生态、心灵生态。自然生态探讨的内容包括东方的自然观、西方的自然观、自然的形成、自然的处境等;文化生态探讨的内容包括人类艺术发展史、当代艺术与心灵变迁、宗教与艺术的互补等;心灵生态探讨探讨的内容包括人类的宇宙意识、人类的道德观与现状、人类的天下意识等。

朱仁民的十大修复案例包括荒岛、荒滩、荒沙、湿地、裸崖、运河、黄河、残礁、修路、桥梁。其中大多属水工程的范畴。画家、雕塑家、景观艺术家朱仁民长期以来醉心于对水工程文化内涵的发掘及提升,莲花岛上塑罗汉,大运河边现民俗,大漠中心造湿地,大手笔、大创意、大制作,别开生面,令人耳目一新。

朱仁民是个充满我国传统人文思想的一个艺术家,通常用中国画来传达他的思想,他的所有项目方案都是由一张中国的水墨画的构思开始的,然后再解剖、解构这张绘画,再进一步做出一个思想方案来,才正式做文本。几十年来他运用这个方法,能使思维非常敏捷,造型非常明确,条理非常清晰。因画成像,可视性强,方案的吸引力极强。

他在1.3万亩的沙漠上营造鸣翠湖国家湿地公园时,从理论上提出完整的构思。

(一)生态与艺术的互动是造园的重大创意

生态与艺术的互动是其让园区中具有功能、艺术、生态相统一的重大创意。席卷世界的生态主义不断地使设计师、规划师将"生态"列入创作的首要条例。虽然我们比之欧美,方才起步。但是,设计师的责任应该站在历史的高度,与世界同步,将自己的使命与整个地球、人类相关联。自然生态、艺术生态、心灵生态,贯穿于他的作品的构思、设计、实施之中。

(二)生态、文脉是西部景区建设的灵魂

遵循"生态优先、最小干预、适度利用与持续发展"的原则。还原生态,还原历史,与河套平原中的一切生物链重归于好,是营造此园的首要宗旨。生态的保护和利用,本是辩证的统一,也一把双刃剑,处理不好,生态无序,保护无力。针对历史上这一地方本来就有自然水体、生态芦草,对这一西部难得的生态区块进行挖掘、恢复、强化是其主导思想。弥天漫地的芦苇、水草足将园区编织进了天然环境的锦屏之中。当然自然风光尚不是园林,只有通过文化元素、使用材料的选择、块面的最佳布置与合成,将园区的景观形象、生态形象装入大众的心理形象之中,让大众能在这里体会到江南风情中的物境、情境和意境才能使鸣翠湖的"翠"字得以永恒的保留,并成为人们休息养身与之共存的好去处。

(三)用艺术体现文脉是设计的最佳手段

西部地区历史文化积淀深厚的文脉,是开发建设、园区营造的一项最强大的专利。地域性、个性化的历史文化加上时代的精神理论的需求,为成当地的"文脉主义"倾间。文脉主义是促进一切成功景观设计营造所必不可少的思想灵魂。

在每个园区的建设中,文脉要通过各种手段体现,艺术是其最理想的承载物。通过艺术的处理、传达,或隐喻、或装饰、或夸张、或拟物,以在历史文脉的深层结构上,建立与民众的需求功能之间联系的关系。将园区的每一角落都充满艺术之光、思想之光、文化之光,使它们的平面构成、艺术处理、业态布置都是崭新的、时尚的,又是很乡土、很亲切、很耐读、很中国的。中国的造园之法,主要是臣服于大地,匍匐在大地之上,让灵魂与大地同步律动,使每个项目都赋予一定的仙气、灵气、地气。还要充分利用借景、对景、易景关系,强化对造型、色彩、形式的处理,比如建筑的体块,墙体的分割,让园区既很现代,又很乡土,既很文脉,又很讲究构成。

不同的历史时段,有其不同的水工程文化。朱仁民以上构思,是水工程文化中先进现代设计文化的典范。

第五节 现代水工程理念创新

党的十六大的报告指出:"实践基础上的理论创新是社会发展和变革的先导,通过理论创新,推动制度创新、科技创新、文化创新以及其他方面的创新。"人类在创新中进步,水工程在创新中发展,水工程文化同样是在创新中变得更加丰富起来。

一、创新与创意

创新是以新思维、新发明和新描述为特征的一种概念化过程。创新是以现有的思维模式提出有别于常规或常人思路的见解(创意)为导向,利用现有的知识和物质,在特定的环境中,本着理想化需要或为满足社会需求,而改进或创造新的事物、方法、元素、路径、环境,并能获得一定有益效果的行为。创新包括三层含义,第一,更新;第二,创造新的东西;第三,改变。创新的本质是创意蓝图的外化、物化。创新是人类特有的认识能力和实践能力,是人类主观能动性的高级表现形式。创新在经济、商业、技术、社会学以及建筑学这些领域的研究中有着举足轻重的分量。

从哲学上说,创意是创新的特定形态,意识的新发展是人对于自我的创新。创新是泛指的,创意是具体的;创意是过程,创新是结果。例如,对某一具体水工程,在设计前的思考,是按规范生搬硬套前人的设计,还是构思自己有个性的设计。后者的思考过程,就是创意,通过创意和具体的设计,的确建造出符合创意的水工程,就是创新。

发现与创新构成人类对于物质世界的改造,成为人类自我创造及发展的核心矛盾关系。发现与创新代表两个不同的创造性行为。只有对于发现的否定性再创造才是人类产生及发展的基本点。实践才是创新的根本所在。创新是无限的,创新的无限性取决于物质世界的无限性。创新是人的实践行为,是人类对于发现的再创造,是对于物质世界的矛盾再创造。人类通过物质世界的再创造,又制造出新的矛盾关系,形成新的物质形态。

从认识论的视角看,创新就是更有广度、更有深度地观察和思考这个世界;从实践的角度来说,就是要将这种认识作为一种日常习惯贯穿于生活、工作与学习的每一个细节中去。

从辩证法的角度说,创新包括肯定和否定两个方面,从而也就包括了肯定之否定与否定之肯定。前者是从认同到批判的暂时过程,而后者是一种自我批判的永恒阶段。所以,创新从这个角度来说就是一种"怀疑",也是永无止境的。

要把握创新的几个核心要点:一是创新是自我意识的发展。二是创新是人用新的创造方式创造新的自我。三是人类本身就是自我创新的结果。四是矛盾是创新的核心。五是任何有限的物质存在,都是可以进行无限再创造的。

1998年,时任中共中央总书记的江泽民在全国科技大会上指出:创新就是"扬弃旧义,创立新知",并将创新提升到"是一个民族进步的灵魂,是国家兴旺发展的不竭动力"的高度。

创新最主要的特点是新颖性和具有价值。新颖性又包括三个层次:世界新颖性或绝对新颖性、局部新颖性和主观新颖性。主观新颖性只是指对创造者个人来说是前所未有的。具有价值,这个特点与新颖性密切相关,世界新颖性的价值层次最高,局部新颖性次之,主观新颖性更次之。

二、水利理念创新——"利水水利"

"利水水利"是现代水利发展的创新之"意"。

(一)水利发展的4个阶段

"人类历史发展进程中,人与自然关系的发展经历了四个时期——依存、开发、掠夺、和谐"(汪恕诚,2004年,《再谈人与自然和谐相处》)。人类顺应自然水而生存的阶段为依存型水利发展阶段;在自然水体承载能力允许幅度内发展水利为开发型水利发展阶段;水利的正负效应逆向演进的阶段为掠夺型水利发展阶段;水利发展达到可以调整社会经济发展使之逐步做到适应水的自然规律的阶段,称为和谐型水利发展阶段。

(二)4个阶段人与水的哲学关系

水利发展各阶段人与水的哲学关系的特性具体见表7-1。

表7-1　水利发展各阶段人与水的哲学关系　　　　249

阶段	人对水的作用	水对人的影响	人与水之间哲学关系	
			人对水的认识论	人与水之间的关系
依存阶段	用水+避水	生存取水+洪水灾害	水人合一	人依水存
开发阶段	用水+治水	利害(洪涝旱渍等水对人的灾害)并存	人竞水择	水容人利(人对水的危害)
掠夺阶段	治水+用水+害水	利害(洪涝旱渍等水对人的灾害+水污染、水生态条件破坏等人对水的危害)并存	人定胜水	人水失衡
和谐阶段	利水(亲水、节水、护水)+治水+用水	有形功能(供水、灌溉、发电、航运等)及无形功能(水生态、水环境、水文化)的提供者	人水相应	人水平衡

(三)"利水水利"是对水利认识理念的创新

人类在依存、开发、掠夺这3个阶段,对水利一词的理解,可以概括为:人类社会为了生存和发展的需要,采取各种(工程和非工程)措施,对自然界的水和水域进行控制和调配,以防治水旱灾害和提供人们开发利用水资源。简而言之为"以水利人"。

但人类在进入掠夺阶段,随着科技进步和生产力极大提高后,产生了"人定胜天"

的主导思想。在对待水的问题上,产生了"人定胜水"的"意"识,并占了水事的主导地位。例如,三门峡工程建成后,诗人贺敬之吟咏的"责令李白诗句改,黄河之水手中来",将"黄河之水天上来"的"天"字改为"手"字,就是典型的"人定胜天"的思想。人们过度利用地域、流域内的水资源,超出了地域、流域水资源和水环境的承载能力,破坏了自然界的水循环状态,污染了水体。人类严重地伤害了河流、水体,造成的水资源短缺、水环境污染、水生态恶化、水质型缺水,以及地质性灾害等因人为因素导致的水灾害。结果造成了"水多、水少、水脏、水浑""人水失衡"的现象,反过来又给人类自己带来了严重的伤害,抑制了物质与精神文明的进一步发展。人们受到水的教训后,开始反思,产生了现代先进人水关系意识,提出要调整人们对水的哲学认知,要将人类从只要"水"利"人",调整到既要"水"利"人",也要"人"利"水"的双向思维上来,形成"利水水利"的思想。具体地说,就是要做到人类既要"以水利人",也应具有以人去"利水"的意识,努力做到让水能可持续地"利人",通过做到"人水相应",实现人水和谐相处。人水和谐相处是破解我国水问题的核心理念,人类必将进入了对水体承载能力理性认知并能科学用水的阶段。人类将采用各种措施改善水环境、修复水生态条件、重视水文化的挖掘与赋予,使自然界被人恶化了的水体逐步修复为良性的近似自然的水体(亦称人化自然水体),恢复自然界的良性水循环,以至实现水资源的可持续利用的人与水之间的平衡。这一阶段的"人水相应"与原始阶段的"水人合一"似乎有相似之处,但事实上内涵却发生了巨大变化,前者是水包容人的人水和谐相处,而后者则是人更进一步认识自然界水的规律,主动去与自然界的水相适应,通过"人"主动"利水"的行为,实现"水"可持续"利人"的目的。这就是人类在对待水的哲学理念上之"螺旋式上升,波浪式前进"的规律。

(四)"海绵城市"的建设,体现了"利水水利"思维

近年来频遭暴雨袭击,不少城市可以说是"逢雨必涝,遇涝则瘫"。2011年6月19日"到武汉看海"、2012年"7·21"北京大雨让77位市民丧生、2013年10月8日杭州武林门码头淹入水中、2014年5月24日广州划船上街及2015年6月17日和8月24日两度"上海变海上"……城市内涝,看是由于城市地下排水系统落后于城市建设,但从根源上说,是"人"不利"水",是城市建设和建筑侵占了水域、湿地,固化了地面,改变了地表径流量,增大了排水管网和城市河渠的负担。可是,在全国600多座城市中,又有400多个城市存在供水不足问题,其中比较严重的缺水城市达110个。这就是传统的城市治水模式"雨水排得越多、越快、越顺畅"所导致的现象。其病根是忽略了雨水对城市的利用价值,是"人"不利"水"带来的恶果。

北京大学建筑与景观设计学院俞孔坚教授及其北大研究团队,通过18年来的研究与实践提出了用"大脚革命"的审美理念,建设"海绵城市",已成为城市治理水灾害的卓有成效的成果之一。这一成果在世界上已获得广泛认可。

1.俞孔坚对城市景观的"大脚"审美观

俞孔坚,是全国风景园林硕士专业学位教育指导委员会委员,北京大学建筑与景观设计学院院长,北京土人景观与建筑规划设计研究院首席设计师,北京大学城市与区域规划教授、博士生导师,美国哈佛大学设计学博士和景观设计与城市规划兼职教授,先后在多所国际知名大学和研究机构讲学。俞孔坚教授把城市与景观设计作为"生存的艺术",倡导白话景观、"反规划"理论以及"天—地—人—神"和谐的设计理念,曾主持和参与40余项国际、国内大型规划设计和研究项目,他的城市和景观设计作品遍布全国和海外,赢得了国际同行的广泛认同。

俞孔坚在多场有关"大脚革命"的讲座中,阐述了他的主要观点:

他认为,在一千多年的历史中,中国一直把乡下姑娘当作是土和丑的,只有裹了脚的女人,才被认为是美的。长期以来人们的价值观和文化传承,都带有同一个梦想,梦想进入城市,像城市贵族一样地生活,而城市贵族都是视小脚为美,是"小脚价值观"和"小脚主义的美学观",他们要求高雅化,就是把"大脚"变成"小脚"。中国的女人嫁出去的时候,要父亲抱着走,所以古代嫁女又叫抱女。出嫁的时候为什么要把女儿抱着走呢?因为她走不了,也走不动。城市贵族为了有别于乡巴佬,定义了所谓的美和品位,他们的手段就是把正常的人变为不正常的人,把健康的人变为不健康的人,把能干活的人变为不事生产的人,这是他们对待人的审美观。

俞孔坚指出:"我们的防洪堤、河道,就是包裹的自然之脚。"他认为:自然的河流有自己活动的空间和规律,夏天来了大水可以漫过河滩,冬天水小的时候河滩、湿地的水会自然释放出来,所以风调雨顺。但现代,一些河道被裁弯取直,建坝隔断,建起了30年、50年一遇甚至500一遇的防洪堤,裹住了自然之脚。这些年(城市)水利做的最大工作,就是将河道变成水渠排洪,洪水来了赶紧排掉,使河道的功能基本丧失。中国有成千上万条河流,中国把上千亿元的人民币投入到治理所谓这样的河道,建设所谓的(城市)水利工程,所谓的美化,河道里头没有生物,没有自我调节能力。而中国的水资源非常短缺,只有世界水资源的7%不到。但一下雨,就把河里的水全部排掉,以至于整个中国的华北平原地下水位每年下降1米。现在所有的城市都害怕下暴雨淹掉城市,认为城市被雨水淹掉是因为管道不够粗,想把管道修得很粗、很大,恨不得把所有雨水一下子都排干,政府投入巨大的资金,把水泥管道越做越粗,还安装上水泵,一下雨,水泵赶紧抽水,赶紧排掉。可是在这个过程中,同时也毁掉了自然的"大脚"。城市建巨大的广场,把稻田变成花岗岩、水泥的铺地,认为这是高雅的。

他说:我和我的学生做了一个研究,结果表明,如果把所有防洪堤、大坝全都炸掉,洪水能够淹掉的国土面积才0.8%,极端情况下才淹掉6.2%。也就是说,中国防洪防了几千年,抗洪抗了几千年,实际上只为了0.8%的国土,这值得吗? 为什么要打这样一场永远不可能胜利的战争呢? 所以,认识到这个问题以后,就需要行动,砸掉这样的钢筋水泥。

他又说:城市化后,街上种的树都变成只开花不结果了,丰产的稻田就变成了观赏的草坪,原本只需自然灌溉,现在却要喷灌、需要人工养护;农村稻田养的鱼是活蹦乱跳的、味道鲜美的,但一到城里就变成了畸形的驼背的金鱼了,如果把它放到湖里,两天就会死去,只有在鱼缸里才能生存,必须在人们高强度的维护下才能活下来;街上走的哈巴狗,连门都不会看,连叫都不会叫了,已失去了功能。生态和不生态的差别就在这里:一个是需要去抱它、维护它、管理它,需要投入高昂成本去养护才能生长,一个是自然的、可持续的、茂盛的。其实,这些都是病态的,就像中国女人裹脚一样,她不能自我生存。我们的城市,也是走不动的,本来茂盛的野草可以自然生长的,结果改种草坪,还要施肥、灌溉。他说:"种一平方米的城市绿地和草坪花的价钱比农村种一平方米的庄稼要贵得多,难道要花这么多钱来种草地吗?"

他还说,现代所谓的高雅化,实际上是剥夺健康,换取畸形的过程。城市化意味着消灭丰产、消灭自然的本质特征,所有的生产功能、实用的功能都在城市化过程中消灭了。

他认为,看看乡下的田园。丰产的稻田,丰产而美丽。但是到了城里以后,我们就把这样的田平掉了,种上了光鲜的草坪,灌溉施肥,1平方米草坪每年要灌1吨的水才能把它养活,认为这是美的。乡下的果园,果实累累的桃子、梅子、梨子,一到城里,连根拔掉了。新农村建设一夜之间把一条蜿蜒曲折灵动的乡下小河变成了北京汉白玉栏杆的金水桥,两岸的稻田、玉米、高粱全部被砍掉,种上了城里人喜欢的观赏植物。都变成了园林植物,原来油菜花、蚕豆都变成了无用的紫叶小檗、金叶黄杨,把它当成美丽,并耗去了大量的财力和人力来维持这种美丽。拆掉了数以百亿计平方米的民房、工厂和老建筑。站在黄浦江这边看对岸,看到的是像牙科大夫的工具式的建筑。整个城市都在追求一种畸形的美,在这个过程中,耗掉了世界50%的水泥、30%的钢材和30%的煤炭,用来毁掉50%的湿地,地表水75%是污染的,导致了土地本身没有自我调节能力。自然的调节系统没有了,就像一个人进了医院,靠输液、靠人工设施来维持心脏跳动,所以你看到的涝灾越来越严重。现在发明了非常精密的机器和滤膜,喝的水都是经过几十道工序过滤净化,包括纳米技术过滤净化,试图把水弄干净,但你发现水却越来越脏,中国75%的地表水都受到了污染,黄浦江流的是劣 V 类的水。实际上,这些水在二三十年前都是非常好的肥料,农民会把它当成宝贝,但到了今天,却把它当成污水排掉,或者修建昂贵的污水处理厂,似乎要把它处理干净,但结果污水却越来越多。

他指出,中国的五四文学革命,就是让卖豆浆和油条的语言登了大雅之堂,变成了诗歌,变成了今天的白话文。那么对待土地、对待生存环境也要进行一场设计的"白话文革命"。

"当代城市建设需要一场革命,大脚的革命",这是他的主导观念。

俞孔坚的"革命的战略":第一,"反规划"。解放和恢复自然之"大脚",改变现有的城市发展建设规划模式,建立一套生态基础设施;第二,改变审美观。要倡导基于生态与环境伦理的新美学——"大脚"美学,要认识自然是美的,要崇尚野草之美和健康的生态过程与格局之美、丰产之美。

2.建设"海绵城市"

"海绵城市"是指城市要建设成能够像海绵一样,在适应水环境变化和应对自然水灾害等方面具有良好的"吸湿性",下雨时能吸水、蓄水、渗水、净水,需要时将蓄存的水能有效地予以"释放"、加以利用。海绵城市,建设城市的"海绵",应遵循自然生态优先、审美观念返璞归真的原则,采取土化城市河渠、修复城市水面、形成梯级湖池、贯通激活水系、野化涉水(滨水及水下)植物、软化城市地表、充分张扬自然、适度人工治理,即通过滞、蓄、净、渗、通、用、排等措施,在确保城市排水防涝安全的前提下,最大限度地实现雨水在城市区域的积存、渗透和净化,促进雨水资源化的利用和自然环境保护。

在海绵城市建设过程中,应充分考虑城市建设的复杂性和长期性,统筹规划自然降水、地表水和地下水的系统,协调给水、排水等水循环利用的各个环节,科学地解决好城市河、湖、湿地与管网建设,自然美与人工美,水资源与弃废水的辩证关系。经验表明,在正常的气候条件下,典型"海绵城市"可以截留80%以上的雨水。当地面径流量达到这一有效控制水平时,对地下管网的要求相应就会变低。尤其是对于改造难度较大的老旧城区而言,这能从根本上解决城市内涝和改善城市环境。

根据习近平总书记关于"加强海绵城市建设"的讲话精神和中央经济工作会要求,住房和城乡建设部于2014年11月2日印发《海绵城市建设技术指南》,城镇排水防涝系统的建设理念将发生彻底转变。根据该指南,今后城市建设将强调优先利用植草沟、雨水花园、下沉式绿地等"绿色"措施组织排水。财政部、住房和城乡建设部、水利部于2014年12月31日下发《关于开展中央财政支持海绵城市建设试点工作的通知》,决定开展中央财政支持海绵城市建设试点工作。根据财政部2015年4月2日消息,海绵城市建设试点城市根据地区得分,排名在前16位的城市分别是迁安、白城、镇江、嘉兴、池州、厦门、萍乡、济南、鹤壁、武汉、常德、南宁、重庆、遂宁、贵安新区和西咸新区。国家住建部2015年6月10日又下发文件把三亚也列入城市"双修"、地下综合管廊和海绵城市的试点城市。近一年来,经过中央和国务院及多个部委的大

253

力倡导,目前"海绵城市"已成为国家在城市建设方面的一大战略,形成了全国争创"海绵城市"的热潮,也成为未来城镇建设的主要投资方向。

2015年10月16日,国务院办公厅以(国办发〔2015〕75号)发布了《关于推进海绵城市建设的指导意见》,明确提出"通过海绵城市建设,综合采取'渗、滞、蓄、净、用、排'等措施,最大限度地减少城市开发建设对生态环境的影响,将70%的降雨就地消纳和利用。到2020年,城市建成区20%以上的面积达到目标要求;到2030年,城市建成区80%以上的面积达到目标要求"。

3.俞孔坚"海绵城市"建设项目案例

俞孔坚教授的一系列"海绵城市"设计案例,如金华燕尾洲公园、上海后滩公园、哈尔滨群力雨洪公园、六盘水明湖湿地、天津桥园、迁安三里河生态廊道等,大多进入国际专业教材,并多次获得国际大奖。俞孔坚曾5次获得美国景观设计师协会荣誉设计和规划奖,两次获得国际青年建筑师优秀奖,并获得中国第十届美展金奖。2010年由他主持设计的上海后滩公园,获得美国景观设计师协会颁发的景观设计类唯一的最高奖项——杰出设计奖。

(1)俞孔坚设计案例一:金华燕尾洲公园。

俞孔坚设计的"海绵城市"海绵新作——金华燕尾洲公园,系2015年11月6日,夺得在新加坡新达城会展中心举行的被誉为建筑界奥斯卡的世界建筑节(WAF)年度最佳景观奖(landscape of the year)的作品。此奖是世界上最著名的建筑奖项之一,2015年的世界建筑节收到了来自47个国家的700多份作品。世界建筑节的前两天,针对所有的入围作品,评选单个类别奖项,最后一天则由"超级评审团"评选出年度最佳景观奖、最佳未来建筑和最佳已建成建筑三大重量级奖项。

燕尾洲是金华城市中心围绕中国婺剧院建设的燕尾洲公园,是启动多湖区块的先导核心工程。燕尾洲地块位于金华市东市街以西,总占地面积约75公顷。从"六水之腰"的兰溪,到"江南邹鲁"的金华,自古有发达的航运水系支撑,八婺大地的繁荣兴盛都与水脉息息相关。燕尾洲地处三江交汇之处,既是八婺经济交流的亲历者,更是八婺文化的见证者。

"不出城廊而有山水之怡,身居闹市而有林泉之致"。江北、江南高速发展的城市,在不经意间,让燕尾洲成为金华最富有诗意的都市"留白",也给俞孔坚留下了可以绘制最新、最美蓝图的画纸。

俞孔坚倡导人与自然相和谐,创意建立燕尾洲头湿地保育区,引入梯田式防汛堤,他提出与"洪水为友"的理念,砸掉了号称"固若金汤"的水泥高堤,设计了富有弹性的生态防洪堤,保护和恢复河漫滩的湿地。俞孔坚非常注重功能设施的景观性,在此建设了富有当地文化特色的步行景观桥。景观桥连接江北、江南及燕尾洲,将两岸城市连为一体。此桥,兼具通行、观景和美化城市景观等多种功能,一桥架"活"了整个燕尾洲。目前,公园已成为金华市的一张名片,也成为"海绵城市"建设的一个优秀案例。

燕尾洲公园分四大功能区:

一为湿地保育区。燕尾洲是一个次生湿地,植被茂盛,不仅是乡土植物的种子资源库、许多动物的栖息地和庇护所,也是多种候鸟的中转站。燕尾洲现有的洲头湿地是金华闹市中一块罕见的清新绿洲。按照景观设计,将兼顾湿地保护和市民亲近大自然的愿望,考虑洲头湿地的自然基底特征和栖居在此的各类生物抵御人类干扰的能力,设置了3级保护区,即分为游人可以进入区、限制性可进入区、禁止进入的核心保护区。充分保留野生地的自然景观形态,并在此基础上进行一定的生态修复措施,完善和丰富食物链,促进湿地生物多样性,形成健康的、能够自我维持的生态循环系统。从景观步行桥上,可以感受到视野广阔的湿地气息,树木葱茏、芦苇轻摇、池洼湖塘、水气蒸腾、虫飞鱼游、鸟啼蛙鸣……的野趣,会让人忘却都市的烦噪和喧嚣。

二为运动休闲区。该区域为中国婺剧院所在地,为紧邻保护湿地的滨江岸线,既起到湿地与城市间的过渡作用,也是防汛堤所在区域。该区域被定为多种运动休闲活动区,是一个功能较为综合的区域。这里有林下步行广场、防汛梯田和湿地体验区,一个错落有致的广场休闲空间。

三为中心水景区。该区主要设有水上舞台、休闲看台、中心水景、下沉式广场和人工湿地,是集散休闲、文艺会演功能的重要节点。基于对游人行为习惯、亲水偏好及演出舞台效果等方面的考虑,该区的圆形舞台,是以人工湿地为背景,半环形浅水隔开观众席,用几级阶梯平台,方便观众观看演出。区内的带状台地环绕水池,并与舞台相接,圆形种植岛散布其中,形成大片舒适的林下休憩空间。区域内的人工湿地调节着小气候,并形成丰富的水生植物景观。

四为商业办公区。该区域是公园与城市相交的界面,紧邻东市街和宾虹路,有较复杂的过境交通,适宜开展商业办公运营。商业办公区位于该公园东侧,与公园是相辅相成、和谐共生的关系,商业区为公园隔绝了城市的喧闹,同时公园也为商业区增强了内在的品质和吸引力,可见设计者的良苦用心。

燕尾洲公园中景观步行桥构成高视点游览线。

景观步行桥是连接义乌江、武义江两岸及穿行燕尾洲公园的重要步行纽带,步行桥全线采用高架钢结构形式。全桥采用流线造型,色彩以红、黄两色为主,配合桥梁丰富多变的平面线形,时而盘绕在义乌江和武义江之上,时而回旋于燕尾洲的湿地林中,仿佛佳节中的"板凳龙"在水面、湿地林间翻滚腾挪,它超越了简单的交通功能。

横跨三江六岸的富有弹性和动感的步行桥,连接城市的南北两大组团,以及城市与江洲公园。步行桥的设计以金华当地民俗文化中的"板凳龙"作为灵感来源。这是金华当地特有的春节龙舞，每家每户搬出自己的板凳，连接在一起形成一条长龙，敲锣打鼓蜿蜒在田埂上，群村老少喜气洋洋地跟在其后。这"板凳龙"不仅仅是一种狂欢的舞蹈，更是社区和家族的纽带，它灵活机动，编织起文化与社会的认同。彩桥因地势盘旋扭转，富有弹性，结合缓坡设计巧妙化解竖向高差；其中连接城南—城北的主要桥体在200年一遇的洪水范围之上，以保证在特大洪水时都能同行，而其中与燕尾洲公园连接的部分，则可以在20年一遇的洪水中淹没，以适应洪水对沙洲湿地的短时淹没。步行桥飘忽燕尾洲头的植被之上，使游客能在城市之中近距离触摸到真实的自然。色彩上用具有民俗特征和喜庆炽烈的红黄交替，同时结合晚间灯光和照明功能，流畅绚丽、便捷轻盈。桥梁总长700多米，其中跨越义乌江、武义江段分别为210米和180米。其全线采用钢箱结构，桥梁主线宽5米，匝道宽4米，桥面采用环保材料竹木铺设，发光栏杆则选用了新型的透光玻璃钢材料。这座桥的建成大大缩短了城南、城北的步行交通距离，并将两岸绿廊和多个公园串联成为一体。步行桥已被正式命名为"八咏桥"，以纪念历史上咏叹金华四周景观的八首诗歌。无论从其对水的适应弹性，还是对来自各个方向的人流疏导及使用强度的适应性，还是其作为连接城市与自然、历史与未来的黏结性，"八咏桥"都可称之为一座富有弹性的桥。而徜徉在飘舞的"八咏桥"上，金华城市及四周的连绵山峦，蜿蜒而来的河流与川流不息的人流，诗意便油然而生。当地市民称其为"最富有诗意的桥"。

景观步行桥的起点，是燕尾洲公园的主要步行入口。景观步行桥在燕尾洲湿地林中穿梭后，桥体分出两条支桥，然后蜿蜒降落至紧邻梯田防汛堤内侧的运动休闲区的林下步行广场。除了步行桥可方便江南、江北的市民到达燕尾洲公园外，市民还可通过沿街广场进入公园。

田间漫步道和湿地栈道，也是燕尾洲公园的一大特色。田间漫步道位于梯田防汛堤边缘，主路宽1.2米，支路宽0.8米，蜿蜒穿行于梯田中。湿地栈道沿江岸设置，穿梭于疏林、浅滩之间，并在部分路段与田间漫步道相接。通过田间漫步道和湿地栈道，游客可充分领略滨江湿地风光和人工湿地丰富的植物景观。①

燕尾洲是金华当之无愧的"城市绿肺"。之所以叫燕尾洲，是因为这里正好处在义乌江和武义江相交形成的一个好似燕尾的夹角处，它与五百滩遥遥相望。今后该市的城市中心就将围绕着这"一洲一滩"来进行建设。

燕尾洲地理位置优越，正好处在金华江、义乌江和武义江三江交汇之处，总占地面积约75公顷。该地块北有古子城、八咏楼及婺州公园，南有樱花公园，西面与五百

---

① 燕尾洲公园景观方案惊艳亮相.金华新闻网［引用日期2012-11-28］。

滩隔桥相望,江北江南城市发展早已天翻地覆,不经意间,燕尾洲已成为金华最富有诗意的都市"留白"。

"燕尾洲公园建设,是市区三江六岸的点睛之作,该公园建成后不仅能极大提升多湖区块的城市品位,也将大大提升金华市区的城市品位"。在寸土寸金的城市核心区域留出一片大面积的保护完好的次生湿地,是需要大智慧和大魄力的,这也等于提前杜绝了可能因过度建设而使自然野趣尽失的悲剧。

在整个设计方案中,一座飞跨义乌江、武义江的景观步行桥,无疑是燕尾洲公园景观设计方案中的亮点。景观步行桥将以燕尾洲为中心,向南连接市体育馆、亚峰路,向北连接八咏公园,向西连接五百滩,形成一个横跨两江六岸的景观步行桥建筑。人们可以在步行桥上凭栏远眺,观赏两岸江景和洲头湿地。

燕尾洲和五百滩是两种截然不同的风格,在这里更多地体现了人与自然的和谐共生,不管是洲头湿地还是景观主题公园,亦或是特色鲜明的景观步行桥,都为我们展现了一幅梦幻美好的宏伟蓝图。①

俞孔坚在《建筑学报》发表的"弹性景观——金华燕尾洲公园设计"一文中精辟地阐述了几个设计理念:

面对"在隔江相望的城市包围下,燕尾洲已经成为金华这一具有100万人口的繁华都市中的唯一尚有自然蒹葭和枫杨的芳洲。义乌江和武义江在此交汇而成婺江(金华江)。洲的大部分土地已经被开发成为金华市的文化中心,现建有婺剧院,为曲线异形建筑,洲的两侧对岸分别是密集的城市居民区和滨江公园,但由于开阔的江面阻隔,市民难以到达使用洲上的文化设施。留下的洲头共26公顷的河漫滩,其中部分因采砂留下坑凹和石堆,地形破碎,另一部分尚存茂密植被和湿地,受季风性气候影响,每年受水淹没,形成了以杨树、枫杨为优势种的群落,是金华市中心唯一留存的河漫滩生境,为多种鸟类和生物提供庇护,包括当地具有标志意义的白鹭"。这一设计背景,他认为设计有四大挑战:一为"如何在提供市民使用的同时,保护这城市中心仅有的河漫滩生境,给稠密的城市留下一片彼岸方舟";二为"如何应对洪水,是高堤防洪建一处永无水患的公园,还是与洪水为友,建立一个与洪水相适应的水弹性景观";三为"如何处理与现有的异形建筑体和场地的关系,形成和谐统一的景观整体";四为"如何连接城市南北,给市民提供方便使用的公共空间,并强化城市的社会与文化的认同感"。

他的设计策略如下:

一是设计要"保留自然与生态修复的适应性"。

257

---

① 五百滩、燕尾洲、"浙中凉都"今开工.金华新闻网[引用日期2012-11-28]。

他针对由于长期采砂，造成场地坑洼不平，地形破碎，设计"通过最少的工程手段，保留原有植被；在原有坑塘和高地基础上，稍加整理，形成滩、塘、沼、岛、林等生境，以便培育丰富植被景观"。"结合各类生境的特点进行植被群落设计，重点补充能优化水质的水生藻类、沉水、浮水植物，能为鸟类和其他动物提供食物的浆果类植物和具有季相变化的乡土植被等"，以完善和丰富了场地中的植被和生物多样性。

二是设计要"与水为友"。

他认为金华常受洪水之扰和大量河漫滩被围建开发。两江沿岸筑起了水泥高堤，隔断了人与江、城与江、植物与江水的联系，江面被缩窄，使洪水的破坏力更大。燕尾洲部分地段，建有20年一遇和50年一遇的两道防洪堤，破坏了沙洲公园的亲水性。设计"不但将尚没有被防洪高堤围合的洲头设计为可淹没区，同时，将公园范围内的防洪硬岸砸掉，应用填挖方就地平衡原理，将河岸改造为多级可淹没的梯田种植带"，以增加河道行洪断面，减缓水流的速度，缓解对岸城市一侧的防洪压力，提高了公园邻水界面的亲水性。设计在"梯田上广植适应于季节性洪涝的乡土植被，梯田挡墙为可进入的步行道网络，使滨江水岸成为生机勃勃、兼具休憩和防洪功能的美丽景观"。他认为，"每年的洪水带来梯田上的多年生蒿草带来充足的沙土、水分和养分，使其能茂盛地繁衍和生长，且不需要任何施肥和灌溉。梯田河岸同时将来自陆地的面源污染和雨洪滞蓄过滤，避免对河道造成污染"。

他对场地也采用百分之百的可下渗覆盖，包括用"大面积的沙粒铺装作为人流的活动场所，与种植结合的泡状雨水收集池，以及用于交通的透水混凝土道路铺装和生态停车场"。

三是要设计"连接城市与自然、历史与未来"的步行桥。

他设计的步行桥是"以金华当地民俗文化中的'板凳龙'作为灵感来源"。他认为，"板凳龙"不仅是一种狂欢的舞蹈，更是社区和家族的纽带，它灵活机动，编织起文化与社会的认同。设计的彩桥要"因地势盘旋扭转，富有弹性"，要"结合缓坡设计""化解竖向高差"。他将"连接城南—城北的主要桥体在200年一遇的洪水范围之上，以保证在特大洪水时都能通行"；而对其中与燕尾洲公园连接的部分，"则可在20年一遇的洪水中淹没，以适应洪水对沙洲湿地的短时淹没"。要让"步行桥飘忽燕尾洲头的植被之上，使游客能在城市之中近距离触摸到真实的自然。色彩上用具有民俗特征和喜庆炽烈的红黄交替，同时结合晚间灯光和照明功能"。

四是要用"动感流线编织体验空间"。

圆弧形的金华婺剧院给场地空间和形态设计提出了挑战，包括如何创造弹性空间同时满足瞬时集散和平时游人的空间需要和体验，如何形成宜人的环境和包容性的游憩空间，如何处理防洪及巨型建筑与江岸的关系等。俞孔坚的设计"在形式语言上应用了流线,包括河岸梯田和流线型的种植带、地面铺装,道路、空中步道和跨河步行桥。在流线的铺装纹理基底上,分布圆弧形的种植池,里面种满水杉或竹丛,色彩鲜艳的圆弧形座椅作为边界。这些圆形种植区是场地雨水的收集区,如雨滴落在水面上泛起的圆形水波。这些流线与圆弧形线条和形体既是将建筑与环境统一起来的语言表达,更是水流、人流和物体势能的动感体现,我们希望将形式与内容达到统一,环境与物体得以和谐共融"。

经过两年的设计和施工,2014年5月开园后,游人如织,步行桥的日使用人数平均达4万余人次。目前,燕尾洲公园已经成为了金华城市的一张新名片。俞孔坚认为:"这一工程探索了弹性景观的设计途径,通过与洪水为友的生态防洪堤设计,适应于旱涝的植被设计和百分之百的透水铺装设计,来实现景观的生态弹性功能;通过可达性良好、多坡道和泛适用的步道系统和步行桥的设计,将被分割的城市黏结为一体,促进社区交流,使公园成为聚人的场所。"设计通过"大中见小"的空间设计策略,"将大型文化表演类场所的瞬时人流疏散需要的旷广空间巧妙地化解为平时市民使用的静谧空间,发挥了景观的社会弹性功能",他在设计中"吸取乡土文化传统,重建被割裂的文化脉络,强化地域文化认同,发挥了景观的文化弹性功能"。[①]

对于这种设计理念也有反对声:

《钱江晚报》曾载一文认为:"北京大学著名景观建筑设计大师俞孔坚,依据家乡舞龙灯灵感设计而成的'板凳龙'步行桥,今年5月21日闪亮登场,尤其是夜间,景观灯一亮,其唯美的造型引来称赞声一片。只是,总投资高达3亿元的燕尾洲公园(含步行桥),却因前几日的这轮暴雨(洪水远超警戒水位),受到重创。大水漫过公园,导致配电箱进水,接连两个晚上,'板凳龙'步行桥的灯光都没能亮起来。更为尴尬的是,洪水带来大量垃圾和淤泥,堆得满公园都是。不少塑料袋挂在树梢,远远望去,一片'彩旗'飘扬,实在有碍观瞻。来自燕尾洲建设指挥部的消息称,此次洪水造成公园直接经济损失400多万元。"[②]

对此,笔者认为:一是要认真分析一下暴雨强度,是否超设计标准,如超过标准,属自然灾害,损失一点,不足为奇。如未超设计标准,则应追查一下原因,以求免灾。二是电器设施的设计,一定要确保在淹没的情况下的安全,因为设计的可淹没湿地区,是经常要被淹没的,必须确保安全。三是偌大湿地性公园,应充分考虑游人区的(包括淹没后修复清理费用在内的)维护管理费用。

(2)俞孔坚设计案例二:沈阳建筑大学稻田校园设计。

① 俞孔坚. 弹性景观——金华燕尾洲公园设计[J]. 建筑学报, 2015, 559(4): 66-70.
② 2014年06月26日 03:18:02 浙江在线-钱江晚报 作者:叶星辰 陆欣 何贤君 杜羽丰 编辑:王艺。

俞孔坚认为:"我们要回归生产。""千百年来,近90%的农民,养育作10%的士大夫和他们的侍从。当农田和庄稼因为耕种者生存的需要而存在时,它所唤起的是艰辛和卑微的关联情感,于是,离开它、背弃它便是世代中国人的普遍价值取向,唯有那少数通过科举而衣锦还乡的幸运者,或者那些春风得意的文人雅士,才用审美的态度来关照庄稼和田园,并象征性地把它们引入城市园林,如《红楼梦》贾府的"稻香村"。然而即便是'稻香村'也仅仅是'数楹茅屋两溜青篱,分畦列亩,佳蔬菜花'的矫揉造作的园林而已,田园之大美被淹没在农人的辛酸和士大夫的矫情中。""我们看到多少崭新的校舍在原有的高产农田中拔地而起,鲜花和修剪整齐的草坪替代了稻作和麦苗,宽广的马路和光洁的广场铺装替代了田埂水渠。"在"非农"化过程中,"我们不但抛弃了农人对土地的珍惜情节,甚至连士大夫对田园的审美意识也没有"了。

在这一特定背景下,2002年俞孔坚为沈阳建筑大学搞了一个《稻田校园设计》。其核心设计内容为:

☆大田稻作基地上的读书台:在大面积均相的稻田中,便捷的步道连着一个个漂浮在稻田中央的四方形读书台,每个读书台中都有一棵庭荫树和一圈座凳,它们是自习读书和感情交流的场所。

☆便捷的路网体系:遵从两点一线的最近距离法则,用直线道路连接宿舍、食堂、教室和实验室,形成穿越于稻田的便捷的路网。挺拔的杨树夹道排列,强化了稻田的简洁、明快气氛;3米宽的水泥路面中央留出宽20厘米的种植带,专门让乡土野草在这里生长;座椅散布在路旁的林荫下。

☆强调景观的动态过程:从春天的播种,到秋天的收割,到冬天收割完留在田里的稻禾斑块及稻茬,以及晾晒在田间地头的稻穗垛子,都被作为设计的内容。

☆可参与性:校园稻田是学校师生参与劳动而共同创造的景观,参与过程本身成为景观不可或缺的一部分。通过这种参与,校园景观的场所感和认同感油然而生。通过将稻田引入校园,用现代景观设计的手法,使大田稻作既有生产功能,又能满足校园学习、美育和文化及农业劳动教育的等功能。

中国的"耕读"传统,在这里被赋予全新的内容,中国的农业文化得到了活生生的展现;不同于中国传统园林中矫揉造作的田园意境,在这里,稻作大田本身作为审美和实用的对象,是一种白话的景观;在这白话的校园景观背后,不是士大夫矫情的诗意,而是对严酷的中国人地关系危机意识和粮食安全危机的直白态度,当然也不并乏新的、寻常景观的诗意。

俞孔坚认为:"过去三十年,我们侵占了10%的粮田,中国的粮田非常珍贵,因为我们只有十分之一的国土是可以种地的,而我们其中十分之一的粮田已经被侵占了,全部变成了钢筋水泥,其中的30%到50%变成了绿地,而这个绿地就是变成了小脚的绿地。"

这个校园天天灌溉,天天施肥,天天浇灌,所以这个校园变成一个大脚的校园,有插秧节,有收割节,还可以生产绿色的粮食,绿色粮食变成了学生餐厅的食物,同时变成了纪念品。袁隆平题词:"稻香飘校园,育米如育人。"

回到生产,回到食物,人以食为天,实际上,不要忘记土地的伦理,就是让它长出庄稼来,长出作物来。我们不要认为花才是漂亮的,丰产才是真正的漂亮。

农业之美,需要重新审视湿地池塘过滤污染,稻田可在校园生长,城市应与洪水为友,让公园不再是城市化妆品,可远观,亦可近玩。这一切,在俞孔坚设计的公园中都可见到。俞孔坚设计已成为中国城市化景观的变革起点,遍布中国每一块土地。

三、文明理念创新——水生态文明

水生态文明是人类在水理念上的创新,也是人类文明的新跨越。

加强"水生态文明建设"的现代水利行为中,最能反映观念创新的文明表现。

加强生态文明建设,是党的十八大精神的一个新亮点。就文明内容而言,继物质文明、精神文明、政治文明之后,生态文明的提出,是对处在高度发达的文明社会中科学把握人、自然和社会关系的重新定位;就文明发展阶段而言,是对古代文明、农业文明,特别是工业文明的新跨越。水,作为基础性的自然资源和战略性的经济资源,水利作为国民经济的重要基础设施、实现可持续发展的重要物质基础,无疑也是建设生态文明的关键性要素。我国水生态文明城市建设试点的提出,是我国用水理念创新指导实践最典型的表现。

(一)生态、水生态与文明

1.生态

生态(Eco-)一词,源于古希腊字,意思是指家(house),其内涵本指人之家庭生活状态,亦可引申为泛指一切生物(人和其他动物、植物、微生物)在一定的自然环境下生存和发展的状态。生态另外还有几个词义:①显露美好的姿态。如《东周列国志》第十七回:"(息妫)目如秋水,脸似桃花,长短适中,举动生态,目中未见其二。"②生动的意态。唐杜甫《晓发公安》诗:"隣鸡野哭如昨日,物色生态能几时。"③生物的生理特性和生活习性。秦牧《艺海拾贝·虾趣》:"我曾经把一只虾养活了一个多月,观察过虾的生态。"。也指生物的生理特性和生活习性。

现在人们用得最多和最为通常理解的词义大多又是"指除人以外的其他生物之生活状态"。其实,生态就是指一切生物(包括人类)的生存状态,以及生物之间和生物与其所处环境之间环环相扣的关系。生态的产生,最早虽是从研究生物个体而开始的,但现代对"生态"一词的使用,已衍伸至涉及更为宽广的范畴,人们常常用"生态"来定义许多美好的事物,如健康的、美丽的、和谐的等事物,均在使用"生态"一词

261

冠以修饰。

2.水生态

水生态,是指自然环境中水因子对生物的影响和生物对各种水分条件的适应状态。生命起源于水中,水是一切生物体之最为重要的组织成分。一切生物体内都必须保持有足够的水分,才能保证生物的细胞组织之生化过程,在一定的条件下顺利进行和保证体内物质循环的正常运转。自然环境中水的质(盐度等)和量,决定了生物的存在、种类、分布及其组成和数量,水是一切生物生存和生活方式的极为重要因素。因此,水是一切生物存在的必备条件。

3.文明

1999年版《辞海》对文明一词有3解:一是"犹言文化。如物质文明;精神文明"。二是"指人类社会进步状态,与'野蛮'相对",李渔《闲情偶寄》"辟草昧而致文明";"亦指时新的或新式的"。 三是"光明,有文采"。《易·乾·文言》"见龙在田,天下文明",孔颖达疏"天下文明者,阳气在田,始生万物,故天下有文章而光明也"。

综合三个词义解释,文明亦应指:时新或新式的文化,也就是相对以前是进步的、更为科学的先进文化。

4.生态文明

生态文明是以人与自然、人与人、人与社会和谐共生、良性循环、全面发展、持续繁荣为基本宗旨的社会形态,是人类遵循人、自然、社会和谐发展这一客观规律而取得的物质与精神成果的总和。生态文明是人类文明发展的一个新的阶段,即工业文明之后的文明形态。

吸收党的十八大以来的成果,从人与自然和谐的角度出发,可以进一步定义为:生态文明是人类为保护和建设美好生态环境而取得的物质成果、精神成果和制度成果的总和,是贯穿于经济建设、政治建设、文化建设、社会建设全过程和各方面的系统工程,反映了一个社会的文明进步状态。

生态文明包括社会生态、政治生态,文化生态等,是人类文明的一种形态,它以尊重和维护自然为前提,以人与人、人与自然、人与社会和谐共生为宗旨,以建立可持续的生产方式和消费方式为内涵,以引导人们走上持续、和谐的发展道路为着眼点。生态文明强调人的自觉与自律,强调人与自然环境的相互依存、相互促进、共处共融,既追求人与其他生物的和谐,也追求人与人的和谐,而且人与人的和谐是人与自然和谐的前提。可以说,生态文明是人类对传统文明形态特别是工业文明进行深刻反思的成果,是人类文明形态和文明发展理念、道路和模式的重大进步。①

---

① 《生态文明:人们对可持续发展问题认识深化的必然结果》.中国城市低碳经济网[引用日期2012—09—14]。

对于“生态文明”概念，有的学者从不同的角度给出了见解。归纳起来，大致有如下四种角度：

一是广义的角度。生态文明是人类的一个发展阶段。如陈瑞清在《建设社会主义生态文明，实现可持续发展》中认为：人类至今已经历了原始文明、农业文明、工业文明三个阶段，在对自身发展与自然关系深刻反思的基础上，人类即将迈入生态文明阶段。广义的生态文明包括多层含义：第一，在文化价值上，树立符合自然规律的价值需求、规范和目标，使生态意识、生态道德、生态文化成为具有广泛基础的文化意识。第二，在生活方式上，以满足自身需要又不损害他人需求为目标，践行可持续消费。第三，在社会结构上，生态化渗入到社会组织和社会结构的各个方面，追求人与自然的良性循环。

二是狭义的角度。生态文明是社会文明的一个方面。如余谋昌在《生态文明是人类的第四文明》中认为：生态文明是继物质文明、精神文明、政治文明之后的第四种文明。物质文明、精神文明、政治文明与生态文明这“四个文明”一起，共同支撑和谐社会大厦。其中，物质文明为和谐社会奠定雄厚的物质保障，政治文明为和谐社会提供良好的社会环境，精神文明为和谐社会提供智力支持，生态文明是现代社会文明体系的基础。狭义的生态文明要求改善人与自然关系，用文明和理智的态度对待自然，反对粗放利用资源，建设和保护生态环境。

263

三是持续发展的角度。这种观点认为，生态文明与“野蛮”相对，指的是在工业文明已经取得成果的基础上，用更文明的态度对待自然，拒绝对大自然进行野蛮与粗暴的掠夺，积极建设和认真保护良好的生态环境，改善与优化人与自然的关系，从而实现经济社会可持续发展的长远目标。

四是制度属性的角度。潘岳在《论社会主义生态文明》中认为，资本主义制度是造成全球性生态危机的根本原因，生态文明是社会主义的本质属性。生态问题实质是社会公平问题，受环境灾害影响的群体是更大的社会问题。资本主义的本质使它不可能停止剥削而实现公平，只有社会主义才能真正解决社会公平问题，从而在根本上解决环境公平问题。因此，生态文明只能是社会主义的，生态文明是社会主义文明体系的基础，是社会主义基本原则的体现，只有社会主义才会自觉承担起改善与保护全球生态环境的责任。

笔者以为还可以从双层内含的角度去认识：如从通常对生态文明的认识观去看，生态文明应是一种具有双层含义的复合观。第一层含义指人类在改善、提高自身物质生活条件的同时，亦应保证其他生物的物质生存条件；第二层含义指由人而生成的有关一切生物生存和发展的进步的文化。并通过两者互动，形成不断改善和提高一切生物（包括人类在内）生存和发展之自然、人化自然条件和形成人类的相关文化成果。生态文明的成果表现：一为物质的生态条件，二为精神的文化成果。

(二)生态文明是对不同历史阶段文明的反思

人类社会经历了原始文明、农业文明和强调征服自然、改造自然的工业文明"胜利"后，针对伴随而来的"自然界"已不堪人类掠夺的重负，开始以缺水、污染、生物物种减少、人类生活环境恶化……的方式对"我们进行报复"，开始认识了一个新的文明——建立以资源环境承载力为基础，以自然规律为准则，以可持续发展为目标的经济发展方式——生态文明建设。人类在反思的基础上，科学地思考如何合理运用自己的文明能力，强调人与自然之间的感性、平衡、协调与稳定，意识到必须用生态文明的概念，替代了一切只以人类为中心的单纯人类中心主义，否定工业文明以来形成的人类的物质享乐主义和认为自然资源可取之不尽的掠夺主义。这个文明已成为当今人类社会发展所追求的方向。

(三)生态文明的提出是对传统文明的重塑

生态文明是与传统的物质文明、精神文明和政治文明并列的文明形式。但是生态文明是人类对其认识相对较迟的一种文明。这一文明的出现是自然科学与人文科学的和谐整合，起到了对传统文明重塑的作用。

1.生态文明与物质文明建设

在生态文明理念指导下的物质文明，将致力于消除人类社会经济活动对符合自然规律之大自然循环的稳定与和谐构成的威胁，逐渐形成与自然界生物链中各种生物并存和相协调的生产、生活与消费方式。生态文明建设，这一认识的出现，本身就是一种文化创新。如生态文明建设同步推进的水生态物质文明建设，也正是因水文化理念的创新而提来的。水文化理念的拓展，促进了水生态文明建设的发展，水生态文明建设对水工程建设也提出了必须创新的要求。水利部部长陈雷道出了水利如何建设生态文明的问题："建设生态文明，实质上就是要建设以资源环境承载力为基础，以自然规律为准则，以可持续发展为目标的资源节约型、环境友好型社会。"这指明了在现代治水进程中，已不能仅把水利工程的防洪除涝作为唯一要求，而是在此基础上，强调要"尊重水的自然规律和经济规律"。要求现代水利工程能做到发挥水生态、水环境、水景观、水文化等综合的功能，使广大百姓能在免受洪涝水患侵扰的基础上，得到水的滋润，享有水的愉悦，触及水的亲和，感受水的精神。

2.生态文明与精神文明建设

在生态文明理念下的精神文明，提倡认识自然，尊重自然，建立人自身全面发展的文化氛围，调整人们对物欲的过分强调。水生态文明强调：治水兴利不仅仅是人对自然的重新创造，更是人对科学的新探求、对文化的新创意，应充分认识人之本质特点，必须坚持本然与应然的统一、坚持真和善的统一、坚持形与美的统一。在对水的治理中,注重维护河湖生命健康,把治水的目标设定在建设安全的河湖、美丽的河湖、洁净的河湖、文化的河湖上,在对水工程的建设上,注重规划、设计前对水工程的无形功能(生态、环境、人文)的创意和人们评品建成后水工程之无形功能,已渐成水利工程师和一切涉水人们的主流文明意识。

3. 生态文明与政治文明建设

党在十八大报告中将生态文明建设列在与我国经济、政治、文化、社会四大建设的同等重要位置,并对这"五大建设"作了新的总体布局。以执政党的最有力的形式,吹响中国生态文明建设的号角,专门提出生态文明建设,其表现的本质就是政治文明的体现。2015年9月,中央审议《生态文明体制改革总体方案》又强调"要树立和落实正确的理念,统一思想,引领行动。要树立尊重自然、顺应自然、保护自然的理念,发展和保护相统一的理念,绿水青山就是金山银山的理念,自然价值和自然资本的理念,空间均衡的理念,山水林田湖是一个生命共同体的理念",充分体现了我国社会生态文明与政治文明的高度统一和生态文明建设的理论创新。《生态文明体制改革总体方案》还强调"坚持自然资源资产的公有性质,坚持城乡环境治理体系统一",坚持"自然价值和代际补偿的资源有偿使用和生态补偿制度",是坚持用制度改革和政治的铁腕手段去治污,制定从"局部控制"转向"综合良治",用确保全面转变经济发展方式,实行低污染、高效益、清洁发展,实现产业、人口与环境承载力相适应的可持续发展。政治上的文明在治水理念上的具体表现就是"民生水利","民生水利"创新了治水主导意识,注重平衡各种关系,强调水资源分配公平,防止因权力的滥用而造成对水生态的破坏。

4. 生态文明与人本文明建设

生态文明不仅指自然环境,更重要的是人文环境。水生态文明,不仅是把水工程建设好,把水治理好,更重的是把涉水的人、涉及水工程的人对水、对水工程的需求、治理、建设、管理、运用的思想要调整到人与水和谐相处的生态文明理念上来。要形成配套的水环境管理机制,建立有效的水环境管理机构,以水生态文明为龙头,促进生态文明建设在各行各业中的展开,为其他产业的发展提供良好的水生态服务环境。

充分利用各级教育和宣传资源,提高群众保护水工程、保护水环境意识和水生态的道德修养,倡导简朴的生活方式,养成人与水和谐相处、养成人与水工程和谐相处的水生态文明观,使河流两岸、湖泊周边的居民为共同的目标——创建美好的生态家园而紧紧联系在一起。

(四)生态文明让人水关系观进入"自由王国"

生态文明是一种以人与自然、人与人、人与社会和谐共生、良性循环、全面发展、持续繁荣为基本宗旨的文化伦理形态。它将使人类社会形态发生根本转变,使人类的行为理念从单纯的"利人"发展成为既"利人"又"利他",即除能利人外,还要利于动物、植物、微生物等生命体及自然界的良性循环。生态文明的成果,将是一种人类遵循人、自然、社会和谐发展这一客观规律,所取得的物质与精神成果的总和。生态文明将实现人类对单纯"利人"的理性跨越,进入人也属于自然的"自由王国"。

水是万物之母、生存之本、文明之源,以水资源可持续利用、水生态体系完整、水生态环境优美、水文化底蕴深厚为主要内容的水生态文明,是生态文明建设的资源基础、重要载体和显著标志,是生态文明的重要组成和基础保障。水生态文明建设的提出,是当今治水方略的可贵觉醒和进步,是在建设生态文明的时代特征背景下的产物,同样将使人水关系观进入"自由王国"。

2015年5月在《中共中央国务院关于加快推进生态文明建设的意见》中强调:"生态文明建设是中国特色社会主义事业的重要内容,关系人民福祉,关乎民族未来。"推进生态文明建设使人们的眼界更宽,思路更阔,胸襟更广。人类对世界的认识总是在不断地提高,生态文明和水生态文明的提出,是我国对人类传统文明的新跨越。

四、水工程理念创新——"双重功能并重"

"双重功能并重"是对现代水工程功能认识之新"意"。

现在人类活动的影响,已上到珠峰峰顶,下到海洋深处,远至南北两极,乃至太空。对地球上河湖而言,几乎已没有一条河没有留下人类活动的足迹,只是影响程度的大小和深浅不同。因此,可以说不管是自然河湖还是人工河湖(运河或水库),人们都将它们视为可为人利用的水工程,河湖是最为典型和最具代表性的水工程。

河湖(以其代表各类水工程)的功能,主要是指对人类的生存和发展,河湖所能发挥的作用。从传统意义上讲,河湖的功能主要是指生活用水、防洪排涝、农田灌溉、工业供水、航行运输、渔业养殖、水力发电等功能,这些功能均系在人类生存和发展过程中,直接利用河湖中水的水体、水量、水面等有形的水物质而产生的功能,故称"有形功能"。这种功能是随着人类科技的进步、水利工程的发展而逐步拓展的。

河湖还存在着另外一些功能,如提供在河湖及其周边的三维空间中除人类以外的动物、植物、微生物生存条件的生态功能;河湖及其周边空间对人非直接接触,而对人以视觉、嗅觉、听觉等感觉发生作用的环境功能;河湖及其周边空间对人精神世界、意识形态产生影响的人文功能。这些功能均不是以水体、水量、水面、水能等水物质对人发挥的直接作用,但却又实实在在地是因水的存在对人发挥的作用,故将河湖的这三种功能并称为"无形功能"。目前对河湖及其他水利工程的有形功能肯定者居多,而对河湖无形功能及其他水利工程轻视者不少,有必要对河湖的"无形功能"从文化的视角再作进一步认识。

（一）辩证地认识河湖的生态功能

1.河湖也是其他生命之源

河湖是水的载体和来源，则河湖也就是在其流域里一切其他生物（动物、植物、微生物）体的生命之源和载体，这些生物与人一样也是与水共生、与水共存的。这些生物体往往存在于一个流域或一个地域相对独立的水的三维系统之中，并在这个系统中形成多体系循环的食物链，共同组成了这个流域或这个地域的生物系统，它们之间既相生又相克，既平衡又制约。

2.辩证地认识生命体的蜕变或演进

一些生物系统，往往会因地球物理状态变化所导致河湖及水循环发生的变化而发生变化。这些变化可能是蜕变，也可能是演进。例如，史前恐龙的灭绝，就是缘于地球物理现象的变化而发生的蜕变。地球上因人的智慧水平不断提高（人的演进），使人从生物群落中突显出来，形成单独的最为高级的生物物种——人类社会。从此，地球上的原始生态系统，不仅会因地球物理现象的变异而变化，而且也会因人类的活动而造成较大的改变。就如人类饲养的家禽、家畜，则是在人控条件下才得以繁殖和演进的。地球的湿地、森林、草原、荒漠变成了农田，成为人类种植的稻麦、蔬菜、水果及经济林木，这种取代不能视为对地球生态的破坏，而是人类活动对地球生态系统的调整。因为家禽、家畜、人工栽培的植物，它们和地球原始植被及其他生物一样，也有其造水结构，也可引降及发挥空中的、地表的、地下的水循环。其所形成之功能，同样可以平衡全部或部分因人类活动产生的热效应。

3.城乡发展严重地挤占了其他生命体生存空间

水孕育了人，人类建设了城市和农村，不少人认为只要能为城乡供上自来水和有下水管道就解决了水问题。人类在城镇化的发展过程中，大量填埋河湖、束窄水系，水域（仅江苏泰州市，20世纪50年代末至70年代后期，近26660公顷湖滩荡地变为农田；新世纪城镇化建设1996年至2013年底，水域面积又减少22860公顷），将沿河、湖、荡、滩、湿地以"复垦"为名，变成可卖钱的建设用地，变成了道路，变成了连片的高楼，变成了钢筋混凝土的"森林"。带来的是，城市乃至小城镇，均成"热岛"；见到的是，有水皆污。人有自来水可供，而原本存在于这些城乡水域之水三维系统中的自然生物，也都随城乡水域的减少，在数量和种类上减少。更有甚者，城市所存水域因污水横流，本可存在于水中的生物，随着污水的漫延而变异、消失而消亡了。

4.城镇与农村

城镇发展，促进了人类社会经济高速发展，经济收益较高。但明显挤占和破坏了其他生物的水生存空间和条件。而农村的发展，一定程度上保存了其他生物水生存空间和条件，只是促进了某些物种的蜕变或演进，但乡村经济收益较低。水生态文明建设,需要坚守基本农田、需要给生态以补偿,修复水环境,则必须以城补乡、以工补农。

(二)河湖环境功能受物质和意识双重制约

1.环境的概念

环境是指"周围的情况"。这是一个中性的词,对人这个主体而言,实际上是指人们以视觉、听觉、嗅觉等感官,得到的人自身以外所能涉及得到的三维空间中其他客体存在的印象。当然,对环境而言,主体可以是人,也可以是其他生物或非生物。

2.环境给人的印象,受双重影响

环境对人而言,不仅仅是客观存在的反映,还受人的主观意识之好恶的影响。例如,不同的人对客体的评价或感受不一定相同,例如,对颜色,有的人喜欢绿色,有的人则喜欢红色;对于形状,有的人喜欢圆形,有的人则喜欢方形;对于味道,有的人喜欢某种香味,而有的人则喜欢甜味;对水之感受,有的人喜欢大江大河的感受,有的人却喜欢小桥流水人家的环境等。

3.河湖的环境是放大了的水环境

就"水环境"精神方面要求而言,其主体其实已不仅是"水环境"中的水,更是在这一"水环境"中的人。水是物质的,没有精神需求,只有人才有精神需求,则"水环境"又必须衍伸至涉及广义概念之"水"的人。

水环境功能,一般只是指影响到以水为主体的水体之质和水面范围的环境功能。而河湖的环境,其实还应该包括对人而言"水"(包括水之载体和景观区)的环境范围。这是一个放大了的广义的"水环境",应该包括江河、湖泊、运河、渠道、水库、蓄滞洪区、湿地及为水土保持所植的植被等水之载体以及涉水的风景区。而且这一"水"之环境的范围,甚至还应该再放大到包括人站立在这一范围边缘(抑或放宽至人在旅游用汽球垂直升空高度),人之目力(乃至使用旅游望远镜)所及范围内所有可视三维空间的范围。

4.决定河湖环境功能的要素

决定河湖环境功能的要素包括水文要素、生态要素、人文要素三大块。

(1)水文要素为:河湖内的水体的水位、水量、水面积大小;水体内水溶解物、水化合物及其他影响水体的质量的物质;颜色、浑浊度;流态、流速、水流的声音;水体散发的气味、水温,水流的形态等。

(2)生态要素为:寄生或人工养殖、培植于广义"水环境"范围内的一切动物、植物、微生物等。

(3)人文要素为:广义"水环境"及其周边可视三维空间范围内的建筑物、构造物之大小、高度、颜色、形态、气味和可视的山峦等及人类活动等要素。

"水"之环境(景观)受所在流域、地域的气候、地质、天象、植被、动物活动等自然条件影响,受人类社会发展对"水环境"及其周边可视三维空间范围内物质活动——兴建水、土工建构筑物、建房、造屋、设景、筑路、架桥、开矿……及填土造地等和非物质——文体活动、民俗活动等行为的影响,抑或遭遇倾倒垃圾,污水等废弃物,发生战争、倒坝等特殊灾难的破坏。这些要素都会造成"水环境"的变优、变劣的影响。由于人的意识的存在,客观的水环境(景观)功能,不同人的感受还不尽相同。因此,要综合各种要素,考虑对水环境(景观)功能的保护和提升。

这里强调的是,对人而言的水环境(景观)功能受物质和意识双重制约。

(三)对人精神、意识发挥作用的河湖人文功能

1.河湖的人文功能

人类围绕河湖进行的活动。其原始目标主要是利用和开发河流的有形功能。但随着历史的推移,不同时期,不同的人物,对不同河湖的治理、开发、运用过程中,留下了各种涉水人物的行为、技巧、风貌、精神、哲学思想、文学艺术以及典故、轶事乃至传说、神话,从正反两个方面给他人以影响。这些通过文化手段、意识形态得以传播、延存、发扬、光大的,与河湖有关对人精神意识所发挥的作用,称之为河湖的人文功能。

2.河湖的人文功能具有穿越历史时空的生命力

往往有些河湖工程已经湮灭,而其人文功能却能永世传承。例如,人们对禹之治水,不仅赏识其"疏九河、瀹济漯而注之海;决汝汉、排淮泗而注之江"的技术、方法,更加赏识其深知治水之责任重大,"居外十三年过家门而不敢入"的舍家尽责之精神。虽然禹所做的水利工程早已不复存在,但大禹治水的精神却为人们永世传承。

历史留给今人也有如都江堰、大运河之有形功能和人文功能并存的工程。都江堰的人文功能,着重表现在其治水之道,能合于自然之道、人文之道和中庸之道,做到了道法自然、人水和谐、持续利用和持续发展;大运河的人文功能,则表现为其是世界上第一条带有旅游目的而开挖的人工河道。它不仅带来了两岸的经济兴盛,还孕育了如多部明清小说等文化瑰宝。

3.河湖的人文功能丰富而精彩

河湖的人文功能,还表现在河湖之水,作用于人之意识、思维,由人产生的哲学思想、文学、神话、诗词、美术、音乐等。例如,属哲学思想家的先秦诸子,无一不受水的滋润而得到思想之升华,孔子之"知(智)者乐水"、孟子之"源泉混混、不舍昼夜"、荀子之"不积细流、无以成江海"、老子之"上善若水"、庄子之"井中之蛙"、墨子之"原(源)浊者,流不清"、孙子之"夫兵行象水"等,都在以其强大的生命力影响后世。

我国因河湖激发出来的"女娲补天"之神话,"秋水共长天一色"之古文,"潮平两岸阔"之诗句,"风乍起,吹皱一池春水"之词曲,"清明上河图"之美术,"黄河颂"之音

乐,更是浩瀚如海。

由此,我们可以看出,有思想意识的人,不仅需要物质的河湖,同样需要能给人以精神滋养、具有人文功能的河湖(水利工程),而且这种需求随着人类物质生活水平的提高将会更加迫切。

从上述河湖的三种无形功能可以看出,生态功能主要是物质的,环境功能是物质和精神双重的,人文功能主要是精神的。

为此,针对河湖功能的蜕变,人们必须用文化的理念去审视和重视城乡河湖的双重功能。一要认真关注河湖的有形功能,努力修复城乡河湖的水域面积,让其能容蓄一定的暴雨径流并杜绝污水进入河湖,以克服遇雨即淹、有河皆污的近代城乡河湖尤其是城市的通病;二要高度重视河湖的无形功能建设,把对河湖无形功能的建设放到与有形功能建设同等重要的位置。要努力打造具有有形和无形双重功能并重的河湖。

五、当代水工程创新思潮——提升文化品位

提升文化品位是当代水工程观念创新的主流思潮。

水工程文化既是传统的文化,也是最年轻的文化。水工程文化既有丰厚的文化传承积淀,更是近20多年才专门提出来的创新的文化、时代的文化。水工程创新,不只是一句口号,更不是搞几个运动所能解决的问题。创新需要机制,创新更要精神。创新是一种行为,创新也是一种科学,创新必须有文化的底蕴作支撑。水工程为水利的创新提供了广阔的天地,水工程文化又为水工程创新提供了丰富的营养。但在新中国成立后的一个很长的历史时段内,人们在水工程的建设中却往往忽视文化这一元素。

把提升水工程文化品位放在水利建设的核心要素高度去认识,就可以发现观念创新在水工程建设中的重要性。提升水工程文化品位,已成为现代水利所处的时代、环境和整个社会科学的需求。提升水工程文化品位,应该成为,也渐已成为现代水工程观念创新的主流思潮。

(一)提升水工程文化品位——让水工程具有穿越时空的生命力

水工程的文化品位是和水工程文化相伴相生的。水工程文化作为中华民族文化的一个组成部分,是以包括水工程活动为轴心的各种文化现象的总和。作为人们对水工程活动的理性思考和社会认识,水工程文化不仅是历史的文化,也是未来的文化;不仅是传统的文化,还是先进的文化;不仅是时代的文化,也是发展的文化;不仅是继承的文化,更是创新的文化。

从某种意义上说,中国五千年的文明发展史是中国人民与水旱灾害作斗争的历史。从古代的黄帝穿井到都江堰的建成;从新中国成立后第一座大型水工程——官厅水库的实施到三峡大坝的耸起,不仅是时代文明社会的缩影,也是水工程文化品位在水工程上的体现。

如果说水文化能穿越历史时空,则可以说最先就是从水工程身上体现出来的。水工程的创造、发明的,尽管当时这种文化意识还处在"必然王国"的理念阶段,但随着时间的推移和对社会文明的贡献,就越来越使人们认识到这种水工程创造的文化感、历史感。公元前251年,李冰任蜀郡郡守,他了解到四川最大的困扰是旱涝,他作为四川最高行政长官,必须抓好治水。他和百姓们一道,留下了一座叫绝世界的综合性水工程——都江堰,也留下了千古绝唱的高品位水工程文化,更留下了跨越时空的辽阔空间和邈远的时间。虽然都江堰远不如长城宏大,但都江堰却以它的综合功能造福四川人民两千多年。有了它,旱涝无常的四川平原成了天府之国;有了它,才有诸葛亮、刘备的雄才大略,才有李白、苏轼的诗篇、华章。都江堰的文化品位早已跨越历史时空,延及未来。都江堰的文化品位,不仅是水工程文化的精品,更是中华民族文化的精髓,早已渗透到中华民族一代又一代文化发展的潮流之中。因而,都江堰工程的文化品位也总是显出超乎寻常的格调。现代都江堰人,已把这种文化感和历史感的文化品位赋予了时代的烙印,将都江堰文化的沧桑巨变已列在伏龙观里展示,都江堰周围的古树参天、古建筑布置使得都江堰的空间立面效果越老越美丽,也都成为人们旅游参观、爱国主义教育的胜地。文化感和历史感的浓重,已把历史、今天和未来联系在一起,显示出文化感强有力的跨越时空之穿透力。

但不能否认,由于政治、经济、文化的影响和诸多传统观念的束缚,人们更多地是就水工程而建水工程,绝大多数的水工程还仅仅是为了防洪、抗旱、排涝,缺少了水工程文化的内涵,更不谈高层次的文化品位。只有在水工程观念已逐渐转变,将水工程文化科学地作为专门水工程文化学研究的今天,才能逐步意识到水工程文化品位在当今水工程建设中所处的重要地位,也才能渐渐领略到像都江堰这样具有时空穿透力的文化品位对当今水工程建设的借鉴意义。

在不少从事建筑和水工程建设行业设计的工程师中,流行这样一句话:建筑是遗憾的艺术,做好建筑就是一个不断减少遗憾的过程。但如能建成为"凝固的音乐"式的建筑和水工程,品位是关键,缺乏文化品位支撑的建筑和水工程,绝对是枯燥的和不生动的。

水工程文化品位所具有的生命力,会带来现代水工程的高品位、高层次,这在诸多现代水工程中,已得到最科学的印证。如历经孙中山、毛泽东等几代伟人百年梦的三峡工程在建设的同时,就同步推进具有深刻文化内涵的景区布局及雕塑的创作,使我国这座现代最大的大坝工程也成为我国最大的水利风景区。其穿越历史时空之生命力,必将与都江堰工程媲美。

（二）提升水工程文化品位——构建现代水工程的美学理念

现代水工程离不开文化品位，而文化品位的高雅、深厚必须通过在水工程建设实践的进程中，按照现代水工程的美学理念，去打造和体现现代水工程的造型美、环境美、生态美、城市美、家乡美，从而达到使涉及这一水工程的人能感受到一种"天人合一"、人与自然的和谐，以及在这样的认识关系中创造出来的生活美。因此说，提升文化品位已成为未来水工程建设的文化主潮流，谁能把握好对水工程文化品位的构建与创新，谁就可能创建出穿越时空的现代水工程之文化品位，从而最终赢得成功。

美学理念是一种高品位的文化要素，是现代水工程理论与实践必然要涉猎的一种思维创新现象。首先要了解的是人们水工程思维的变化。传统观的水工程建设的主导理念，主要是人与水的对立观。古人从防洪、排涝、降渍、灌溉等方面看待水、对待水。要么视水为洪水猛兽，欲挡而拒之或排而去之；要么视水为取之不尽、用之不竭，可以无休无止地任意索取之物，一直在不加节制地取用之、浪费之、污染之。在这种就水论水、与水对立的主流观点影响之下，"水"之美，仅仅只能成为文学家、诗人的抒情之感应物，哲学家、思想家的借水论人的议论之比喻物罢了。可以说在水利工程师眼里，美学观相对水工程来说是两个相距甚远，甚至认为是风马牛不相及，丝毫无须思考的东西。而如今，现代化水工程建设观念已发生了较大的转变，其根本在于人类社会的发展和对水工程可发挥作用认识的提升。

人类社会在生活水平提高的同时，精神消费的需求也在急剧上升，对涉水的休闲、旅游产品——以水工程为主体的水利风景区，便成了人们"玩水"时十分关注的对象。爱美之心，人皆有之，水工程之美便也随着社会的需求进入相关水工程决策者、建设者、管理者的思维之中，使美学理念在现代水工程观中逐步地被吸收进来。

（1）水工程"点"之宏观全息美学理念——单体建筑美，上升为工程环境综合美。

水工程建设中美学理念的提升，需有深刻的文化品位之内涵和丰富的文化底蕴作支撑，它表现于现代水美意识在水工程建设实践进程中的全过程的结合。千万不要以为用美学的理念去建设水工程，仅仅是为了某一单体水工建筑的外在美。而应了解现代水利的工程建设，是以现代科学技术为支撑，以取得经济、社会、生态、环境、人文景观等综合效益为目标的系统工程。因而，水工程美学理念应提升为必须蕴涵美化生活、绿化环境、亮化景点、优化生态乃至涉及影响水工程生态、环境、人文相关的工程、环境、文化等全部文化信息，形成构建高品位的水工程点之宏观全息美学理念。

为此，现代水工程的建设，已不能单单考虑防洪排涝，而要结合人居及对外开放的要求，从规划、设计到建设、管理全过程，都要通盘考虑水工程之水、土工建筑物以及管理设施、工程管理范围内的绿化及其可视之周边环境，如何才能给人以美的享受、美的追求，以体现现代水工程的文化品位和文化特色。

例如,江都水利枢纽工程,是20世纪五六十年代建起的一座大型水工程,被视为江淮大地的一颗明珠,几十年来,旱时,她向北输送汩汩清泉;涝时,她向南排出滚滚洪涝。但由于当时的历史条件所限制,除了第三抽水站顶浇筑的三面红旗留下"文化大革命"的印记外,所有建筑物外观都比较单一,美感不足,缺少文化品位。在时代飞速前进、市场高速发展的今天,显然制约了其自身在市场大潮中的发展。与时俱进的创新观和发展观,激励江都水利工程管理处的水利人的创新意识、美感意识。中国南水北调工程的上马,使江都水利枢纽工程被规划成为南水北调东线工程的起点之源头工程后,江都水利枢纽工程通过对主体工程的外形、附属设施的更新改造,并在更新改造的同时,也充分考虑对管理范围内的丰富的水土资源的全方位利用。江都水利工程管理处利用天然堆土区和挖土区,合理布局,建起了休闲的亭台、楼阁,曲径绕树而行,环水相伴,化腐朽为神奇,将工作区变得更简洁、明亮,使之管理范围内的环境更舒适、更轻松,也更赏心悦目,无论是给工作的职工,还是观赏的游人,都能置身于一种美的享受之中。每当人们置身于那古木参天、水清树翠的工程枢纽之中,谁能不感受到一个"美"字,使这一水利工程枢纽成了人们向往的地方;谁能不领略美的造型所提升了的文化品位;谁能不赞叹"美"是使水工程赢得休闲、旅游市场的关键。这就是文化品位作用于水工程的神奇魅力!近几年,古如都江堰、灵渠,今如三峡、江都水利枢纽等一批具有深刻内涵美的水工程均被水利部定为"国字号"的水利风景区和旅游景点的时候,给水利人启发最深的是水工程的美学思考,不仅改善了水工程的形象,还因其美,构筑了水利工程与科学、与市场、与社会相联系、相渗透的新平台。

(2)水工程"线"之宏观全息美学理念——点状工程美上升为河湖生态文明带建设之美。

生态文明是指人类在改造自然的同时又主动保护自然,积极改善和优化人与自然的关系,建设好生态环境所取得的物质成果、精神成果和制度成果的总和。而河湖则是生态环境建设和整个生态文明建设极为重要的制控性要素,因此建立河湖生态文明带,是现代水工程建设的一个创新性宏观水工程文化理念,也是把点状工程美上升为河湖生态文明带建设之美的新思潮。

河湖生态文明带是一个新的水工程之特定概念,其内容包括沿河湖的防洪大堤(或堆土区)及其管理范围内的"无形功能"建设,跨河流、沿河湖城市、乡镇乃至村级人口密集区的相关水工程和有关"无形功能"的建设,这是河湖生态文明带建设的支撑和保障。没有沿江河和沿湖泊流域的水利"有形"和"无形"双重功能的建设,河流生态文明带就失去了基础。正是通过理念创新和生态文明的行为,才能使河湖水工程不仅要发挥好包括蓄水、防洪、冲污、排涝的基本功能,而且能创造出与社会文明、城市文明、人本文明紧密相关的生态功能、美化功能、环境功能、人文功能以及和谐功能。

建设河湖生态文明带,展现的是社会文明。河湖生态文明带的建设,首先是大堤、闸、站的建设,这些水工程的建设,不仅是保护河湖两岸和周边水安全的屏障,也成为保护水土、美化两岸生态文明的绿色长廊、花园或景点,且可与两岸的公路、工厂、码头、农业、人文景观互为表里、相互映衬,互为利用。沿河湖的闸、站建设,应充分利用沿河湖的地理优势和气候条件,形成水环境布局合理且融合现代文明快速发展的和谐景象,通过生态文明凝聚力的加强,促进河湖生态文明带周边地区的经济、政治、文明共同发展。例如,江苏省20世纪90年代中期开始启动江堤达标工程建设,花了5年左右的时间,至21世纪初,使长江堤防均达到《长江流域规划》防洪标准后,沿江市、县都开始打造城市中的重点水景。沿江8个地级市中,南京市打造的是秦淮河水景、扬州市打造的是古运河水景、镇江市打造的是金山湖水景、常州市打造的是北塘河水景、泰州市打造的是凤凰河水景、无锡市打造的是梁溪河水景、苏州市打造的是环古城河水景、南通市打造的是濠河水景。沿江各县级市,也都较为重视相关河道的生态、环境、人文等功能的"无形功能"建设,使江苏的长江夹岸成为一条生态文明带。通过沿江水工程的建设,让长江之水使沿江城市都活起来、美起来,都成为"青山碧水绕城走,半城绿树半城楼"的生态家园。就如,以长江一线为依托,以人文历史为灵魂,大造滨江生态人文之景的镇江,通过十多年的努力,终于建成了一条极具魅力的滨江风光带。

镇江市地处长江三角洲的顶端,系江河要冲,水陆交通十分便利,自古得舟楫之便,享鱼米之丰,历来是长江南北货物的集散中心。该市系国家历史文化名城,有3000年历史文化的绵延积蕴,大自然曾赋予了镇江独特的城市魅力,著名的"京口三山"——金山、焦山、北固山,本就错落于长江南岸的镇江城边。然而,镇江又因系长江的重要港口城市之一,在镇江主城区长江段,历史上沿江小码头林立,民国期间临江建有8个大码头,直至改革开放前的20世纪80年代,沿江边到处是煤炭、沙石及货物的堆场,晴天是灰蒙蒙的一片,雨天是泥浆污水横流,可谓是典型的脏乱差城市形象。这百多年来,也使原属自然风光且有悠久历史的"京口三山",受老镇江港的阻隔和脏乱差影响而蒙尘,变得不为人爱。改革开放后,镇江市因考虑发展的需要,下决心重建深水港,1985年11月总投资10 043万元的大港港区第一期工程竣工启用后,就逐步将原建在主城区的码头向大港转移。1998年夏的特大洪灾,长江沿线防洪告急,镇江遭遇洪水的肆虐,为绝洪水后患,2002年"镇江主城区防洪墙"开工建设,2004年主城区防洪墙工程竣工。原规划在大堤上仅种植一个绿化防风林带,后来镇江大手笔地将原港区的地块全部用于建设滨江景观绿化带。仅十多年的功夫,现在,又因滨江景观绿化带的建成,不仅使"京口三山"变得更瑰丽、挺拔,而且使滨江一线又增加了以"六朝风云广场"为核心的北固山以东的风景区、以白娘子爱情传奇文化为灵魂的金山湖风景区、以千年历史的古街道为展陈的"西津古渡"风景区,形成一条由堤、林、路、景共构的滨江"玉带",串起六大特色景区。置身于美丽的滨江风光带,凭栏眺望,碧空如洗,一块块绿洲如锦缎静谧地浮在湖面,蜿蜒曲折的栈桥伸向湖心倒映在波光粼粼的湖面,绿茸茸的草滩野花点缀其间,湿漉漉的泥土气息四处飘荡。层层绿浪间一对对白鹭忽而惊起,扑扇着翅膀相互追逐着掠过水面。由北固山后的水上栈桥蜿蜒来到北固湾广场,穿过东吴胜境的牌坊,继而来到宝鼎广场,感受处处流淌镇江源远流长的吴越文化。从北固山下到焦山渡口,连绵近4千米的风光带及文化景观,不仅以滚滚东去的江水、高低错落的坡地、郁郁葱葱的绿化、玲珑剔透的亭舍、曲折回转的小桥给人们视觉上以愉悦感,形态各异的雕塑、浮雕、镌刻书法艺术也给人以美的享受。"何处望神州,满眼风光北固楼"。假如辛弃疾今日再登北固山赏景览胜,当被今日"山水镇江"之"三山相望千百载,今朝玉带一线连"的美景再催诗兴。对素享盛名的"京口三山"三大风景区,建有一湾、一楼、一广场,一桥、一带、一长廊的"六朝风云"广场风景区以及"一眼望千年"的"西津古渡"风景区。堤、林、路、景共构的滨江"玉带"中,很大一部分的工程,已属市政、园林的建设范畴,但确属防洪工程建设的宏观全息美学理念应通盘考虑的内容。由市政、园林建设的具体内容,如滨江路的规划、建设,"西津古渡"风景区的规划、开发,本书无需多作介绍。而对因兴水利大手笔新建成的金山湖风景区,在此到值得书上几笔。

仁者乐山,智者乐水。坐拥真山真水的镇江——三面连冈,一水横陈。以"山水镇江、生态镇江、园林镇江、人文镇江"为主题打造的滨江旅游风光带,最为镇江人民叫好的就是金山湖风景区。

2006年1月,水利部长江水利委员会正式批准同意镇江引航道节制闸水利枢纽工程建设,启动了投资17亿元的北部滨水区工程的建设。北部滨水区规划范围西起润州路,东至航信路,南到长江路、禹山北路,包括长江水域和滩地在内的部分规划面积高达61平方千米。滨水区工程包括金山湖风景区、内江湿地、湿地体育公园、滨江风光带等项目。

在滨水区建设中打造的精品和亮点、代表作是金山湖风景区。金山湖总占地17.23平方千米,其中,陆地面积7.66平方千米,水面积9.57平方千米。已打造好的金山湖风景区面积约1.1平方千米,工程启动后,先抓退渔还湖工程,再行推进景观及配套设施工程。金山湖之所以能成为北部滨水区建设的形象和亮点工程,一是此湖因水质好,水体容量大,而被确定为城市应急水源地。在金山湖设置的8个监测点监测,其中5个监测点水质为Ⅲ类,3个为Ⅱ类,平均值评价水质为Ⅲ类;金山湖蓄水水域面积为0.9平方千米,蓄水量为329万立方米,按金山湖应急备用可供水量为216万立方米计,规划以供129万人日均生活用水量计算,可供水历时为8天。二是因金山湖建设伊始就为此湖注入了灵魂——白娘子爱情文化,将游园名称定名为"白娘子爱情文化园"并精心打造了江云流瀑、樱花园、百卉亭、清修园、鹰岩堑道、荷花淀、千叶廊桥、折柳堤、揽云桥、白岛、戏鱼台、保和撷遗、亲子亭、文曲岛、许堤、阅武台、情圆桥、怡园蝶影、水畔芝田、花径叠锦、艺苑长廊等20多处以白娘子与许仙爱情典故为命题的景点,让人在游览景点时,可以逐一品味《白蛇传》的各个经典情节。

如"折柳堤",堤上有一组"游湖相遇"的雕塑,当年许仙、白娘子游湖相遇,恰逢下雨,许仙向白娘子赠伞,白娘子以伞传情,从此开始了曲折情缘,拉开了这千古爱情故事的序幕。白娘子、小青、许仙游湖相遇的场景,以栩栩如生的雕塑形式再现,游人行走其中,体味着有缘千里来相会,欢欢喜喜将手牵的情趣。

又如,"千叶廊桥",千叶廊桥寓意千年等一回。千叶廊桥坐落在西入口与金山宝塔的中轴线上,南北穿越荷花淀中。桥的南端,有三段独立互不连续的木廊,呈三角形分布。延伸线最南端的木廊为朝圣门,朝圣门北面的木廊为"报恩门",与朝圣门、报恩门的连线形成55度角的为"清波门"。匠心独创的设计者,将构筑与民间传说融为一体:朝圣门寓意天地间,人仙必经之门;清波门为侧门,寓意小青在昆仑修炼的地方。小青与白娘子初遇不识,她蛮横与白娘子交手,后来败输诚顺。报恩门则是白蛇为报救命之恩,而转世谈情的。

行至阅武台,看到的是浮浪贴水的阅武台,此台是游人品赏神话金山,身临波光水影的地方,更是白娘子望眼欲穿,盼夫回归的平台。许仙被法海软禁金山,不能回家,白娘子多次请求放人,总是无果。万般无奈,在小青激怒下,白娘子召令虾兵蟹将,水族众生,武讨法海,水漫金山。在阅武台后的四级台阶之上,有一组汉白玉"水漫金山"的地雕,地雕由五块画组成,其中有一块为被镇雷峰塔下场面,向游人昭示,沧桑易改,真情不变的海誓山盟。

行至"鹰岩堑道"景点时,见到的是天工的造化,神仙的灵气,一串串,一圈圈,飘落定型在花木丛中,于是成型成小圆套大圆、七层重叠的圆基。七层圆基之上的巨石分成两截,让人们神往,那山崩海裂,白蛇转世时的鬼斧神工,将那巨大的岩石劈成二截,从而形成鹰岩堑道。

这20多个景点都能让游人读到故事、看到美景。

金山湖成为到镇江的游客和镇江市民观光游览、休闲娱乐的热门之选,节假日日均游客量过万人。2010年9月28日至11月7日,以市场化运作方式,成功举办了"金山湖爱情文化彩灯节",接待游客达10万人次。2014首届镇江金山湖万圣节自开园以来,得到镇宁扬地区人民的广泛欢迎。从10月31日周五到11月2日周日三天时间,金山湖万圣节迎来了五万多游客,再一次刷新镇江旅游行业的纪录。

(3)水工程"面"之宏观全息美学理念——"街河并行""河宜连网""六网并进"的线状河湖工程美上升城镇化建设之美。

据国家统计局资料反映:1953年我国城市化率仅为13.31%,发展至1983年仅为21.62%,至2013年达53.7%。前30年仅发展了8.31%,年发展速度平均0.277%,后30年发展高达32.08%,年发展速度平均1.07%,是前30年的3.9倍左右。城市化率的快速提升,虽然使我国经济建设发展速度加快,但也带来了城市面积的迅速扩张,在生态功能较强的农田锐减和城市病的出现,城市向农田扩张的同时,不少地方更加拼命地与水争地(2003～2009年,我国相关部门曾把包括江河水面、湖泊水面、苇地、滩涂、冰川及积雪等水域列为"未利用土地"指标和不算农田指标,而鼓励开发),填河建房、灭河做路,使城市水域急剧减少,城市地表固化,高楼林立,成了钢筋混凝土森林。不仅城市如此,连村镇建设亦如此。这样,不仅带来了遇雨即涝、遇洪即淹的水安全、水生态问题,还带来了热岛效应、百城一面、千镇一面、万村一面的人居环境恶化、特色自然地貌消失、流域人文精神缺失的问题。

2014年3月,中央城镇化工作会议严肃指出:要"尊重自然、顺应自然、天人合一的理念,依托现有山水脉络等独特风光,让城市融入大自然,让居民望得见山、看得见水、记得住乡愁。要保护和弘扬传统优秀文化,延续城市历史文脉。"2014年12月,习近平在江苏考察时,针对江苏实际明确提出:"要扎实推进生态文明建设,实施'碧水蓝天'工程,让生态环境越来越好,努力建设美丽中国。"据此,在城镇化进程中一些新的具有建"美丽中国""美丽城市""美丽乡村"水工程"面"之宏观全息美学理念不断被肯定和被完善,较为典型的有"建立和修复城镇河网""灭小河,开大河,确保城镇水域有增无减""推进城镇河湖'街河并行、六网并进'"。

☆例如,泰州古城历史上就是"街河并行"的城市。

汉代吴王刘濞,在公元前154年前后,花了近30年的时间开挖邗沟支道(后称运盐河、今称老通扬运河),将淮河之水送经海陵仓(位于今泰州市)至如皋磻溪,因此带来了海陵的富庶。于西汉元狩六年(公元前117年),始置海陵为县,再至南唐昇元元年(公元937年),南唐开国的烈主李昇将《易经》泰卦之"泰"字封给海陵,并将海陵由县升格为州,其理由有二:一为因海陵富庶,能"供亿公费,不知限极""喜之,以海陵为泰州"(马令《南唐书》)。二为《易经》泰卦卦辞:"泰,小往大来,吉、亨",他认为此地乃吉祥之地,用"泰"字名此州,可预兆国泰民安之意。泰州本为"临海高地"之"海陵",由于该地域,自汉代以来,大陆板块东移速度较快,海水渐次后退,里下河平原逐渐形成,可以说泰州就是"从海水里逐渐长起来的城市"。泰州古城的建设史,实际上又是城河的开挖史,从南唐开始至宋代,通过逐步推进,形成了城外濠河为外环,城内周遭东、西、南、北"街河并行"的市河为内环,城中"连河成网"的玉带河、中市河十字其中,泰州成为城依水、水抱城、水城一体的城市。"双水绕城"固定了泰州千年古城的文化形态,"连河成网"造就了"绕廊居然一水通"人居生态环境。运盐河(老通扬运河)2000多年来一直是盐运和漕运的主要通道,运盐河南北水系在泰州先人锲而不舍的开挖下,今已横竖成网,成为可以西承淮水、东流大海、南饮长江、北通下河之四通八达的水系,共同助推着泰州经济的发展;泰州二千多年的历史,既是经济社会发展史,也是治水文化发展史。绵延两千多年的泰州,留下了江淮海三水交汇激荡的豪情,留下了江淮分水岭城市的厚重,留下了"绕廊居然一水通"的水城一体,留下了"双水绕城"之独特文化的水韵。

"街河并行"是泰州先人形成和建设泰州城市的水工程美学理念,这一科学的布局,充分发挥了古代河道作为军事脉络、交通脉络、贸易脉络、文化脉络和生活脉络的综合功能。古城外围的护城河和城墙,保卫了城市安全,城河有效地阻挡了外侵之敌,沿河道路成为军事防御的便捷通道,当谓"街河并行"充分发挥了路与河各自的军事作用;千百年来,南来北往的船只装满着海盐、粮食等物资商品,通过古城四通八达的水系,转运四方,同时也通过河边码头和街市,方便市民之消费,"街河并行"又充分发挥了水上运输交通之便和贸易流通之便,发展了城市经济;古城水系通淮达江,河水常年充裕丰盈,水质清洁纯美,保障了市民生活用水的需求,且水旱无忧,因仰慕泰州之水好而聚居于城内的居民,越来越多;书院、祠堂、寺庙近河而建,河边之路提供了泰州人享受"暇日娱情容易尽,平时访古妙难穷"的精神文化生活的方便。从"街河并行"进而"水城一体",已充分彰显出泰州古城特有的水韵风情。可以说,"街河并行"的布局是泰州古城的典型特色。因此,才有泰州《南水门遗址志略》中所写的"遥想当年,南北商旅,舟楫相接,街河并行,桨声桥影,水音市语,欢然交融,此泰州水城千百年生活之长卷也"令人神往的诗情画意。这幅美好画卷,生动描绘了让"居民望得见山、看得见水、记得住乡愁"的意境。这座古城可以说是因水而生、依水而建、因水而兴、得水而泰。"水"成为泰州有别于其他城市的文化特色,这些涉水的历史积淀就是泰州人的"乡愁"。

如今,虽然一般城市河道的军事功能之需求已然消失,交通脉络、贸易脉络也有所弱化,但是"城市(镇)让生活更美好""建设美丽中国"理念更强烈,城市河道作为生态脉络、旅游脉络和休闲健身脉络等需求,恰在不断上升。为此,因地制宜把河道作为城镇空间规划中的重要生态脉络对待,把河道作为解决目前"城市(镇)病"之重要举措和路道一样对待,就显得十分重要了。尤其是对"街河并行"的建设,可拓宽街道视野,可包容道路的喧嚣,可为城镇带来"看得见水"美感,必将会为建设美丽城镇带来最佳效果。

城乡建设立体空间规划街河并行的布局,是指科学统筹空间、景观、文化等布局,形成宜居、宜游、宜商的滨水空间格局。在文化风景名胜区、商住区、特色水景区和骨干河道等区域,可以以河道为中心进行规划,将河道作为轴线,两侧由内向外,第一层次安排以河坡、滩地绿化为主的"亲水近水区",第二层次安排交通道路、人行步道和景观休闲便道等各式街道,第三层次按高度有序安排商业、居住、景观建筑等,在具体区域可以结合两侧功能需要因地制宜调整。这样,将构成层次丰富、生态优美、人水和谐的水域环境。

"街"在"河"边,可最大程度避免河道两岸的管理用地不被单位、个人和开发商占用,避免属整个市民公益性的河道之公权利成为单位、个人和开发商占用的私权利,要让河道空间作为一个连贯的整体充分展示在行走在街道上的本地居民和外地游客的面前。"河"在"街"边,还可以充分让河道绿化和街道绿化融合起来,透绿见水,既提高了绿化的景观效果,又节约了土地,更能让"人"方便快速地亲水近水、赏景休闲;河道、街道和建筑有序的布置,还可以以河道为中心,在两侧形成层次丰富的滨水天际线,让空间景观更加开阔,由低渐高,可以让每一层次的建筑物都能观赏到水景,不但要考虑到前排建筑,也兼顾到后排建筑,这就大大提高了这些临河临街建筑的品位、旅游价值和商业价值,让城市的空间和景观融为一体,实现水城一体的特色。总的来说,"街河并行"是要在最大程度上让市民"看得见水",处理好人、水、路、环境的关系,处理好建筑、空间与环境的关系。①

☆"河宜连网""六网并进"同样是水工程由"线"及"面"之宏观全息美学理念。

董文虎2006年曾为泰州市的河道名称及其主题文化做了一个创意,初步形成"河宜连网"的概念。2008年又以"再为泰州思大美"为题,力推架构"六网并进"理念,提出要统一规划骨干河流的水网、绿网、路网、管网(雨污分流)、景观网、文化网。建议将全市河网化的"六网并进"之配套工程,列入水利工程的常规项目,以提升城市的品位。

提出城市在做水利规划时,应充分利用得天独厚的水网资源,在严保规划水域面积率的前提下,努力做到"拓大、调小"。"拓大"即要努力布局和拓宽贯通城市的骨干河道,形成城市骨干水网和宽大的城市水生态通道;"调小",即进一步调整小水系,以满足城市发展整块用地的需要。要以"水系生态化"为依托,全面架构"绿网城市";以"网结景观化"为重点,着力建设"棋局结构式"旅游、休闲的景点、景区;以融合发展为手段,加快建成富有个性水文化的城市。要充分拓展河道两侧绿化带的宽度,以河道交叉处为网结,精心打造大小不同、形式不同、景观不同、文化内涵不同的景点或景观

① 张剑,纪红兵,刘燕.如何彰显海陵古城街河并行的水城水乡特色初思[J].水利发展研究,2015(7)。

区,形成水旅游城市。"水系生态化"可满足市民宜居和休闲的渴求;"水系网结景观化"为打造城市新的旅游消费热点服务,以促进将旅游业建设成为城市战略性的支柱产业。

2010年6月董文虎对扬州勘测设计研究公司编制的《泰州(市)城区水系规划》提出的看法,同样是一种由"线"及"面"之宏观水工程规划、设计之全息美学理念。

◇ 规划总要求

规划重发展　编制要创新　起点需提高　　"美好"是目标
不仅重洪涝　更需调引水　功能应"双重"　"融合"不能少

◇ 水面规划

泰州没有山　历史称"水城"　应据总规划　水面不能少
提增水面率　雨水要利用　库容要增加　水位适当升

◇ 一二级干河规划

干河需成网　布置要均衡　街河宜并行　护岸要适度
两侧宽绿带　生态大通道　休闲兼旅游　流水常不断

◇ 三四级河道规划

相对成自然　开发可调整　严控水面积　能增不能减
一需通干河　二要水体活　形态不拘泥　目标是宜居

◇ "五纵"规划

两头设闸站　中间无坝阻　桥下行游船　节点有景观
南北设堤防　隐于景色中　联圩变区圩　洼地强排提

◇ "十横"规划

新通至长江　全城一盘棋　布局近等距　断面要适宜
城东建控制　以利蓄水位　城外给出路　服务大通南

◇ 堤闸规划

主张大包围　力减小分割　闸站设双向　引排可人意
通南不须堤　护砌"动水区"　南北隐堤防　护坡生态宜

◇ 圩区规划

分区建大圩　小圩要拆并　建设大闸站　拆除小圩口
干河堤路合　小河堤林齐　高地同通南　低田改湿地

◇ 管网规划

城市布管网　规划不能少　雨污严分开　管径要设计
污水不入河　尾水重利用　排距要均衡　出口"淹没"宜

◇ 江防规划

引排靠大江	护岸固堤防	沿江已开发	设防为发展
堆场堤展宽	高程可商量	前沿要固守	近水才科学

◇ 规划设计运用的指标

经济大发展	城乡尚统筹	民生看宜居	发展重"三产"
水利现代化	服务要超前	制宜有标准	成果当借鉴

◇ 水文化

研究水文化	历史有传承	经济大发展	"软、硬"同提升
水绿兼景区	文化系灵魂	"美好"总目标	个性乃支撑[①]

2013年江苏省社会科学院泰州分院决策咨询第6期《抢抓区划调整机遇加快构建泰州大水城研究》一文中也提出了构建重点干河河网、科学调整水系的理念:"抓住新一轮总体规划修编契机,大手笔谋划河网布局。既确保城市供水、泄洪、生产与生活需要,又用棋盘式的水网架构名符其实的构筑泰州大水城。

为适应城市发展需求,实施调整或埋灭小河,拓宽干河。对一些农村自然水系或小水系分割的状况,在城镇化过程中,不能一填了之。需通过拓干河的办法,进行科学调整,确保水面积、水库容、水环境、水生态不受侵蚀和破坏"。

第六节 "文元分析"及创意方法

一、"物元分析"与"文元分析"

（一）物元分析

我国学者、广东工学院副教授蔡文首创的"物元分析",是研究求解不相容问题时出点子、想办法的规律与方法的理论。在现实世界中存在着两类问题,即相容问题与不相容问题。当所给的条件能达到要实现的目标时,称为相容问题;当所给出的条件不能达到要实现的目标时,则称为不相容问题。

"物元分析"是解决不相容问题向相容问题转化之创新思维的有力工具。主要方法是确定要解决的问题的物元,将物元进行扩缩、增删、置换、组分等变换,使不相容问题变成为相容问题。历史上脍炙人口的司马光砸缸、曹冲称象均是创造性思维的杰出案例。儿童落入水缸,通常的解救方法是入水救人或抽水救人,司马光的创造思维是将盛水的缸解构,缸之不存,亦水之不存;曹冲的创造性思维是二重置换法,首先将称量工具由秤置换成船,再次将称量对象由大象置换成可多次称重的粮食,从而轻

---

① 董文虎.乐水集[M].苏州大学出版社,第472～473页。

而易举解决了不相容问题,即用200斤的秤称量1000斤的大象。物元分析是思维科学、系统科学、数学三者交叉的一门边缘学科,它的核心是研究"出点子、想办法"的规律、理论和方法。而物元分析则是描述人脑思维出点子、想办法解决不相容问题的工具,它带有很浓的人工智能色彩。物元分析是一门着重应用的学科,它既可以用在"硬"科学方面,又可以用在"软"科学方面。

(二)"文元分析"

1."文元"与"文元分析"法

"文元"是指文化的核心元素。文元分析就是对某一文化的具象内容和抽象内核进行外拓的方法。"文元分析"法,是指生成可供选择的文化创意方案的各种方法。即根据设计的物质对象,采集、调取,抽出与其相关属精神类的"文元",再通过将"文元"进行扩大、缩小、增加、删减、叠合、借鉴、置换、分形等变易方法,最终生成可供选择的文化创意方案。

2.水工程的"物元分析"与"文元分析"

水工程的有形功能,是指以工程作用"水"这个物质性客体,去服务于"人"这个主体。在水工程的无形功能中,水工程的生态功能和水环境功能,"水"这一物质,仍然对"人"有直接影响的功能,但从某种程度来说,只是要求作为物质性客体之"水"的服务对象,从"人"这个主体,转化为包括"人"与"其他生物体"都在内的主体。这一主、客体之间,仍然是物质的不相容的问题,仍然只需用传统的测量学、水文学、水力学、结构力学、材料学等水利学之各学科,系统、交叉思考、计算规划、设计,去解决水之量和水之质、水之位、水之流等水文的问题,使之能满足人之企求包括自然界良性生物链中应当存在的各类生物之水需求的两个本不同的问题,使之成为水既能利人,又能利其他生物的相容问题,仍属物元分析的范畴。

而对水工程无形功能中的文化功能而言,关键是要提升水工程文化内涵与品位,就是要将人们对属于"物质"的这些水工程之感受、感觉、认知度,提升到或统一到设计者"意想"的程度,能让水工程之"物质"与设计者意想之属"精神"类的水工程文化之"内涵或品位"这两类本不相容的问题成为相容的有文化内涵与品位的水工程,这就需要采用"文元分析"法去解决。水工程的环境功能之中,包括对人之感觉产生影响的景观功能、人文功能,产生的是人们对景观美的感受、对居住环境水舒适度的感觉、对水文化内涵的认知和领会程度。这些人的感受、感觉、认知度,领会度,均属人之精神方面的需求。要使这一需求达到理想结果,就要通过将水面,将水、土工程(包括水自然载体——江、河、湖、海),将水工程管理设施、水土保持的植被及构成水景观的其他人造物(雕塑、假山、点石、小品、灯光、标识)等水环境范围内所有"物",与属水工程的"文元"之水工程所在地的历史、文化、风俗、习惯等,与属"精神"类所有涉及这一水环境的人们本身人的意识(包括喜好、水平、素质等),三类本不相容的问题,经过分析,通过对水环境范围内所有物的形状、布局、对比、搭配、空间、色彩、色光、气味、变化、名称、象征、内涵等能给人感官刺激,留下印象的东西之设计,经过扩大、缩小、增加、删减、叠合、借鉴、置换、分形等变换等手法(水工程具体的"文元分析"手法)处理,生成一些可供选择的水工程文化方案,再经过筛选、评比,定出最终方案。这个方案就是水工程的文化的"创意"。换言之,也就是通过对水工程文化的创意后,才可进入文化水工程设计阶段,再通过施工,才能实现。现代水工程的建设,既要有传统的水工程设计,也要有对水工程美感和文化的"创意",才能使水工程具备符合现代人所需的"双重功能"。可以说:"物元分析"与"文元分析"两者缺一不可。

二、"文元"的提取与记忆的复制

历史文化是对时间的记忆和展现,地域文化是对空间的记忆和展现,传统文化是对时空的综合记忆和展示。

三峡坛子岭景区十分注意对三峡工程时空的综合记忆和展示。"万年江底石""大江截流石""三峡坝址基石"的景观设计,就是充分发掘并利用自然和人工建筑材料之文化价值的典范。设计者将"三石"作为"文元"提取出来,成为跨越8亿年历史和大坝纵向空间的特殊意义的文化符号,用"天然去雕饰"的方法,将不加任何雕啄的三块石料直接展示在世人面前,附以铭牌,说明材料来源,做到了寓科学于景点、寓游于教。

"万年江底石",是二期工程修围堰基坑时从基坑里挖出来的江底下的一块石头。此石为花岗岩的质地,重达20多吨,上面还有早期水电专家、地质勘探者考察坝址时钻探机留下的一些钻孔。"万年江底石"是习惯上的说法,实际上它距今已经有8亿年的历史了。人们可以从它身上了解长江古老的过去,它凝聚着中国几代人的梦想,现在梦想正在慢慢成为现实,使无数中国人不断激励自己、勇往直前、开拓新的未来。

水工程、水利景观的规划、设计,必须避免完全西方化、雷同化。在全球化浪潮中,一些景观规划者、设计者忘记了其规划、设计的水工程是为中国规划、设计的水工程,一味地崇洋媚外,生搬硬套地或把与周边环境极不协调的、不加任何改造的所谓西方时髦风格的水工程形式,装在完全是中国风格的环境中,就显得不伦不类了;同样,在设计中应尽量避免雷同化,不少设计者,天下设计一大抄,追风赶潮,采取拿来主义,结果造成千闸一面、千河一面、千景一面,缺少了个性文化、缺失了"乡愁";还要避免概念化:把传统的文化符号全部照搬复古,失之发展、失之灵动、失之创新。传承是基础,创新才是关键;传承是根,创新是魂。

只有地方的,才是世界的。对水工程文化的创意,首先应在本地的历史文脉基础上，进行历史"文元"的提取。元素形态的提取主要从"形""质""色""人""韵"这几个设计的基本元素出发，分别对所搜索到的历史元素从其特色的形态、质感、色彩、人物以及意蕴进行分别的提取并加以运用。

2012年普利兹克建筑奖的获得者，中国美术学院建筑艺术学院院长、博士生导师、建筑学学科带头人，浙江省高校中青年学科带头人王澍的贡献，就在于能将中国的传统趣味用不同的几何块面去表现；能够将乡土、村落这样小尺度的东西转化为大体量的抽象形式，而且还让人感觉到传统的意味而非形式。该奖的评委们称："王澍在为我们打开全新视野的同时，又引起了场景与回忆之间的共鸣。他的建筑独具匠心，能够唤起往昔，却又不直接使用历史的元素。"将地域特征、传统建筑元素与现代建筑形式和工艺融为一体，这对于建立富有中国特色水工程文化极具启迪意义。

世界级的建筑设计大师贝聿铭先生在设计苏州博物馆时，他首先考虑的是，这是一座中国地方历史艺术性博物馆、该馆位于中国典型的园林城市——江苏省苏州市、馆址又坐落于太平天国忠王李秀成王府遗址等这些文化核心元素。他在新馆整体布局上，巧妙地借助水面，与紧邻的拙政园、忠王府融会贯通，将新馆成为中国传统建筑风格的延伸。新馆建筑群坐北朝南，被分成三大块：中央部分为入口、中央大厅和主庭院，西部为博物馆主展区，东部为次展区和行政办公区。这种以中轴线对称的东、中、西三路布局，和东侧的忠王府格局互为映衬，十分和谐。新馆与原有拙政园的建筑环境既浑然一体，相互借景、相互辉映，符合历史建筑环境要求，又有其本身的独立性，以中轴线及园林、庭园空间将两者结合起来，无论空间布局和城市机理都结合得恰到好处。他将苏州的历史文化元素、园林文化元素、建筑文化元素都融入这座建筑的布局、环境和风格之中。

贝聿铭先生在设计的美国国家美术馆东馆，是一座扩建工程，坐落于原国家美术馆的东侧，因此被称为东馆。他构思的就是与原有西馆既协调成"好邻居"又有其独立现代风格的思想。按业主理念，新馆与老馆在建筑风格、设计要求和业主需求方面差异极大，是建筑设计的一大难点。东馆地处华盛顿中心绿地北侧东端，与老馆隔宪法大街相望，但北侧却被宾夕法尼亚大街斜切一角，形成一个梯形。一般来说，对一块不规则的非直角用地，建筑师很难以常规的处理手法使东馆与具有两向轴线的老馆达到和谐统一的境地，同时也很难形成基本对称的格局。贝聿铭决定以三角形作为东馆的主要形状，将用地划分为一个等腰三角形和一个直角三角形，奠定了东馆设计顺利发展直至大获成功的坚实基础。东馆的等腰三角形部分与老馆被同一条轴线所贯穿，与宾夕法尼亚大街自然协调，无论在哪一个方面都不显露出过分雕琢的痕迹。在等腰三角形的底边上树立起来的东馆西立面，正好坐落在原美术馆的东西轴线上，使得东馆与老馆建立了对话关系。他创意的以奇制胜的东馆外部形体，让东馆的建筑空间显得十分错综变幻,让新老两馆形成较大差异,但又将东馆之外饰面材料采用与老馆完全相同的大理石,并使其大部分檐口高度也与老馆协调一致。这样,东馆在许多方面就承接了原来的新古典主义风格的国家美术馆的文化元素,形成了协调呼应的"文元"关系,两者堪称一对"好邻居",更像一对"忘年之交",完美地体现了建筑师的独具匠心。

贝聿铭先生在设计日本秀美美术馆时,在兴建之前,曾7次上山实地考察,最终和投资方达成共识。原来业主选择的建筑用地是在两条河的交汇处,要到达该处必须从山上绕下来,贝聿铭觉得不合理,因而回绝了提议。不久,业主又找到了其他地块,由于修建道路要破坏山林的生态环境,贝聿铭再次拒绝。后来,经贝聿铭先生多次实地考察后,建议业主在两地块中间挖一条隧道、架一座吊桥,就能形成精彩的入口景观区。这样,还不需砍伐树木、破坏生态环境。他在进行"文元"分析时,考虑到日本国是接受汉文化影响较多的国家,决定引用陶渊明的《桃花源记》表达设计的立意时,深谙中国传统文化的日本业主马上就联想到了典型的中国古代景观,云雾缭绕山坡、峡谷,建筑掩映其中,若隐若现的场景。"若有光"的创意和业主的梦想,形成了共识。这样贝聿铭先生就将中国文学和艺术的深远内涵渗透到日本美秀美术馆的建设工程设计之中。日本美秀美术馆在的设计有几大亮点:一是跨越两个山脊的隧道及吊桥。蜿蜒的隧道、直线的桥和自然环抱的群山。隧道的尽头是一座飞逸的钢索吊桥,吊桥是专门为美术馆单独设计的,造型独特,堪称举世无双。整个结构采用非对称多悬斜索结构,由一条定制的曲线型钢作为主要支撑结构,形成一道完美的弧线,暗示着前面美术馆的瑰丽与深邃,从吊桥及与其相连接的隧道出来缓缓前行便会看到美术馆的主入口。该桥获得了国际桥梁构造学会的优秀奖,被称赞为映衬在自然群山景观之上的优雅艺术品。二是正立面主入口处的门庭的钢结构,采用了专门针对该项目研制的"九梁节点",是整个建筑结构技术的集中体现,从整个项目来说,是一个综合性的高科技建筑。三是建筑物的轮廓的设计。建筑物的轮廓对于景观的美丑非常重要。贝聿铭先生认为从山顶上面以及各种其他的角度去看,建筑物采用日本传统的木构建筑的平屋顶是不相配的。他用四角锥的几何造型创造出类似山峰或峡谷的形式,然后采用日本式的、可以融入整体景观的建筑轮廓元素,共同形成十分协调的建筑物全部轮廓。

贝聿铭先生在设计苏州博物馆时选用的是中国苏州的文化元素,在设计的美国国家美术馆东馆时选用的是美国原馆的文化元素,而在设计日本秀美美术馆时,却结合了中国和日本两个国家的文化元素,这就表明这位建筑大师十分熟悉各国、各地的文化,十分熟悉各国、各地业主的文化心理,并深入实地进行考察、研究,大胆地进行"文元"分析,而做出创意。他的创意充分表现他坚持尊重地方文化但不拘泥地方文化,吸收传统文化但不模仿传统文化的创新原则。

三、"文元"外拓、分析的方法

(一)"文元"扩大

"文元"的扩大,就是对景观元素符号的简化、夸张、放大。简化,就是在保持传统符号外形基本不变的情况下,将内部的结构简单化,同时还要体现出景观的空间结构特色。"文元"的夸张是指量的放大,可分为体量和数量。某一具象,如果具有人类赋予的意义,经过夸张放大后,便会更具冲击力,产生震撼性的视觉效果,这个设计手法主要适用于纪念性建筑。

泉是济南水文化的文元,设计者充分发掘该"文元"的书法、雕塑形态,进行体量的扩张,最终形成济南泉城广场中心的大型钢制异形曲杆主体雕塑《泉》,它是泉城广场和泉城济南的标志。"泉标"雕塑在广场主轴与榜棚街副轴的交会点拔地而起,高38米,重170吨。它取古篆书"泉"(𤃋)字之神韵,三股似清泉的造型辗转上升,恰与济南市市标的创意相协调。地面铺装图案源自史籍对城池的描述,并配置七十二股涌泉及四组泉群,让人感觉凝固的"泉"与喷涌的"泉"自"城"中磅礴而出,极大地丰富了泉标的形象和艺术感染力,体现了泉城的风采。泉标下面有展现济南市72名泉的铜牌。泉标周围的绿地内设置了8个磨光石球,仿大珠小珠落玉盘之意境。三股清泉的造型昭示着泉城淳朴的地方特色、悠久的历史文化。济南的"泉标"雕塑属于体量的扩张。

董文虎对泰州鸾凤桥装饰的创意,在凤翅和尾羽上,也采用了将凤凰之"文元"放大的方法。

该桥外侧面水,创意仅设计一只展翅欲飞的鸾凤,居中鸾鸟,赋予了一些深层次的内涵,将鸾鸟的彩羽和锦翎设计成三十四片彩羽和五十六支锦翎,分别象征中国的三十四个省、五十六个民族。中跨凤凰,将凤翅尽量扩张至该跨边缘;两侧边跨各有八档栏杆的长度,以每只栏杆的距离设计一朵祥云,云朵集中处,正好设计在立柱柱头的部位,打破了中国传统桥栏立柱、栏板的形式。又将桥之内侧临路面设计为翩翩起舞的一凤一凰。桥栏双面不同构图,通栏无立柱、双面异形的设计,在中国桥栏装饰史上当属首例。

(二)"文元"的缩小

上海月湖公园入口的设计较为精致简约,正中央耸立的巨型雕塑《飞向永恒》,是一座每小时自转一格具备功能性的现代化艺术造型——日晷,为保加利亚籍旅意雕塑家吉沃吉·菲林所创作。雕塑采用两个反向三角形的造型,一厚一薄,主体轻巧,倾斜向上,箭指太空,不规则的孔洞和乳突将三角形的平面解构,寓意宇宙黑洞,揭示天体构造,表示空间;黑色花岗石装饰的圆形底座上,标有刻度,表示时间,时间、空间的统一,诠释"飞向永恒"的主题。作者从主题中抽出"黑洞"这个"文元",并将这个宇宙中庞大的天体缩小为不规则的空洞,在旋转中,通过不断地自我粉碎而不断地重获新生。诗意的呼唤展翅延伸、飞向无限,在宇宙和地面之间投下时空的印痕,演绎时空的永恒。

董文虎创意建在凤凰河上的百凤桥,提取了泰州凤凰池、凤凰墩、凤凰城的文化记忆,以"凤凰"为文元,进行数量和体量的扩张和简约。桥身立面中以夸张的手法,在两侧凿大型飞凤浮雕各一只,气势磅礴、舒展自如;边孔外侧以牡丹花朵为主,整个背景立面均以牡丹的花茎叶衬托,虚实相间,疏密得当,少许茎叶覆盖局部凤体,以示飞凤在花丛中起舞,凸显层次感。遥观之,一派凤飞鸾腾、花团锦簇的盛世景象,给人以清心、舒展、祥和、喜庆的气氛。桥之栏板垫块,用的是简化的凤首,每有一垫块,即可代表有凤凰一只。这样,桥身、栏杆、栏板、抱鼓石总设计有凤凰999只,百数最大,意含"凤留泰邑而不迁",使这座桥得以成为既符合河道文化主命题,又成为具有个性文化品位的我国第一座侧立面全景浮雕景观桥梁,这座桥也是全国刻有凤凰数量最多的一座桥梁。

(三)"文元"的增加

文元的集成、综合亦是一种创意。集成是对信息量的扩张,以完成对系统的整体性的认知,中华文化史中的永乐大典、古今图书集成、四库全书都是集成手段的成功运用。综合是对信息群的整合,既有相近信息的组合,又有相异信息的组合。对文元而言,综合既是文元的增加,又是文元的组合。集成、综合是创意的重要手段。

宁夏青铜峡的"中华黄河坛"以综合、集成的手法,构成对水文化的创意。它将母亲文化、祖根文化、治黄文化、经典文化、祭祀文化、农耕文化、青铜文化、园林文化、符号文化、术数文化这"十大文化"元素融进雕像、石柱、石鼓、大鼎、照壁、碑林及黄河长坛、天赐地馈阁之中,高度浓缩了中华民族五千年来的黄河文明。

中华黄河坛的汉白玉石望柱头、石栏板之上,都精雕细刻十二生肖和六十甲子神灵的雕像,农耕大道的二十四节气图腾柱与历代农策十八石鼓对农耕文化的展示,文华大道用十八面竹简记载朝代文脉,黄河五千年照壁展示五千年历史,碑林大道集古今天下文人骚客咏颂黄河名篇,无不显示集成的巨大震撼力。

中华黄河鼎以"饕餮纹""云雷纹""牛首纹"揭示黄河文明的特质;天赐地馈阁提取北京天坛祈年殿与武汉黄鹤楼的建筑文化元素,浑然一体;礼恩坊融入了人像石碑座、妙音鸟、贺兰山岩画等西夏文化符号,感恩坊采用回族独特的穹顶建筑风格,空灵剔透,突出宁夏的地域特色,无不彰显综合的魅力和创造力。

中华黄河坛经典性地展示了中国历史之长度、大河文明之宽度、民族精神之高度、国民感情之深度、传统文化之厚度、文化艺术之广度、政治思想之强度、建设把握之力度、规划设计之精度。中华黄河坛在这九大维度上,对中华黄河文化进行了立体化的大弘扬。

（四）"文元"的删减

郑板桥的对联"删繁就简三秋树,领异标新二月花"对水工程文化的"文元"分析颇有启迪。初秋时分,树仅仅开始掉叶,到三秋时节,大树不仅叶子全部掉光,连细枝末节也会全部舍去,整个主干及支干的构造便一目了然。做学问删繁就简就是要删去不必要的枝叶,抓住基本逻辑不放,明晰逻辑主干、逻辑关系、逻辑过程,直奔主题,方能达到"三秋树"的境界。这里将涉及已有观点的综合、传统观点的挑战和新颖观点的论证。

1995年,普利兹克奖获得者、东京大学终身特别荣誉教授、东南大学客座教授、日本著名建筑师安藤忠雄,虽从未受过正规科班教育,但他却能开创了一套独特、崭新的建筑风格,是当今最为活跃、最具影响力的世界建筑大师之一。

安藤忠雄提出了一个具有"删繁就简"观点的建筑三要素:一是"材料",就是运用真材实料;这个真材实料可以是如纯粹朴实的水泥,或未刷漆的木头等物质;二是"几何形式"。它可能是一个主观设想的物体,也常常是一个三度空间结构的物体,这种形式能为建筑提供基础和框架,使建筑展现于世人面前;三是"自然",他所指的"自然"并非是原始的自然,而是人所安排过的一种无序的自然或从自然中概括、提炼而来的有序的自然——人化自然!也并非泛指植栽化的概念,而是指被人工化的自然,或者说是建筑化的自然。他认为植栽只不过是对现实的一种美化方式,仅以造园及其中植物之季节变化作为象征的手段极为粗糙。"自然"是由素材与以几何为基础的建筑体,同时被导入所共同呈现的抽象化的光、水、风。

他认为当几何图形在建筑中运用时,建筑形体在整个自然中的地位就可很清楚地跳脱界定,自然和几何产生互动。几何形体构成了整体的框架,也成为周围环境景色的屏幕,人们在上面行走、停留、不期而遇的邂逅,甚至可以和光的表达有密切的联系。借由光的影子阅读出空间疏密的分布层次。经过这样处理,自然与建筑既对立又并存。

安藤忠雄在设计宗教建筑时,针对不同的宗教,用不同的具象的水概括出有序的自然,表达出各自的哲学内涵。

"水之教堂"位于北海道夕张山脉东北部群山环抱之中的一块平地上,是他的"教堂三部曲"（风之教堂、光之教堂、水之教堂）之一。安藤忠雄和他的助手们在场里挖出了一个90米×45米的人工水池,从周围的一条河中引来了水。水池是经过精心设计的,以使水面能微妙地表现出风的存在,甚至一阵小风都能兴起涟漪。面对池塘,设计将两个分别为10米×10米和15米×15米的正方形在平面上进行了叠合的建筑,环绕这座建筑的是一道"L"形的独立的混凝土墙。人们在这道长长的墙的外面行走是看不见水池的。只有在墙尽头的开口处转过180度,参观者才第一次看到水面。在这样的视景中,人们走过一条舒缓的坡道来到四面以玻璃围合的入口。这是一个光的盒子,天穹下矗立着四个独立的十字架。玻璃衬托着蓝,天使人冥思禅意。整个空间中充溢着自然的光线,使人感受到宗教礼仪的肃穆。通过一个旋转的黑暗楼梯来到主教堂。教堂面向水池的玻璃面是可以整个开启的,水池在眼前展开,中间是一个十字架。一条简单的线分开了大地和天空、世俗和神明。人们可以直接与自然接触,听到树叶的沙沙声、水波的声响和鸟儿的鸣唱。天籁之声使整个场所显得更加寂静。在与大自然的融合中,人们面对着自我。背景中的景致随着时间的转逝而无常变幻。

他在设计水御堂时,对佛教"文元"采用减法,用一池椭圆形的水荷花诠释佛教的教义,卵形池塘象征着诞生和再生,注解着《华严经》的名句"犹如莲花不着水,亦如日月不住空"。

"三峡截流纪念园"是以三峡工程截流为主题,集游览、科普、表演、休闲等功能于一体的水工程主题公园。其中《三峡截流四面体纪念石》雕塑,就是采用"文元"删减法创意制作的。雕塑选用长江截流时的主要投抛料——由混凝土浇筑而成四面体的造型。雕塑比实际使用的四面体放大2倍,达单边长2.5米,重23吨,也是由混凝土浇筑而成的,以其一角倒立于大的圆池水中。池边设置两周压力喷泉,喷水池周边铺放三叠石,供游人环池参观。这一雕塑极其简约,但内涵较深。因四面体是三峡水利的科技创新成果之一,四面体这一造型,各角可分散水流的冲击力,且抛入江底,最不易冲走,可有效提高龙口封堵速度,先后在葛洲坝工程和三峡工程大江截流中立下汗马功劳。

同样,《三峡大坝基础石》也是用"文元"的删减法设计的景点。其仅取了一段坝基钻孔石样造型,立在一块自然石上,表达了人工与大自然科学的完美结合。三峡大坝基础石,是勘测长江三峡坝基址时,钻孔取下的一段基础石,此石系古老的结晶岩,为元古代闪云斜长花岗岩,为基性岩浆岩侵入体,岩体厚度约14千米,形成至今约8亿年,灰白色至浅灰色,中粗粒结构,局部中细粒结构,主要由斜长石、石英、黑田角闪石等组成,岩石坚硬、完整,透水率低,微新岩石其挖压强度为90~110兆帕,变形模量30~40吉帕。三斗坪坝址是几代中国水利工程师精选的一处坝址,属于地质构造上稳定、坝基岩体质量优良的坝址。外国专家评论说:"这是上帝赐给中国的一块宝地。"

(五)"文元"的叠合

将文化元素的象征符号重新排列、叠加、组合,是"文元"分析法中一种重要的手法。

　　某一个历史水工程及其文化,与当时的生活环境以及社会环境有关。水工程和其他建筑一样是具有历史时代性的,如果仅靠模仿或复制某一历史时期的水工程或其他建筑的文化元素符号,已经毫无意义了。但是,要做到既不能让传统文化断裂,又不能简单地复制历史文化的承载体,就必须认认真真地对相关文化元素的象征符号进行搜集、研究和分析,从中提取典型的、有代表性的历史文化元素符号,以现代的手法加以重新排列组合,使历史文化得以品位提升和传承并使之具有现代感。符号组合可以是同类符号组合,也可以是异类符号组合。

　　例如,俞孔坚设计的都江堰水文化广场,将他的景观艺术设计可以理解为解读地域文化和人文精神的过程。都江堰城之西北古堰,为群山环峙,东南是平畴万里,千顷良田。其水由西北向东南汇百川、泽沃野,奔腾呼啸,气势磅礴,形成放射状的水网,奠定了天府之国扇形文化景观的基础格局。都江堰正是这扇面的起点,而广场就布置于扇面的核心部位。广场景观工程建设规模10.7公顷,整个工程以体现水景为主,体现古老悠远且独具特色的水文化广场,种植文化及围绕治理和利用而产生的水文化景观,成为一个既现代又充满文化内涵的、高品位、高水平的城市中心广场。其内容包括水系、雾喷泉、广场及道路铺装、园林小品、雕塑、叠水、坐椅、休闲设施、梯步、栈桥、景观灯、路灯、卵石堆砌、消防通道、停车场铺装、河流、小溪、桥梁等工程。绿化种植以乡土树种为主,常绿树和落叶树相结合,观赏花木与庭阴乔木相结合,乔灌草相结合,选择香樟、桂花、小叶榕及松柏树作为基调树种,以古翠柏树作为烘托,充分体现整体园林景观。

　　他在广场中并没有简单复制杩槎、竹笼等中国古代治水工器具的结构或建筑的外表形式,而是结合当代的审美需要与技术要求,把马叉、竹笼建筑形式,加以尺度和形式的改造、创新和重新组合、排列,以"文元"符号——"网格"形式使用于广场主景——塔楼。网格状塔楼给人们带来的是新颖、独特和视觉冲击力。在广场之中心地段,俞孔坚设计了一涡旋型水景,寓意为"天府之源"。中立石雕编框,内填白色卵石,既取古代"投玉入波"以镇水神之象,又为竹笼搏波之形,也喻古蜀人之大石崇拜要旨。石柱上水花飞溅,其下浪花翻滚、涌泉喷射,阳光下飞虹悬空,彩灯中浮光跃金。水波顺扇形水道盘旋而下,扇面上折石凸起,似鱼嘴般将水一分为二、二分为四、四分为八……细薄水波纹编织成一个流动的网,波光淋漓,意味深远,令人深思;蜿蜒细水顺扇面而下,直达太平步行街,取"遇弯裁角,逢正抽心"之意。广场的铺装和草地之上是三个没有编制完的、平展开来的"竹笼"。竹篾(草带、水带或石带)之中心线分别指向"天府之源"。中部"竹笼"系草带方格,罩于平静的水体之上,中心为圆台形白色卵石堆。东部"竹笼"则以稻秧(后改为花岗岩)构成方格,罩于白色卵石之上,中置梯形草堆(后改为卵石堆)。西边"竹笼"用的是红砂岩方格罩于草地之上。导水漏墙亦源于竹笼和导水槽的艺术符号,集中体现在广场中部斜穿广场的石质栅格景墙上。该景墙采用10厘米×10厘米镂空,斜向方格肌理,顶部为导水槽。该景墙起到分割广场空间的作用,同时,由于其为通透的漏墙,使广场分而不隔,丰富了广场的空间和景致。近百米长的栅格景墙强化了南北向的轴线关系。"杩槎天幔"广场设计,乃系为展现三千年前治水文脉,张扬古人得杩槎治水功能之妙道而形成的创意。因此,遍插铜柱,斜立有致,侧观如杩槎群,上悬黄色天幔,如若遍地黄花。灯光之下,更为灿烂①。俞孔坚的"竹笼""杩槎"等"文元"组合,使这一水文化广场充满了治水的历史文化符号和现代文艺精神。

(六)"文元"的借鉴

"文元"的借鉴体现在对艺术信息系统的解构与重构。水工建筑语汇在艺术家手中,被打乱,被穿插,然后又重新组合成一种崭新的气象。中国的诗、词、书、画,尤其是山水诗、画,是水工程文化创新的源泉,对这一传统文化信息系统的解构与重构、深度发掘与解读,由此将迸发出创作的灵感,可成为当代中国本土水工程形象的文化精髓。

王澍对自己的定位是:"在作为一个建筑师之前,我首先是个文人。"他的文化自信和文化自觉,表现在他对中国传统文化信息系统的借鉴和解构、重构之中。

他在接听普利兹克建筑奖获奖电话时讲道:"自己很多灵感来自于中国传统绘画和自然对话的观点。当然,还包括其他线索。"他把对山水画解构作为"营造的想象"。"山水画的本意更像是对'被固定,被指定在一个(知识阶层的)场所,一个社会等级(或者说社会阶级)的住所'的逃离,但这种逃离显然不是夺门而去,怒不可遏或是盛气凌人的那种,而是在平淡之中,另一种想象物开始了:那就是营造的想象。"

他从倪瓒的《容膝斋图》发掘出中西建筑、景观美学的差异,西方是先造房子后配景观,王澍则提出"造房子,就是造一个小世界""在那幅画中,人居的房子占的比例是不大的,在中国传统文人的建筑学里,有比造房子更重要的事情"。这个观点同样适用于水工程的设计,应该将每座单体水工建筑物置于更大的山水林田之水环境中去做完整的构思与创意。

王澍设计的《象山校区》,就像《千里江山图》那样绵延、起伏、回转,从建筑内部延伸到外部,从建筑外部向建筑内部穿梭的走廊,宛如江山图中的盘山路,而构成建筑主题的S形,又像是山脉的远景推拉,从而构成连续的运动。为了让这种运动有节奏,并如蛟龙卧在丘陵上,王澍用人工的方式为建筑垫起山坡。象山校区像山一样的

291

① 俞孔坚,石颖,郭选昌.《设计源于解读地域、历史和生活——都江堰水文化广场》[J].建筑学报,2003(9)。

演变与发展

屋顶的大山房建筑,几乎就是北宋后期的米友仁《潇湘奇观图》的直接照搬。他在做威尼斯双年展的"瓦园"时,就是借助五代董源《溪岸图》的水意,大片瓦面如同一面镜子,如同威尼斯的海水,映照着建筑、天空和树木。他从南宋刘松年画的临安四景图中,悟出"无定所"的空间意象。他直接从《五泄山图》树洞中隐含的扭曲变化看见了宁波滕头馆,采用了特殊的"切片式"的设计方法,通过多个空间切面来反映在不同空间状态下建筑形态和人活动方式的变化,找到了他所观想的全部语言要素。他从韩拙的画论中提炼出山体类型学,从而把建筑视为山体类型学的演绎。

王澍还从书法结体的规律中悟出建筑平面布置的真谛:平面上每栋建筑都自然摆动,与中国的书法相似,体现出建筑对象山的摆动起伏的敏感反应。实际上,作为建筑师的王澍,熟习书法。整个校园的建筑摆放是在反复思考之后,几乎于瞬间决定的。如同写一幅书法要一气呵成一样,这个过程不能有任何中断,才能做到与象山的自然状态最大可能地相符。这里的每个建筑都如同一个中国字,它们都呈现出面对山的方向性;而字与字之间的空白同样重要,是在暂时中断时一次又一次回望那座山的位置。在这里建筑与环境的呼应、依存,跃然纸上。传统的建筑语汇、"文元",在他的手中,被打乱、被穿插,然后又重新组合成一种崭新的气象。

292 王澍在他的《精神山水》一文中认为:"这些年我做建筑有点像以前中国人做园林,我称之为"造园活动"而不是建筑活动。北宋时李革非在《洛阳名园记》里提出过园林的六个原则——宏大、幽邃、人力、苍古、水泉、眺望。宏大不是物理上的大,而是中国人审美的意向,它带有一种包容世界的感受。然后要有人力参与,人与自然对话。而水泉则说明核心的生命是水。所以,中国园林是带有和自然对话的主观的观念性艺术,这正是中国文化中我觉得最精彩的,也是在今天最具现实意味的。这个时代整个世界最深刻的一组对立关系就是人工文化和自然的对立性,这时我们谈传统才会有意义,中国传统中的'道法自然'基本意图就是在强调自然的重要性。因此,象山校园也应该体现很多中国的美学,所以我做这个建筑并没有考虑传统校园的格局,而是主要考虑建筑与山水的关系。"王澍作为活跃在中国建筑第一线的建筑大师,他的作品总是能够带给世人耳目一新的感觉。凭着对项目场地的独特见解,对中国传统文化在建筑中的高超表达,以及对不同建筑材料组合地巧妙把握,使得王澍的作品有着一种独特的象征性和延续性。在象山校区中,王澍抛弃了现代建筑经典规划手法,去除了没有现场意义的轴线关系、对称关系等手法,而是将周围环境作为建筑规划的最大依据,从而形成了自由的、外松内紧的、拥有清晰场所关系的规划模式。王澍在校园内保留了一片农田,使用了因城市化而拆除的传统建筑的旧砖瓦,建筑造型上也试图用一种饱含传统记忆而又简洁优美的造型来达成其建筑与场地的关系。

"普利兹克建筑奖"评审团成员之一——智利建筑师亚力杭德罗·阿拉维纳(Alejandro Aravena)说："在中国城市化的进程中,有一个重要的问题:是否应当联系传统,或是否仅仅是面向未来。如同任何杰出的建筑一样,王澍的作品能够超越产生一种永存的建筑的争论,深刻地表现出它既是中国的,又是世界的。"评委伊拉克裔英国女建筑师扎哈·哈迪德认为："王澍的作品非常杰出,他的设计综合了雕塑的力量以及当地文化的底蕴。他创新的使用了原材料和古老的符号,展现了极致的原创性和感染力。"评委芬兰建筑师尤哈尼·帕拉斯马认为王澍的作品"表现了建筑既根植于当地文化的底蕴,又能与传统元素相结合,他的设计融合了理性功能和结构性,展现了富有神秘性和神话色彩的风格。"这些评价概括了王澍的建筑思想和特点,同样也是很值得水工程设计、创意时应该予以借鉴和采纳的。

(七)"文元"的置换

被世界建筑学界称为"现代主义最后一个建筑大师"的贝聿铭先生对苏州博物馆的设计,是"文元"置换的杰出范例。

贝聿铭先生用白色粉墙成为苏州博物馆新馆的主色调,以此把该建筑与苏州传统的城市肌理融合在一起。博物馆屋顶设计的灵感来源于苏州传统的坡顶景观——飞檐翘角与细致入微的建筑细部。然而,新的屋顶已被贝聿铭重新诠释,并演变成一种新的几何效果。玻璃屋顶将与石屋顶相互映衬,使自然光进入活动区域和博物馆的展区,为参观者提供导向并让参观者感到心旷神怡。玻璃屋顶和石屋顶的构造系统也源于传统的屋面系统,过去的木梁和木椽构架系统被现代的开放式钢结构、木作和涂料组成的顶棚系统所取代。金属遮阳片和怀旧的木作构架将在玻璃屋顶之下被广泛使用,以便控制和过滤进入展区的太阳光线。贝聿铭既不想要一个完全西式的平屋顶,也不想要一个完全苏式的灰瓦飞檐。他说"我需要一些新的东西来替代灰瓦发展建筑的体量",他让墙"爬"上了屋顶。按理说,屋顶铺小青瓦是苏州传统建筑的特色,但贝老认为,小青瓦易碎易漏,且要经常更换,最终,他选择了产自山西与内蒙古交界地带的花岗石"中国黑"。这种石材,晴天是灰色的,下雨后就变成黑色,太阳一照又变成了深灰色,不仅使用寿命长,而且与苏州建筑传统的黑、灰、白三色形成默契,为粉墙黛瓦的江南建筑符号增加了新的诠释内涵。为了让新馆建筑在现代几何造型中既能体现错落有致的江南特色,又能充分利用自然光线,贝聿铭设计了由几何形态构成的坡顶,既继承了苏州城古建筑综合交错的斜坡屋顶,又突破了中国传统建筑"大屋顶"在采光方面的束缚,充分体现了他的"让光线来做设计"的理念。他的以石代瓦、以钢代木、以玻璃代屋面、让墙"爬"上了屋顶的"文元"置换,既承袭了苏州传统建筑风格,又体现了现代建筑的大家风范。

在中国园林中,园和建筑是合为一体的,但在西方,园是园,建筑是建筑,它们在精神上互相分离。贝聿铭希望这次在结合中西两种风格的时候,能够避免在香山饭店设计中曾经出现过的"庭院虽然有传统园林色彩,但建筑本身并没有多少园林味"的遗憾,"希望保留真正的中国庭院传统,并重新思考建筑在其中应有的风格"。这一建筑文化思想,很值得水工程设计师借鉴。以前,在水工程设计时,往往首先进行的是主体水工建筑物设计,而在主体水工建筑物设计时,一般只考虑水工建筑物本身单体的性能和形状,不去考虑其建成后周边的环境,不去考虑要把这座水工建筑物融入水利风景区中。这样,水工建筑物就缺少了"园林味"、缺少了"景区味",也就缺少了"文化味"。因此,水利工程师,必须认真学习和理解贝聿铭先生让建筑本身有"园林味"的建筑文化思想。

(八)"文元"的分形

分形理论是由美籍法国数学家曼德尔·布罗特于1975年创立的。他认为:"分形是美丽的,创新则是无止境的。"

建筑美是一种形式美,建筑的形式美是一个十分古老的话题,从古希腊时代开始,建筑学家与美术家们就一直在探求形式美的规律和原则,产生了诸如均衡与稳定、对比与微差、韵律、比例、尺度、黄金分割等一系列以统一与变化为基本原则的构图手法。分形艺术是一种在所有尺度上用自相似(图形的部分与整体相似)描述的形状或集合,并具有无限细节结构的艺术流派。

分形作为建筑形式美的基本法则提出,是因为分形反映了客观世界普遍存在的自相似的规律,正像反映了客观规律的平衡、稳定和对称是建筑形式美的重要原则一样。分形图可以体现出许多传统美学的标准,如平衡、和谐、对称等。但是,分形绝不是传统形式美的翻版,它是对传统形式美的发展、突破和超越。

分形理论最具特色的是对称的突破,分形图形的对称既不是左右对称,也不是上下对称或中心对称,而是一种局部和更大的局部,或者是局部和整体的对称。它具有无限精细的结构层次,而无论是哪一个层次的局部都保持着整体的基本形,以此获得整个图形的和谐和均衡。

传统的建筑形式美强调用简单的几何形体来获得明确和肯定的效果,而分形是人们在自然界和社会实践活动中所遇到的不规则事物的一种数学抽象,它的研究对象是自然界和非线性系统中出现的不光滑和不规则的几何形体。因而,在分形图中更多地是分叉、缠绕、突出、不规整的边缘和丰富的变换,它给我们一种纯真的追求野性的美感。然而,在它的无限精细的结构层次和无穷的缠绕中,存在着由分维数学所制约的相互关联。这样的美感是传统的形式美所无法给予的。

由于分形图形包含着精细的层层嵌套体系,因而画面十分丰富,常能使人感到耳目一新,给人以启迪和联想,能充分发挥人的想象能力。当从不同的尺度和远近距离观看,甚至不同的时间观看时,都能发现它的构造单元的变化,从而获得新的感受。

这种由自相似的层层嵌套结构所提供的、改变人的视觉感受和拓展人的思维空间的特点,也是传统形式美所不具备的。

中国古典诗词中就描述了山水的分形结构,如陆游名句:"山重水复疑无路,柳暗花明又一村。"部分与整体相似,决定了不同部分之间也相似。"山重水复"四个字简洁而准确地描绘出山水地理的不同部分之间的相似性,"疑无路"三字表达了地理自相似性给旅客带来的疑虑。第二句写的是居民点的分形分布,在旅客不断陷入困惑后,村落又不断重复出现,以及它给疑惑中的行人带来新的喜悦,也是一种分形自相似的美。

悉尼歌剧院位于澳大利亚悉尼港的便利朗角,是悉尼市的标志性建筑,也是澳大利亚的象征。其特有的帆造型,加上作为背景的悉尼港湾大桥,与周围景物相映成趣,在现代建筑史上被列为20世纪最具特色的、巨型雕塑式典型作品之一。1956年,丹麦37岁的年轻建筑设计师约恩·乌松看到了澳大利亚政府向海外征集悉尼歌剧院设计方案的广告。虽然他对远在天边的悉尼根本一无所知,但是凭着从小生活在海滨渔村的生活积累所迸发的灵感,他完成了这一设计方案。按他后来的解释,他的设计理念既非风帆,也不是贝壳,而是切开的橘子瓣,但是他对前两个比喻也非常满意。建设工作从1959开始,1973年大剧院正式落成。2007年6月28日这栋建筑被联合国教科文组织评为世界文化遗产。就是这座享有盛名的悉尼歌剧院,又有多少人能想到它那无比生动且极富想象力的白色壳体,却是设计者约恩·乌松用数学方法得到的。他在直径为150米的球面上截取了全部10个三角形,来组成悉尼歌剧院的壳体群。由于源自同一个圆球面,因此尽管所组成的壳体群灵活多姿,却万变不离其宗,有着内在的几何协调和一致性,形成了十分生动的自相似美的整体造型。约恩·乌松产生设计构图的方法是基本符合分形艺术思维规律的,即先有数学的形式描述,后产生图形。壳体群从西立面看过去,左边(北面)的三个主壳体存在着自相似的关系,右边的两组相交的壳体形似两只翩翩起舞的大蝴蝶,这两只"大蝴蝶"也存在着自相似关系。当然,这种自相似只是局部与局部之间的,同时还略有变异。

欧洲最高的尖塔,世界第四大教堂的科隆教堂,东西长144米,南北宽86米,它的双尖塔顶高达157.38米,建筑本体全部由磨岩的石块砌成。它那高矗的双塔尖的外轮廓并非光滑的曲线,而是连续排列的小突出,与分形图形的特点吻合。科隆大教堂动工于1248年,停停建建,直至1880年才全部完工,整个工程持续了600多年。由于年代的久远,表面已呈黑色,更显庄严古朴。这个建筑最显美感的地方就是双尖塔造型。双塔最上部的三层浮雕式的尖顶窗饰,在它们彼此之间以及与双尖塔的整体造型之间,运用了自相似的叠套。这种层层叠套的尖顶结构用来表现神权是至高无上的,神也是有等级的。人则在众神的管辖之下的最底层,是渺小的,用以启发人们向往天国的宗教情绪。

传统的中国城市大多是一个非常标准、简洁的四边分形体。将中国传统城市的空间设计之形态模式与混沌分形图形进行分析，就不难看出城市、宫室和四合院住宅及单座建筑物等，其深层结构都具有相似的基本模式，而且在不同尺度上的空间形态的关系呈嵌套状。以唐代长安城为例，它依"城、坊、院、屋"的次序被划分为四个层次，构成完美的自相似美的结构。"墙"是分形迭代的主体。从外围最高大的城墙，到各街坊的坊墙，再到各户人家的院墙，最后是每间屋子的四壁。围墙至今还在中国大多数城市中占据着城市划分的主体地位。城市道路则是由"墙"划分后的结果，是被动形成的交通体系，而这个交通体系同样贯彻完整的分形结构。泰州市、苏州市还利用河道进行分形，泰州城墙外一圈是城河，城墙内一圈是市河，城内中市河南北贯通，玉带河横贯东西，使泰州城市成为田字式分形。

瑞士建筑师赫尔佐格设计的奥林匹克运动会体育馆方案——鸟巢，以及荷兰建筑师雷姆·库哈斯设计的央视新楼，从建筑美学角度看都是对拓扑与分形几何形态的追求。

四、创意方案的生成及案例

结合思维科学如设计科学、人工智能、物元分析等新学科的成果和实际情况，在水工程文化规划、初步设计中可采用如下方法进行创意，生成比较方案。

首先对设计目标的控制因素进行深入研究，从广泛的调研资料和信息中，找到相关或不相关，但又有一定联系的独立"文元"，其次对文元进行或扩、或缩、或增、或减、或叠、或借、或换、或分之八种变换之若干系列的创意核心元素，再依文元的重要程度进行排序，边生成、边比较、边剪枝、边缔选，逐步细化，形成若干个最初的创意方案，生成方案群。在方案群生成后，再通过一定范围的研讨或征求意见，最终找到一个较优并为决策者"满意"的创意方案。这样就完成可行性、初设阶段创意方案的生成、比较、选择全过程。

水工程文化设计工作可分为初设、可行性、技施阶段。从三阶段设计内容看，初设阶段是方案的创意设计，可行性阶段是对创意方案群的比较，而技施阶段则是方案的参数设计。其实，创意方案比较，不仅在可行性阶段，而在初步设计的全过程中，具体设计人或者他的团队也一直在对其选用"文元"及其采用的方法进行比较，这种在比较中完成的创意的设计过程，是整个方案设计中最关键的阶段，具有决定意义。只有在比较中完成的创意的设计方案，才会是较好的方案。方案不好，方向不明，起点不高，基点不准，结构设计、施工设计、参数设计再完善也于事无补。

（一）方案生成的技术思路

运用诺贝尔奖金获得者赫伯特·西蒙创立的设计科学的基本原理，水工程文化方案设计将遵循以下原则。

原则1:方案设计不谋求最优,而寻求满意。

寻求满意,意味着寻求在当时看来比较满意的方案。这种思路通常不是先把一个个方案都构造出来,然后挑选一个,而是先构造一个方案看是否满意,若满意,就停止搜索。若不满意,再构造下一个方案。若找了许多方案仍不满意,就需降低自己的满意标准。显然寻求满意者的最后选择,往往取决于他构造方案的顺序。满意的标准与决策者的好恶有关,决策者可以是个人,也可以是群体;可以是领导,亦可以是集体中的多数。

原则2:抉择者根本不用去寻找一切备选方案,只考虑在作抉择时看来最有关系的少数几个方案。抉择者对备选方案的价值考虑,是受到注意力支配的。对备选方案优劣的衡量,不是依照某个囊括全部价值的效用函数,而是依照抉择发生时某几个最迫切需要来进行的。

抉择者不会对一切可能的后果认真考察一番,只对备选方案的后果有着一般的了解,可能会对一两个重要后果认真思考,也可能预料少数几个偶然事件发生的可能性。

原则3:启发式搜索法。

采用试错加推理的混合策略对方案进行索,整个方案搜索过程可看成"手段"和"目的"构成的树状过程。在该过程中,任何一个子目标对上一步搜索而言是目标,对下一步而言则为手段。目标或手段的选择,都是根据一定的启发信息作出的。

这些启发信息包括先前已有的知识和经验以及搜索进展中的既得信息。如随着搜索进展,可能发现前面选定的某个子目标无助于问题解决的总目标,则放弃该目标,退到前一个出发点,重新考虑可能的策略,并记下这一次失败,以免重犯。

(二)方案的生成、比较、选择

方案生成是方案设计的关键。

悉尼歌剧院是20世纪最具特色的建筑之一,也是被联合国教科文组织评为世界文化遗产的伟大建筑。约恩·乌松的方案击败所有231个竞争对手,获得第一名。但是,谁又曾知道,约恩·乌松的方案被大多数评委第一轮讨论时枪毙出局,遭到了淘汰。后来评选团专家之一,芬兰籍美国建筑师埃洛·沙里宁来悉尼后,提出要看所有的方案,这个方案才又被从废纸堆中重新翻出。埃洛·沙里宁看到这个方案后,立刻欣喜若狂,并力排众议,在评委间进行了积极有效的游说工作,最终确立了其优胜地位。设计方案一经公布,人们都被其独具匠心的构思和超俗脱群的设计而折服了。2003年,乌松获得素有建筑诺贝尔奖之称的普利兹克建筑学奖,跻身建筑业的最高殿堂。2008年11月29日,90岁高龄的乌松在睡眠中平静辞世。澳大利亚总理陆克文在悼词中说:"乌松因为给世人留下了悉尼歌剧院这样一个珍贵的遗产,所以他既是丹麦的儿子,也是澳大利亚的儿子。"设想一下,如果没有埃洛·沙里宁这位"伯乐",可能就没有悉尼歌剧院这样的建筑,约恩·乌松这匹"千里马"也只能消失在千万匹"野马"群里了。

因此,设立方案生成的原则为:首先,应保证不漏掉真正有价值的方案,避免出现"矮子里拔将军"及在非优区里盲目搜索的情况;其次,评选方案者必须是真正的专家,以防止一知半解者误判,将好的方案扼杀于摇篮中;再次,方案群不宜过于庞大。前者要保证寻优,后者要提高搜索效率,降低搜索代价、费用和时间。

1."满意"方案的可行域

根据由西蒙的有限理性说提炼出的方案设计的原则,一是原则,二是设计目的。由几个主控因素,经几种主要变换后,生成方案群,即可构造包含"满意"方案的可行域。

考虑到人们在抉择时注意力的维持与转移,价值观的形成与运用,抓住主控因素就能找到"令人满意"的方案。将主控因素依重要性排序,对最重要的主控因素先变换生成方案,如果"满意",则对次要因素不再变换生成方案,可停止搜索,以节省寻优的时间和代价,最终提高搜索效率。

主控因素的确定,在对事物认识比较清楚时,可依据经验和规范,当对事物不太熟悉时,可利用功能—技术分析法加以确定,主控因素应是相互独立、互不相关的因素,否则生成的方案是相互重复的。

2.主控因素的变换方法

水工程文化创意的主控因素就是"文元",对主控因素进行扩、缩、增、减、叠、借、换、分八种变换,目的是保证方案群中能包含创新性的方案。

根据对创造思维的研究,从"文元"分析的观点看,任何目的和条件不相容问题的求解,都可通过对目的、对条件或同时对目的、条件的三要素——事物、特征、量值进行八种变换而得出解答。从形态学的观点看,任何事物的功能都可分解成分功能,由分功能可找到功能载体,而对功能载体的材质、形态、结构分别进行八种变换,就能找到创造性的方案。

3.搜索程序

令人满意的方案的搜索过程呈树状剪枝。将主控因素依重要性排序后,每次仅变换一个主控因素,生成几个方案后进行剪枝筛选,将该主控因素确定,然后再对重要性稍次的主控因素变换生成方案、剪枝、筛选、确定,以此类推,各主控因素均确定后,"令人满意"的方案也就形成,搜索过程也就完成。

(三)案例

1.省属泰州引江河二期工程新船闸造型文化创意和设计方案的生成

2011年董文虎受该枢纽管理单位的邀请,为其二期工程拟新建船闸的造型搞一个文化创意,董文虎考虑到:原船闸造型使用的是线条十分简洁的竖向"船帆"造型概念,使原闸造型既美观又有一定的文化内涵。因新闸与其并列,从美学的观念出发需考虑以下几点:①要与原闸造型文化内涵相呼应,但造型不能雷同。②原闸造型以竖向高耸线条美取胜,新闸最好采用横向美的造型。③原闸天蓝色的基调系冷色调,新闸的颜色应与其接近和吻合。故提供了如下四个方案备选。

方案一:泰州系中国人民海军诞生地,"文元"创意宜仿缩中国人民海军的"泰州舰"外形,为闸首设计建筑造型。

方案二:参考四条不同的舰、轮的造型,分别为四个控制室外型设计。

方案三:闸首用水浪和海鸥造型。

方案四:以鲸鱼或海狮等海洋中典型动物为造型。

方案一抓住泰州系海军母亲城,用"泰州舰"这个文元,按设计应考虑美学原则,进行布局;在方案二生成时,对文元进行增加变换,由一舰型变为双舰、双游船型;在方案三、方案四生成时,对文元进行置换和变换,将文元由舰变为水浪、海鸥,进而变为海洋动物。有很多人建议选择"泰州舰"的造型。

非常遗憾的是,由于多种因素的影响,2015年建成的该闸,似乎仍然因袭水利设计善于套用、模仿的设计方法,建了四座类似原船闸闸首,且与原船闸闸首几乎等高,且造型颇难意会的管理用房。再加上设计成粗、大线条的工作桥,使原船闸之清秀、隽逸、大气的美受到压抑,使人们在上、下游欣赏该闸的美感受到影响。如从空中鸟瞰,更觉如此。

2.成都梁江堰的"百水图"设计方案的生成

刘冠美设计的成都梁江堰的"百水图"以"水"为"文元",对这一文元反复进行分解和组合变换,最终生成"百水图"。

首先将"水"这个文元分解为具象"水"和抽象"水",进一步将具象"水"分解为气态水、固态水、液态水,进行剪枝筛选,舍弃气态和固态,取其液态;进一步将抽象"水"分解为书法"水"字和水的化学分子式,进行剪枝筛选,舍弃"水"的化学分子式的形态,取其书法形态;再将水的书法形态分解为政治家书法和艺术家书法,由政治家的书法手迹组合成"治"字篆形图案,由艺术家的书法手迹组合成"水"字篆形图案,由此总成为"治水"的大图案,而具象的水流自上而下形成水幕,在棕榈树掩映下的瀑布文化墙别有一番哲理,水中有"水"、虚实结合、体象合一。文化墙过水时,"水"字的作者不显露;文化墙不过水时,"水"字的作者显露出来。

三块浮雕将百水图分成"治""水"两大板块,用"水德淡中,泉玄内镜。至柔好卑,和协道性。止鉴标贵,上善兴咏。爰有幽人,拥轮来映",对"水"的哲理进行注解;用

"左水右台,抬水为治,筑坝兴利;厶有山形,山下开口,禹疏洪患,冰凿离堆,其源于斯",对"治"的文字学本义进行注解:治国治家,理通治水,或堵或导,隔行不隔理。

水工程文化设计的可行性、初设阶段的主要设计任务是寻找一个"令人满意"的方案。利用设计科学、物元分析、工人智能、创造思维等新学科的成果,提出的方案设计方法将为初学者提供有规可循的思路和程序,而不至于无从下手、手足无措,将增加可行性、初设阶段设计工作的有序性,并为评价设计质量提供客观标准,同时为建立水工程文化方案设计的智能专家系统提供理论基础和模式框架。

3. 南水北调江苏段东东线卤汀河工程桥梁文化设计方案的生成

南水北调江苏段东东线卤汀河工程上计划建设桥梁12座,原有设计桥名多为延用老桥名和所在地名,桥型为系杆拱式公路桥和衍架拱式生产桥两种,未做任何水工程文化设计。江苏省南水北调办公室张劲松副主任,深入基层,根据群众意见,要求卤汀河工程指挥部对即将建成的桥梁作适当的文化点缀,以提升桥之文化内涵及品位,桥文化设计创意交董文虎和泰州市水文化研究咨询小组负责。董文虎和小组成员首先考虑的是先从"桥名"这一核心"文元"着手。他认为原有桥名,均系设计者不需动脑筋地采用桥所在地名为桥名,如"朱庄公路桥""朱庄生产桥""宁乡生产桥"……只能起对桥这一地理实体和对其所处空间方位的标识作用,而丝毫未考虑其文化内涵。中国古代人考虑造桥的公益性、工艺的复杂性和工程的耐用性,对桥名的文化性比较重视,不少桥名承载了丰富的历史、地理和文化内涵。但历史上,因造桥往往一个阶段,一个地方造一座桥,就已是了不起的大事,故留下的文化桥名多是散点式的桥名。而卤汀河工程是在一条河上,同时建12座大桥,很有代表性。故设计拟按一个文化主题概念,设计12座既是系列的,又是不同的桥名,以留下现代水工程文化的印记。他们通过对沿线地方的调研和采风,形成了两套方案:一为按彰显泰州市文化宣传品牌"文昌水秀,祥泰之州"的吉祥内涵,创意的《吉祥系列桥名及形象装饰设计方案》;二为按泰州自古被称为"纪纲重地""文献名邦"之传统文化,创意的《古代精典思想系列桥名及装饰设计》。方案生成后又约请了泰州市老科协、泰州市水文化研究咨询小组、兴化市水利科技研究会相关专家们对这两个生成的方案进行剪枝、筛选、确定,最终对每座桥逐一定名为鱼乐桥、麒麟桥、龙珠桥、鱼龙桥、龙潭桥、花溪桥、太平桥、人和桥、鸳鸯桥、陵亭桥、南津桥、五里亭桥。后因项目调整实建10座桥。其后,又根据桥名的"文元",采取扩、缩、增、减、叠、借、换、分的方法,对桥之装饰进行了逐一设计,并明确:首先,对10座桥的名碑,需分别请10名泰州书法家题写;其次,对桥之装饰需与桥名文化相对吻合;再次,桥之重点石塑工艺,要由石艺名家打造,并刻留其名,以提升石塑之价值。

卤汀河竣工后,泰州市民对这些文化桥梁反响热烈,例如《泰州市政府网》"望海楼论坛"网民,无雪的冬天就发出这样的感慨"看了这些桥,心灵受到震撼,精神感到振奋。泰州原创的这些桥梁符号雄伟壮观,美不胜收,可能在中国文化桥梁、景观桥梁中独树一帜。你见过桥头上形态各异的麒麟吗？你见过喷珠戏珠的龙吗？你见过鱼化龙的风采吗……在这里你都会看到。一条普普通通的卤汀河有了这些美桥,流淌的水便有了文化含量,有了我们这代人的思考,刻上了历史烙印。感谢设计这些桥梁符号的文化人,感谢工程建设者!"

第八章　水工程文化学的
运用与展望

第一节　水工程文化学运用的意义

一、运用水工程文化学有其特定意义

（一）对水工程文化研究的运用，是水工程文化学的重要课题之一

当人们给定了水工程文化内涵以后，便已同时孕育了水工程文化的内在作用。水工程文化揭示前，其内在作用是潜在的，水工程文化揭示后则转化为认知的作用，如果人们在认知这一作用得到一定发挥后，认为它是一种客观存在而且是必不可少时，则对水工程文化的研究便势在必行。那么，研究水工程文化，一方面在于认识水工程文化；另一方面则是为了在现实水工程活动中得到运用，能用水工程文化去指导水工程计划、决策、规划、施工、管理、运用的全过程。所以，对水工程文化研究的运用，同样也是水工程文化学的重要课题之一。

（二）揭示水工程文化，使水工程文化学具备了专门的意义

开展对水工程文化的研究，是建立在传统水工程理论以及传统水工程学科基础之上的。而客观上传统水工程的出现、发展，也已经必然地同时对传统水工程文化存在着重大的依赖性。客观上水工程文化的研究，是一个长期的、发展的、深化的过程。在不断深入研究的同时，必须开展对人们进行水工程文化教育，甚至是普及，并在大专院校开设专业教育，在使更多的人认知水工程文化后，水工程文化学研究的现实意义就会变得更大。当然，所有这些，将取决于在赋予了水工程化内涵之后，水工程文化被进一步揭示、水工程文化学的专门意义被进一步认知的程度。

（三）研究和运用水工程文化学的专门意义

水工程文化被揭示后，水工程文化学能被确立为一门独立的交叉学科，则人们便会进一步认为它既有独立的研究对象和内容，又具有现实的指导作用，已满足新学科创立的基本前提条件。水工程文化学之独立的研究对象和内容取决于水工程文化的内涵。水工程文化学对现实的指导作用，则又取决于水工程文化的内涵和其性质。水工程文化学所具备的专门意义，就是以这些内容为基本骨架，构成的一系列既是一体的又有区别的各种意义。这些专门的意义又为建立本学科体系作了一些必要的概述。研究和运用水工程文化学的专门意义主要有以下几点：

第一，水工程文化学已具备了研究水工程意识形态这一条件的意义。

305

运用与展望运用与展望

水工程文化学揭示了客观存在的水工程哲理、水工程伦理、水工程心理、水工程逻辑等一系列意识形态的东西,主观给定了"水工程文化"和"水工程文明"的基本内涵,并开始提出创立研究水工程文化学动议,则水工程文化学也就开始具备了专门从事研究有关水工程意识形态这方面的条件之意义了。

第二,水工程文化学理论体系对其他水工程理论具有普遍的指导意义。

水工程文化内涵给定了水工程文化学的研究内容和范围,水工程文化性质也圈定了水工程文化学的学科类型或性质,两者共同确立了水工程文化学在科学之林中的地位。按一般学科体系的分类归属于学科研究对象及内容的关系,研究意识形态方面内容和学科归为人文科学范畴。水工程文化是无形的客观存在,即以意识形态为其存在形态,且又本质于人,水工程文化的主体和载体都是人,是由人在水工程活动全过程中表现出其客观存在,显然,以研究这一性质而存在的水工程文化学之学科,必定要归属于人文科学范畴的学科体系。那么,水工程文化学也就具有了人文科学的一般意义,它归纳、总结水工程物质形态存在的发展过程,而抽象、升华为一种意识形态的水工程理论思想,然后又用以指导人们的水工程活动过程,并在指导过程中得到检验,进一步修正、完善水工程理论以及其自身的思想理论体系。同时,水工程文化学除有其自身的特殊意义外,还是所有有关水工程的理论的核心,对其他水工程理论具有普遍的指导意义。

第三,水工程文化学研究的内容在水工程实践中具有核心地位和作用的意义。

尽管水工程文化是无形的、意识形态的,人们难以直观地认识其存在,但是它却实实在在地存在于水工程过程的各个环节中,或者也存在于各种样式的构件和各种类型的水工程中。一方面水工程的计划决策、规划、设计、施工、管理、运用等各个环节都同时包含着两种不同质态的过程,一是思维过程,二是劳作过程。思维过程是劳作过程的前提,以思维指导劳作,也通过劳作表现思维,检验思维。水工程各环节的思维过程,就是水工程文化形成和运用过程。那么,水工程文化,也就非常客观地存在于水工程全过程的各环节的现实活动中。另一方面,水工程的一个构件、一组构件组合体以及一座水工程实物、一组水工程群等都在其物质形态中蕴含了意识形态的东西,因文化而产生演进的水工程以及每一个构件是非本能的,即每一个构件到水工程实物的形成过程都是在某种水工程思想意识指导下完成的,则这些具有指导性意义的思想意识,同样也是水工程文化。显然,水工程文化学研究的水工程文化,在水工程全过程的实践中,具有核心地位和作用的意义。

第四,对于水工程总体而言,水工程文化学具有完善的、补全的另一门学科的意义。

水工程文化学认定有关水工程的意识形态方面的相关内容,为研究的内容和范围,是出于对传统水工程学未曾涉及这一方面内容的缘故和动机。传统水工程学,集中精力主要研究的是水工程的物质形态和部分心物结合形态,其研究对象确实未能包括水工程总体。水工程是文化的一部分,全面地说,水工程也应该同时具备人类文化存在的三种不同形态。长期以来,传统水工程学其研究的视力仅达到"水工程"外部两个层次的客观现实,似乎没有疑义地认为这已是"水工程"的全部了,导致这种"水工程"随着社会经济发展之人们的视角,已被发现有些不尽如人意的地方。于是,水工程文化学研究者,发现了水工程意识形态这一最深层次的东西,为传统水工程学找来了"水工程"的另一部分。但是,他们却又无法将这一部分内容纳进,并非属同一门类科学的传统水工程学之中。那么,就必然要将人类智慧结晶的完整的水工程分为两个学科来研究,即水工程学和水工程文化学,两门学科各司其职、相互协调,共同发展成一个完整的"水工程",则水工程文化学就具有了对于水工程这一总体而言,是完善、补全的另一门学科的意义。

第五,水工程文化学具有开辟水工程理论研究新时期的意义。

水工程文化学主要是研究水工程的意识形态方面的内容,既丰富了人类文化科学知识的内容,也揭示了水工程理论发展,到达的一个新时期。水工程理论,就是人类对水工程的认识所形成的知识体系,而人类对水工程的认识与对其他任何事物的认识一样,也是由浅入深的。首先,是对水工程物质形态的认识。人类从取得水工程材料的用法,到构筑水工程之工具的使用,从水工程位置的选址,到水工程形态、功能的确定等的经验积累,进而便形成一整套的水工程建造和构筑的技术理论,奠定了最早的水工程理论基础。其次,是对水工程心物结合形态的认识。实际上,人类在对水工程的有形功能——灌、排、引、航等功能满足的同时,也需要有对生态、环境影响、人文效果之造型样式、装饰风格等另一种无形功能的满足。当人类认识到这一点以后,也形成了有关水工程之无形功能的理论体系,则水工程理论的发展开始跃升到另一个新的高度。再次,就是对水工程意识形态的认识。一次次的水工程样式或风格的流行,也一次次地被新的水工程样式或风格取代,任何水工程样式或风格都无法恒定地占有水工程,这都取决于人类思想意识的发展、人居环境观念的演变,人们对生态条件顾及的自律理论的形成,当人类有了这些缘由的顿悟以后,对水工程的研究就必然要深入到"水工程"核心层,客观上也就需要形成对水工程核心层内容研究的水工程文化理论之新体系。所以,水工程从工程理论发展的角度而言,水工程文化学又具有开辟水工程理论研究新时期的专门意义。

(四)研究和运用水工程文化学的其他意义

当然,水工程文化学所具备的专门意义远不止这几方面,从不同的角度观察,都可能得到不同的意义,无论是水工程文化揭示前、揭示中,还是水工程文化揭示后,水

307

工程文化学同样都是具有意义深远的。特别是水工程文化揭示后，它不仅使水工程理论研究跃入了一个新的历史时期，也完成了水工程理论发展的由物质到意识的一个周期演进，在这一水工程理论研究周期之末，将接着另一周期的发展，这是一种不可抗拒的必然规律。水工程文化学既完成了这一周期的完整过程，也揭示了下一周期的规律，其意义是深远的。

二、水工程文化对传统水工程文化的继承

（一）传统水工程文化具有强大生命力

人们认识水工程文化，是在继传统水工程时期之后的现代水工程时期出现的，是现代水工程时期的产物。而现代水工程有别于传统水工程的最主要一点，则是水工程全方位文化大发展、大繁荣、大交流的结果。而水工程全方位文化大发展、大繁荣、大交流发展至今，实际上也只是处于开始不久的初级阶段，对比厚重、成熟、完整的传统水工程而论，现代水工程明显地显得还很幼稚。而且，在现代水工程时期，传统水工程文化还具有相当大的惯性力、影响力，时而也能出现让人惊叹的强大生命力，如出现的大禹精神、都江堰技术、大运河文化等，传统水工程的东西屡次激起人们的兴奋点，人们既想超越传统水工程，又似乎对传统水工程尚有许多留恋之情，周期性地拽回传统水工程的某些内容研究一番和吸收运用一番，这就是传统水工程具有的一定魅力，也是传统水工程文化的可取之处。所以，水工程文化虽然揭示于现代水工程时期，人们水工程文化思想观念里感受最多的还是厚重、成熟、完整的水工程传统，所以说水工程文化确切地说，应当是建立在传统水工程基础之上的。显然，新诞生的"水工程文化"还是要更多地接受传统水工程的优质遗传基因，对传统水工程构、建筑物和传统水工程理论中的优秀部分予以继承。

（二）新建立的水工程文化学需要不断推进和完善

水工程文化学面对传统水工程或选取传统水工程作研究课题时，无论采用什么研究方法，所能引以为证的，只有实物遗存或文献记载的水工程构、建筑物以及由先人们创下的一整套水工程理论或完整的传统水工程学。至于新诞生的水工程文化学需要探索、研究不断推进和完善，难免存在这样或那样的不足，唯有在继承中诞生和成长，才能日臻完善。主要继承的方向也就是水工程构、建筑物实物和水工程理论这两个方面，需要在时间和空间上这两个方面的同时继承。

从时间上而言，水工程文化揭示于传统时期之后，所面临的大多是各流域或各区域的传统水工程，也建立在传统水工程理论之上，两者都可为以后揭示的水工程文化提供一定的历史基础。

传统水工程的最大特点是形成了各流域或各区域各具特色的水工程，而各流域或各区域不同的水工程形成于各区域的自然水环境，传统水工程与各流域或各区域

水环境相呼应,也相协调。而形成的传统水工程由受自然因素逐渐向文化因素支配的延袭过渡后,是在一定的自然因素基础上向文化因素的过渡,而且后者的影响成分逐渐增大。随着传统水工程的演化或演进,在传统水工程的末期基本上已多演化成为由文化因素支配了,这也就宣告传统水工程时期即将结束。水工程文化揭示的孕育,正是产生于这个时期,由于各传统的水工程都已近发展成熟,且随文化的演进而提高到足以打破流域或区域的束缚,相互交流和流向其他流域或区域,传统水工程也就出现了广泛的混杂现象,准确地说,是传统水工程文化的混融现象,各种水工程思想意识观念便形成了纵横交错。然而,水工程文化是无形的、是意识形态的,人们无法直接认识这个时期的水工程文化混融现象。传统水工程就像是涂上标识的水工程文化,各种水工程构、建筑物及水工程构件、设施的流向和混杂,使新组成的水工程的各组成部分都带上了不同的标识,人们可以以此来认识水工程文化总体的组成因素的各种来源和种类;否则,水工程文化揭示后的人们,对水工程文化研究使用的历史学方法、符号学方法、现象学方法等都难以提供有前提的材料,对各种水工程文化现状的认识,就只能是抽象、模糊的概念。

而对水工程文化区的划分,又由于在水工程文化揭示时期的水工程文化已处于混融的现状,有较明确的区分则是完全必要的。但水工程文化区,在水工程文化揭示时期已趋于混杂、模糊状态,明确的水工程文化区划分只能上推到水工程文化潜在的传统时期。而传统水工程文化区的划分是以自然和文化两因素为标准的,其中的自然因素实际上依然是主导传统水工程的决定因素。所以,水工程文化的揭示和研究,是无法完全抛开物质形态的传统水工程的,有必要给予相当程度的继承。

(三)传统水工程理论是水工程文化学研究的基础

传统水工程学或传统水工程理论,也是水工程文化揭示和研究的基础。传统水工程学是随着水工程研究的水工程理论总体的发展,形成于传统时期,并在传统时期发展和成熟的。但传统水工程学并不是对水工程研究理论的全部,传统水工程学只研究了水工程的物质形态和心物结合形态。尽管传统水工程学的自身虽已认为相当成熟、完善,然而却还是留下了水工程意识形态的这一方面内容,未能纳入研究,给水工程文化学留下了空当,而因社会经济发展的需求,被水工程研究者拾而收之为专门的研究对象和内容。那么,传统水工程学便为传统时期的阶段性产物,在对水工程研究的理论总体里,仅居其中的一部分。传统时期后揭示产生了水工程文化学,既填补了对水工程研究的理论的另一部分空白,也是水工程理论发展的新阶段的产物。如果没有传统水工程学对水工程研究在传统时期的发展成熟,也就不可能有水工程文化学的后来形成,那么,水工程文化学的形成,实际上只是一种对传统水工程之水工程理论的继承和发展。传统时期形成的传统水工程学是对水工程理论研究的积淀和外部基础内容,仅研究水工程的核心内容的水工程文化学自身没有独立存在的意义,人类生存所需的首先还是有形的水工程,而并非是无形的水工程文化。因此,水工程文化学的研究也只能建立在传统水工程学的基础之上。

从空间上而言,水工程文化揭示的是跨越不同空间、在不甚知觉中协作完成的文化,是近现代在传统水工程以及水工程理论的背景上出现的不同空间而具有一定时间顺序延续协作的文化。尽管水工程文化是文化,是文化学理论的运用结果,但毕竟是在水工程要素上的运用,其水工程文化的揭示动机也只是源于传统水工程发展至今的客观所需和传统水工程理论对水工程研究所留下的空当。故而,具有核心文化性质的水工程文化,在空间上仍然是以我国传统水工程和水工程理论的混融现状之外部结构为基础的。

水工程文化揭示阶段,各流域或各区域的传统水工程仍是维持着各区域水工程特性的主要内容。然而,水工程文化学所揭示的仅仅是水工程文化研究的一个方法论问题,并不具体开展对某一流域或某一区域的水工程文化的系统研究,但水工程文化学所揭示的这一方法却具有广泛的普遍性意义,对任何一区域的水工程文化研究都是适用和可行的。反过来,如果水工程文化学对各流域或各区域的传统水工程都是持继承的观点,运用某一流域或区域的传统文化的分析思维或特长,在对各流域或各区域的传统水工程深入分析和比较的基础上,再运用另一流域或区域的传统文化的综合思维或特长,进行抽象综合,两者协作诞生了"水工程文化学"。其既是被比较分析对象的传统水工程空间差的各流域或各区域的协作,也是研究上运用某一流域或区域传统的思维方式分析和另一流域或区域综合思维或特长的跨越协作。被揭示的水工程文化一般研究方法又返回到各传统时期形成的水工程区域中,接受传统水工程的检验,是否也满足水工程文化学所揭示的水工程文化蕴含的一般规律和发展演变的一般过程,特别是对水工程文化流域性或区域性的检验。所以,有着空间差别的各区域传统水工程既是水工程文化的分析对象,也是水工程文化的检验对象,尤其是流域性或区域性的水工程文化问题。

传统水工程时期,人类各主要流域或区域都相继形成了各自相对完整和独立的水工程理论体系,都带有较多的自然属性,也在传统时期的末期,逐渐由自然属性为主转化为文化属性为主,且能逐步演进成大艺术中一个门类,称之为"水工程艺术"。但各流域或区域传统水工程理论中的水工程技术和水工程艺术的成分比例是不同的,水工程艺术成分较浓的以城市水工程区域为最。而水工程理论的发展趋势的水工程艺术成分增多是必然的,经济发达地区农村水工程区域显然在水工程理论上在近现代处于领先的地位,于是,其水工程理论随文化的扩展而侵入到各流域或各区域,也被各流域或各区域所乐意接受,这是人们理智上对较先进理论的吸收的一种必然。然而,经济发达地区农村水工程理论由其文化性质决定的所具备的理论特点是比较分析为优、抽象综合较弱,而对水工程的研究由物质层到心物结合层、到心理层的演进是由文化科学规律所决定的。经济发达地区农村水工程理论在心物结合层研究取得领先地位后,将水工程理论推向全流域或全国,并也率先启蒙了心理层的研究,但水工程心理层的研究的最有力武器不是比较分析,而恰恰是抽象综合。对城市和经济发达地区农村具有一定空间差异的地方进行协作,这也是水工程文化学需要研究的内容。因为这些都是传统水工程理论以及传统文化发展的结晶。

三、水工程对水工程文化的吸收

水工程文化建立在传统水工程基础之上,却又反过来对传统水工程学具有决定性的指导作用,或者说,传统水工程学的"水工程"对被揭示的水工程文化具有不可缺少的吸收性。传统水工程学的"水工程",包括水工程的物质形态和心物结合形态两方面,即水工程物、水工程技术、水工程艺术等内容,以及有关这些内容的水工程理论,事实上这些都是靠吸收了水工程文化而生存和发展的。具体地说,有水工程文化揭示前的水工程对潜在水工程文化的吸收性,有水工程文化揭示后的水工程对认知水工程文化的吸收性,揭示中的水工程文化仍属未认知的水工程文化,其作用应当认为是水工程对潜在水工程文化的吸收,则水工程所吸收的水工程文化便只有潜在的水工程文化和认知的水工程文化两种。

(一)对潜在水工程文化的吸收

水工程文化揭示前和揭示中,水工程文化是潜在的。虽然水工程文化还未主观给定,但水工程文化内涵的诸要素是客观存在的,并非没有。既然水工程文化内涵诸要素是客观存在的,就必然有其客观的存在地位和存在作用。不过,只是传统水工程学,一是并未明确其地位和作用而已;二是甚至可能刻意回避这种客观存在的必然与参与,这就造成了水工程文化作用虽不为人们所了解和认识,但其作用的影响却是实实在在地存在着。由于两方面因素的存在,便决定了客观存在的水工程文化诸要素对水工程的作用必定是潜在的。

在潜在水工程文化时期内,水工程时水工程文化的吸收,最典型的阶段是传统时期。当然,传统时期以前的原始时期和以后的近现代时期的水工程也同样依重于水工程文化,于是水工程吸收潜在水工程文化,就经历了三个主要发展阶段。

第一阶段的原始时期,主要指文化产生后至传统时期形成前的这么一段发展过程,水工程无论在文化产生后的文明形成前,还是文明形成后,基本上是自然因素决定水工程的构成,水工程文化也随文化的产生而产生,潜在于人们的水工程活动过程中。在这个时期,由于人类文化之力很弱,人类生存受自然水环境的威胁性很大,人类的水工程文化内容主要还局限于对自然水环境的简单认识,主观意识上都将精力全部倾注于寻求更有利于生存的对水环境之改造,但主要是顺乎对自然水的防御和利用性改造。这种对自然水的改造,似乎仅仅是做一些土工构筑物,也似乎是一种别无选择的自然反应,或者说是近乎本能的高级动物神经反应。当人类的这种改造自然水的水工程仍无法完全摆脱自然水环境降临的灾难时,便自作聪明地创造了一个超越自然的"神"来填补这一思想意识上的空白。于是,这时期的人类便以带有"神"和近乎本能自然反应的水工程文化思想意识来支配所有的水工程活动,甚至更多地是祈求"神"的参与庇护,依赖于这一水工程文化意识的人们,而只能处于"逐水草而居,遇洪涝而陟"的水生环环境中。

第二阶段的传统时期,水工程类型得到充分的发展,不仅水工程满足了人们的基本生存的需要,而且还在保基本生存的水工程的基础上,分化独立出其他许多种类的水工程;主要是灌溉水工程、航运水工程、给水水工程、发电水工程等公共水工程,这完全是由人们思想意识上的演进所决定的。

随着人类文化之力的增强,进入传统时期,人类主宰这个世界已成必然趋势。而人类社会也不再只是满足于基本生存,人类随着社会经济的发展,文化内容的增加,滋生了许多要社会提供的新需求,即非生存本能的其他生活欲求,如商品流通、社会交往、宜居宜游、娱乐休闲、社会管理等主客观的精神和物质的生活需求,这其实也是人们对水工程环境空间的新的思想意识内容,水工程所分化滋长出来的新类型正是在这些水工程文化思想意识支配下逐步构建而成的。

同时,传统时期由水工程的构建技术沿袭、传承,进而上升为一种水工程理论,包括水工程技术和水工程艺术在内的水工程理论,然后由水工程理论来指导水工程活动过程。水工程技艺操作是水工程的物质形态,水工程技术和水工程艺术本身则是水工程的心物结合形态,水工程理论却是意识形态。水工程理论当属于水工程文化的范畴,即指导水工程活动的水工程理论是人们有关水工程活动的思想意识和行为规范或准则,就像任何科学一样,水工程理论的水工程学的学科自身也是一种意识形态的东西;况且,传统水工程学的水工程技术理论和水工程艺术理论的形成,也是在某种潜在的水工程文化思想意识支配下完成的。因此说,传统时期的水工程活动以及水工程理论的演进发展,同样也依赖于水工程文化的支配,只是较之原始时期的水工程文化,对"神"的盲目敬畏,已演进为较理性的宗教崇拜,虽然仍是一种主观唯心的自我超越或自我解脱,但却已有较科学的心理安定积极因素。

第三阶段的近现代时期,水工程文化已在揭示中,但严格地说,人们的水工程文化仍处于潜在作用中。

近现代水工程,以西方水工程的输出和各区域接受西方水工程的输入而相混融为最显著特征,其实,西方水工程的输出不是单一方向的输出,也有对其他区域水工程的摄取。在近现代，西方的水工程实际状况，也是西方吸收了其他区域水工程而形成的混融状况。我国近现代各流域或各区域的水工程，以西方水工程为主导，混融了其他流域或区域水工程，是一种对其他流域或区域水工程文化吸收的表现，当然更多地还是弘扬本民族文化和帮助落后一点的水工程快速发展的状况，实际上都是受水工程文化所支配的。西方水工程的输入或移植后，各流域或各区域的文化演进的水工程意识，但主要是文化吸收的满足。虽然世界其他各区域都有西方水工程的移植和对其他区域水工程吸收的现象，但文化之力悬殊较大。且在地域秀丽而富足的区域，西方水工程就可能出现得较多，这是一种文化之力的较量和强烈的吸收意识的表现。但其他各区域也有不甘忍受西方水工程的肆意移植域盲目吸收的，或奋起本民族传统水工程来与之抗争，或中庸地、暧昧地将西方水工程与本民族传统水工程按一定思维模式有选择地拼凑成一体，体现出各流域或各区域接受西方水工程的不同心态和自己所具有不同方式的水工程文化意识。

随着西方水工程的出现，西方近现代水工程理论纷纷不断地侵入到世界其他各区域，但与西方水工程的移植现象不一样，西方水工程形式是物质形态的移植，水工程理论却是意识形态的侵入，它并非短时间所能解决的，需要有一个较长的接受和吸收过程。但到了现代，我国各流域或各区域基本上接受了西方水工程的理论体系，远胜对物质形态的西方水工程的接受程度，这是取决于人们水工程文化思想意识的本质表现。水工程理论本身是属于水工程文化范畴，一般情况下，传统水工程理论在人们头脑中已形成了固有观念，一种观念形成后，一般不可能在短期内被铲除而替换上新的水工程理论思想。但任何一个民族的人们，都有一种优择劣汰的人类共性，从科学角度而言，西方近现代水工程理论显然比其他国家或区域的水工程理论要发展快一些、优秀一些。所以，西方水工程理论几乎是没有疑义地、至少在现代完全占领了全世界各地。

(二)对认知水工程文化的吸收

水工程文化潜在的各时期水工程，对水工程文化的吸收程度是不同的，这只是无意识的潜在作用。对水工程文化研究意义而言，主要还在于推进有意的认知作用，即表现为在水工程文化认知时期，水工程对水工程文化的吸收性。

早在近现代时期，人们已认识到了水工程思潮的重要作用，不仅谈论、研究水工程思潮，甚至将水工程思潮的名称作为水工程时代的称谓，而且称该时代出现的一些典型风格的水工程为思潮的水工程。但由于水工程文化尚未被揭示，有关水工程的各领域之间的关系不明确，即水工程思潮与水工程艺术、水工程风格、水工程技术、水工程构筑物等之间的关系比较模糊，则各要素在水工程活动中的地位和作用，人们并不清楚，也就无法正确认识水工程思潮、水工程时代、水工程风格等之间的区别。这一阶段,水工程思潮所发挥的作用还只能是潜在的。不过,它也为水工程文化的揭示提供了一个揭示前的水工程文化潜在和认知的模糊区间,为水工程文化揭示的顺利过渡奠定了一定的基础。

当水工程文化被揭示以后,有关水工程意识形态便独立成为一个专门的研究领域,并被命名为"水工程文化学"。水工程学仍需研究水工程的物质形态和心物结合形态,在文化大范畴里,水工程文化学和水工程学各自占据水工程的一部分,或者说瓜分了有关水工程研究的全部,则水工程文化学与水工程学的关系便逐渐变得非常清晰起来,水工程文化在水工程活动中的作用也很就较为明确了。因此,人们在水工程活动中的水工程艺术创作、水工程技术运用、水工程建筑物的使用等,都将会有意识地、自觉地去寻找正确的水工程文化思想意识作指导。人们也在日常生活中,不断追求提升自已科学的、理性的水工程文化思想观念的修养,因为人们已经认识到水工程文化在水工程活动中所起的决定、支配作用。人们开始有意识或无意识地接受了,任何水工程活动都离不开水工程文化的主导这一客观存在的事实。在水工程文化被揭示以后,水工程对水工程文化的吸收性便是认知的、有意识的,其吸收水工程文化的作用也就较水工程文化潜在时期更大,也更为显著。

314

第二节 水工程文化学的运用环节

一、水工程文化学在水工程相关环节上的运用

水工程文化学的运用环节包括决策、规划、设计、施工、管理、发掘、鉴赏、保护、利用、开发等十大环节,各环节贯穿水工程文化实施的全过程。

(一)决策的运用

决策是水文化工程实践的头等重要的第一环节,它决定文化水工程是否能够启动、是否能够顺利实施。水工程文化从创意到实施的全过程是个复杂的系统工程,需要多部门的协调、配合,需要调动大量的人力、物力、财力,这就需要掌握话语权和决策权的一把手的强力推动。这时一把手的文化意识、文化自觉、文化品位就相当重要了。

有关文"化"水工程的理念、文化水工程项目及经费的计划能否通过一把手审查,让他们作出决策,关键在于这些部门的审查者和决策者对文"化"水工程功能的认知程度。做好相关的汇报工作,组织相关部门和有关领导参观先进文化水工程是十分必要的,通过参观开阔眼界、认识差距、坚定决心。

决策案例如下。

1. 省级决策

2014年共有658个国家级水利风景区,最多的是山东省,共77个,济南市成为全国第一个水生态文明建设试点城市,山东省也在全国第一个出台了水生态文明城市省级地方标准。山东省地处北方,水资源并不丰富,但在水利风景区建设和水生态文明城市建设上遥遥领先其他各省(区、市),这和山东省领导的正确决策密切相关。2012年山东省发布了国内首个省级地方标准《山东省水生态文明城市评价标准)》(DB37/T 2172—2012),颁布了水生态文明城市创建工作实施方案。

注重顶层设计,加强政策支持,为水利风景区发展举纲张目。

作为水利现代化示范省,2010年,山东省省委1号文件明确提出要"规划建设一批水利风景区",山东省水利厅党组以1号文件出台和中央、省委两个水利工作会议精神的贯彻落实为契机,在政策出台时提高了水利风景区创建的含金量和可操作性。省厅将此作为贯彻落实1号文件的66项分解任务之一进行定期督查。省长姜大明在全省水利工作会议上要求:"依托河道、水库、湖泊等水体,建设一大批多功能水利风景区。"根据省委1号文件要求,制定下发了《2011年度水利改革发展绩效考核办法》,办法规定"制定水系生态建设规划,积极创建水利风景区,水生态环境明显改善"占有一定权重分值,作为地方相关领导干部绩效考核评价的内容之一。省政府出台的《山东省地方水利建设基金筹集和使用管理办法》已将"水系生态保护"列入山东地方水利建设基金专项使用范围。水利风景区发展规划正在紧锣密鼓地制定,近期即可出台。在宏观政策的推动下,山东很多市、县(市、区)都将水利风景区创建工作列入了当年政府工作计划,明确了分管领导、主办单位,建立了考核机制。一些发展较好的地区出台了自己的鼓励措施:淄博市水利局每年安排20万元以奖代补;临沂市对批准为国家和省级水利风景区的管理单位明确级别,安排编制。这些举措有效推动了山东省水利风景区的快速发展。2015年有9处景区被命名为国家水利风景区,32处景区被命名为省级水利风景区,势头超过往年。

2. 县级决策

以陕西省凤县为例,陕西省嘉陵江源国家水利风景区坚持高起点规划、高目标引领,是加快水利风景区建设的关键。

一是坚持政府主导,高端发力。凤县是矿产资源大县,依托山水资源,发展生态旅游产业成为资源支撑型区域谋求经济可持续发展的必然选择。2006年以来,积极实施"生态立县、旅游兴县"的发展战略,把水利风景区建设作为发展生态旅游,实现县域经济可持续发展的突破口,开始了水利事业的二次创业。为此,县政府专门成立了由县长亲自任组长,水利、旅游、林业、国土、城建、环保等部门为成员的水利风景区建设领导小组,坚持政府主导,高端发力,加大政府投入力度,实施部门项目整合,全县一致,狠抓落实,确保了水利风景区建设的顺利推进。

二是坚持科学谋划,规划引领。水是人类文明的载体,凤县的每一条河流都与凤县历史文化、群众生活、经济社会发展息息相关,如何使水利风景区建设突出地域特色和人文精神,成为规划阶段首先思考的重要命题。为此,把"维护水工程,改善水环境,保护水资源,修复水生态,弘扬水文化,发展水经济"作为水利风景区的功能定位,邀请西北农林科技大学风景园林规划设计所高标准编制了《嘉陵江源水利风景区总体规划》,高起点规划、高目标引领有效确保了水利风景区科学有序的开发建设。

三是坚持系统打造,突出效益。在水利风景区建设中,按照"以山为景,以水为魂"的山水自然风光旅游发展思路,着力构建以嘉陵江水系为主线,以县城凤凰湖为中心,以嘉陵江源头景区、岭南植物公园、通天河森林公园、古凤州消灾寺景区、嘉陵江西庄段景区、县城凤凰湖景区、灵官峡漂流探险体验区为支撑的水利风景区大格局。同时,又相继实施了嘉陵江"百里生态画廊"、县城"一江两岸"综合治理工程、亚洲第一高喷泉等精品项目,为提升凤县水利风景区的承载力、辐射力和综合竞争力奠定了坚实的基础,初步实现了水利工程社会效益、生态效益和经济效益有机结合的预期目标。

四是坚持行政推动,有效落实。为了全面推进水利风景区建设进度,县委、县政府将水利风景区建设工程项目全部纳入全县的重点项目建设工作,推行"一个项目、一名领导、一套班子、一套方案、一抓到底"的"五个一"工作机制,对所有项目逐项落实包抓县级领导,明确了责任单位和责任人,纳入全县目标责任考核,使水利风景区在建设初期就站在高点上快速推进,确保了各项工作的高效率落实。

(二)规划的运用

水利规划的规范、规程的制定,应从"河流两岸生态化、节点园林化;水库坝体艺术化、环境自然化;闸站水上建筑雕塑化、环境景观化;枢纽工程形象化、环境景区化;湖泊工程环湖湿地化、近湖秀美化"的高度来制定或修订。

必须在水利规划中,将发展国家和地区的水利旅游业与把先进的文化元素融入水利工程之中的建设,作为规划目标之一,列入国家和地方水利多目标规划或综合整治规划之中。用这一规划目标来指导规划编制的内容,规范下位规划,直至将这方面的规划项目纳入计划,付诸实施。

流域规划中应注意彰显流域文化,如黄河流域的华夏文化、治河文化,长江流域的巴蜀文化、荆楚文化,淮河流域的两淮文化,太湖流域的吴越文化,海河流域的燕赵文化,珠江流域的岭南文化,松辽流域的游牧文化等。

地区的水系文化规划,要对上位的流域文化规划有所了解,在接受上位流域文化规划导向的前提下,参考地区河流或主要湖泊特有的、个性的文化元素,精心设计地区水系文化概念,并对下辖区域的水系文化规划和设计提出方向、意见或建议。具体可参见下图。

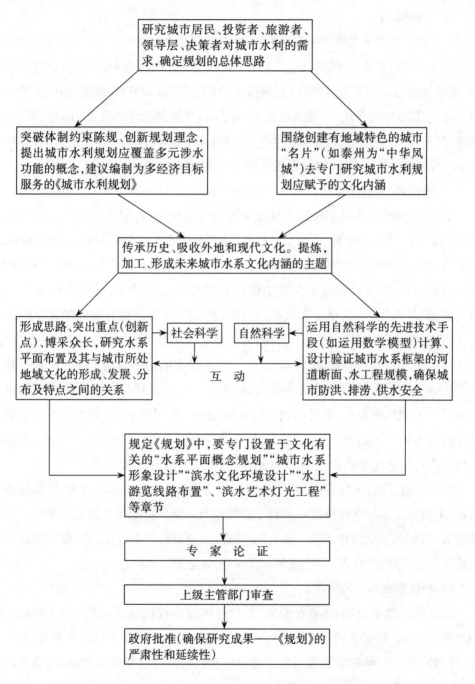

运用水文化的理念编制水系规划、项目建议书技术路径图

在编制水利专业规划时,应按照所从属流域规划中提出的有关水系的文化内涵、品位的目标或所从属某一地区水利规划的文化概念。如有条件,还可具体规划到每个工程项目的文化主题、美化要求等。

规划案例如下。

上海松江生态水利风景区规划先行,好的规划是水利风景区是否成功的关键。

松江区河道众多,水资源丰富,在推进农村现代化的过程中,全区各镇整治水环境,建设景观河道的积极性很高,利用这个契机,松江区对1000余条河道、水域进行调查研究,请专家给予论证,确定生态水利风景区建设的总体方案为"山城连景,水系畅通,回归自然,休闲度假,体现特色"。依据松江现代新城的总体建设规划,辟建三处各具特色的生态水利风景区,形成三条水上旅游风景线。

(1)体现湖光山色特点的"山城连景"水上风景线。

佘山于1995年被国家旅游局批准为国家旅游度假区,但唯一缺憾的是有山无水,显得干巴巴。1998年10月,区人民政府委托同济大学风景科学研究院编制12.95平方千米"核心区控制性规划"时,列入了在佘山脚下开挖"人工湖"项目,此工程是以蓄水调水、排涝除渍为立项依据的水利项目,总投资1.5亿元人民币。33公顷水面的"月湖"位于东佘山和凤凰山之间,犹如一面镜子映衬着郁郁葱葱的山林景色,自然形成了一条以"月湖"为核心,体现湖光山色的"山城连景"水上风景线,形成环山游,山水风光游。然后自"月湖"出发,经山前河—辰山塘—沈泾塘—张家浜,进入松江新城的景观河道,享受"山城连景"游,可以极目远眺横卧在田园风光中的凤凰山,东、西佘山,天马山,北竿山,辰山……的风姿;可以观赏到茸立于佘山顶上的远东第一大教堂——"佘山天主教堂"、佘山天文台、佘山森林公园、新石器时代的广富林遗址等景观,进入新城水系后,可观赏到现代欧式城市风貌。

"月湖"竣工后,不仅发挥了工程效益,而且带来了生态、景观、休闲、旅游等多种效益,国内外专家高度评价这一水利工程的添景效果。月湖风景区先后举办了国际沙雕节、国际汽车拉力赛、国际"铁人"三项赛、山地自行车赛等国际赛事。2002年全区接待国内外游客271万人次,旅游业收入13.44亿元。

(2)松江新城水上风景线。

松江新城规划面积60平方千米,其设计风貌为现代欧式新城,2005年前建成22.5平方千米。依据欧式城市风貌的特征,政府在配置新城防洪排涝水系规划时,对河、桥、坡、岸、泵、闸都要求采用生态型、景观型,与城市自然景观相吻合,高起点规划,高标准建设。近三年来,在新城建设中,疏浚调清,拓河造景,增添了大小水景湖泊五个,水景公园一处,水面积33公顷,形成"三横三纵"、总长达28.6千米的6条景观河道。在实施中,通过建坡、置景、植绿、布灯,体现了与周围环境相一致,形成了碧水穿流、翠绿映衬、水在城中、城在园中的和谐美妙的自然生态新城风貌。

占地近530多公顷的松江大学城,校与校间均以水系景观河道为界,河上桥景,河中水清,岸上翠绿,总长达2.5千米的校园河成了一道亮丽的风景线,国内外宾客、学者观光考察纷至沓来,赞誉不绝。

(3)"母亲河"寻根游水上风景线。

上海的"母亲河"——黄浦江的干流形成在松江。自1994年首次举办"上海之根"文化旅游节以来,引起了上海市民到浦江上游觅源寻根的强烈欲望。区内的大小河道均是黄浦江支流,开发这一条水上风景线其特点就是访古寻根。

近年来,政府投入了1.2亿元修复古城河的驳岸、廊坊、石桥,把地面文物中的唐幢、宋塔、元寺、明壁、清园用市河串起来。游"母亲河"水上"寻根"可从古代京杭大运河的"漕运"起始点大仓桥(明代)下船,饱览古城风貌以后顺流而下到米市渡畅游母亲河。"母亲河"寻根游,以其特有的历史文化资源,会产生极佳的社会、经济效益。

(三)设计的运用

建设有文化内涵和有一定品位的水工程,在调查研究过程中,还要深入了解并获取水工程所在流域、地区的历史文化、风俗民情、名人轶事、风景名胜、宗教信仰、建筑风格、娱乐方式、休闲风气、交通能力、自然风光、文物遗址、旅游状况等信息,进行研究,形成融入文化的初步创意、文化工程的目标概念、具体工程文化概念、生态条件、环境形象等。进而,将初步创意融入常规的水工程设计内容之中,一并作出技术决定、计算工程总量、提出施工方法进度及概算。

河道工程设计注重文化内涵应研究的内容及工作程序参见下图(见次页)。

水脉宜流通重在水体的流动性、水质的洁净性、水流的多样性、水工的区别性、水系的整体性;绿脉贵参差重在本地植物的群植、特色植物的间植和隐喻,应解决好植物与水天、水岸、水坡、水面的关系;文脉涵古今关键为标题点睛,处处生色,个性突出,方方胜景,区区殊致,各有各的独创,各现各的生命。

传承空间意境的营造,元素符号的重新排列组合,元素符号的简化、夸张、放大,集成、综合亦是创新,传统文化的解构与重构是创作灵感产生的源泉,文脉空间的要素包括建筑、雕塑、民俗、宗教、诗文、书法、神话、传说、名人等,文脉设计是对风土人情、文化传统、历史沿革、历史文化内涵的充分挖掘、合理诠释、运用保护、恢复、调整、创新等设计手法。应该研究原有整体环境,对环境特征、文化传统、人文轶事等进行历史性的系统分析整合,确定各要素的色彩、尺度、形态、符号、意蕴等制约条件,通过合理布局,使内容和形式与整体环境相融合、相和谐,各种文化形态得以互补,相得益彰。文脉的整合,首先要全面了解文脉的内涵,设法让其释放。其次,要丰富文化内涵,不断注入活力。最后,要深化游览者对文脉的感知。

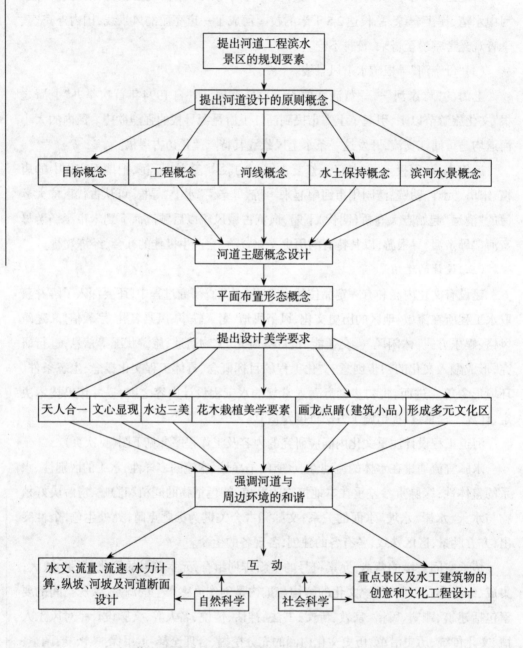

河道工程设计文化内涵应研究内容及工作程序图。

标题系列设计,一要符合逻辑;二要对景观的序结构优化;三要对景观文化内涵进行概括、提炼、整合、升华。标题题材包括自然景观、人文物艺、人物活动、季相天时等。通过标题对观众、游客进行引导、熏陶,提升文化品位,彰显文化精品。

设计案例如下。

1.潍河水利风景区

核心景区的潍河公园分入口广场、观光平台、名人园、凤凰广场、金谷平原、音乐广场6大景区,并配套音乐喷泉、自然堆石、阳光灯塔、潍水之灵、水榭栈桥等滨水景观,实现了历史文化、自然风貌与现代气息的融合。

山东诸城市大型雕塑"潍水之灵""潍水风帆"成为潍河国家水利风景区风景区的灵魂。一以诸城恐龙为创意题材,取其外观大致,重其内涵神韵,借助几何块面不同向度的构成,塑造双龙腾跃、仰空长啸的审美形象,远古色彩与现代气息融会,给人一种奋发向上、锐意进取的震撼和启示。"潍水风帆"雕塑,高43米,寓意一帆风顺。两个大型雕塑相映成趣,壮美而有视觉冲击力,俨然龙文化与水文化穿越时空的对话,成为潍河国家水利风景区的特色景观。潍水之灵和潍水风帆是潍河水利风景区的标志性建筑,寓意丰富而又深刻,二者相映成趣,和谐生辉。诸城的"潍水之灵"和"潍水风帆"注重神韵、意境,讲究形意相依、神情并貌,力求自然和谐、天人合一,在似与非似、人工与天然之间找到了巧妙的结合,充分发掘地域、历史文化要素,完成龙文化与水文化穿越时空的对话。

潍河公园是一处融防洪、生态、治污、交通、绿化、美化、文化、旅游于一体的综合性滨水景观工程,2005年8月,其被国家水利部命名为国家水利风景区,成为全国首个县级开发的河湖型水利风景区。

潍河公园上自诸城市密州橡胶坝,下至拙村拦河闸,核心景区整体分为观光平台、演艺广场、音乐广场、凤凰广场、金谷平原、入口广场等六大景区。景区内栽植南北名优苗木如观叶树银杏、观形树雪松、观花树白玉兰和观枝干树白皮松等94种11多万棵,草皮绿化面积达到了24万公顷,形成了乔木、灌木、草坪合理搭配,使景区三季有花,四季常绿,具有适用、经济、美观的效果。

公园内主雕塑为两条抽象的腾飞巨龙,高28米,重110吨。44万平方米的凤凰广场形为飞翔的凤凰,二者浑然一体,寓意龙凤呈祥。飞架水面的栈桥,水天一色的瀑布(天蓝色橡胶坝高3米、长330米),耸入云端的阳光灯塔(高44米),气势磅礴的音乐喷泉(主喷高36米,动力230千瓦),烟波浩淼的蜿蜒水线,再现历史的名人园,老少咸宜的金谷平原,登临致远的观光平台,全用灵动的曲线相连。七色的花岗岩板,色彩丰富的印花艺术地坪,环保的互锁渗水砖,柔软的塑胶地板,现代风格的防腐木与上百种花卉苗木构成灿烂绚丽的壮美景观。公园内亮化工程有高杆灯、路灯、庭院灯、草坪灯、壁灯、泛光灯、地埋灯、水下灯等8种类型灯具,共2541盏。每盏灯具根据不同位置相应环境选择不同的灯型,样式有40多种。灯具品种多、式样多,成为一道亮丽的风景,它既亮化了景区,又提高了景区的观赏性,特别是夜晚彩灯齐开,使景区辉映在一片灯的海洋。

2.黄河魂景区

黄河魂景区是渭南市东雷抽黄灌溉工程管理局利用工程和自然资源创办的融娱乐观光、休闲度假为一体的水利生态游览区。万古不废的滔滔黄河,哺育了中华五千年灿烂文化,毫不吝啬地赐给人类无数恩惠。"黄河魂"生态旅游区得地脉之先,自有记载以来,从未断流,是秦晋的水上交通要道,素有铁码头之美誉。这里四季慑魂,处处动魄,春回黄河流冰,似万马奔腾;夏归黄河揭底,如惊涛骇浪;秋至黄河地啼,乃洪钟大鼓;冬来黄河凌汛,尤上舞银蛇。天崩地陷的黄河崩岸,随时都向游人诠释着"三十年河东三十年河西"的哲理。尤其是"揭河底"与"地啼"乃万里黄河上两大自然奇观,是"黄河魂"所独有的神韵。

黄河魂国家水利风景区融自然景观与人文景观为一体,一步一景,步步融情。乘快艇,浏览秦晋风光,赏心悦目;坐游船,阅读黄土峰林,心潮澎湃;黄河漂流,惊心动魄,新奇刺激;龙洞漂流,如梦似幻,其乐融融;高空滑索,魄起魂落;玄武奇石,天设地造,蕴含灵气;登观鸟亭,欣赏飞禽世界,每临冬季有天鹅、白鹭、丹顶鹤等30多种国家一、二级保护珍禽栖息;千亩垂钓园,阡陌纵横,鱼虫游弋,波光粼粼。

3.宁夏石嘴山星海湖水利风景区设计

1)生态护岸的设计

(1)非结构性护岸。

按城市湿地自然水岸模式,运用自然界物质,形成坡度较缓的水系护岸。根据基址条件和人为需要,可分为自然缓坡式护岸和生物工程护岸。当岸坡坡角超过自然安息角或土质不稳定时,需要对护岸进行人工防冲蚀和加固处理,可利用天然植物纤维,通过覆盖或层层堆叠等形式来阻止土壤的流失和边坡的侵蚀,并在岸坡上种植植被和树木。当这些原生纤维材料缓慢降解,并最终回归自然时,岸坡的植被已形成发达的根系,起到护岸的作用。有条件的地区可直接使用一种新型工厂化生产的生物工程材料"植生膜",它以无纺织物为基质,内植肥分,可根据不同地区生物的适生性,植入不同的树籽草籽。这种形式一次性价格较高,但管护方便,成活率高,见效快,适用于不同坡度的生物护坡,效果很好。

星海湖湿地在金西域景区、南沙海景区采用了生物护坡的形式,主要是植草护坡,其他区域使用较少,目前主要为土质放坡,原因主要是投资大,维护成本过高。

(2)结构性护岸。

结构性护岸分为两种:刚性和柔性。刚性护岸割断了水陆之间的生态流交换,生态性差,投资大,工期长,适用于水流急、岸坡高陡、土质差的水岸,也可在一些特殊地段如码头、广场等有选择地使用,但应是间断而非连续的。柔性护岸相比之下有一定的通透性和空隙,为鱼虾等提供可靠的栖居空间,既具生态特性,又兼具景观效果,尤其在北方冻融循环破坏严重的地区,更能体现其优越性。

星海湖建设之初,在山水大道两侧就使用了浆砌石立墙的护岸形式,实践证明这种形式在景观上给人一种冷硬的感觉,且在北方地区由于冻融循环,耐久性差,也曾出现过倒覆的现象,后又以抛石加固。在后来的建设中,大量使用1:8~1:10的自然放坡形式,有条件的地方植草美化;在没有大放坡条件的地方使用本地材料卵石护坡,如在东域东段、北域、中域湖中道路两侧等部分区段使用了卵石护坡形式,效果很好。

2)人文设计

石嘴山市历史悠久,文化源远流长。为使星海湖在拥有和谐优美景观环境的同时,更有一些文化的元素和气息,石嘴山市政府下大力气,挖掘市域内各种文化信息,在总体设计布局中加以利用,以此激发市民的文化兴趣和热情。

(1)中华奇石山。

将石嘴山市区东侧电厂第一灰场覆土改造,建成中华奇石山,共建设了3个石林区、9个雕塑园及1个擎天柱园区。雕刻中外历史名人、文化名人、政治家、军事家、科学家等石像,镌刻论语、诗经、三字经、弟子规等古文、警句碑文。拉运贺兰山石4.2万余块,采购临沂奇石、灵璧石、泰山奇石200余块,置石造景。

(2)星海湖历史文化展示广场。

建设星海湖历史文化展示馆,展示石嘴山建设发展的历程及星海湖建设的成就。广场雕刻有12尊历史人物巨石像及其生平事迹。

(3)龙腾广场。

龙腾广场安置龙形奇石,石座四周雕刻有迟浩田将军题写的“龙腾星海”四个大字。环广场矗立着8位曾为石嘴山市建设发展做出杰出贡献的主要领导雕像及其生平事迹,以此纪念他们的功业。

(4)星海广场。

星海广场坐落在星海湖中域西岸,也是石嘴山市行政新区的所在地。广场总面积7万平方米,广场中央设主席台,后侧居中为和谐盛世宝鼎,主席台前是长达百米的“山水之间”大型文化景观地雕,地雕两侧设步道和跌水。广场两侧建有12根紫铜柱雕,分别雕刻贺兰雄关、大漠长河等十二大景观;南北两侧的历史文化园和工业文化园,以红砂岩浮雕,全景式、艺术化地再现了石嘴山市历史文化传承脉络和工业发展史,展现了石嘴山美丽的山川面貌和取得的辉煌成就。

(5)新月海景区。

新月海景区规划总面积3平方千米,其中含宁夏理工学院0.8平方千米,规划将理工学院以宝葫芦的形式呈现在新月海之中,学院中主要道路设计成金钥匙的形状,寓意用知识的钥匙开启智慧的宝库。学院周围水系环绕,在学院的南侧堆筑两座大岛高20米,中间可通航,设计为太极双鱼图形式。通过这种有形的景观形式,激发人们对哲学的兴趣,起到抛砖引玉的作用。

(6)典型建筑。

在鹤翔谷景区鹿儿岛上建造了一座欧式风格的景观水塔鸽楼。在绿岛上建欧式风格观礼台,顶置中国文化中的如意图样雕塑,寓意平安吉祥。在白鹭洲景区垂钓岛上,建造了太公钓鱼雕塑,高8.1米。

3)人性化设计

星海湖湿地景区建设在人性化设计方面作了很多努力,例如,在山水大道两侧设非机动车道,湖边设人行步道,汉白玉护栏,并设多处不同形式的景观节点、观景台、凉亭座椅等;在北域一些区段铺设卵石入水坡岸、亲水平台。由于景区范围较大,为方便游人游览,在各个景区间和景区周围修建了交通道路,方便机动车通行。

国家水利风景区评委评价:"蓝天碧水、绿叶水鸟、奇石大漠、美不胜收。"

(四)施工的运用

建筑物的表面艺术造型、外装饰处理、艺术灯光的布设、绿化植物的配置,艺术造型、雕塑、铭石、艺术小品的点缀,联匾的配置等就不是一般用工程或机械制图能绘制出标准的施工图直接交付施工的,有些工程项目需要在施工的推进中,通过多层次的艺术创意,反复修改设计和创作,才能定形、定内容。

对有一定文化内涵与艺术品位的水工程,应将这部分文化工程单独发包,由具有针对各种不同需求文化资质的施工队伍(或外加工)完成。水工程文化的创造应贯穿于工程设计、施工的全过程。设计图纸的完成,并不代表就能一蹴而就、万事大吉,设计者应全程跟踪工程的进展,在施工过程中,设计者需要通过实地观察,进一步完善原设计,还需和施工人员共同协商解决施工中的具体问题。因为施工者也属于这一工程的审美客体之一,而且是极具经验的审美客体。施工者在施工前应吃透图纸,通过设计交底,深入了解设计意图,在水工程文化实施过程中,将设计意图与实现手段进行比较,找出施工难点和解决办法。在施工过程中,要给予施工者(包括设计者)二次文化创意的时间和空间。

施工者不需也不应完全处在被动地位,要充分发挥自己的聪明才智,尽量弥补原设计的不足。施工者是要解决工程中的每一个具体细节问题的,而这些细节往往能为整个工程添彩。

有文化内涵与艺术品位的水工程不仅要给设计者、创意者科学的设计时间,而且也要给施工者精雕细琢的时间以及科学合理的施工周期,才能创作和制作出高品位的文化工程。

施工案例如下。

1.淮安樱花园国家水利风景区的水土保持

樱花园国家水利风景区位于淮安市淮阴城区古黄河北岸,水陆总面积680亩,集樱花观赏、水土保持研究、科普教育和休闲游乐于一体,是江苏省水利厅城市水土保持试点工程和水利部水土保持科技示范园。园区原为古黄河滩地,土质为粉沙土,地形起伏大,水土流失严重。全园划分为水土保持试验示范区、水土保持科普教育区、自然生态特色治理区、生态防护工程区、休闲观光区等五大功能区,采用坡面治理与沟道治理相结合,生物措施与工程措施相结合,乔灌草相结合,坚持治理与美化同步,监测与示范同步,形成了完整的平原沙土区水土流失综合防护体系,实现水土保持综合治理与生态景观相协调。园内建有水土流失监测小区、小型气象站,园区监测设施已纳入江苏省监测网络。园区设有水上乐园、樱花广场、奇石、花卉、亭台等园林景观,旅游休闲场所、河道治理、特色林草品种等,起到了城市水土保持示范、引导和辐射的作用。园内河流环绕,绿荫覆地,亭廊曲回,疏影横斜,给人以步移景异、闹中取静之感。八桥静卧,形态各异;奇石夸张有趣,石雕栩栩如生;植物品种繁多。

325

2.三河闸水利风景区的绿脉设计和施工

三河闸水利风景区的绿脉设计和施工颇有创意。滨水绿带呈开放式自然布局。以植物造景为主,辅以风格各异的园林景观,充分利用植物的色彩、花期、叶色、味香来体现景点文脉。根据滨水绿带所处的环境位置、不同季节的植物景观和各具水文化含义的亭、轩园林小品,沿湖呈带状展开,组成既各自独立、各具特色,又相互联系的有机整体,建成富有诗情画意的春花、夏绿、秋叶、冬枝。其主要景点有:

古泊新柳。亭柱上点示出景点名称"古泊新柳"。植物以垂柳、桃花为骨干树种;国槐、香樟、广玉兰、迎春、紫荆等为配置树种,展现出"一树春风千万枝,嫩于金色软于丝"的景致。

荷塘月色。每当荷花亭亭玉立、凉风阵阵吹来之时,游人会被"接天莲叶无穷碧,映日荷花别样红"的景致所陶醉,看到刻有"荷塘月色"的山石,脑中会浮现朱自清的《荷塘月色》美文意境。

密林情语。在山石上刻景点名称"密林情语",来增加游趣。植物以竹类、雪松、香樟、合欢、黑松为骨干树种,马褂术、桑树、木槿、夹竹桃、栀子花、月季等为配置树种,来体现"凤尾森林、龙吟细细"的植物景观。

碧梧栖凤。再现清雅古朴自然的森林景观,在密林深处设计一座传统古典式院落中点缀山石,种植梧桐树、凤尾竹,创造一种"寂寞梧桐,深院锁清秋"的意境。植物以梧桐、凤尾竹为骨干树种,以刺槐、香樟、广玉兰、樱花、桂花、海棠等为配置树种,浓密的梧桐林间配置凤尾竹,引出"碧梧栖凤"的典故。

杏帘在望。怪石上刻出景点名称"杏帘在望",点出主题景观。植物以成片杏树、樱花为骨干树种,广玉兰、意杨、马褂木、桃花、蜡梅、四季时花等为配置树种,给人一种"绿杨烟外晓云轻,红杏枝头春意闹"的意境。

海棠春暖。山石上雕刻出景点名称"海棠春暖"。植物以海棠、杜鹃为骨干树种,合欢、广玉兰、桑树、樱花、紫荆、四季时花等为配置树种。这里所展示的是4月的园林景观,即"只恐夜深花睡去,故烧高烛照红妆"。

桂馨月明。植物以桂花、紫薇为骨干树种,以雪松、合欢、国槐、木槿、石榴、四季时花等为配置树种,每到8月桂花阵阵香气袭来,月光在姹紫嫣红的木槿花、石榴花映衬下显得格外明亮,使人享受"醉里偶摇桂树,人间唤做凉风"的浓浓秋意。

秋叶晨霜。以"晚秋"为主题的自然森林式布局,间配草地、疏林草地、密林草地、花径,结合其他园林小品,具有开朗、幽静、明快相结合的园林空间特点,构成具有浓郁森林气息的景观。植物以银杏、七叶树为骨干树,以鸡爪槭、七叶树林、银杏林等所展示的艳丽秋色令人流连忘返,每年初霜打在鲜艳的秋叶上,体现"停车坐爱枫林晚,霜叶红于二月花"的意境。

梅林初雪。植物以梅花、蜡梅为骨干树种,以香樟、垂柳、广玉兰、海桐、紫叶李、四季时花等为配置树种,在这里栽植各品种的梅花、蜡梅。每年12月,梅吐蕊、蜡梅坼,游人观赏初雪的梅林,定会想到宋代诗人林和靖赞叹梅花的绝句:"疏影横斜水清浅,暗香浮动月黄昏"。①

(五)管理的运用

有文化内涵和艺术品位的水工程的施工管理往往不是由一支施工队伍来完成这一工程施工的,除各施工队伍仍然要抓好施工计划管理、质量管理和经济核算外,还需区别文化工程是由业主还是由施工企业对其他专业施工队伍发包的情况,分别做好管理工作。有文化内涵、艺术品位较高的水工程,在大、中型水利工程中一般都是与主体工程分开单独招标的。

风景区管理机构或水管单位要对有文化内涵或一定艺术品位的主体工程建筑的外形、装饰、亮化工程进行定期观察,确保完整、无损、表面整洁、无污垢。

对有一定文化内涵与艺术品位的水工程的岁修或大修要注意以下几点:

---

① 水利部水利风景区建设与管理领导办公室.《全国水利风景区建设管理水文化论坛论文集》[M].北京:中国水利水电出版社,2010:190。

（1）没有特殊的情况，工程修理要尽量做到修旧如旧，确保工程形状及装饰工程恢复原状。

（2）如遇水毁或其他特殊自然灾害，确实不能完全恢复原状的修复工程，应在尽量保持原文化内涵的前提下，做好修复水工程艺术造型及装饰工程的设计，并确保工程的艺术品位不低于原水毁工程的品位，以确保文化、景观功能的延续性和连续性。

（3）维修工程中的相关文化工程使用的装饰材料和工艺处理方法应和原文化工程相同或相近，尤其是不能造成明显的色差和形异。文化修复工程最好由原施工承担，以确保工艺处理手法的一致性。

（4）如确实不能恢复原状的大修工程，有可能的话，应根据原工程的相关数据，制作一座适当比例的原工程模型，陈列在水管单位的适当地方，供游人参观、欣赏，并记录一段本地的水工程演变史，让模型也成为景区的一个新的文化资源。

（5）注意收集、保存、保护原工程有文化品位的艺术构件和艺术品。

管理案例如下。

1.上海松江生态水利风景区综合管理

上海松江生态水利风景区加大管理力度，通过整治、截污、引清、添景，营造生态环境。松江境内河道众多，纵横密布，历史上"十雨九涝，十涝九灾"，人民群众深受其害。新中国成立后，数十年疏拓开挖，整治水系，形成了市、区、镇村三级河道网络。但由于前一时期注重开发建设，忽视了河道的生态保护，淤浅阻塞，功能萎缩，水质黑臭，环境恶化，从"九五"期间起，上海市委、市政府下大决心整治市区苏州河后，各区、县开始下大力整治河道，营造优美的水生态环境。

（1）整治。自1996年冬春起，政府每年投资800万元人民币，对全区河道实施"水清、面洁、岸绿、有景"的河道整治规划，整理三级河网水系，至2002年度，共投入资金5000余万元，全区完成疏浚土方2150万立方米。同时，建设区、镇景观河道样板段22条段，总长15.6千米。

（2）截污。"九五"期间松江仅有一个6万吨的污水处理厂，城市建设、社会经济的飞速发展，污水处理矛盾日趋突出，并不断侵害水体。近两年来，已投资11.35亿元建成了日处理污水12万吨的3座污水处理厂。还有一座污水处理厂正在论证筹建，可以将日处理污水能力增加至30万吨。

（3）引清。为营造良好的水环境，该区每年实施"西水东引、调清冲淤"调活水体的方案，不断把黄浦江上游的水引入松江城区，东排至下游，改善城区的水体质量。

（4）添景。近几年来，该区按照生态水利风景区总体规划，凡涉及新城辟建、老城改造、住宅区拓展，都本着因地制宜、因河制宜的方针，坚持河道"水清、面洁、岸绿、有景"的要求，添置与周围环境相吻合的景观，新城的泵闸与欧式城市风格相配，大学

327

城的河道与开放的校园特征相一致,松江古城的河道以修复添置古景为重点,五年来全区投入了近亿元用于添景建设。

2. 潍河水利风景区的现代化管理

潍河水利风景区公园内全部实行自动化控制,音乐广播系统可定时、定点、定节目广播。音箱有蘑菇式音箱、地埋式音箱、树桩式音箱、室外音柱、灯塔式音箱、山石式音箱、海豚式音箱等7种,共计188个,形态逼真。数控音乐系统的布设,既为游客提供了音质优美、格调高雅的音乐,又营造了一种轻松愉快的氛围。

公园内建有戏砂池、制陶园、游木长廊、烧烤场、景观亭、儿童活动天地、夕阳舞台、攀爬墙等,游人可多形式体验滨水景观乐趣。同时,配套游艇、餐饮、停车场、儿童乐园、照相、旱冰场、台球、抢险求援等管理服务设施,进一步完善景区功能,提高景区品位。

公园内监控系统为保安监控系统,主要负责对潍河景区的三个进出口、音乐喷泉广场、凤凰广场、沿河道路、观光平台及景区的其他重要部位进行全面监控。监控系统可改善景区的现场管理,提高服务质量,为景区实现安全现代化管理创造了有利的条件。

3. 绍兴市环城河风景区的制度化管理

环城河整治取得了圆满成功,如何做好管理工作,成为新问题。对此,创新机制,搞市场化运作,及时组建环城河管理办公室,实行规范化的长效管理。建立适应市场经济发展要求的运行机制,提高城市水工程管理水平,积极推行管、养、经分离,精简管理机构,提高管理养护水平,降低运行成本,提高效益。一是实行公益工程市场运作和收支两条线的办法。二是在管理方式上,实行"管护招标、经营招租、人员招聘"。管理招标上,对卫生保洁、水面保洁、绿化养护、设施设备维护按照向社会公开招标办法确定承包管理。三是经营招租上,对房产、场地等可经营性资产的经营管理采用公开招租方式实行管理,水上旅游、广告发布按照公开公平原则公开拍租。四是人员招聘上,对监管人员实行公开招聘,包括协助执法人员、经营监督管理人员、管护监督管理人员等,招聘采用一年一聘制,续聘率原则上不高于80%,形成竞争上岗机制,取得了良好的效果。

(六)发掘的运用

历史水工程文化的发掘,首先是对历史水工程文献资料的全面收集,时间跨度从先秦至清代,文体种类范围涵盖地方志、水利志、游记、碑记、散记等,涉及水工程的相关资料均一一收录,为系统分析、研究历史水工程文化做好资料准备。某些历史文化底蕴很深厚的地方,但是文化产品、文化产业发展相当滞后,反观一些缺乏历史文化资源的地方却打造得很好,发展滞后的原因就是对文化内涵发掘不够。

历史水工程文化的发掘,其次是要在广度、深度、准度上下功夫。

在广度上,应注意的是涵盖其空间序列,历史水工程文化的发掘就是要探究该文化的性质、特征、范围、艺术风格、形态构成、传播途径、人种群落、社会历史背景、创造和形成的过程、对社会发展和文化演进的影响等,涵盖哲学、艺术、科技、景观、历史、民俗等。

在深度上,应注意的是涵盖其时间序列,揭示其在历史长河的不同阶段所具有的不同形态,探究造成这些不同形态的各种因素,从中引出规律性的东西,指导现代水利的实践,如都江堰的建堰材料经历了软—硬—软的过程,由最初的竹笼、马叉发展为铁牛、铁龟的鱼嘴到现代的混凝土;管水、用水制度由粗放到细致,岁修制度由简单的维护到周密的规划。

在准度上,就是要去粗取精,去伪存真,由表及里,由此及彼,把握实质,准确定位,明确核心价值。如对北京历史文化内涵的发掘,将其定位为实质是南北方文化交流与冲突形成了北京以"开放、兼容、进取"为特征的文化内涵,显然是对北京历史文化内涵作了比较准确的发掘,是抓住本质、得其精髓的。

历史水工程文化的发掘就是要读懂水工程的地域,读懂水工程的历史,读懂水工程的文化。读懂地域,是在广度上做文章;读懂历史,是在深度上做文章;读懂文化,是在准度上做文章。在广度上做够功课,才能找到表现历史水工程文化的丰富多彩的形式和手段;在深度上做够功课,才能有创意十足的历史文化外延;在准度上做够功课,才能准确定位、明确方向,才有可能达到全面保护、科学开发、服务现代、传承后世的目的。

发掘案例如下。

1. 灵渠水文化内涵的发掘

灵渠是中国沟通长江水系和珠江水系的古运河,又名湘桂运河、陡河、兴安运河,位于今广西壮族自治区兴安县境内。灵渠全长37千米,建成于秦始皇三十三年(公元前214年),由铧嘴、大小天平、南渠,北渠泄水天平和陡门组成。灵渠设计科学,建造精巧。铧嘴将湘江水三七分流,其中三分水向南流入漓江,七分水向北汇入湘江。灵渠两岸景色优美,文物古迹众多,如万里桥、三将军墓、灵渠水街、古树吞碑、状元桥、陡门、四贤祠、飞来石、铧嘴、大小天平、泄水天平和秦文化广场等景点,景区内还建有二战美国飞虎队遗迹纪念馆,现已成为桂林的旅游胜地。灵渠丰富的水文化内涵可作如下发掘:

(1)灵渠的通航连接了长江与珠江两大水系,成就了统一中国的大业。

灵渠的通航使中原先进的文化、耕作、纺织、建筑等先进技术,不断开化并繁荣了广西十分落后的经济、社会与文化,使这块多山地、无耕种的不毛之地繁荣起来。因灵渠的修建,桂北成为广西先进文化的集散地,这里吸收了中原文化,然后向南渗透,中原文化与沿边文化、山地文化与平原文化、汉文化与少数民族文化杂交,形成了岭南独特的地域文化。像彩调、桂剧、桂林渔鼓等,都是吸纳了汉文化而形成的一种地域文化符号。从这个历史文化角度看,广西文化因灵渠而被开发,而西南乃至东南亚被中国特别是广西文化所开拓。

(2)长城与灵渠文化内涵比较。

长城是保守性文化,而灵渠是开拓性文化;长城的作用在防,而灵渠的作用在拓疆发展;长城是民族斗争的产物,灵渠则是民族融合的产物;长城文化的哲学是"围",是封闭,灵渠文化的哲学是沟通、开放。灵渠对中国历史发展的贡献很大,并且涉及很多领域,而其最伟大的贡献则是它促进了汉民族的形成。赵佗政权的"和集百越政策"获得了成功,华夏民族同化了越族,越族也融入了华夏民族大海之内。

(3)历代诗人赞美灵渠。

历代诗人如唐代胡曾,南宋诗人范成大、张孝祥、刘克庄,明代诗人解缙、严震直、董传策,清代诗人袁枚、苏宗经都在漓江书院有诗作,对灵渠文化作了精彩的解读,是灵渠水文化重要组成部分。唐代胡曾的《灵渠》:"凿开山岭引湘波,上去昭回不较多。无限鹊临桥畔立,适来天道过天河。"其将灵渠比作"鹊桥""天河",真是天上仙境人间有。最有名的灵渠诗词恐怕要数明代大学士解缙的《兴安渠》了,解缙因为触怒明成祖朱棣而被贬到广西来,他入桂经过灵渠时写诗道:"石渠南北引湘漓,分水塘深下作堤。若是秦人多二纪,锦帆直是到天涯。"点出灵渠地理态势,揭示灵渠的水工构造,由此畅想秦代再延续几代,灵渠的精彩将更加辉煌。明代诗人俞安期的《舟过灵渠即景》:"秦渠曲曲学三巴,离立千峰插地斜。宛转中间穿流去,孤舟常绕碧莲花。"描写了灵渠南渠的美景。明代诗人严震的"桃花满路落红雨,杨柳夹堤生翠烟"则是对灵渠秦堤美丽风光的生动描述。清代诗人袁枚来到兴安时,写下了著名的《由桂林溯漓江至兴安》一诗:"江到兴安水最清,青山簇簇水中生。分明看见青山顶,船在青山顶上行。"赞美了灵渠优美的生态环境和"船在青山顶上行"的壮丽的水景观。

从人文精神层面上看,灵渠是我国劳动人民血汗和智慧的结晶,是人类意志力的体现,彰显了广西人的聪明才智和团结包容、顾全大局的民族精神。

(4)灵渠的科技文化彪炳于世界科技史。

作为越岭运河,灵渠开凿成功的关键就是渠首的选址及工程布置,科学合理地解决壅水、引水、分水一系列的水源问题。灵渠的工程规划充分利用了地形特点,结合当时的工程技术水平,在宽广的视野统筹考虑渠首位置、工程量、渠道线路、水流衔接等工程因素,选定的是最优的工程方案。天平、铧嘴、陡门、堰坝等控导建筑物均就地取材,型式简单实用,建筑施工和维护更新也较方便,工程规模小,运行两千余年而没有对当地自然环境产生破坏,相反造就了一条优美的生态风景带。斗门是历史上最早的船闸,是现代电动闸门的鼻祖,堪称"世界船闸之父"。陡门是灵渠主要的水流控制建筑,唐代时渠道全线有陡门18座,宋代增至36座,因此灵渠又被称作"陡河"。陡门的发明和创建,是我国古代劳动人民智慧的结晶,在世界和中国航运史、建筑史上写下了辉煌的一页。①

2.二黄河水利风景区对当地物种的文化内涵的发掘

二黄河水利风景区在构建水景观时充分利用当地物种编织绿脉,通过对当地物种的文化解读,形成颇具特色、具有顽强生命力的文化氛围。

(1)胡杨的耐久之美。二黄河两岸有成片素以耐久闻名于世的胡杨林。胡杨不仅以"活着千年不死,死了千年不倒,倒了千年不朽"的雄姿矗立在岸滩和河堤,而且是追求美好的伟丈夫。同一棵树上,有着几种不同形状的叶子。即使秋叶凋零,也如同枫树一样,用晚霞般的绚丽写尽塞外的悲壮和苍凉。把渠畔胡杨作为写意景观,并在解说设计中加入许多感人的故事,以充分彰显河套水利人非凡的敬业美德。

(2)红柳的坚韧之美。走进二黄河,满目都是适应性很强的红柳林。春寒料峭,率先萌芽吐绿;秋深霜降,依然生机盎然;花蕊碎小,但簇拥纷至,一夜之间将其艳丽的粉红覆盖河堤内外,此起彼伏,经久不衰;岁月轮回,杆越红,叶越绿,花越盛,置身其中,令人意志凝练,信心提振。红柳以其文化特质展现了河套水利人的性格之美。

(3)芦苇的朴素之美。芦苇绝不因自己平凡和卑微而却步,只要有空出的土地,都会挤进她的身姿。虽然娇弱,但却是风景区内各种飞禽走兽安居乐业、生儿育女的庇荫,从不争奇斗艳,而是默默无闻地用其花穗拼成一望无际的金色海洋,无意间成为二黄河风景的主格调。恰恰就是这种芦苇情怀塑造了河套水利人迷人的人格魅力,恰恰就是这种朴素的芦苇之美谱写了河套水利文化壮怀激烈的篇章。

(4)枳机的个性之美。在气势恢宏的二黄河河堤道路两旁,却是连绵不断的枳机林。枳机枝干纤细如同火柴棍,但身材挺拔,在2米以上,算得上苗条之最。她柔情万般,无风亦舞,仿佛盛情邀请来访的客人,偶尔还会伸出柔细的枝条抚摸和轻挽游客的脸庞和臂膀,表达出当地人的纯情真诚和热情好客。枳机更能表达河套人民和河套水利人豁达而丰富的感情世界。②

(七)鉴赏的运用

鉴赏是鉴定和欣赏,鉴定是鉴别审定事物的真伪、优劣。欣赏是品味和玩赏。对

331

① 李云鹏.《灵渠:人与自然和谐相处的杰作》[J].中国三峡,2011(8)。
② 水利部水利风景区建设与管理领导小组办公室.《全国水利风景区建设管理水文化论坛论文集》[M].北京:中国水利水电出版社,2010:71。

当代水工程文化鉴赏,可以为水文化方兴未艾的浪潮提供典型案例,更可以为当代水工程文化功能的开发提供资源。当代水工程文化既有对历史文化的传承,又有对外来文化的开放包容、辩证取舍、转化再造。当代水工程文化鉴赏以不同类型的工程为样本,从文化内涵的发掘、文化氛围的营造、文化产业的拓展等方面着手。文化内涵发掘的三要素是:工程类型、地域特色、历史积淀;文化氛围的营造可从构筑物、景观、文博、艺术作品着手;文化产业的拓展应在品牌的建立、产业链的形成上布局。

对历史水工程文化的鉴定的目的是为其准确定位、突出特色,为保护、发展指明方向。鉴定的定义是鉴别审定事物的真伪、优劣,并进行分类。历史水工程的分类大致可分为哲学型、艺术型、科技型、景观型、历史型、民俗型、生态型、复合型等。

鉴赏案例如下。

中国历代文人、诗人对水工程文化的鉴赏体现在他们大量脍炙人口的不朽诗篇和山水游记上,这些作品为品尝水工程文化提供了独特的视角,是水工程文化的取之不尽、用之不竭的宝库。通过他们的品读,水工程文化的内涵被揭示;通过他们的品读,水工程文化的品位得以极大的提升。

以都江堰为例,历代诗人都作了精彩的点评。

唐岑参《石犀》:"江水初荡潏,蜀人几为鱼。向无尔石犀,安得有邑居。始知秦太守,伯禹亦不如。""石犀"代表治水,"石犀"和"邑居"有因果关系。岑参破天荒地提出在治水方面李冰的贡献大于大禹。

唐代诗圣杜甫对蜀水文化的典型概括是"锦江春色来天地,玉垒浮云变古今"(《登楼》)。他高度评价都江堰对蜀文化的深刻影响是贯穿古今的,而蜀水文化的春色是天造地设,独具一格的。

杜甫的《石犀行》:"君不见秦时蜀太守,刻石立作五犀牛。自古虽有厌胜法,天生江水向东流。蜀人矜夸一千载,泛滥不近张仪楼。今年灌口损户门,此事或恐为神羞。修筑堤防出众力,高拥木石当清秋。先王作法皆正道,鬼怪何得参人谋。嗟尔五犀不经济,缺讹共与长川逝。但见元气常调和,自免洪涛恣凋瘵。安得壮士扶天纲,再平水土犀奔茫。""蜀人矜夸一千载,泛滥不近张仪楼"正是都江堰防洪功能的真实写照。

"两个黄鹂鸣翠柳,一行白鹭上青天。窗含西岭千秋雪,门泊东吴万里船。"此诗不单纯是写景,而是揭示了都江堰造就成都的和谐的水生态的构成要件:植被绿化为物种多样性创造条件,良好水生态为水生动植物繁衍创造条件,极佳的能见度是空气质量的最好的判别标准。西岭积雪是岷江的水塔、水源的保证、通航的必要条件;航运沟通长江的头与尾、长江文化的蜀与吴。

仇兆鳌在《杜诗详注》论及杜甫与蜀中山水的关系时说:"少陵诗,得蜀山水吐气;

蜀山水，得少陵诗吐气"，抓住真谛，切中要害。

诗仙李白在《上皇西巡南京歌十首》对成都的白描："濯锦清江万里流，云帆龙舸下扬州""九天开出一成都，万户千门入画图""锦水东流绕锦城，星桥北挂象天星""水绿天青不起尘，风光和暖胜三秦"。"金窗""珠箔"显示华贵，"汉宫""秦草"穿越时空，"九天""星桥"透出浪漫，都市的繁荣、良好的生态，跃然纸上。"九天开出一成都"，李白抓住"开"，对"凿离堆"进行艺术概括，凿离堆，生门开，生气滚滚来。

唐代著名女诗人薛涛诗曰："玉垒山前风雪夜，锦官城外别离魂。信陵公子如相问，长向夷门感旧恩。"(《送卢员外》)"玉垒山""锦官城"成为情感表达的慰藉与标识。"蜀门西更上青天，强为公歌蜀国弦。卓氏长卿称士女，锦江玉垒献山川"(《续嘉陵驿诗献武相国》)，抓住"蜀门"文化内涵两大要素："锦江""玉垒"。

宋陆游《离堆伏龙祠观孙太古画英惠王像》："岷山导江书禹贡，江流蹴山山为动。呜呼秦守信豪杰，千年遗迹人犹诵，决江一支溉数州，至今禾黍连云种。"点出李冰治水策略源自大禹的"岷山导江，东别为沱"，为都江堰的发展奠定了基础。《视筑堤》："西山大竹织万笼，船舸载石来无穷。横陈屹立相叠重，置力尤在冰庙东。"记录了以竹石为主要材料的岁修的宏大场面。

宋范成大《离堆行》："残山狼石又虎卧，斧迹鳞皴中凿破。潭渊油油无敢唾，下有猛龙拴铁锁，自从分流注石门，西州杭稻如黄云。"道出了凿离堆造就了西蜀的千里沃野。

明代杨慎诗曰："井络当坤维，岷山出其腹。神禹生兹乡，石纽何葱郁。"(《送陈德润还茂州(二首)》)揭示蜀水文化的源头与精髓。杨慎《春三月四日仰山余尹招游疏江亭观新修都江堰》："疏江亭上眺芳春，千古离堆迹未陈。矗矗楼台笼蜃气，畇畇原显接龙鳞，井居需养非秦政，则堰淘滩是禹神。为喜灌坛河润远，恩波德水又更新。"(《春三月四日仰山余尹招游疏江亭观新修都江堰》)极力推崇都江堰的治水法则和功德。"玉垒关云净，青城岭月孤。乾坤回治象，江海接亨衢。"(《送王舜典知成都》)点出蜀水文化的两大要素：问道青城山，拜水都江堰。

清李调元《离堆》云："一自金堤凿，三都水则分。犀沉秦太守，蛟避赵将军。万户饶秔稻，千秋荐苾芬。役夫千二百，谁继武侯勋。"历数都江堰的治水英雄，从秦太守说道赵将军，特别推崇诸葛亮视都江堰为国之重器，派兵把守。

董必武《陪匈牙利道比主席参观都江堰》诗云："鱼嘴分江内外流，宝瓶直扼内江喉。成都坝仰离堆水，禾稻年年庆饱收。李冰父子功劳大，作堰淘滩尽手工。六字遗经传不朽，友邦人士共钦崇。"指出"深淘滩，低作堰"六字真言是都江堰治水的精髓。

冯玉祥《离堆公园》诗云："李冰不过一太守，治水跟着大禹走。不作大官作大事，芳名千古永不朽。"点出了做官需做事的主题，这实在是对今人的一种引导。

333

运用与展望

于右任《住灌一日》诗云:"往哲辛勤迹未消,流传佳话水迢迢。曾经玉垒关前望,父子河渠夫妇桥。"点出子承父业的治水佳话,也提及何先德夫妇修复安澜索桥的美丽传说。此外,他还为二王庙撰联云:"誓水妙神功,更向星桥思道德。降龙成世业,好从犀石悟蹄筌。"

赵朴初1960年游览灌县,赋诗《登离堆观都江堰分水处,遂游青城山,有作寄呈郭沫若院长》云:"离堆何岩岩,瓶口纳澎湃。投鞭分江流,一堰如统帅。伟哉李父子!功勋孰可盖?是宜与长城,并耀秦皇代。长城久失用,徒留古迹在。不如都江堰,万世资灌溉。溪沟长不竭,仓廪恒满载。二千二百年,至今称遗爱。"此诗首次从时空、效果方面,对都江堰与长城进行比较,指出随着时间的流逝,"长城久失用,徒留古迹在",而都江堰却显示强大的生命力,其可持续发展的动力源自其内在的水文化内涵。

黄万里先生也曾作诗《都江堰颂》(1984年5月),其诗云:"君不见,西蜀岷山发渝水,飞沙走石摧玉垒。一旬灌口圹原开,湖峡成都斯积起。又不闻,禹兴汶川或称谣,东别为沱事则昭。巧凿离堆秦守计,百年始沐文翁教。都江枋槎外江断,水入宝瓶飞沙岸。低作堰兮深淘滩,鱼嘴叉分四六判。二江穿灌蓉城中,溉地万顷世褒崇。妙策分流散洪势,正南荡漾锦帆风。水沙就下成规律,设计无违经济则。铁柱石门莫拘泥,不淤不费功方实。数来瞻仰堰庄严,老去犹谋工效添。落水新津身未死,九州行水好参研。"作为水利专家,他对巴蜀水文化,尤其是都江堰的历史和治水科学原理谙熟于心。"水沙就下成规律,设计无违经济则"是他对有志于治水兴国的水利人的谆谆教诲。

(八)保护的运用

对历史水工程文化应实施综合保护。实施综合保护涉及确立保护原则和规划编制、法规制定、生态保护、环境美化、文脉延续、景观修复、水质治理、建筑整治等多方面内容。

在抢救和保护水文化遗产的实践中,一般应遵循以下原则:

(1)本真性原则。世界遗产委员会明确规定本真性是检验世界文化遗产的重要原则,要求真实、全面地保存并延续文化遗产的历史信息及全部价值,被登录的遗产不能是按照今人臆想过去历史情况重建恢复的东西。本真性原则是要保护原生的、本来的、真实的历史原物,保护它所遗存的全部历史文化信息,体现历史延续变迁的真实原状。切忌把水工程文化遗产的价值直接等同于旅游经济效益或产业效益,而由此造成的急功近利和过度开发的行为。本真性原则是定义、评估和保护水文化遗产的基本原则。

(2)整体性原则。整体性原则要求在一定范围内尽可能保持水工程文化遗产的文化概念、自身结构的完整，以及与所在环境的统一和谐。水工程文化遗产既包含着丰富多样的内容与风格，又与特定的生态环境相互依存。要以全方位、多层次的方式来反映和保存水工程文化的多样性、丰富性，完整地继承祖先留下的宝贵财富。

(3)科学性原则。随着历史的变迁和时代的发展，水工程文化遗产不可能一成不变。要客观地看待仍然有实际使用功能的水工程文化遗产的发展和流变，遵循遗产自身传承、演化规律，不断调整保护措施；正确处理保护水工程文化遗产与发展地方经济的关系，将水工程文化遗产与人们的生产、生活联系在一起，以水工程文化遗产的文化优势促进经济发展和社会生产力水平的提高，实现水工程文化遗产与社会生产力的同步发展。

保护案例如下。

1.坎儿井的保护

新疆坎儿井是至今已有2000年历史的古代水利工程，是一项伟大的发明，是吐鲁番绿洲的生命之源，被人们誉为"奇迹"。它与长城、京杭大运河相媲美，被称为中国古代三大工程；与四川的都江堰、广西的灵渠并列，被誉为中国古代三大水利工程。

坎儿井由暗渠、竖井、明渠、涝坝(蓄水池)等四个部分组成，它的主体深藏于地表之下，又分积水段和输水段。

暗渠一般高度为1.5米至1.7米，宽度为0.6米至0.7米，总长5公里左右，最长的可达到20公里。全新疆坎儿井最多时达到1784条，暗渠总长度为5272公里，竖井总数为172367眼，年出水量为8.58亿立方米。

2008~2009年新疆文物局"新疆坎儿井保护项目实施规划"调查统计表明，新疆现存坎儿井1473条，主要分布在吐鲁番、哈密地区。吐鲁番地区共有坎儿井1091条，现有坎儿井暗渠总长度3724千米，竖井总数150153眼。其中有水坎儿井404条，总流量7.35立方米每秒，年出水量2.31亿立方米，总灌溉面积0.882万公顷。干涸坎儿井687条，其中通过维修保护可以恢复的185条，可恢复年出水量0.5亿立方米，灌溉面积0.19万公顷；不可恢复的有502条。

从规模、数量、直接灌溉效益上分析，近年来坎儿井已呈现衰败趋势。这与吐鲁番地区绿洲外围生态环境恶化及当地社会经济发展有着密不可分的联系。最新卫星遥感监测数据表明，该地区水资源日渐短缺，地下水位不断下降，坎儿井水流量也逐年减小。随着吐鲁番地区社会经济发展，工农业用水量猛增，对水资源的开发利用缺乏统一规划，不合理的水量调度和水量分配，导致地下水补给减少，地下水位下降。机井投资少、效率高，得以广泛使用，使得坎儿井的维护使用率下降。一些河流上游修建水库，大坝截流后，下游水源枯竭。已建的柯柯牙水库和坎儿其水库，就直接威胁其下游近百条坎儿井水源。坎儿井作为在生土地层下开挖的地下水利工程，历经岁月沧桑后,暗渠、竖井由于自然原因产生的冻融、淤堵、淘蚀、渗漏、裂隙最终造成坍塌现象经常发生。人为因素的影响,如水资源的盲目开发利用、人畜活动的践踏及车辆碾压、基本建设及生活取土、地质勘探、维修失当等,也使得坎儿井产生了多种危及安全的隐患,表现为多种病害的伴生发育。由于坎儿井的不同权属及分布范围的差异,在保护利用上缺乏规范的统一管理,维护措施、维护资金缺乏。坎儿井自身独特的生土建筑构造,存在着不稳定因素,随着时间的推移,本体的耐压力、抗侵蚀力大大降低,由于暗渠输水泥沙沉积造成的淤积堵塞等原因,暗渠、竖井部分极易坍塌。迫于引水需要进行的一些小规模的维修活动,基本是当地农民的自发行为,大多情况是放任自流,任其废弃(盛春寿.《关于坎儿井保护维修的思考》.西域研究,2011(2))。

2006年9月29日,经新疆维吾尔自治区第十届人民代表大会常务委员会第二十六次会议审议通过《新疆维吾尔自治区坎儿井保护条例》。

首先明确保护原则:"坎儿井实行谁所有、谁管理,谁受益、谁保护的原则。""实行水资源总量控制,优化配置水资源,合理安排保护坎儿井水源所需的水资源量,防止坎儿井水源枯竭。"从源头上对坎儿井实施保护。

"自治区水行政主管部门负责组织编制自治区坎儿井保护和利用规划。"保护从规划抓起。

"坎儿井水源第一口竖井上下各2千米、左右各700米,暗渠左右各500米范围内,不得新打机电井;已有的机电井,应当控制并逐渐减少取水量;已经干涸的机电井,不得恢复。"解决机井与坎儿井争水的矛盾。

"禁止向坎儿井水源、明渠、蓄水池倾倒废污水、垃圾等废弃物。"对坎儿井水质进行保护。

"坎儿井所有者应当依法向取水口所在地的县(市)水行政主管部门登记办理取水许可手续,但不缴纳水资源费。"减轻农牧民负担。

"尊重历史,维持现状。""鼓励组建农民用水者协会,实行坎儿井用水民主管理。"提倡民主管理。

"利用坎儿井从事旅游经营活动的,应当与坎儿井所有者签订协议,明确坎儿井保护的权利和义务,不得对坎儿井造成破坏。"处理好坎儿井保护与旅游开发的关系。

2.哈尼族人民对哈尼梯田的保护

2013年,哈尼梯田入录世界文化遗产的哈尼梯田被称为"全球人工湿地典范",哈尼族人民对哈尼梯田的保护是通过水资源管理的制度文化和行为文化实现的。

(1)水资源管理的制度文化。

哈尼族从古至今形成的梯田灌溉水源管理的特殊方法是木刻分水,即用刻有尺度的木器测量分水的方法,哈尼语称其为"欧斗斗"。哈尼族每个村寨都有水沟管理人员,叫作"沟头"。沟头任期一年,可以连任。村寨每年在栽插之际聚众祭沟会餐、清理水口、商讨管理事宜、改选沟头、完善管理制度,违者受罚。分水器木刻凹口的宽窄根据梯田灌溉的面积而定,分水器没有固定制作模式,各地大小不一,但都很注重木刻凹口的宽窄。

木刻分水是哈尼族在长期的梯田农耕活动中形成的一种不成文的水规制度。其形式为:根据一条沟渠所能灌溉的梯田面积,经过村与村、户与户有关田主集体协商,根据每份梯田应得水量的多少,在大家一致认同的前提下,按水沟源头、中部、部尾流经顺序,在梯田与水沟结合部设置一根横木,并在其上凿刻一定宽度,以限制进水量。因枯枝落叶堵塞横木刻口不追究责任,若人为堵塞、移动横木而导致分水彼多此少的,则视为违规,要予以罚款。

为了维持哈尼梯田的灌溉系统正常运转,村寨设有专门的管水人员,进行灌溉管理,由村寨支付其钱粮作为报酬。尤其是枯水季节,其沟渠来水量减少时,哈尼族人设立类似于现代农田水利的轮灌制度,以避免争水、抢水的水事纠纷。哈尼族人对水的管理充分体现水资源价值特性和水权的认识,哈尼族人将水视为资源具有较早的历史。在土司时代,引土司兴建的渠道水灌溉需按产量交谷物为引水报酬。即便相邻的田块,由于沟渠属于不同的主人,也不能随意引水进行灌溉。沟渠是梯田灌溉系统,处于重要地位。哈尼族人自古就有岁修沟渠制度,平常沟渠破损,谁见谁修,但每年冬季,村村出动,疏沟通渠,砍除杂草,修茸如新,正是这种渠系维护制度,保证了千年哈尼梯田灌区完好如初。

哈尼族人居于半山,而梯田海拔大多低于村落海拔,加之梯田级数较多,梯田施肥较为不易;哈尼族人则充分利用山区来水,发明了科学省力的"冲肥"方法;冲肥分两种,一是冲村寨肥塘。哈尼族各村寨都设有专门水塘,平时家禽、牲畜粪便及人类生活垃圾积集于此,插秧时节,利用山水,搅拌肥塘,农家肥水顺沟而下,流入梯田。如果某家需要单独冲畜肥入田,则通知别家关闭水口即可。二是冲山水肥。每年雨季来临期间,正是稻谷拔节抽穗之时,在高山森林中积蓄、堆沤了一年的枯枝、牛马粪便顺山水而下,流入山腰水沟,此时适逢梯田需要追肥,故村村寨寨、男女老少一起出动,把漫山而来的肥料疏导入田,此举古称冲肥和赶沟,并至今沿用。哈尼族人自古就有利用梯田养鱼的传统。哈尼梯田仅耕作单季,水稻收割之后,梯田则不再种植其他作物,但此时梯田仍然尚有水的存在,哈尼族人则利用其梯田为养鱼之地,提高其水资源和土地资源的利用效率。

(2)水宗教崇拜的行为文化。

哈尼村寨的选址其上方必须有森林,而且必须选择一片森林作为寨神栖息之地,作为神林。哈尼族每年农历正月或二月之吉日(村落选址确定之日一般为属龙日),

以猪、鸡作牺牲祭祀神林中的神树。神林中除了举行祭祀活动外,平时严禁入内狩猎和砍伐,否则将会触怒寨神,给全村带来厄运。一旦某人触犯了寨神,此人就必须按传统礼仪杀牲向寨神赎罪。以最具代表性的元阳县为例,据不完全统计,全县共计寨神林431处,寨神林是森林的缩影,哈尼族人年年祭祀寨神林,且寨神林平时不能随便出入,以防止人为的破坏。根植于哈尼族人心中的对森林的保护意识和保护手段,使得哈尼聚居区具有较高的森林覆盖率,这些森林涵养的水资源形成了库容巨大的绿色水库,从而成就了哈尼梯田。经过上千年的经验积累,哈尼族人对树种的水源涵养特性有相当程度的掌握,寨神林大多种植水源涵养特性较好的树种,包括五眼果树、喜树、椆木、榕树、木荷、水冬瓜树、多依树等树种。

哈尼族各支系普遍存在着对水的祭祀,各个村寨都要在一定的时间对水源头、水井、河流、河沟等进行全村性的祭祀活动,在祭祀的时候要供奉鸡、猪肉及糖果糕点等,由巫师主持进行祭祀,念有关敬畏及乞求水神保佑水源充足、五谷丰登等祭词。各地的哈尼族普遍使用水井蓄水,因此对水井的祭祀是水神祭祀中较为典型的,各个地区祭祀的时间、次数等不一样,有的地方一年一祭,有的一年二祭,但是每年都要进行。在祭祀之日各家都要到水井边将水井周围打扫干净,供上各种肉食及糕点等供品,插上香,用松树枝或竹枝扫水井周围,然后由村中的长老或巫师念祷告水神的祭词,求水神保佑水源充足,水中不生长小动物,人们饮水之后能够健康等。除了全寨性的对水神的祭祀活动之外,各个家庭也要对自己家稻田中的水沟神或稻田中有水泉涌出地方的水泉神进行不定期的祭祀,有的家庭在每年播种前及收获后都要进行祭祀。

对水神灵的敬畏还衍生出了对水的禁忌。墨江县的哈尼族不能在村寨饮用水的水井边打水洗脚,更不能在水井周围大小便,狗不能在水井边洗澡。此外,还有在新年的第一天到来时到水井或河流中取水的习俗,在每年新年的第一天凌晨就要早早到河边或井边去取水,往往以能够取到第一桶水为最吉祥。

根据水文化的概念,哈尼族人在对水的趋利避害的过程中,创造的精神与物质财富都属于水文化的范畴,在哈尼梯田文化区则蕴含丰富的水文化内容,可主要概括为水资源的高效利用、水资源保护理念、合理的梯田灌区规划和管理思想。

(3)哈尼梯田的告警。

由于种种原因,1959~1989年哈尼梯田有林地从13.49万公顷下降到2.86万公顷,森林覆盖率54.9%下降到12.9%,29条河流枯季流量近20年减少31%~34%,林—田—寨的结构发生改变,同时,随着近年来当地人口和旅游的快速发展,资源环境压力不断增大,目前整个梯田文化区存在着水土流失、来水减少而灌溉水量不足、梯田崩塌等问题,作为哈尼民族文化重要组成之一的哈尼梯田水文化面临破坏的危险,这些问题势必会影响到哈尼梯田的世界自然文化遗产申报及保护工作。引以为戒的是菲律宾的科迪勒拉水稻梯田,1995年入录世界文化遗产,而2001年被列入濒危遗产名单,原因是人类迁离。

联合国教科文组织驻华代表处文化项目官员卡贝丝女士,针对哈尼梯田的保护提出,中国的地方政府应寻找一种平衡而有效的模式,在推动包括哈尼梯田在内的世界遗产所在地旅游经济发展的同时,尽最大可能保护遗产地的传统文化和生活方式。

她说:"保护好哈尼梯田就是要找到合适的方式,不让遗产地核心区梯田和建筑遭到破坏,同时还要让这片土地上生活的年轻一代仍然愿意保持原来的生活方式。"对于遗产地的房屋建设和旅游开发,卡贝丝建议,首先要制定详细的遗产区地图,并且将核心区明确和显著地标志出来,提醒当地政府和老百姓远离这些地区搞开发建设,并确保该项制度得到贯彻执行。卡贝丝还表示,中国有些地方列入世界遗产名录后,当地政府大力开展旅游业,兴建了大量的旅游设施,导致各地景区千篇一律,缺少当地的特色和人文活动,这样的做法并不可取,哈尼梯田在未来的开发中应避免这样的方式。

卡贝丝认为,中国不缺文化传统,但是要注重教育,尤其是向年轻一代传输保护传统文化的理念,关键要让当地人合作并参与到遗产地的保护,使人们有自己的人生期待,为自己的文化传统骄傲,有意愿保护自己的文化和传统。

卡贝丝的意见是中肯的,需要找到一个有效的方式提振经济,改善当地人民生活质量,让留守梯田的人们能过上体面的生活。遗产种类的丰富多样性,给中国的遗产保护带来了难题,要保护和传承好世界遗产需要丰富的知识、科学的模式和技巧。

(九)利用的运用

部分历史水工程至今还在发挥效力,如都江堰、芍陂、坎儿井、河套灌区、大运河、灵渠、通扬运河等,对历史水工程的功能性的利用应在维持、保护历史水工程原貌的前提下进行,要正确处理保护与发展的关系。

历史水工程文化是中华民族的珍贵文化宝库,取之不尽、用之不竭,对今人和后代既有哲学的启迪、艺术的灵感,又有美好的享受、文脉的延续。

历史文脉是历史水工程遗留下来的历史文化精髓,代表着这个工程的风格和文化风貌,是历史水工程大的灵魂。它的延续是个动态的过程,它源于对水工程文化内涵的准确把握,对其核心的文化元素的提取,然后在时空序列中利用现代科技手段和表现方式进行外延和演绎。

把握历史文脉就是把握水工程时空的根,研究水工程物质和非物质层面的属性是把握历史文脉的关键;文脉是人类适应、改造自然的反映;历史文脉塑造是其历史文化不断更新的表现;历史文脉是水工程景观建设的基础;历史文脉是不同历史时期文化的综合体现。

　　诗心、书骨、画眼、园趣、乐感、文蕴、哲理,构成水工程文化的的深刻内涵。文化内涵的发掘和表现,不是简单地贴标签,也不是贴金镶银,在认真品读水工程所在地的地域特征,深入了解水工程所在地的历史渊源,仔细品味其文化精髓后,去全面展示地方特色、个性特色。要使文蕴、史迹、哲理和水工程有机地结合在一起,做到"虽由人作,宛自天成",方能构成水利景观的生命力和唯一性。

　　利用的运用还表现在利用水工程和各类水文化成果举办各类水文化节,以对现代社会产生一定影响。

　　利用案例如下。

　　1.工程性利用

　　黄河三盛公水利风景区的"金属雕塑园"是国内唯一的废旧金属雕塑公园。景区本着发展循环经济、废物利用的原则,以宣传环境保护、人与自然和谐相处为目的,与中央美术学院合作创建"金属雕塑教学基地"。废旧金属循环利用系统工程的实施,一件件栩栩如生的金属雕塑、装置造型艺术作品的诞生,让这些见证黄河水利事业发展的废旧金属构件重获新生,转化为可供艺术欣赏和传导美的享受的作品,也使景区具有了生态与社会、文化和艺术的人文意义,以展示环保理念、低碳理念、循环发展,构筑和谐的人文景观。通过国际化雕塑公园的形式,开展高水准、高品位的前沿学术交流,将这些废旧金属构件打造成栩栩如生的金属雕塑。景区公园道路两旁排列着30件形态各异的小型金属雕塑。窃窃私语的人形雕塑用废弃排气筒制成,唯唯诺诺的蜗牛雕塑用引风机蜗壳做成,面带微笑的猪形雕塑由汽油桶制成,急速奔跑的机器人、当街弹唱的"披头士"等由均金属废弃物制成。

　　"同心锁"的主体由永昌、永固、永恒三把锁组合而成,是利用六扇废弃的闸门扣合而成的三把锁,高27米,重达240吨,三锁鼎立、锁环相扣。它象征天下所有人和谐相处,永结同心;愿每个人事业永昌、爱情永恒、婚姻永固;也祝愿黄河母亲生命永恒,枢纽工程安澜永固,祖国繁荣昌盛。同心锁也表达了水利人同心同德、团结奋进、造福一方百姓的心愿。

　　"天下第一古筝",是一座集观赏性、娱教性为一体的大型环保雕塑。巨大的古筝依偎在母亲河畔,掩映在绿树丛中,正在奏响着黄河流水的"天籁之音",这是一曲民族精神的旋律、开明盛世的和谐之音。古筝雕塑平躺于黄河河畔三盛公水利枢纽景区公园的艺术广场,"退役"闸门为琴身,控制闸门升降的启闭机钢丝绳为琴弦,启闭机钢构件为琴弦支架。长27.5米、宽6.5米,重56吨,有21根钢丝琴弦,筝头以褐色为底纹,写有"黄河之水天上来,奔流到海不复回"诗句,古筝面板为淡黄色,在阳光下格外耀眼。在古筝内部安装电子音控设备,游客可以拨动琴弦,演奏乐曲。

2.传播性运用

"世界水日"和"中国水周"的举办是对水工程文化最为典型的传播性运用。

1)"中国水周"和"世界水日"的主题

1993年第四十七届联合国大会确定每年3月22日为"世界水日",以推动水资源进行综合规划和管理,加强水资源保护,解决日益严重的缺水问题;同时通过开展广泛的宣传教育活动,增强公众对开发和保护水资源的意识。由于开发和保护水资源与水工程休戚相关,各地在实际的活动中也就派生到对江、河、湖、海及水工程的开发与保护及相关法规的传播活动。

水利部从1994年开始,将"中国水周"的时间由原来的7月1日到7日改为3月22日到28日,时间的重合使宣传活动更加突出"世界水日"的主题。

历年"中国水周"和"世界水日"的主题如表8-1所示。

表8-1　历年"中国水周"和"世界水日"的主题

年份	"世界水日"	"中国水周"
1996	解决城市用水之急	依法治水,科学管水,强化节水
1997	世界上的水够用吗	水与发展
1998	地下水——无形的资源	依法治水——促进水资源可持续利用
1999	人类永远生活在缺水状态之中	江河治理是防洪之本
2000	21世纪的水	加强节约和保护,实现水资源的可持续利用
2001	水与健康	建设节水型社会,实现可持续发展
2002	水为发展服务	以水资源的可持续利用支持经济社会的可持续发展
2003	未来之水	依法治水,实现水资源可持续利用
2004	水与灾难	人水和谐
2005	生命之水	保障饮水安全,维护生命健康
2006	水与文化	转变用水观念,创新发展模式
2007	应对水短缺	水利发展与和谐社会
2008	涉水卫生	发展水利,改善民生
2009	跨界水——共享的水、共享的机遇	落实科学发展观,节约保护水资源
2010	关注水质、抓住机遇、应对挑战	严格水资源管理,保障可持续发展
2011	城市用水:应对都市化挑战	严格管理水资源,推进水利新跨越
2012	水与粮食安全	严格管理水资源,推进水利新跨越
2013	水合作	节约保护水资源,大力建设生态文明
2014	水与能源	加强河湖管理,建设水生态文明
2015	水与可持续发展	节约水资源,保障水安全
2016	水与就业	落实五大发展理念,推进最严格水资源管理

从历年"中国水周"和"世界水日"的主题列表中,可看出"中国水周"和"世界水日"的主题既有联系,又有区别。"世界水日"的主题的确定依据世界范围内涉及水的共性问题,高度概括而拟定,一年一题,不重复;"中国水周"和"世界水日"的主题一般不同步,是根据中国的具体国情和中央的战略部署而确定的,不求一年一题,可以几年一题。

(2)"中国水周"活动的概况

各流域机构、各省(区、市)在"中国水周"都做了具体安排。

海委2014年主要活动安排:组织参加水利部普法依法治理知识问答活动;委机关组织"实行最严格水资源管理制度考核"知识答题活动;组织观看《人·水·法》系列宣传片。宣传片由海委统一购置并分发至委直属各管理局。委机关将于水周期间组织集中放映;在《水信息网》登载任宪韶主任纪念"世界水日""中国水周"署名文章;组织学习陈雷部长在《人民日报》和《中国水利报》上发表的"世界水日""中国水周"纪念文章;组织《水信息网》和《海河水利》开展集中宣传。在《水信息网》设立纪念"世界水日""中国水周"专栏,在《海河水利》设立纪念"世界水日""中国水周"专刊,重点宣传报道海委系统的宣传纪念活动,请各单位围绕宣传主题积极组稿;张贴主题宣传画。主题宣传画由海委统一购买、印刷并分发至委直属各管理局。

浙江省2015年主要宣传活动安排:举行广场宣传活动,开展植树护水活动,组织新闻媒体开展集中宣传,利用新媒体开展宣传,组织开展节水公益宣传,组织开展"人与水"主题文章、漫画征集活动,播放公益宣传片,组织开展水利"六五"普法优秀影像作品征集展示活动。

上海市2015年主要活动安排:举行上海市纪念第二十三届"世界水日"、第二十八届"中国水周"暨上海河道水环境治理"三水"行动启动仪式;组织中小河道轮疏和堤防生态林建设试点有关专题宣传;开展节水宣传、老式水嘴改造和用水咨询等活动;组织市民看排水和排水志愿者服务队进社区服务活动;组织开展水务法制宣传、擅自填堵河道专项执法检查等系列活动;开展水文知识进社区、进校园和黄浦江上游水文水质监测现场观摩等活动;组织开展水利重大工程青年突击队授旗活动;开展排水截污纳管审批项目规程宣讲、咨询服务活动;开展志愿护堤、"三走进""争做护水小达人"等系列宣传活动;组织开展"听民意、聚民智、解民忧"大走访和节水型学校建设现场观摩活动;启动"爱水、节水、护水、亲水""七彩课堂"项目三年行动。上海市对每一项活动均指定具体的水管部门负责实施。

从历年各流域机构、各省(区、市)的"中国水周"活动安排看,其着眼点是宣传,其手段趋于形式化和口号化,在水文化层次上偏重行为和制度。有必要对"中国水周"注入更多水文化内容,使之成为全中国人民的一个盛大的节日。

(3)水文化节的运用

除2006年"世界水日"的主题是"水与文化"外,其他各年主题均与水文化无直接联系,而"中国水周"各年的主题均与水文化无直接联系。宣传水文化缺乏长期的大型平台,而"世界水日"和"中国水周"本身就是一种文化活动,特别是"中国水周"的7天时间为水文化活动进入水周提供了可能性。因此,将"中国水周"稍加改造,成为同步举办的水文化节,将会取得更佳的效果。

水文化节的设立可借鉴伦敦的河流文化节和世界建筑节。

伦敦最大型的免费户外艺术节——伦敦市长泰晤士河畔节(Mayor's Thames Festival)于9月举行。该节日是一场户外庆祝活动,主旨是庆祝伦敦及其泰晤士河的悠久历史,举办地点是位于伦敦眼和伦敦塔桥之间的露天公共场地。节日活动精彩纷呈,包括音乐、舞蹈、合唱团表演、狂欢会、盛宴聚餐、河上比赛、街头艺术等等。

每年7月1日是世界建筑节,设立的奖项有公民和社区类、文化类、陈列类、健康类、高等教育、科研类、酒店、休闲类、别墅类、住房类、新老建筑、办公室、生产、能源、回收类、宗教类、学校类、购物类、运动类、运输类等。

水文化节主要活动内容设计如下。

(1)水文化论坛。水文化论坛可分为水资源论坛、水生态论坛、水艺术论坛、水文学论坛、水工程文化论坛、水行为论坛、水政策论坛、水经济论坛等分论坛。

(2)水文化演出。包括水文化音乐会、水文化舞蹈、水文化合唱团、水文化河上巡游、水文化龙舟赛等。

(3)水工程文化奖项的设立与颁发。包括最佳水工程文化规划奖、最佳水工程文化创意奖、最佳水工程文化作品奖、最佳水工程文化景观奖、最佳城市湖泊文化奖、最佳城市河流文化奖、最佳水库文化奖、最佳灌区景观奖、最佳水土保持文化奖、最佳水工程文化创业奖、最佳水工程文化产业奖。

在"中国水周"设立水文化节是切实可行的,具体实施时,可由各省(区、市)或流域机构每两年轮流举办,以减轻举办者的负担。

其实,江苏省淮安市、山东聊城市、东莞市沙田镇都已自发举办了水文化节。特别是淮安市从2012年起,利用"中国水周"已连续5年举办了水文化节。其活动的内容主要包括"水利淮安——中央省市媒体水利行",请记者网友深入市内水利工程参观了解,体验淮安水利发展成果,感受水景,享受水乐,从而达到实现多层面、多视角报道水利取得的成果;"淮水讲坛"——请水利部、水利厅、大专院校、中华水文化专家委员会……各方面的专家举办专题讲座;水法规、水利知识竞赛;作家、记者、诗词、摄影、书法协会水利风彩;水法规大型广场宣传咨询;节水双进(进校园、进乡村)宣传;水利主题文化公园展示;《淮水安澜》文艺演出等八大主题多方向、多命题的水文化活动。

（十）开发的运用

对历史水工程文化的综合开发时，将会遇到"三品"：品位、品牌、品赏。品位促成水工程文化精品，品牌形成水工程文化产业，品赏构成水工程文化需求和构建水工程文化市场。有人去欣赏、品味水工程文化，有人去消费、研究水工程文化，这就是水工程文化市场。水工程文化市场需要培育和开发，水工程综合性开发包括水工程文化消费心理及需求的培养、水工程文化精品的打造、水工程文化产业链的创建、水工程文化市场的开拓。

水利景区的文化品位应具备以下特性：穿越时空，定位明确，要素显现，风格淳朴，建筑大气，个性鲜明，独特创新。打造水景观要"以人为本"，体现在水利景观规划中，就是要注重"四人"：有"形"无"景"，不引人，由"形"构"景"，才能吸引人；有"景"无"情"，不动人，以景生情，方能感动人；有"情"无"理"，不度人，由"情"参"理"，方能深省人；有"理"无"市"，难惠人，形成市场，方能惠及人。

水工程文化产业必须树立品牌意识，打造水工程文化经济品牌。一个好的工程枢纽，应该说就是一个好的品牌支点。水工程品牌定位，应具有穿透力、生命力、发展力。水工程文化的品牌就是以经典的、高文化含量的、高艺术品位的水工程为核心所形成的与之相关联的水工程文化产业。用精品创品牌，向品牌要精品。

发展水工程文化产业，提高水工程文化产业竞争力是全面提升国家竞争力的必然要求。提高国家水工程文化产业的竞争力具有双重意义：一方面，水工程文化产业竞争力状况，可以反映一个国家的经济实力、科技水平和创新能力；另一方面，水工程文化产业竞争力也是一种文化影响力和精神控制力。

水工程文化产业链是主导水工程文化产业及其相关文化产业所构成的水工程文化产业群。水工程文化产业链设计的目的是：最大化水工程文化产品的内在价值，把一种成功的水工程文化产品嫁接到其他相关文化产品上。水工程文化产业链有三种类型：一是向上关联，指某一具体水工程文化的发展与变化引起其上游产业的变动效应，如播出与制作的关系；二是向下关联，指某具体一水工程文化的发展与变化引起其下游产业的变动效应，如作品与产品的关系；三是横向关联，即以主导品牌产品为基础，开发系列相关产品和服务。

目前水工程文化产业链中存在的主要问题是：政府补贴、扶持较多，民间资本介入还较少，产业链远未激活；核心业务没有做强，水工程文化产业链配套能力较差；增"规模"而不增"效益"，产业核心竞争力较弱。

要走出误区，水工程文化产业链的设计应遵循以下原则：充分利用本地水工程文化资源，培育优势文化产业；塑造文化品牌，适当积聚，发挥聚集效应；重视产品创新、技术创新和观念创新,把内容原创作为产业的核心竞争力;做好定位,将合理开发与有效保护结合起来;打破体制壁垒,推动产业联动与融合;形成水工程文化产业集聚,实行差异化、集群化发展。

开发案例如下。

2011年底,红旗渠风景区整体升级改造修建性详规文本完成。以"自力更生、艰苦奋斗"的创业精神为主线,突出"红色旅游"的主题概念,彰显精神文明建设的时代丰碑,以国家5A级旅游区为建设目标,到2014年将红旗渠景区建成配套设施完善的四个功能区,即红旗渠纪念馆展览展示及红色培训教育区、分水苑中华水利科普展示园区、青年洞艰苦创业体验区、络丝潭生态休闲区。通过战天斗地的历史事迹、可歌可泣的英雄人物和鲜活生动的真实资料、图片、实物、场景的展示,使之成为全国重要的红色教育培训基地,并实现红绿结合,打造年接待游客150万人次的5A级全国红色旅游经典景区。项目规划总面积49.31公顷,总投资1.5亿元,主要工程包括新建红旗渠纪念馆、分水苑景区景观及基础配套设施、中华水利科普展示园区、青年洞主入口廊桥——游客中心、青年洞连线景观工程、青年洞景区基础配套设施等。

布展设计同步完成,总体设计定位突出历史性、史诗性、时代性和永恒性,展览展线构想从"鲜明而震撼的点题"入手,经"回溯历史的简明铺垫""核心与灵魂""庄严神圣中的升华""对比中的总结概括",至"汇聚中的辉煌呈现"结束,通过序厅和五部分展览主题,为游客营造再现历史、触摸历史、穿越历史、对话历史的效果与氛围,激励鼓舞游客不断开拓进取走向新的辉煌。

1.科学规划,保护资源

以水利工程为依托,以水环境为载体是水利旅游业的基本特征。因此,在水利风景区建设过程中,必须对工程所在区域的生态环境、资源条件、经济发展水平、人文地理及水利工程自身的功能和任务有比较全面的了解和认识。为实现资源与环境的可持续利用,林州市委、市政府先后聘请北京大学环境与地理学院、河南省科学院地理研究所、郑州大学旅游管理学院编制了《林州市旅游发展总体规划》和《红旗渠景区详细规划》,聘请大连园林规划设计院和北京博艺设计中心对红旗渠景区部分景点、场馆进行单体设计,使景区规划达到了发挥资源优势、利于生态平衡、满足环境需求、彰显文化遗存、突出主体风格、建设精品景区的要求。在环境治理上,景区坚持自养苗圃,大搞植树活动,景区林草覆盖率已超过80%,有力地促进了水利工程的环境保护和水土保持,景区地表水基本达到了国家Ⅰ级水质标准。同时,在海河水利委员会、漳河上游管理局的统一协调下,加大漳河上游水资源治理力度,漳河上游水质明显好转。同时,红旗渠景区顺利通过了ISO9000质量保证体系认证和ISO4000环境管理体系认证,为实现人与自然和谐相处提供了重要保障。

2.完善设施,提高品位

红旗渠景区在建设上,坚持高标准、高品位,提高旅游竞争力,切实做到建设一处,成功一处,使水利风景区成为展示水利行业形象的窗口。红旗渠景区成立之初,人员不足10名,年收入仅万余元,资金短缺,设施简陋。为做大做强水利旅游,红旗渠灌区广大干部职工充分发扬红旗渠精神,不等不靠,采取个人集资等形式,先后筹资3000余万元,在改造完善红旗渠沿渠主题景点的基础上,又相继开发了一线天、二线天、栈道、滑道、步云桥等新景点。2000年,投资1200万元改造硬化了进山公路,开辟了环山路、环岛路,整修了上山路、下山路,避免了游客拥堵。2001年,在原红旗渠纪念馆的基础上,投资600万元建成了由序厅、干涸历史、太行壮歌、今日红旗渠等7个展厅组成的、总展线长316米的红旗渠纪念馆,为游客了解红旗渠、感悟红旗渠精神提供了理想场所。2003年,投资500余万元,新建扩建了四个停车场,总面积达15000平方米,建成了功能齐全的游客中心两处,面积280平方米,设立专为游客服务的医务室两处,新建星级厕所多座,旅游购物场所六处,改造了天河山庄、青年宾馆,新建了漳河旅游度假村,满足了游客游、购、娱需要。2006年,投资200万元,建成了红旗渠文化长廊,让游客在饱览红旗渠风光的同时,感悟红旗渠精神,品味红旗渠文化,营造了景区浓厚的文化氛围。2007年"红旗渠号"空中巴士建成,为红旗渠又增添了一处景观。红旗渠纪念馆还拟扩建改造为博物馆,拟投资1亿元,把红旗渠博物馆建成占地8万余平方米、建筑面积6000平方米,集展厅、碑刻、表演、休息、研讨、服务于一体的大型现代化展馆,为游客更加充分地了解红旗渠提供设施完备、环境优美、功能齐全、服务一流的学习场所。

3.以人为本,强化服务

旅游行业是服务性行业。多年来,红旗渠景区坚持游客至上的服务宗旨,始终把"建就建精品,干就干一流"作为各项工作的标准,对员工进行"态度决定一切,细节决定成败"教育,并着重树立了三种理念:一是"不让一名游客在景区受委屈"的服务理念。景区每年都要聘请旅游院校的教授到景区对管理及服务人员进行业务培训,提高广大干部职工的责任感、使命感,提高他们的文明优质服务意识和水平,并结合工商管理部门和旅游协会,对旅游购物场所进行统一管理,严格准入制度,切实将游客的利益放在第一位。多年来,景区未发生一起重大投诉案件;二是"人人都是旅游环境"的服务理念。在景区持续开展"文明单位、文明商户、青年文明号、文明景区"等创建活动,制定完善了各项规章制度,规范文明用语,使广大干部职工及从业人员都明确了岗位职责和工作标准,凡是与游客接触的工作岗位,也都明确了工作程序和服务标准,使"人人都是旅游形象,处处都是旅游环境"的理念深入人心,成为自上而下的自觉行动;三是"突出人性化"的服务理念。在景区全面实施游客温馨工程,提供宣传品、旅游咨询、入厕等免费服务项目和邮政纪念、电信服务及医疗服务；给予老人、军人、学生和儿童等门票优惠和免费政策；实行分区安全责任制，不断完善旅游防护设施，配备了婴儿车、残疾人专用轮椅，在道路拐弯处设置反光镜，充实人性化的引导牌和警示标牌，不间断广播告知游客注意事项等，为游客营造了一个安全、舒适的旅游环境。

4. 加强促销，扩大影响

旅游经济既是品牌经济、知名度经济，又是注意力经济。多年来，红旗渠景区围绕红旗渠独特的旅游资源，采取了形式多样的宣传促销：一是常规宣传稳步推进。景区在京珠高速安阳段、安阳火车站等车流、人流密集地区制作了巨幅景区形象展板，在安阳市主要街道制作了灯箱广告，提高了景区知名度，开通了安阳至景区的"红旗渠旅游直通车"，方便了游客参观游览。不断加强红旗渠网站建设，使网站功能完备、内容丰富，设有论坛、留言板，广泛收集市场信息，时刻把握市场动态，更好地服务于广大游客。组织专业促销小队分，分赴周边河北、山西、山东、北京、天津等地进行促销，与当地旅行社、各大媒体进行合作，推介红旗渠旅游，取得了明显效果。二是乘势借力搞促销。近年来，各级党委、政府及各职能部门为宣扬红旗渠做了大量的卓有成效的工作。特别是红旗渠精神巡回展，电视剧《红旗渠的儿女们》及央视《百家讲坛》栏目推出的《红旗渠故事》，对推介红旗渠、扩大红旗渠影响起到了巨大作用。红旗渠景区抢抓机遇，制定措施，安排专人，乘势追击，积极跟进，对客源市场进行细分，进行广泛宣传，使更多的人了解红旗渠、走进红旗渠，培育了稳定的红旗渠客源市场。三是举办大型活动搞促销。景区每年都要组织参加规格高、影响大的旅游交易会来展示自己的品牌形象，提高红旗渠的知名度，通过现场形象展示，分发宣传资料，辅以文艺表演、空中飞伞等活动，形成巨大的视觉冲击力，取得了良好的宣传效果。同时，景区借助林州国际滑翔节、红旗渠通水四十周年庆典、"两岸四地名模秀美安阳观光游"等活动平台，积极推介红旗渠旅游。红旗渠景区还积极承办了"自行车飞人"王会海在红旗渠畔举行的"挑战极限飞越红旗渠"活动，引起了社会各界的广泛关注。通过这些活动，红旗渠形象吸引力空前高涨。四是积极进行区域大联合。红旗渠景区加强同林州境内的太行大峡谷、天平山、洪谷山等景区的合作，大打林州"一红一绿"旅游品牌，吸引游客前来参观。同时积极与河北、山西红色旅游景区进行区域联合，使红旗渠景区列入了"太行山红色旅游景区"精品线路。

二、水工程文化价值观

随着现代水工程建设的观念创新，将文化融入水工程建设、管理、运用理论的日益成熟和"文"化水工程实践的印证，已逐渐形成一种理念，即要用高品位文化去打造水工程文化产业的新理念。这个理念，第一是要将水工程建设与管理视为产业去对待,从而形成能从更多领域服务社会的水利事业单位或水利企业,形成水工程建设与管理是能创造精神和物质双重功能水工程产品的意识和文化理念。第二是指其所产生的文化价值,即各项水工程不仅具有抗旱排涝功能,而且创造出与周边环境相和谐的一种特有的文化符号。这一符号在大地上出现,体现出的是水工程具有吸引旅游和生态保护之经济和文化价值。第三是指水工程的最终价值,即能使人与水、人与自然和谐相处,在天人合一这样的认知中创造出来能保护水资源可持续发展的资源和文化价值。

就水工程文化而言,其价值观是一种高品位的境界,是体现一种人与自然的对话,是天人合一的人与水情感的合一。这种人与水的亲情含义里的亲水环境价值,往往体现在水工程与其环境的无数细节处理上。如亲水环境中对水的流通、自我净化的处理,水利堤防工程堤与堤岸的处理;水岸坡度的防滑处理,每座工程建筑物的基础和水的连接、与草坪的连接处理;河线布置、河床坡度与糙率对水的流态、流速影响;工程区域内布局、绿化、置景,假山石、雕塑的样式处理。还包括建筑中体现的水工美学的概念,都需以人为本,要为到水工程参观、休闲、旅游及水工程管理单位的管理人员着想。这些人情的、亲情的细节恰恰是体现水工程品位的一个重要的方面。事实上在这些水工程建筑物中,在江、海、河堤中,都可蕴涵着无限商机。而做得好的水工程,让人觉得一旦成为这里的主人,自身的文化会提升,自身的价值会提升,个人的品位也会随之提升。浙江省绍兴市建设的城市防洪工程,不仅成为防洪排涝的屏障,而且在工程上打造了生态环境,将堤防工程藏于起伏的土丘中,辅以绿树、灌木、草皮,休闲的长廊,与城市其他建设之美相映衬,使城市成为一个整体的美的旅游景区,改变了周边的社会环境和人居环境。凡到过绍兴的人,谁能不为这价值的提升、品位的提升而赞叹? 有一句经典的说法:"真诚创造真诚、品位创造品位。"一个好的环境系统可以塑造出一个良好的行为体系,给人一种好的行为方式和和谐的人际关系。从水工程文化学的理念来讲,打造一个有文化品位的水工程区域,会自然吸引来有文化品位的群体,从而带来有品位的文化行为,反之,有品位的文化行为,又会促进提升水工程的文化品位,这是一个必然的良性循环。从某种意义上来说,一座有文化品位水工程建筑,就会有一块有品位的文化环境和商业环境相配套。一处有文化品位水工程建筑和环境,就会自然而然地成为旅游的景点,也就会吸引高品位学校、房地产等企业单位的开发,改善投资环境。可见建一处有文化品位水工程建筑和环境的重要性。从社会学的角度来看,品位是文化的一种行为表现模式。文化水准的层次是通过品位来体现的,利用提升文化品位这种理念,去打造高品位水工程建筑和周边环境,吸引和塑造更多的高品位、高素质群体,是水工程文化价值的具体体现。

有文化品位的水工程建筑和环境,促进了水利旅游的发展。水利旅游的发展,促

348

进了水利经济的发展,水工程文化是推进水利旅游经济发展的核心要素。水利旅游经济发展的前景十分广阔,是其他任何旅游经济所无法替代的,因"水"本身就具有自身的特点和优势,加上高品位水工程建筑和周边环境更是如虎添翼。在抓好"水"的本质特点上,寻求水工程发展的突破点、创新点,才能有特色、有优势。有特色才有水利的发展,有特色才有竞争力,有特色才有品位,有品位才能促进水利旅游经济发展的成效、成果和成功。

具有一定文化品位的水工程建筑,本身就是美好的人文景观,既具有有形的水利功能,又具有与周围的水环境和区域环境相媲美、相协调、相和谐的水工程生态、环境、人文之无形功能,形成旅游业独特的景观产品。具有有形功能的水利旅游与一般性旅游有本质之区别,可以形成寓游于教,让人们在欣赏水景观的同时,于无形中了解到水工程运行的基本知识和水利对社会、人类的贡献,促使人们形成敬畏水、尊重水、爱护水、要人水和谐相处的理念。

在城镇化已成多国经济社会发展的主要趋势的今天,城镇发展的重点是城镇现代化。其目的是打造市场经济实体、塑造市场文化形象和提高公众文化生活水平。在城镇化推进过程中,环境和文化在城镇发展中的作用至关重要,环境可以是一个城市的优势,文化可以决定一个城市在阶段性竞争中的输赢。环境优势和文化优势可以转化为经济优势,可以从根本上提高城镇的综合竞争力。而城镇水利恰恰是打造城镇文明的生态环境和文化品位的重中之重。

江苏省无锡市提出"打太湖牌,唱运河歌,建山水城",使城市"山青水秀",使城市绿起来、美起来、亮起来、净起来。根本点还是立足于城市的水净、水活、水清,并在此基础上把水工程与水环境打造结合起来;把清淤、拓河和城市改造结合起来,把活水与青山、绿化结合起来,把水的美与历史人文景观结合起来,真正体现人与自然和谐共生的社会责任感。

例如无锡市滨湖区,该区区域内河道纵横,水网密布,是典型的江南水乡。除太湖外,滨湖区共有大小河道534条,总长度425千米。境内拥有五里湖、梅梁湖、贡湖水域,滨湖区沿太湖湖岸长达112.6千米。该区梅梁湖是由太湖北部的大水湾——梅梁湖和沿湖山峦组成。吴越春秋时,越国进贡梅梁(会稽,今绍兴·禹庙的大梁)至此,舟沉失洪、梁而得名。无锡梅梁湖泵站枢纽工程,置身于无锡太湖风景名胜区之内,位于太湖旁,北邻京杭大运河,南邻太湖。距国家4A风景区鼋头渚公园不到100米,太湖、蠡湖、国家4A公园蠡园和灵山大佛以及梅园等众多闻名中外的风景名胜区环绕其周围。该市水利局不因其所处环境好,而忽视其无形功能,仍按水利风景区要求高标准地规划、设计水工程。无锡水利部门结合退渔还湖工程,在原犊山大坝东侧打造了一个渤公岛生态公园。该生态公园位于环湖路大渲桥南侧与鼋头渚公园接壤

349

处,专门设计围筑而成,西与管社山相望,南端与充山对峙,占地面积约37公顷,南北长约1700米。该公园将水利工程、自然风光、人文景观融于一体,是36公里环湖观光带又一处文化主题公园,为纪念无锡治水先贤张渤而取名渤公岛。岛上建有50立方米每秒泵站1座、16米净宽节制闸4座及相关配套建筑,既是太湖、蠡湖和梁溪河的多向调水工程,也是无锡太环湖公园中唯一的因水利而建的景观岛。岛内,上百种林木郁葱挺秀,数十种花草竞放争艳,一条傍湖串景的主园路渤公道从北到南,贯通全岛。香菱湾、荷花港、芦苇荡、三友小筑等景点与远山近水,和谐组成一幅幅风光旖旎的画面。"芙蓉亭""曲荷堂""清莲桥""掬月轩"等临水而筑,古朴雅致,游人到这里,风荷扑面,清香远送,陶醉在自然生态的美景之中。园中亭、台、楼、堂、轩、榭等取名,均取材于东汉张渤治水的民间传说,其中望天亭、观水亭、流云亭等生动演绎当年张渤观天象、察水情的治水情景。以张渤女儿取名的"晓风楼""渨雨楼""润雪楼",透现着古老的吴文化的气息,与承露台上张渤化身猪婆龙雕塑像、景墙等一起,组成了一个个人文景观,共同凸现以张渤治水为民的主题。

该景区内的犊山防洪枢纽工程、直湖港水利枢纽工程、梅梁湖泵站枢纽工程相继于1991年至2004年建成运行,承担着武澄锡低地和无锡市区的防排涝、水环境改善、兼顾航运、水资源保护等功能,为无锡市经济社会的可持续发展做出了巨大的经济效益和社会效益。将水工程建成水利风景区,是无锡市水利部门在调整治水思路后,所做的一个既具有有形功能又具有无形功能的工程,梅梁湖水利风景区融观光游览、休闲度假、户外运动为一体,成了无锡水利的品牌工程。这里,烟波浩淼、气势磅礴的太湖风光以雄浑清秀见长,四季景色不同,晨暮意境迥异,山不高而清秀,水不深却辽阔,独占了太湖最美一角。这里,在神奇壮美的太湖景观上,又画龙点睛地添以气势宏伟的枢纽工程及其周边和谐协调的生态环境、文化蕴含较深的人文景观,使其成为环湖最能吸引游人的重要节点之一。目前该水利风景区已完全融入无锡太湖风景名胜区的大环境之中,2006年5月,无锡环太湖全长8.1千米的环太湖十八湾免费向游人开放。十八湾境内还有间江十景、西溪八景、阖闾城、伍相祠、伍子胥营地、秦尚书墓、张浚墓等遗址和现代实业家荣宗敬等名人墓冢。这里,不设大门和围墙,让绿草、亭桥、烟波浩淼的太湖美景尽呈游人眼前,成为江苏省最大的"开放式公园"。

梅梁湖水利风景区所在的无锡市滨湖区,辖胡埭1个镇和马山、雪浪、蠡园、华庄、太湖、河埒、荣巷、蠡湖8个街道办事处。该区本不是无锡发达的城区,原属城周的农村。正是由于滨湖区濒临太湖,拥有长112千米的太湖湖岸线,无锡的旅游景点又大多集中在该区,由于其风光旖旎的区位优势,这里已成为许多中外客商心中认为的卧龙吞珠的风水宝地,甚至将其誉为中国的"维也纳"。沿湖已建成八所疗养院或培训基地,使无锡滨湖区成为旅游和房产开发的佳绝处。该区已成为无锡市新城建设的重点区域和建设山水城、生态城的标志性板块,无锡市实施特大城市发展战略的重点工程大多投放在滨湖区境内。2013年全区实现地区生产总值(GDP)696.52亿元,按可比价增长9.3%。人均生产总值达到10.03万元,是我国人均生产总值(按我国2013年人均GDP约为6767美元,人民币对美元平均汇率6.1932计算的4.19万元/人)的2.39倍。该区全年完成财政总收入高达146亿元,是同年西藏自治区95亿元的1.52倍。

水利的文化产业必须树立品牌意识,打造水利文化经济品牌。一个好的工程枢纽,应该说就是一个好的品牌支点。都江堰就是我国一个最为典型的水利品牌。可以说是水利文化产业最成功的品牌,饱经历史沧桑和对中华民族的贡献,使其既具有历史文化的内涵品位,又成为享有极高知名度的品牌。与此相对应的是,水利文化品牌间接地影响到一个城市居民的生活方式,有助于他们提高生活质量。水利文化品牌展示的是一个城市的精神,是一个城市的形象,而市民是城市形象的塑造者。也就是说,水利文化品牌是一个城市与其他地区或城市人与人之间联系的载体、平台,更是一个城市发展水平的窗口。更有意义的是,一个好的品牌也为解决部分就业问题提供直接渠道,使水利经济成为经济发展新的"增长点"。水利文化产业品牌给一个地区带来的人流潮和经济效益是十分可观的,作为品牌景点慕名而至的旅游者、参观者,在游玩参观期间要交纳有关费用,同时,要吃、喝、住、行、玩,还要购物、要通信、要运货,这就给这一地区的金融、旅游、交通、航运、餐饮、广告、电信、宾馆、运输、装饰等服务行业带来经济发展的机会,也带来就业的岗位,带来新的增长点。

水利文化品位是未来现代化水利建设的文化主潮流,谁能把握好水利文化品位的构建与创新,就有可能构建出穿越时空的水利文化,从而最终能够赢得社会、赢得市场。

现代水利已处在一个知识经济时代,一个高度科学、高度发达的文明时期,处在这样一个特殊时期的现代水利,其所包含的水工程文化更处在一个重要的位置上,这是因为现代水利从社会生产发展的角度,正在从传统社会向现代社会全方位转变。这是一个动态的、相对和协调的进程,以知识经济和信息化为主要特征,更具有人与自然相和谐、打造亲水环境的现代水利观;运用和引进现代科技文明为现代水利服务,实施科学的文明管理,实施"以人为本"的人才战略。现代水利的内涵特征都渗透着水文化的底蕴和要素。因此,在进行的水利现代化的实践和理论探索过程中,水工程文化体现了时空观的穿越,体现了未来观的创造,体现了价值观的适变,体现了联系观的渗透。而这种"体现"的完善,是否不断升华、不断丰富、不断提升,就是水利的文化品位,也正是水文化品位的魅力所在、核心要素所在。同时也表明,处在知识经济时代的现代水利的文化品位是与生态文明紧密相关的,也是与生态功能、美化功能、和谐功能、可持续发展功能紧密相连的。

第三节　水工程文化学的前景展望

既然水工程文化揭示后,其产生的作用已被认知,也更显著,那么水工程文化学就不仅仅是创立,而且必须不断完善和让其发挥更大作用。水工程文化学的创立,只是水工程文化研究的开始,按照水工程发展的实际需要,还要求人类对水工程文化继续深入研究下去。由于水工程文化的生存极限是人类的消亡,是水工程文化主体和载体的不存在,所以水工程文化学的研究与传播也将同样会与人类共存亡。

于是,主客观都说明水工程文化研究是长期的、深入的,则水工程文化学的创立,就不只是学科本体框架的搭设,还应包括创立后研究的一些基本的展望。

一、学科体系有待进一步完善

虽然水工程文化内涵已经给定,也为之定了"性",水工程文化概念已客观地被水利业界普遍运用,实际上已认同"水工程文化学"的创立,但目前本书及其他相关研究仅给"水工程文化学"搭了个框架,所陈述的研究象、研究内容研究和范围、研究方法等仅是几条基本思路和总体轮廓,提出的水工程文化性质、结构和体系、时期、区域等都只是些初步观点。至于所认为的水工程文化潜在和揭示更是揭示者主观确定的,总体线条都还比较粗,甚至每个论点所提供的论据仍是不足的。这些都有待逐一再加论证,给予不断的健全、完善。况且,所有这些论述引证的资料和学科建立的理论背景,都是水工程文化揭示前提供的,具有一定的阶段局限性。随着人类文化总体的发展以及引证资料的更新,都可能使学科创立时的某些论证过程或结论发生位移,则也就需要给予相应的修正。加之,水工程文化揭示时,研究者的眼光或视野相对较窄,当所揭示的水工程文化被人们所普遍认识时,则有众多眼光从不同角度来理解、观察所建立起来的这个水工程文化研究的初始理论框架,必然会有新的视觉和新的见解。因此,水工程文化揭示所创立的学科体系,必定会从粗糙走向细腻、从框架走向实体、从主观给定走向客观证实、从科学方案走向理性学科,同所有其他学科一样,也要经过学科发展的各个历程,然后成熟地趋于完善。当然,这些都建立在首先承认水工程文化学是成立的,水工程文化是主观给定和客观存在的基础上,否则,学科也就无须再作任何研究,学科的完善就更谈不上了。

二、水工程文化内涵尚需进一步探索

无论何时何地的水工程文化,都有水工程文化内涵之共性,都必然是由水工程文化内涵的某一个或某些要素构成的。但水工程文化学创立时,仅揭示了水工程文要素的基本构成体系,主要分为三个要素群,即哲理要素群、伦理要素群、心理要素群,并对各要素群组成的主要要素分别扼要地对其概念给予了解释,却没有能进一步作较细致、较深入的论述。其原因主要是限于篇幅和为了突出学科基本体系构成的研究之动机和缘故。其实,结构内每个要素都可以单独作为一个研究课题去作深入详尽的讨论,研究其深刻的含义及在现实中的运用等。而且,在相关结构中,也未能全面地例举所有组成要素,并根据各要素群的基本性质,搜寻其他仍未尽例举之要素。对水工程文化结构内涵各要素,进一步作深入研究而呈现给人们去认识它。因此,水工程文化结构内各要素的继续研究之路才刚踏出,尚有漫长而宽广的探索途径有待人们去开辟。

三、特定时空水工程文化研究还应进一步深化

水工程文化揭示时,由于水工程文化研究历程的不同,参照文化发展以及水工程发展的阶段性特点,划分出了不同的水工程文化时期;也分别按文化和自然水的不同,以及综合这两个因素后为标准,又划分出一些水工程文化不同性质和内涵的区域。不过,也仅此而已,人们所见到的仅是客观存在的水工程文化的一个由水工程文化研究者主观标绘的时空网络,网络内只有称谓而匮乏其内容。这些也都是水工程文化学存在的问题,或者说是各门类水工程文化尚缺乏翔实内容的问题。这也是一个相当庞大而复杂的问题群体,可以说,其包含的问题或内容是不可计数的,也是一个可以永远研究的问题。从时间线索上看,在水工程文化的生存时限里,有无数个可能被研究者选取的时间断面;从空间线索上看,在水工程文化的生存空间极限里,以研究水工程文化的研究之"点""线""面""体",同样也有无数个可能引起研究者关注的空间点。

任何一个研究课题都有其特定的时空给定或限定,则由时、空两者构成的水工程文化研究点必然是不可计数的,而每一个人类水工程文化的时空网络点,人们都有必要去研究它。这样,各门类的水工程文化研究,显然是十分庞大而复杂的。

四、研究水工程文化的方法必须进一步深入

水工程文化客观存在,是水工程文化学创立的主要因素,另一个客观因素是人类现实的需要,而后者才是水工程文化揭示的最关键的动力和需要。水工程文化的存在形态是客观的,对于这种客观的特殊形态的存在,都会有一些相应的、必然的研究方法出现,只要水工程文化存在形态和基本内涵是不变的,则其研究方法也就是相对恒定的。但是,科学研究的方法论是在不断演进的,在科学的总体方法论演进下的水工程文化研究方法,也必定会随之而演进。任何新出现的方法论的成果,都可能被应用到水工程文化的研究之上,这也是必然的现象。科学的方法论是水工程文化学的基本研究方法的主要依据。随着水工程文化自身研究的深入和现实中被运用,会被

逐渐推广。在水工程的实践中,也需要研究方法的演进或更新。因为研究方法的选择和发明是由客观上可能提供的前提材料和主观研究目的或需要两者共同决定的。可能提供的前提材料是客观的、现有的,一般来说,其来源相对较稳定。但研究目的或需要,则是一个难以预料的变量,水工程文化深入研究后的将来,就更是无法被论定,显然研究方法选择得准确、适宜,都是水工程文化研究随时可能被提出的一个现实问题。

此外,水工程文化被揭示以后,研究还将继续深入下去,设置一个或多个讨论水工程文化的专用论坛,是非常有必要的。也正如其他学科的研究一样,都有被开展讨论的一席之地。在研究的机构上,将由某一学术研究机构内设置水工程文化学科研究的课题组,发展成水工程文化的专业研究室或研究院,甚至成立水工程文化学学会或研究会等专业学术团体组织;在研究论坛上,也将由开辟水工程文化学学科在某一或某些报刊上的讨论专栏,发展成创办水工程文化学学报的专刊。那么,以此而论,在水工程文化客观存在的区域,都将有可能出现水工程文化的专用论坛和研究机构或学术团体,则全世界就可能将构成一个庞大的水工程文化研究的网络体系,水工程文化研究事业便可得到弘扬发展,这也是水工程文化揭示者寄予研究事业的希望。

附　　录

用点、线、面、体的视角研究水利风景区

水利风景区,是指以水域(水体)或水利工程为依托,具有一定规模和质量的风景资源与环境条件,可以开展观光、娱乐、休闲、度假或科学、文化、教育活动的区域。水利风景区在维护工程安全、涵养水源、保护生态、改善人居环境、拉动区域经济发展诸方面都有着极其重要的功能作用。根据水利风景区所在区域的水域特征、资源条件、水工程性质和景观类型,一般分为水库型、城市湖泊型、自然泊湖型、湿地型、城市河流型、自然(人工)河流型、灌区型、水土保持型等8种类型。从研究水工程文化学研究之具象内容的视角看,其中水库型、城市湖泊型、自然泊湖型、湿地型为面状景观分布;城市河流型、自然河流型、灌区型为线状景观分布;水土保持型为点状景观分布。水利风景区的"体"是指各类风景区的总体规划和顶层设计及水生态文明城市的规划、建设。

一、水库型

水库型水利风景区文化,是以水电工程为核心,水库之水直接受益范围为依托的一种特有文化,属于水工程文化研究之"面"的类别。它是在水电工程的规划、设计、施工、运行、管理过程中,在政治、经济、社会、科技诸因素的作用下,衍生出的文化群和独特文化现象,值得深入研究。

现代水电工程具有高科技含量,例如三峡水库工程风景区的文化,就是一种正在形成和发展的地域文化,其拓展成"面"的个性鲜明,内涵丰富。目前,在中国水工程文化中,三峡具有不可替代的垄断优势。三峡水库风景区通过一个阶段的开发和构建,已初步形成了一些大系列文化品牌,包括现代水电工程文化品牌、水电科教文化品牌、坝库区移民文化品牌、坝库区旅游文化品牌。这些文化品牌中还包括其各不相同的子文化,如现代水电工程文化品牌包含大坝、电站文化,水电科教文化,水库文化,船闸、航运文化;水电科教文化品牌包括世界最大的水电生产基地、世界著名的水电科研基地、水电教育基地和水电人才中心;坝库区移民文化品包含移民搬迁文化、移民新区(县城、村镇)文化、移民企业文化、外迁移民安置区文化,以及由此衍生的"对口支援文化";坝库区旅游文化品牌包括山水景观旅游文化、水电旅游文化、建筑旅游文化、民俗旅游文化、饮食旅游文化、名人旅游文化等。

水库风景区文化的形成,又以水库坝体兴建为基础,没有坝体工程之美,就不能称其为完整的水库风景区。三峡坝体的美学设计令人瞩目:彩色混凝土的运用,坝(尤其是拱坝、土坝)下游面的巨型浮雕设计,坝上门机做成移动雕塑等,构成大地艺术。雕塑园的建设有明确的主题逻辑,三峡雕塑取自原生态材料,整个园区以高度的递增从上至下分为三层,主要由模型展示厅、万年江底石、大江截流石、三峡坝址基石、银版天书及坛子岭观景台等景观。截流纪念公园的围墙用三角形卵石透空作栏板提取竹笼、枒槎的地域文化元素,用各类施工材料构造的雕塑展示长江文化,如"纤夫"及三峡移民人物群雕,体现中华民族讲求意象的传统美学特征。

任何一个雕塑或雕塑园的建设必须有明确的主题,如武汉大禹雕塑园以大禹的治水事迹为主线,而我国有些水库也搞了一些雕塑和雕塑群,往往主题散乱、各自为政、立意浅薄。甚至,有的水库还随意到市场去购一座风马牛不相关或不知所云的所谓现代抽象派的雕塑,置于景区关键处,不仅令人无解,而且破坏了环境的和谐,应引以为戒。

二、城市湖泊型

城市湖泊型水利风景区的文化需用点、线、面的视角,分别对应"景观节点""景观轴""景观区域"去研究。景观节点构成城市湖泊风景区的文化特征个体,景观轴构成城市湖泊风景区的文化特征骨架,重点景观区域又是构成城市湖泊风景区的文化特征的主体。城市河、湖受人类活动影响较大,在人类干预城市河、湖的工程时,一定要注重提升其文化内涵与品位,尤其要注重水脉、绿脉、文脉的统一构思、协调布局。要用水工程文化的视角去研究城市湖泊型风景区,水脉是骨骼,绿脉是肌肤,文脉是灵魂精神;水脉是基础,绿脉是表征,文脉是内涵。

(一)水脉空间

研究城市湖泊的水脉空间,一要看水域的通透性;二要看沿岸景观视域的可达性;三要看水域空间的分割及与陆域空间的组合、变换,还要能塑造成特征鲜明的单体和个性空间,如岛中有湖、湖中有岛;四要看河湖系统相互依存、水体交换能力;五要看水质自我净化能力和生态修复能力,湖泊中浮水植物、挺水植物、沉水植物、水生动物是否能构成生物链,维持生态平衡;六要看水脉与绿脉的交融,你中有我,我中有你。

(二)绿脉空间

研究城市湖泊的绿脉空间,主要看的是山、林、建筑物组成的耦合系统的序结构,表现为层次和纵深。空间的多层次体现在纵向的层次感、横向的节奏感、韵律感和群集效应上,并应与地貌环境相融合。由于大尺度的水面的映衬,绿脉的天际线显得格外重要。其处理方法不外隐去法、突出法、融合法:一是要研究绿脉自身的变化,避开建筑物单纯由植物生成天际线,包括不同生境植物的变化和过渡,植物林相的立体层次变化和过渡;季节变化和植物自身的色彩变化,由孤植、行植、群植、片植等形成的"点—线—面"的多样的观赏视域的变化。二是要研究绿脉与地脉的融合,在规划、设计湖边天际线时应考虑建筑物的存在,围绕城市标志物建筑,绿脉或高或低,或遮或露,或浓或淡,或连或断,或隐或衬,高度上可分为高层引导集聚区、高层限制区、开敞区和标志物,结合地势特点,形成有个性的天际线。

(三)文脉空间

研究城市湖泊的文脉空间看的是风土人情、文化传统、历史沿革,看的是历史文化内涵的充分挖掘、合理诠释、运用保护、恢复、调整、创新等设计手法。

城市湖泊的水、绿、文各自的点、线、面共构景区景观之体。诚如明代计成《园冶》中对湖滨景观的概括:"江干湖畔,深柳疏芦之际,足征大观也。悠悠烟水,澹澹云山,泛泛鱼舟,闲闲鸥鸟,漏层阴而藏阁,迎先月以登台。"水脉、绿脉、文脉巧妙地融为一体。

例如,嘉兴南湖水利风景区位于浙江嘉兴市区东南部,中共一大就是在南湖游船上胜利闭幕的。南湖分为东西两湖,与京杭运河相通。东西两湖相连,形似鸳鸯交颈,古时湖中常有鸳鸯栖息,因此又名鸳鸯湖。南湖风景秀丽,现有面积600多亩,湖中有两个人工小岛。一是湖心岛,于南湖中心,面积不足18亩,明嘉靖二十七年(公元1548年)嘉兴知府赵瀛组织疏浚城河,将淤泥垒土成岛,次年移建烟雨楼于岛上。清以后又相继建建成清晖堂、孤云簃、小蓬莱、来许亭、鉴亭、宝梅亭、东和西御碑亭、访踪亭等建筑,形成了以烟雨楼为主体的古园林建筑群,亭台楼阁、假山回廊、古树碑刻,错落有致,是典型的江南园林。另一小岛,位于南湖的东北隅,旧称小瀛洲,俗称小南湖、小烟雨楼。小瀛洲与湖心岛上烟雨楼南北相望,清康熙时疏浚市河,堆泥于此,遂成一面积约8亩的分水域,初为渔民晒网之地,后渐成游览胜处。清光绪年间,嘉兴民间组织"惜字会"在岛北部建祠三间,祭供仓颉。相传仓颉是黄帝时造字之鼻祖,后人称仓圣,以示崇敬。仓圣祠中原有仓颉塑像,其腰围树叶,全身赤皮,头有四眼……两个小岛如同一对璀璨的明珠,镶嵌在南湖之中。1999年6月,特大洪涝灾害,南湖周边大面积受淹,湖底淤积严重,古建筑年久失修。2001年嘉兴市实施了"蓝天、碧水、绿地、洁行"行动,对南湖进行了重点整治。除疏浚、清淤外,植树5万余,新建绿地150公顷,比原有绿地扩大3倍;对湖区古园林建筑按"修旧如旧"的原则,进行了保护性修复;实行对南湖周边污水集中收集、集中处理,大大改善了南水质;又以南湖中共一大开会的"红船"为媒,举办船文化节,融红色文化与江南水乡文化于一体。综合整治后的南湖水脉、绿脉、文脉交相辉映,使九十多年前荡起红色革命涟漪的南湖成为了我国水利风景区红色旅游的源头,为该市乃至浙北发展旅游业发挥了重要作用。

三、自然湖泊型

自然湖泊型水利风景区,依托的是自然形成的湖泊,众多的自然湖泊不代表都是水利风景区。在自然湖泊中必须具备以下条件的才能成为水利风景区:一是有一定水域和体量及一定规模的水利工程;二是自然环境优美,有一定的地文景观或天象与气候景观,抑或生物景观;三是湖泊及其管理范围内有遗址遗迹;四是有适量的和湖泊协调的建筑与设施及人文活动。云南高原湖泊主要有抚仙湖、滇池、洱海等,都是水利风景区。抚仙湖是中国最大的深水型淡水湖泊,珠江源头第一大湖,属南盘江水系。湖面积216.6平方千米,湖容积为206.2亿立方米,湖水平均深度为95.2米,最深处有158.9米,相当于12个滇池的水量、6倍的洱海水量、太湖的4.5倍水量,占云南九大高原湖泊总蓄水量的72.8%,占全国淡水湖泊蓄水量的9.16%。抚仙湖水质为Ⅰ类,是我国水质最好的天然湖泊之一,152米深处含氧量竟高达3.8毫克每升。明末徐霞客在他的滇游日记中写道:"滇山唯多土,故多勇流成海,而流多浑浊,唯抚仙湖最清。"

抚仙湖、洱海、滇池的深度依次为95.2米、11.5米、5米,这三个湖泊水质与湖泊深度成正相关关系,抚仙湖水质为Ⅰ类,滇池水质最差。

世界地质学家公认抚仙湖是地球的化石宝库,帽天山保留了5亿年历史的特殊地层,所发现的200多种化石是地球所有动物的祖先。依据这一独特的文化,抚仙湖畔悦椿酒店的时光隧道以澄江附近出土的地质化石为题材,发掘抚仙湖文化内涵,进口为斜顶圆台,出口为标有地质年代的不锈钢圆环。以青铜雕塑展示地球地质变迁的更年史,依次为太古宙、元古宙、震旦纪、寒武纪、奥陶纪、志留纪、泥盆纪、石炭纪、二叠纪、三叠纪、侏罗纪、白垩纪、中生代、第四纪,青铜浮雕刻画各纪的典型生物,两侧墙上布置仿生化石版和化石照片。抚仙湖水资源保护博物馆的雕塑也呼应了这一主题。

洱海是白族人民的"母亲湖",白族先民又称其为"金月亮",洱海由西洱河塌陷形成,高原湖泊,外形如同耳朵,故名洱海。洱海的文化特色主要表现为天象文化之"洱海月""苍山雪"和白族文化。"洱海月"是大理四大名景之一。明代诗人冯时可《滇西记略》说:洱海之奇在于"日月与星,比别处倍大而更明"。如果在农历十五月明之夜,泛舟洱海,其月格外地亮、格外地圆。水中月圆如轮,浮光摇金;天空玉镜高悬,清辉灿灿,仿佛刚从洱海中浴水而出。洱海月,水天辉映,可让人分不清是天月掉海,还是海月升天,其景令人心醉。苍山洱海,山水相依,洱海月之著名,还缘于倒映在洱海中的洁白无瑕之苍山雪与冰清玉洁的海中之月,交相辉映,共构"银苍玉洱"之奇观。白族文化的特点表现在宗教信仰独特,白族的人们不是统一地去信奉同一个神,而是一个集体、一个村寨的信仰,比如有的村寨信观音、信神仙,有的村寨信动物、信植物,有的村寨信英雄人物,五花八门,但总的目的不无是为了祈祷过上更安定幸福的生活。白族女子的服饰,红白相间是其最大特色,女性的服饰往往都比较艳丽,年轻女子更是如此,用以衬托青春靓丽。她们的色彩加上苍山洱海环境色彩的映衬,其美无比,有着让人过目难忘的魅力。

滇池的大观楼的长联系清代孙髯翁所撰,号称"古今天下第一联",为滇池扬名并向世人解读滇池文化。其联为:

上联:

五百里滇池,奔来眼底,披襟岸帻,喜茫茫,空阔无边!

看:东骧神骏,西翥灵仪,北走蜿蜒,南翔缟素,高人韵士,何妨选胜登临,趁蟹屿螺洲,梳裹就风鬟雾鬓,更苹天苇地,点缀些翠羽丹霞,莫辜负,四围香稻,万顷晴沙,九夏芙蓉,三春杨柳。

下联:

数千年往事,注到心头,把酒凌虚,叹滚滚,英雄谁在!

想:汉习楼船,唐标铁柱,宋挥玉斧,元跨革囊,伟烈丰功,费尽移山心力,尽珠帘画栋,卷不及暮雨朝云,便断碣残碑,都付与苍烟落照,只赢得,几杵疏钟,半江渔火,两行秋雁,一枕清霜。

大观楼赞美滇池的长联,写景咏史,寓情于景,情景交融,意境深远,对仗工整。《滇南楹联丛钞·跋》认为它是"大气磅礴,光耀宇宙,海内长联,应推第一",是当之无愧的"古今第一长联"。

长联,已衍生出雕塑、书法、音乐等多种文化形式,成为滇池的个性文化,为滇池平添了很多意象空间。

东部五大淡水湖景色也是各有千秋:洞庭波澜壮阔、巢湖气吞吴楚、鄱阳渔舟唱晚、洪泽古堰风韵、太湖隽秀天下。

鄱阳湖是中国第一大淡水湖,也是中国第二大湖,仅次于青海湖,是长江干流重要的调蓄性湖泊,在中国长江流域中发挥着巨大的调蓄洪水作用。鄱阳湖是世界上最大的鸟类保护区,每年秋末冬初,有成千上万只候鸟从俄罗斯西伯利亚、蒙古、日本、朝鲜以及中国东北、西北等地来此越冬。如今,保护区内鸟类有300多种,近百万只,其中白鹤等珍禽50多种。鄱阳湖被称为"白鹤世界""珍禽王国",是可谓"鄱阳湖畔鸟天堂,鸀�鹳低飞鹤鹭翔;野鸭寻鱼鸥击水,丛丛芦苇雁鹄藏"。鄱阳湖又是国际重要湿地,发挥了保护生物多样性等特殊生态功能,是我国十大生态功能保护区之一,也是世界自然基金会划定的全球重要生态区之一。唐代诗人王勃的《滕王阁序》对鄱阳湖文化的发掘起到不可或缺的作用,脍炙人口的名句:"渔舟唱晚,响穷彭蠡之滨"

"落霞与孤鹜齐飞，秋水共长天一色"，正是鄱阳湖唱响千年的生态文化招牌。

范仲淹的《岳阳楼记》对洞庭湖文化作了绝妙的诠释，它之所以千古流传，固然有"先天下之忧而忧，后天下之乐而乐"的警句的画龙点睛，更重要的是导出这一名句的形、景、情、理的逻辑结构："衔远山，吞长江，浩浩汤汤，横无际涯"写的是洞庭湖的"形"；"朝晖夕阴，气象万千"写的是洞庭湖的"景"；"北通巫峡，南极潇湘，迁客骚人，多会于此"写的是观湖人的"情"；"览物之情，得无异乎"写的是观湖人能生此情的"理"。这一逻辑结构对水利景观规划、设计、创意至关重要。《岳阳楼记》对水利风景区的点、线、面、体均有强调："沙鸥翔集，锦鳞游泳"描述的是"点"，"岸芷汀兰"描述的是"线"，"上下天光，一碧万顷"描述的是"面"，"阴风怒号，浊浪排空"描述的是"体"，点、线、面、体的变化，备述了洞庭湖之水流形态的多样性。

凡有湖泊的地域，就有其风景，自然生成的湖泊，其自然风光是客观存在的，关键是人的欣赏的视角、欣赏的深度、欣赏心态和欣赏人对的湖干预的水平。

四、湿地型

自然湿地生态相当脆弱，应以大力保护为主，一切景区设施建设要以不破坏原生态为准则。

城市湿地公园主要的景观，一般由自然湿地、人工湿地植物园、生态防护林、步行游览带、湿地水上观光带组成。主题游览区可设为水流湖湾区、生命之源区、绿林观鸟区、游鱼欣赏或垂钓区、心灵感应祈福区、特色风情区等。城市湿地公园应极力营造绿山清池，水天相接，晴空一碧，烟波粼粼，芦苇摇曳，浮萍碧莲，柳絮飘飞，草坪小道，鸟语花香，清风拂面，呼吸吐纳，木板小桥，信步漫游，古色古香，诗意仙境，心旷神怡的美景。

通常湿地功能分区布局，可分为二带、三地、四区、多点，即亲水步道游览带、自行车观光带；深水动植物栖息地、浅水两栖生物栖息地、林灌木鸟类栖息地；游览观光区、体验刺激区、感悟文化区、品味生活区及生态、气象、物种、水质等多个科研监测点。

城市湿地公园还要设置禽鸟栖息保护、湿地植物保护、水质净化、湿地农耕保护等4个保护区域，划定红线，制定规则，严加保护。

对园中提供人们游览欣赏的景点，应设计诗意性标题，增加人文气息。如桂桥赏月、月映长滩、芦荡飞雪、星岛远眺、落日洒金、缤纷花境等。

城市湿地还要设宣教中心或湿地科学馆，用以对鸟类、昆虫、鱼类和湿地植物等进行生态展示或用湿地场景再造、幻影成像等声光电科技手段进行演示，对游人进行寓游于教的科普教育。还可让人们体现原味湿地、动感湿地、艺术湿地、科技湿地、科普湿地、互动湿地。有条件还可以采用4D电影讲述水生动植物的成长故事，将湿地的天、地、物不同时空的生态自然景观置于厅中，给公众一种身临其境的感触，以彰显湿地文化。通过湿地、生命、人之关系的科普教育,让人们意识到湿地的重要性,唤起人们对湿地保护的意识。

例如,被誉为"杭州之肾"的西溪国家湿地公园,位于杭州市区西部,距西湖不到5千米,是罕见的城中次生湿地,属保护得较好的城市湿地型生态资源。西溪湿地具有江南独特湿地景观,其旖旎的自然风景、深厚的人文历史、浓郁的田园水乡风情,在杭州城市生态系统结构中占有独特的地位及作用。

西溪之美,美在自然,美在这里的自然受到人文的滋养。湿地风光是其最大的自然之美,其间有纵横阡陌的河流、百年交柯的树木,然而这些河流、树木身上又包含了千百年杭州人对西溪这方生态湿地保护、欣赏的人文之关怀和深厚的积淀。

西溪之胜,胜在溪水,水是西溪的肌肤。园区约70%的面积为河港、池塘、湖荡、沼泽等水域,整个园区六条河流纵横交汇,其间分布着众多的港汊和鱼鳞状鱼塘,"一曲溪流一曲烟",水域形成了西溪极致的湿地景观。

西溪之重,重在生机。西溪是鸟的天堂,一入园区就可见到群鸟欢飞的壮丽景观。湿地内有费家塘、虾龙滩、朝天暮漾三大生态保护区和生态恢复区,池水清澈,游鱼可数。西溪,一年四季展现的都是盎然生机。

西溪人文,源远流长,人文是西溪的灵魂。西溪自古就是隐逸之地,被文人视为人间净土、世外桃源。秋雪庵、泊庵、梅竹山庄、西溪草堂在历史上都曾是众多文人雅士开创的别业,他们在西溪留下了大批诗文辞章。深潭口百年老樟树下的古戏台,据说还是越剧北派艺人的首演地。

西溪之福,福在"福堤"。"福堤"是一条南北向的长堤,全长2300米,宽7米,自南向北贯穿了现有整个西溪国家湿地公园,堤中串珠式建起六座"福"字桥,分别命名为元福桥、永福桥、庆福桥、向福桥、广福桥、全福桥。六个"福"字,寄托了西溪百姓美好的心愿,散发着浓浓乡情。"河是自然,桥是文化",福堤及"六福桥"下的河,串接了御临古镇、高庄、交芦田庄、交芦庵、曲水庵、洪园、河渚街、蒋村集市等众多景点,西溪的一条"福"字文化长堤,表达了杭州是"最具幸福感的城市"之"意"。由"点"及"线",由"线"及"面",由"面"及"体",进而因"形"及"意"。

五、城市河流型

近年来整治城市河流,改善人居环境,已成为各级政府推进城市生态文明建设的首要目标,可从中总结出规律性的东西。

(一)趋于现代化

从水系整治的理念看,趋于现代化,具有鲜明的伦理性、前瞻性,均把截污、治污的水质治理放在水环境治理的首位,用水环境的综合整治,改变城市面貌,带动城市跨越式发展。并诠释为城市"因水而兴、因水而荣、因水而困、因水而发"的逻辑。提出了对水要"还账",要还水之健康、还水之空间、还水之自然、还水之尊严。

还水之健康:水多、水少、水浑、水脏是人类视水为奴隶的直接后果,水的污染直接威胁河流的健康,也威胁到人类的健康。治污是人类的自我救赎,控制污染、最大限度减少污染,方能实现利水,只有懂得人利水,才能实现水利人,才能形成人水共生的局面。

还水之空间:人类在自身发展的过程中,对自然界的开发,采取过度放纵的开发态度,不断地挤占动植物的空间,不断挤占城市河流存在空间,不断与河争地。水是生命之源,严重地限制乃至取消了水的来源和容蓄能力,实质上也就是限制和取消了人类自己和其他生命体的生存条件。必须适度扩大城市水域和河道,给水以一定生存空间,已渐成城市建设者和管理者的共识。

还水之自然:维持河流形态的多样性,同时维持生物群落的多样性,人类对水资源的过度攫取、恣意浪费,恶化了自然生态,人类必须反省,节水、还耕、还湖,休养生息,维持水在自然界中的生态平衡。

还水之尊严:水是有灵性的、有感情的、有生命的,水孕育生命,催生文明,创造美学。远古的先民对水有着虔诚的崇拜,现代人在物欲的驱动下,把水当作奴隶,招之即来,挥之则去,不懂得珍惜,已经遭到大自然的报复。

例如:浙江省委、省政府2013年所提出的旨在解决浙江水安全、水供给、水环境、水生态问题的系统性治水措施为"五水共治",即治污水、防洪水、排涝水、保供水、抓节水,就充分体现了现代的治水理念。该省"五水共治"覆盖全省的城市和乡村所有河流、湖泊及滨水地区。

(二)逐步开敞化

从水系整治形成的滨水带的范围和管理方式看,逐步开敞化,具有开放性。一是不设围墙,让滨水公园真正成为市民自由、方便游览休闲的公共绿地。二是不留边界。一些不属公共所有,习惯认为是附属绿地的部分,由于用地与公园毗连,并具有较好的景观,从而与公共绿地融合,使广大市民具有了更大的近水、亲水和赏绿的空间。杭州包括西湖在内的滨水公园、绿地在全国率先做到了这一点。2002年4月1日杭州市第十次人民代表大会第一次会议上的《政府工作报告》中明确指出:"老年公园、柳浪闻莺公园、少儿公园和长桥公园整合为开放的公园,实行免费开放,并建成环湖南线游步道。"要实现免费开放西湖,必须拆除围墙。西湖南线景区整治就从拆迁开始。2002年国庆节前几天,老年公园、柳浪闻莺公园、少儿公园和长桥公园的围墙绿篱从视野中消失了,曾经各自孤立的小公园变为南北3千米长的环湖大公园。一年后,杭州又免费开放了杭州花圃和花港观鱼、曲院风荷等两个名列"西湖十景"的公园,真正实现沿湖门票全免。杭州真正做到了以人为本,还湖于民、还绿与民。就河湖而言,还水、还绿、还景于民,也是由点至线、由线至面的,而就杭州市而言,则为由面及体了。

(三)功能多样化

从水系整治造就的滨水带的功能和服务内容看,更加趋于多样化和更加具有包容性。休闲、教化、娱乐、旅游、家居等功能成为现代水利的重要研究和组成内容,极大地丰富水工程文化的内涵与品位。

(四)内涵多元化

从水系整治规划设计布局和造景看,形成多元化,各自具有鲜明的个性和地方性能。充分利用河流的串联功能,诠释水工程文化的形、景、情、理的基本逻辑结构,顺河展开品题系列,或过去、现在、未来演绎时空的转换,或春、夏、秋、冬展示季相美,或历史遗迹、人物荟萃、传说再现,或地理要素山、水、林、建筑的交替。济南环城公园突出了泉城水景的特征;西安环城公园别具古都风范;合肥环城公园较好地利用了起伏的地形和平缓的水域,形成优秀的山水园林。

(五)效益综合化

从水系整治的效益看,实现了综合化,且具有高效性。通过水系整治形成了较高的生态效益、社会效益、审美效益、旅游效益。水系的整治改变了城市面貌,改善了城市生态,构建了人水和谐,拉动房地产,带动经济发展。

城市河流的整治,首先向功能多样化、内涵多元化、效益综合化方向努力的是浙江省绍兴市。1999年6月25日,绍兴市人大常委会第9次会议审议通过了《关于绍兴市城区防洪与环城河综合整治规划的决议》,同意这项投资10.1亿元的工程正式上马。环城河综合整治工程包括截污、清淤、砌坎、拆乱、布绿、建景、造路、设街等工程措施。整个工程涉及64万平方米的房屋拆迁工作。通过截污清淤,绍兴平原河网水质得到全面治理,环城河碧水长流;通过条石砌坎,16千米的长堤依河而行;岸上还有15千米的道路,其中内岸滨河休闲路宽约6米,外岸休闲路宽2米至6米。以清淤、截污、引水、改造为内容的"清水工程"、平水东江、大环河南河、古运河整治工程等,无一不是保护水环境、发掘水文化的成功实践。

工程力求发掘历史文化内涵,充分体现绍兴水乡风貌。原计划土地出让筹集工程建设资金的鉴水苑、河清园地块重新规划调整为公园建设,稽山园原为稽山茶园,亦调整为反映绍兴桥、水特色的主题公园。这样,减少了周围135亩开发出让的土地用于绿化带建设,使沿河公园绿化配套面积由22万平方米得以扩大为54万平方米。环城河整治以景为点,以水为线。两岸,白石长堤,条石砌坎,青石铺路,白石扶栏,串起沿河西园、百花苑、稽山园、鉴水苑、河清园、治水广场、迎恩门、都泗门等建筑风格不同的八颗璀璨的明珠,使绍兴水上旅游资源得到了有机整合,为外来游客增加了欣赏绍兴水乡神韵的新窗口。通过"一河一路一绿带"将城内新老景点串联,发挥了"没有围墙的博物馆"的综合效应,使绍兴整个城区形成了具有丰富文化内涵和典型江南水乡特色的旅游景区。"白玉长堤路,乌篷小画船"。通过整治,带动了绍兴旅游业的发展。乌篷小画船是点,白玉长堤路是线,水景区是面,绍兴整城市是载体。

六、自然(及人化自然)河流型

自然河湖型与城市河湖型不同,城市河湖型大多是人工河,人为干预的程度相当大,自然河湖型(及人化自然)应尽量减少人工干预的痕迹,各种景区设施设置应采用隐蔽法、消去法,完全要融合在自然景观之中,或让人们完全察觉不到。随着社会的进步和城市化的进程,自然湖泊与城市湖泊的差异正在缩小。人工开挖的河流,由于长期的存在和地处农村、乡间,又未经人们刻意雕饰,生态状况得以自然恢复,时间一长,人们也就视其为自然之河了。

比如,南京的胭脂河,现代人们都认为是一条"天生"的河。天生桥河水利风景区位于南京城南42千米处,溧水县洪蓝镇天生桥村,距溧水县城3千米,禄口机场14千米,景区面积1.27平方千米,其中水域面积0.5平方千米,地理坐标为东经118°59′,北纬32°37′。

天生桥河又称胭脂河,实为明代朱元璋为沟通江浙漕运开凿的一条著名的人工运河。1393年,朱元璋派嵩山侯李新到溧水"督视有司开凿胭脂河",李新组织苏皖两省数十万民工,用铁钎在岩石凿缝,将浇有桐油的麻丝嵌在缝中,点火焚烧,泼上冷水,使岩石开裂,再将岩石撬开搬运,如此循环,耗时两年多,焚石凿河十五华里,留下了具有历史价值的"凝脂沉霞"胭脂河。现在的胭脂河仍然是两岸绝壁高耸,一线流水劈山而过,水流之音在山岩间婉转地留下不绝的回声,如历史的絮语,诉说着那600余年前荡气回肠的岁月。据记载,在开胭脂河时"以巨石面留为桥,中凿石孔十余丈,以通向舟楫"。河因石红而称"胭脂",桥因山成故名"天生"。山石连着两岸,中空流水,故为人称桥。石宽9米、长34米、厚9米,石(桥)面高36米,构成了"长虹卧波"之天然美景。若泛舟胭脂河,可顺势经过鬼脸石、天生峡、胭脂峡、隐秀峡,只见两岸怪石高悬,绝壁危岩,清泉滴翠,碧水丹崖交相辉映。清乾隆皇帝游览后,抚掌赞叹:"短短数十里之行,大有阅尽长江三峡奇、险、秀风光之妙趣,谓之江南小三峡,实非虚誉。"目前,天生桥河水利风景区已评为国家AAA级旅游景区、国家级水利风景区、金陵新四十八景之一、江苏省重点文物保护单位。

天生桥闸建成于20世纪70年代初,主要用于调节水位、防洪、引排水、航运,兼有旅游功能。天生桥节制闸与河口闸、武定门闸、秦淮新河闸、南河莲花闸、雨花闸,实行了六闸联动制度,相机将秦淮河上游石臼湖水引入秦淮河,为改善外秦淮河水环境发挥着积极作用。目前天生桥节制闸也成为胭脂河上的一个景点,凸现出它的旅游观赏价值。

天生桥河水利风景区景色秀丽,自然与气候条件优越,生物种类和类群丰富,历史、人文底蕴深厚;景区既有浑然天成的自然风貌,也有独具特色的人造景观,加之景区交通便利,基础、服务、娱乐等配套设施齐全,现已成为南京及周边城市休闲度假、旅游观光的绝好胜地。

每一条河流都有自己的形态、自己的性格、自己的文化、自己的味道、自己的故事。黄河水沙激荡,长江水气交融,珠江河海交汇,淮河南北分界,海河遗产荟萃,松辽水草相长,演绎着中华河流文明史。长江支流又显示着不同的文化:岷江水出高原是藏羌文化、水经平原是蜀文化,嘉陵江水穿丘陵是巴渝文化和风水文化,汉江融合黄河文化、长江文化,湘江彰显湖湘文化、沟通长江文化和珠江文化,赣江凸显吴头楚尾的赣鄱文化等。从宏观文化看,这些大江大河上的每一座城市的文化,都可视为点,大江大河则为线,每一条大江大河及其支流共同构成这个流域的面,七大流域各不相同的特色文化共同合成了中华水文化之体。大江大河有其各不相同的文化,小河亦如此,如南京天生桥河水利风景区,就有其很有特色的个性文化,这些文化也是由点文化附着于河流文化之线,再汇入长江文化之面,继而再和其他各种文化共同组成立体的中华文化。

七、灌区型

灌区型应处理好点与线的关系,闸、泵站或枢纽是点,也应有特色文化显示;渠道是线,其绿化可因地制宜,充分利用当地物种,关键是既要考虑渠系利用效益,也要适当考虑地方生物链的存在条件,还要考虑美丽乡村的建设。多数灌溉渠道为了提高水利用率,提高渠道输水能力,减少输水时间,减少渗漏损失,通常采取裁弯取直和三面衬砌,在一定程度上牺牲了渠系形态的多样性。但农民们用农田取代了地球上的湿地、森林、草原、荒漠,变成了农田和山林,种上了稻麦、蔬菜、水果及经济林木,饲养了家禽、家畜。这种取代不能视为对地球生态的破坏,而是人类活动对地球生态系统的调整。因为家禽、家畜、人工栽培的植物,它们和地球原始植被及其他生物一样,也有其造水结构,也可引降及发挥空中的、地表的、地下的水循环。其所形成之功能,同样可以平衡全部或部分因人类活动产生的热效应。因此说,农村渠系可以作这样的调整,而城市就不能这样了。在城镇化发展过程中,有些城镇用管道代替河道,汽车代替船运,使城市的大河变成小沟,小沟变成涵管;湖泊变成池塘、池塘变成地块,用城市中还存在的河湖代替纳污池。结果,伴随城市"近代文明"而来的是:建筑和道路强势发展、水和绿色逐渐萎缩、遇雨即淹的"黄色文明"和污水入侵河湖,城市有河皆污的"黑色文明",使城市水域锐减,使城镇变成了"热岛",这是万万要不得的。这些城镇牺牲了人和一切生物及景观的近水性、亲水性。新兴的城镇正用生态文明的先进理念,力求克服城镇发展的通病。

例如,江苏淮安币洪金灌区水利风景区,位于美丽富饶的洪泽湖东畔,南濒淮河入江水道,东临白马湖、宝应湖,与国家南水北调工程相邻。灌区内水渠纵横,阡陌桑图,鸟啼蛙鸣,环境幽雅,不仅有独特的水利工程风貌、赏心悦目的水生态景观,还有别具特色的休闲度假旅游区,是人们休闲度假、水科普教育的理想场所。景区依托渠首洪金洞、生态防渗干渠、节制闸、洪泽湖大堤等多处水利工程,可让人留恋驻足。渠首占地约200亩,始建于1959年,主要承担整个灌区的农业供水任务。坐落在渠首下游北侧的渠首控制中心,以信息采集系统为基础,高速安全的计算机网络为手段,取水调度为核心的现代化水信息管理系统,为科学供水、优化配水和合理用水提供基础保障。

站在洪金灌区渠首闸洪金洞的观光台上,向西望去,映入眼帘的是浩渺无际的洪泽湖,它历经千年风雨洗礼,愈显风姿绰约。落日黄昏,小木船悄悄地划过,水鸟扑棱着羽翅,一张新补的渔网也深情地撒向天边的红日……

素有"水上长城"美誉的千年古堰——洪泽湖大堤,始建于东汉建安年间,清乾隆年间建成,全长67千米,几乎全用玄武岩条石砌成,蜿蜒曲折,有一百零八弯之说。它作为汉至清古建筑,于2006年5月25日被国务院批准列入第六批全国重点文物保护单位名单。如今,千年古堤两侧遍植树木,宛如游移欲飞的巨龙依水而卧,人行其中,倍觉"浩渺云烟笼细浪,空蒙雨色入重渊"。

兴建于明万历年间的老镇——蒋坝镇,清时有"三街六市"之誉,蒋坝老街横穿全镇南北,两旁商铺货栈鳞次栉比,蒋坝美食远近闻名。漫步老街,古树、路牌以及破落的门扉,仿佛在诉说着往昔的荣光与繁华,讲述着令人遐想的故事,让人们记住了"乡愁"。

景区不仅自然风光幽雅旖旎,而且兴建了以江苏油田稻鸭有机米生产基地为依托,以南京同仁堂洪泽中药材生产基地、鹅鸭等水产养殖为两翼的现代农业生态园区。漫步灌区,随处可见蔬菜大棚、碧顷良田、中草药材,与周围的沟渠水域、绿色丛林、白鹭水鸟,勾画出一幅"江流宛转绕芳甸,月照花林皆似霰。空里流霜不觉飞,汀上白沙看不见"的农业可持续发展的美丽图景。

八、水土保持型

水土保持是指对自然因素和人为活动造成水土流失所采取的预防和治理措施。水土保持的目标是把生态文明融入经济建设、政治建设、文化建设、社会建设的各方面和全过程,营造生产空间集约高效、生活空间宜居适度、生态空间山清水秀。如何在水土保持的植物措施和工程措施中表现水工程文化是亟待解决的课题,朱仁民做出了经典的探索。

朱仁民的水土保持典型案例是"海上布达拉宫"。他处理的裸崖横在朱家尖蜈蚣峙，跨海大桥末端，去普陀山的码头前面。处理这类裸崖，通常采用喷播、雕塑等手段。这座石渣断崖，因无土故植被很难生根；亦因石质崩脆，无法做雕塑，加之对面就是普陀山，再做菩萨，有"饭店门口摆粥摊"之嫌，用外地石头雕菩萨运到这里叠加遮挡，体量太大，难叠加，又费钱，也无必要。

朱仁民充分运用当地的建筑元素——海岛碉堡石屋，它属于徽派建筑的分支系统，将石屋、天井、台阶、矮墙、石窗封封闭闭、开开合合、透透漏漏，随着山崖，就着沿沟，在秃石中匍匐着向山上叠加。将这些建筑一一选列，提取它们的元素，强化放大，把建筑的每一栋元素、每一个结构、每一个空间、每一个开合弄得既虚虚实实，又一清二楚。

"挖掘保护历史文脉，利用文脉来改造或屏闭当代的丑陋。"朱仁民的宗旨是利用这座无法植绿无法塑造的裸崖破山，变成这东海小岛千万年来的建筑元素露天的博物馆、子孙们都能看得到的博物馆，既挡裸崖，又保文脉，一箭双雕，被誉为"海上布达拉宫"。

九、对水利风景区总体发展的看法

从2001年水利部首次批准18个国家级水利风景区以来，至2014年，全国已经由水利部分14次共批准了658个国家级水利风景区，最多的是山东省77个，其次是江苏省45个。从总体上看，各地水利风景区建设与管理工作在逐步加强，陆续建立了水利风景区建设规章，基本形成了管理体系，有力地促进了水利风景区的发展。从实践成效上来看，不仅较好地带动了当地经济及相关产业的发展，而且其独特的保护水源、修复生态、彰显特色文化、维护工程安全运行等功能作用越来越明显。"以开发促保护，以保护促发展"的水利风景区建设与发展理念，越来越被社会所认可。但从水文化的视角看这一整体，可能还要加强以下几方面的工作：

一要提高思想认识。部分水行政主管部门和景区管理单位，对于水利风景区社会需求的快速增长形势和对于水利风景资源的珍贵价值认识不够，对水利风景区理论研究不足。必须进一步加强对水利风景区理论的研究，提高对水利工程无形功能——生态、环境、人文等功能之价值的认识，充分认识水工程的无形功能也是水利工程本身应该具备的功能，要用水工程应具备无形功能和常规的有形功能并重的理念去建设和管理水利工程。

二要做好规划。水利风景区的建设与管理涉及水工程安全，水源、水环境保护，水土保持水生态修复和提升文化内涵与品位等问题，有其特殊的内容和要求，需要以规划来保障，大多数地区还没有编制本地区的水利风景区发展规划，相当一部分水利风景区的规划有明显的不足和缺陷。必须重视水利风景区的规划工作。

三是要加大资金投入。水利风景区的基本目的和作用在于水生态环境保护和水工程安全的维护。目前,对此公益性的工作,各级政府还都囿于财力所限或认识不到位,缺乏应有的经费支持。各级水行政主管部门、景区单位一定要做好这方面的工作和资金安排,进一步拓展投融资渠道,把有关政策用足、用活,落到实处。

四是要强化经营管理。多数水利风景区的经营管理与水资源或水工程的管理一体化,分工不明,责任不清,机制不活,缺乏人才,经营管理工作较为粗放。必须认识到不足,引进或培养人才,理顺机制,将水利风景区的经营管理工作做得更好。

五是视野要拓宽。在658个国家级水利风景区中,绝大多数是水库、灌区、自然河湖、城市河湖和湿地,水保居少数。既然水利风景区定义为以水域(水体)或水利工程为依托,冰川资源也可列入,目前尚无冰川项目。例如,四川的海螺沟、达古冰川等,不妨申报。

六是水利风景区和国家旅游区融合发展。国家5A级、4A级旅游景区的建立,对全国旅游业的发展起了重要的引导作用,水利部门创建水利风景区不能关起门来搞,要和旅游部门联合起来发展,国家级水利风景区要去申报国家5A级、4A级旅游景区,通过申报提升管理水平、扩大知名度、推销自己;做到两手发力,走向市场、打开局面。

七是要充分认识文化是水利风景区的灵魂。水利风景区应成为彰显和弘扬水文化的物质载体,审批水利风景区应把文化的发掘与彰显作为重要的衡量指标。水利风景区建成后的解读和宣传同样至关重要。要使水利风景区发挥更大的作用,就要在解读上下功夫。一是对水文化工程的题款或题记;二是撰写水文化工程的解读、赏析或评价文章。要通过这些文字、信息达到激发和传输风景区之景观和到风景区观光、游览、休闲、娱乐、度假、科研以及工作的人之间的感应。要让更多的人来感受水利风景,特别要组织一些文化界、艺术界、摄影界、影视界的知名人士来体验风景区的风光,留下他们与风景区相关联的佳作,用这些人的文化来进一步凸显自然、凸显水工程,使这些精品文化成为水利风景区永恒的灵魂。

十、水生态文明城市建设

水生态文明城市建设,其实也是水利风景区点、线、面、体的综合体现。

生态就是指一切生物的生存状态,以及它们之间和它们与其周边环境之间环环相扣的关系。文明犹言文化,是人类改造世界的物质和精神成果的总和。但文化是中性的,文明是褒义的。文明是人类良性文化发展的成果,是人类社会进步的象征。生态文明是人类文明发展的一个新的阶段,是指工业文明之后的一种新的文明形态。生态文明形态是人以所形成的以人与自然、人与人、人与社会之间能达到和谐共生、良性循环、全面发展、持续繁荣为基本宗旨的文化伦理形态和行为方式。它将使人类的社会形态发生根本转变,使人类指导行为的理念从单纯的"利人",发展成为既"利人"又"利他",即除能利人外,还要利及动物、植物、微生物等生命体及自然界的其他物之良性循环,也是人类遵循人、自然、社会和谐发展这一客观规律所取得的新的物质与精神成果的总和。

党的十八大已将生态文明建设列在与我国经济、政治、文化、社会四大建设相同重要位置,并对这"五大建设"作了新的总体布局。2015年5月又在《中共中央国务院关于加快推进生态文明建设的意见》中强调:"生态文明建设是中国特色社会主义事业的重要内容,关系人民福祉,关乎民族未来。"

习近平指出:"水是万物之母,生存之本,文明之源",以水资源可持续利用、水生态体系完整、水生态环境优美、水文化底蕴深厚为主要内容的水生态文明,是生态文明建设的资源基础、重要载体和显著标志,是生态文明的重要组成和基础保障。生态文明建设吹响水生态文明建设的号角,水利部开展了全国水生态文明城市建设试点工作,就是从抓点开始的,全国第一批有45个城市纳入试点;第二批有59个城市又进入试点名单。在全国试点的104城市中,江苏最多,有9家,占江苏13个设区市的69.2%,已由点及面。今后必将有更多的乃至所有的城市都会重视水生态文明建设。

水生态文明丰富和发展了传统水利的内涵,体现着"生态水利""资源水利""民生水利""人文水利"及和谐统一的现代水利发展方向。与此同时,也突出表明:水生态文明是实现现代城市可持续发展的核心理念。水生态文明是人类遵循人、水、社会和谐规律,积极改善和优化人水关系,建设有序的水生态运行机制和良好的水生态环境,以水定需、量水而行、因水制宜,推动经济社会发展与水资源环境承载力相协调。水文化是中华文化的重要组成部分,要充分挖掘传统文化中人水和谐的思想,感悟"道法自然"的精神境界,树立"取之有时,用时须节"的理念,要从哲学、社会科学中汲取具有时代特色的文化成果,形成符合水生态文明理念的当代水文化。

国家并未出台统一的水生态文明城市评价标准,有的省(区、市)为更好地做好这项工作,主动设计了评价标准,如山东省2012年8月出台的《山东省水生态文明城市评价标准》提出了包括水资源、水生态、水景观、水工程以及水管理五大评价体系,共24条评价指标。另外,有的省(区、市)设计的水生态文明城市评价体系与山东不尽相同,但大概包括水安全体系、水生态体系、水环境体系、水景观体系、水文化体系、水工程体系、水管理体系等六七个方面的内容,从各自的角度因地制宜地建立评价系统和标准。

许多古代城市的建设,已融入了一些水生态文明的理念,深得人们的赞赏。如北京有"水绕郊畿襟带合,山环宫阙虎龙蹲";广州有"五岭北来峰在地,九洲南尽水浮天";苏州有"水道脉分卓鳞次,里间棋布城册方";杭州有"水光潋滟晴方好,山色空蒙雨亦奇";绍兴有"三山万户巷盘曲,百桥千街水纵横";南京有"据龙蟠虎踞之雄,依负山带江之胜";常熟有"七条琴川皆入海,十里青山半入城";济南有"四面荷花三面柳,一城山色半城湖";桂林有"群峰倒影山浮水,无山无水不入神";肇庆有"借得西湖水一圜,更移阳朔七堆山";重庆有"片叶浮沉巴子国,两江襟带浮图关";成都有"水绿天青不起尘,风光和暖胜三秦";泰州有"穿城不足三里远,绕廓居然一水通"。

许多省(区、市)以水利风景区建设为依托,通过河湖连通和城市水生态修复与保护,引水进城,以水定城,因水兴城,极力打造水生态环境更加优异的宜居城市。水利风景区也以"山青、岸绿、水美"为基本要求,坚持建设与管理并重、开发与保护同步、资源与生态齐抓,统筹协调人文景观与自然景观,力求使每一项水利工程都成为生态工程、水资源保护工程、环境美化工程,对促进生态文明建设、社会和谐具有极其重要作用。

例如,泰州市被列入国家水生态文明城市建设试点城市后,就提出了"让'一城清水'真正造福泰州人民"的主题口号,正在加大力度地推进这方面的建设工作。

泰州受江、淮、海三水孕育而成。南滨长江、北接淮水、河港纵横、湖荡密布,市域有长江岸线近百千米、16000多条河流,近千处湖池、荡滩、湿地,历史上水域及湿地面积(含境内长江水域)曾高达2100多平方千米,占总面积的37%;境内地势平坦,南高北低,可自流引江直入下河;泰州地处中纬度,属亚热带湿润季风气候区,四季分明、气候温和、季风盛行、雨量充沛,雨热同期,多年平均雨量近1100毫米。有曾被唐代大诗人王维描述为"海潮喷于乾坤,江城入于泱漭"的古代泰州之水生态自然条件,有两千年的古运盐河,有千年的城河……给今人留下了美好的记忆,也为泰州水生态文明城市建设试点赢得了专家的点赞。

素享"汉唐古郡、淮海名区""文献名邦、纪纲重地"盛名的泰州,具有悠久的历史底蕴和丰厚的个性文化。1996年,地级泰州市成立以来,泰州在"十横、十纵,龙腾、凤翔、引江、先锋"《河道文化平面概念规划》的布局下,先后曾对一些水工程注入了凤凰文化、盐运文化、廉政文化、吉祥文化等具有浓厚地方特色的文化精髓,大大提升了水工程的文化内涵和品位。一些以特色文化为主题打造的水工程,如引江河、凤凰河、溱湖、秋雪湖、明湖、千岛菜花、小南湖……相继被评为国家级和省级水利风景区,成为泰州展示水生态文明的重要窗口。水城慢生活、垛田千岛菜花、溱湖湿地风情等,基于优美的水生态条件及水文化环境打造而成的旅游品牌,更是叫响全国;"水城水乡"已经成为泰州一张特色名片,在国内外产生了一定影响,这也为泰州水生态文明城市建设试点工作增加了厚实的底气。

国家提出的"促进经济社会发展与水资源水环境承载能力相协调,不断提升我国生态文明水平,努力建设美丽中国"的指导思想,为泰州长期坚持水生态文明的做法,坚定了人心和信心。

近来,泰州又提出了建设水生态文明城市的愿景:"江水纵横畅流、碧波环绕凤城、溱湖名冠江淮、人水亲密交融、生态秀美水都"。

目前,泰州水生态核心区总体布局确定为:实施以覆盖面积为1568平方千米的市区(包括海陵区、高港区、姜堰区和高新区)为重点示范工程区,并辐射至靖江、泰兴、兴化三个县级市,着力形成"一脉、一城、一湖、三带"的水生态总体布局。具体为:一脉,引江水的清水脉络;一城,泰州老城区;一湖,溱湖湿地;三带,城北现代农业水生态示范带、中部水生态治理带、滨江水生态保护带。水文化是泰州的特色名片,在水生态文明城市建设中,泰州继续坚持古为今用、推陈出新,在挖掘、梳理、提炼传统文化资源的基础上,紧紧围绕市委提出的"康泰之州、富泰之州、祥泰之州"新的文化主题,进一步打造以凤凰文化、湿地文化、盐运文化、治水文化为特色的泰州水文化体系。坚持将文化融入到水工程建设的布局、规划和设计中去,让水利"硬件工程"彰显人文气息、美化城市环境。泰州计划在3年试点期内,还要新增2家省级水利风景区。

从文化的视角看,就全国而言,泰州是点。就泰州水生态文明城市建设工作而言,其所规划的重点打造十大重点示范工程和6类34项水工程是点,一脉三带是线,一城一湖是面,则泰州则又成为水生态文明城市建设之体。

从文化学的理论看点、线、面、体,虽是具象的,但是辩证的、相对的,可以向上、向下,抑或向内、向外延伸的。

参考文献

[1]陈凯峰.建筑文化学[M].上海:同济大学出版社,1996.

[2]苏轼.苏轼散文全集[M].北京:今日中国出版社,1996.

[3]苏轼.东坡易传[M].上海:上海古籍出版社,1989.

[4]苏轼.苏轼文集[M].北京:中央民族大学出版社,2002.

[5]元脱脱.宋史[M].北京:中华书局,1977.

[6]史梦熊,等.中国水利百科全书[M].北京:水利出版社,1991.

[7]周英,等.首届中国水文化论坛优秀论文集[M].北京:中国水利水电出版社,2009.

[8]李晓华,等.全国水利风景区建设管理与水文化论坛论文集.2010.

[9]董文虎,泰州市水文化研究与实践[M].郑州:黄河水利出版社,2004.

[10]董文虎.水利发展与水文化研究[M].郑州:黄河水利出版社,2008.

[11]董文虎.泰州的文化桥梁[M].南京:凤凰出版传媒集团凤凰出版社,2010.

[12]董文虎.乐水集[M].苏州:苏州大学出版社,2011.

[13]刘冠美.水工美学概论[M].北京:中国水利水电力出版,2006.

[14]刘明武.黄帝文化与皇帝文化[M].深圳:海天出版社,2010.

[15]王澍.中国美术学院象山校区[J].建筑学报,2008(9):50.

[16]王澍.营造琐记[J].建筑学报,2008(7):58-61.

[17]王澍.造园与造人[J].建筑师,2007(2):82-83.

[18]王澍.建筑如山[J].城市环境设计,2009(12):100.

[19]刘怀玉,苏迎春,栾虹.扬州水文化产业规划及其产业形态创新[J].江苏商论,2010(7):146-148.

[20]郑华敏.浅析城市湖泊景观构成要素[J].武夷学院学报,2010(5):81.

[21]谭徐明.古代区域水神崇拜及其社会学价值[J].河海大学学报,2009(1).

[22]赫伯特·西蒙.关于人为事物的科学[M].北京:解放军出版社,1985.

[23]蔡文.物元分析[M].广州:广东高等教育出版社,1987.

[24]杨祥金,等.人工智能[M].重庆:科技文献重庆分社,1988.

[25]刘冠美.小水电工程设计中方案的生成与比较[J].四川水利,1994.

参考文献

后 记

我与刘冠美教授初识于2004年,那年,我应中国水利教育协会邀请,去成都为"水利现代化理论研究与实践"培训班讲演,课后,顺便去都江堰东风渠参观,他出面接待,纯属偶遇。不想,见面后谈到有关水文化与水工程之关系时,两人不谋而合,观点一致。我们都认为:水文化的主要载体是水工程,前人给我们留下了有丰富文化内涵的水工程,我们也应在自己力所能及的范围内,留下一点水工程文化。2006年,刘教授《水工美学概论》一书出版,我为第一读者,此书为水文化研究给出了一个新的方向。

2011年,受水利部政研会委托,由李宗新主任出面邀请我与刘教授合作,撰写水利发展研究中心的水利部财政预算列项科研课题《提升水工程文化内涵与品位战略研究》中第四章,开启了我与刘教授合作研究水工程文化的历程。后来,我又与其合作撰写、出版了《水工程文化内涵与品位的提升途径》《水与水工程文化》两书。我俩远隔千里,合作写书靠的是电话和电子邮件往来沟通。可谓是,心有灵犀一点通,很多火花就是在电话研讨中产生的。在这一过程中,有幸与其在北京面晤2次,其中一次,同住在一个标准间内,彻夜畅谈,感觉他更是一位才华横溢的人。

2014年底,我俩又应2014年度国家社会科学基金重点项目"中国水文化发展前沿问题研究"课题首席专家、华北水利水电大学朱海风书记和该校法学院饶明奇院长邀请,参与课题研究,任务是除完成2个子课题分报告外,还要负责撰写一本与子课题研究内容相关的《水工程文化学》著作,我俩欣然从命。2015年6月,在一次他与我通电话中,发现其讲话生硬、口重,经追问,才得知他重病缠身,入院治疗已久,先是肠癌,后转肺癌,再转脑癌。我力劝其以身体为重,写书一事可暂停,由我先写。然其在医院里,仍不肯稍事休息,除挂水不能动弹外,仍在(电脑)笔记本上笔耕不辍……9月17日,他电邮了一份参考资料给我,与我通话时,一字一顿,断断续续,我已很难分辨他讲的是什么,令人心痛非常。我婉转地向他表达,只要我身体许可,我将尽力按时完成我们合作的书稿及代他完成课题报告。他是一位真正做到甘为水利事业、甘为水文化研究奉献终身的典范。未几,又得悉他于12月13日仙逝……我,夜不能寐,未作推敲,写了数句,聊寄哀思!今略改之,再作告慰这位水利战线上矢志不渝研究水文化的文友在天之灵,以解他对此书之挂念,并用作此书的后记。

我拥长江尾,君倚蜀山头。同镶水文化,结缘近六秋。
五载三课题,成果正渐稠。焉知病榻上,奋笔仍不休。
云裹蜀道黯,风拂江水愁。倏今驾鹤去,再难话追求。
抛却伤别事,继之写九州。应惜时光短,当不付水流。

董文虎
2016年7月3日笔于靖江淡庐

377

后

记